大学物理

熊天信　蒋德琼　冯一兵　李敏惠　穆轶　王力　编著

第3版

上

清华大学出版社
北京

内 容 简 介

本教材是在熊天信、蒋德琼等编著的《大学物理》(第2版)的基础上修订而成的,分上、下两册。上册内容包括经典力学、机械振动和机械波、相对论和热学4篇,下册内容包括电磁学、波动光学、量子物理基础及物理学进展与应用3篇。

本教材可作为各类高等院校理工科非物理学专业大学物理课程的教材或参考书。其中的习题与思考题解答将另册出版。

版权所有,侵权必究。举报:010-62782989,beiqinquan@tup.tsinghua.edu.cn。

图书在版编目(CIP)数据

大学物理:第3版. 上 / 熊天信等编著. -- 北京:清华大学出版社,2025.4.
ISBN 978-7-302-68589-0

Ⅰ. O4

中国国家版本馆 CIP 数据核字第 2025PH2868 号

责任编辑:陈凯仁
封面设计:傅瑞学
责任校对:赵丽敏
责任印制:丛怀宇

出版发行:清华大学出版社
网　　址:https://www.tup.com.cn,https://www.wqxuetang.com
地　　址:北京清华大学学研大厦A座　　　　邮　编:100084
社 总 机:010-83470000　　　　　　　　　邮　购:010-62786544
投稿与读者服务:010-62776969,c-service@tup.tsinghua.edu.cn
质量反馈:010-62772015,zhiliang@tup.tsinghua.edu.cn
印 装 者:北京博海升彩色印刷有限公司
经　　销:全国新华书店
开　　本:210mm×285mm　　印　张:17.75　　字　数:548千字
版　　次:2025年4月第1版　　　　　　　印　次:2025年4月第1次印刷
定　　价:75.00元

产品编号:107972-01

前言

物理学是研究物质世界最基本的结构、最普遍的相互作用、最一般的运动规律的自然科学。它的基本理论渗透到自然科学的各个领域,应用于生产技术的许多部门。它是一切自然科学的基础,对人类未来的进步起着关键的作用。

大学物理课程是理工科专业的一门重要的基础课,也是理工科学生四年大学学习中唯一一门涉及各个学科并与最前沿的科学技术相联系的课程。一方面,它能起到为学生打好必要的物理基础的作用;另一方面,它可以培养学生的思维能力和解决问题的能力,从而起到增强适应能力、开阔思路、激发探索和创新精神,提高科学素质等重要作用。打好物理基础,不仅对学生在校学习起着十分重要的作用,还将为学生在毕业后的工作中进一步学习新理论、新知识、新技术,不断更新知识奠定基础。

我国在《教育强国建设规划纲要(2024—2035年)》(以下简称《纲要》)的总体要求中提出:"到2027年,教育强国建设取得重要阶段性成效。""到2035年,建成教育强国。"针对高等教育,《纲要》提出"打造一流核心课程、教材、实践项目和师资团队。"为此,我们以2023版教育部高等学校大学物理课程教学指导委员会提出的《理工学科大学物理课程教学基本要求》(以下简称《基本要求》)为依据,对我们编著的《大学物理》(第2版)进行了修订和调整,以适应时代的要求。将相对论基础部分从下册调整到上册,根据《基本要求》和当今科学进步,补充和修改了部分内容,调整了部分习题,修改了部分文字表述。经修改后,本教材有如下几方面的特点:

1) 重视大学物理与中学物理的衔接,降低学生学习的难度

对于理工科学生来说,物理不是一门全新的、陌生的课程,从初中就开始接触物理,这是对大学物理教学有利的方面。但是,大学物理教材知识体系也是按照物质运动形态从低级到高级的逻辑顺序展开,即以力学、热学、电磁学、光学、近代物理学的顺序排列,容易给学生造成大学物理和中学物理完全相同、没有新东西的印象,对大学物理的教学和学习带来负面影响。事实上,大学物理是在中学物理基础上的高一级循环,它们所研究的外延有所不同,中学物理主要研究特殊情况,大学物理则借助于微积分和矢量运算,讨论更具一般性的问题。对大多数理工科专业学生来说,大学物理是一门难学的课程。如何使学生学好这门课程、如何使学生从中学物理的学习顺利过渡到大学物理的学习,是不少物理教师一直关心的问题。对此,我们在编写本教材时,在概念的引入方面,尽量地注意到它与中学物理的衔接,以降低学生学习大学物理的台阶。

2) 把握好教材内容的深度和广度,突出教材内容的基础性

大学物理课程作为一门理工科的基础课,不同学校开设的课时数千差万别,同一学校、不同专业开设的课时数也大不相同。在这种情况下,不可能也没有必要使教材包括物理学的方方面面。为此在编写教材时,我们主要以《基本要求》中的A类知识点作为教材的主要内容,而省去了《基本要求》中部分B类知识点的内容,当然,为了反映物理学的一些新进展,也增加了一些《基本要求》中没有的内容。对经典物理的内容,我们力求做到高起点、高标准,使学生正确、准确地理解和掌握物理学的基本概念、物理学的基础知

识和基本理论及物理学的研究方法,同时通过介绍物理学家进行研究的过程,让学生感受科学精神。而对于每章习题,相比物理学专业学生的要求,适当降低。这样做,可以让教师根据不同专业的特点、不同的学时数,灵活选取《基本要求》中 B 类知识点的内容进行教学,增加了教材的灵活性,使教材的适应面更广。

3) 重视物理学与社会生活、工程技术和现代科技的联系,充分激发学生学习的积极性

本教材对《基本要求》中的 A 类知识点,尽量选用一些与社会生活、工程技术和现代科技热点相结合的新颖实例作为例题,介绍基础物理知识和理论在其中的应用,这些内容,有的作为教材的主体内容出现,有的以知识拓展的形式出现,有的在例题或习题中出现,这在一定程度上增加了教材内容的广度,其目的是要在一定程度上改变物理科学和技术分离、与社会脱节的状态,使学生了解物理学在社会生活、工程技术和现代科技中的应用,了解物理学对人类社会发展的促进作用。这样处理,既有利于学生掌握所学内容,又能提高学生学习大学物理的兴趣,使教材在内容方面既满足培养优秀工程技术人才的需要,也兼顾到培养复合型人才的需要。

4) 重视人文文化的渗透,提高学生的人文素质

大量的教学实践表明,物理学史在培养学生兴趣、科学精神和帮助学生领会物理知识等方面有重要的作用。在物理教学中渗透物理学史,有利于学生巩固和加深理解已学过的物理知识,增强学习的主动性与自觉性,提高学习兴趣和综合素质,培养学生的创新精神,学习物理学家的探索精神和培养学生的科学方法。通过介绍我国古代人民对物理学的贡献,可增强民族自豪感和加强爱国主义教育。为此,我们在第 1 篇到第 6 篇中以简短的篇幅分别介绍了我国古代人民在力学、热学、电磁学和光学中的重要贡献,还在各章中适时地介绍一些重要的物理学家,使学生了解相关科学家对物理学的贡献。这些内容,有的可直接写进教材的主体部分,不易直接写进教材主体部分的,则是通过开"窗口"的形式加以呈现。

另外,我们还在教材中适当地融入了一些人文文化的内容。如一些歌词、诗词、成语和艺术作品中所反映出的物理现象和物理原理;在例题或习题、思考题中融入一些人文文化的内容;在篇首编入了一些名人名言,以培养学生的科学精神等。这些内容的引入都能使学生在学习大学物理的过程中,不知不觉地提高学生的人文文化素质。《纲要》中提出,"加强和改进新时代学校思想政治教育""把学校思想政治教育贯穿各学科体系、教学体系、教材体系、管理体系,融入思想道德、文化知识、社会实践教育……"。为进一步加强这方面的内容,在第 3 版中增加了"感悟·启迪"板块。

5) 合理地给学生开"窗口",促进教学内容现代化

对于大学物理的现代化,是不容易做好的一项工作,如果编入的现代内容过多,则会增加教学的课时量,在目前国家对学生总课时量有限制的情况下,这是不现实的。现代物理内容过难,学生也掌握不了,没有现代物理的内容,会使大学物理内容显得过于陈旧,跟不上物理学的发展步伐。因此,如何给学生开"窗口",选取哪些内容、多少内容等,一直以来是物理教学工作者研究的课题之一。

为了使大学物理教学内容紧跟物理学的发展,我们采取的手段主要是:如果这部分内容能合理地、有机地融入到教材的主体部分,且不过于增加教材的篇幅的情况下,就直接将这部分内容写入教材;如果能作为实例的,则编入到教材例题或习题中;对于不能融入教材的主体部分中的重要内容,则以知识拓展这种开"窗口"的形式向学生介绍,以实现大学物理教学内容的现代化。

6) 精心选择例题、思考题和习题,重视题目的典型性和代表性

学习大学物理,解题难已经成为理工科学生普遍存在的问题。为此,教材对例题的分析和解答上尽可能做到详细,突出解题的思路和方法;在例题和习题的选择上不选难题、偏题和怪题,注重例题的典型性和代表性,注重习题对相关知识的覆盖,以使学生通过练习,全面地理解和掌握所学物理知识。在习题的形式上也力求多样化,有思考题、填空题、选择题、计算题和证明题。所选例题和习题尽可能突出基本训练和基本的物理原理的应用,以突破教材中的难点和加强重点内容的学习为目的;在题目的内容上尽可能与社会生活、工程技术和现代科技相联系。

7) 优化教材的编排方式,方便教学和学习

为了使学生更好地理解和掌握大学物理的基本知识、基本概念和基本原理,我们将每章的思考题直接编排到相关内容之后,而不是像一般教材那样放在章末。这样编排的最大优点在于能提示学生,解答和分析这些思考题所涉及的知识就是最近一节或几节的内容,有较强的针对性,有利于引导学生及时思考和加强训练所学内容,通过这些思考题的分析与解答,进一步深刻理解相关物理概念、物理规律,掌握相关物理知识。此次修订,适当地调整了教材总体安排,如将相对论部分调整到上册。

本教材编写及修订分工如下:熊天信编写第1~7、18章和附录;蒋德琼编写第10~13章;冯一兵编写第8、9、17章;李敏惠编写第14~16章;王力对第14~16章内容进行了修订。熊天信负责全书的统稿工作。

本教材在编写过程中,得到了四川师范大学领导和有关教师的大力支持,他们提出了一些建设性的建议和意见,在此表示衷心感谢。本教材在编写过程中参考了国内外许多优秀的教材和文献,引用了其中一些内容,在此就不一一罗列,编者对这些作者一并表示感谢。

为了方便教学和学习,我们还根据教材内容重新制作了电子教案,使用教材单位若有需要,请与清华大学出版社或作者联系。尽管对教材做了大量的修改,使之更加完善,但由于作者水平所限,疏漏和不足之处在所难免,恳请广大读者不吝批评指正,以使本教材的质量能得到进一步提高。

作 者

2025年2月于四川师范大学

目录

第1篇 经典力学

第1章 质点运动学 ... 3

- 1.1 质点 参考系和坐标系 ... 3
  - 1.1.1 质点 ... 3
  - 1.1.2 参考系 ... 4
  - 1.1.3 坐标系 ... 4
- 1.2 质点运动的描述 ... 5
  - 1.2.1 位置矢量和位移 运动方程 ... 5
  - 1.2.2 速度 ... 6
  - 1.2.3 加速度 ... 7
  - 1.2.4 法向加速度与切向加速度 ... 10
  - 1.2.5 圆周运动的角量表示 ... 13
- 1.3 质点运动学的基本问题 ... 15
- 1.4 相对运动 ... 18
- 习题 ... 20

第2章 牛顿运动定律 ... 24

- 2.1 牛顿运动三定律 ... 24
  - 2.1.1 牛顿第一定律 ... 25
  - 2.1.2 牛顿第二定律 ... 27
  - 2.1.3 牛顿第三定律 ... 28
  - 2.1.4 牛顿运动定律的适用范围 ... 28
- 2.2 几种常见的力 ... 29
  - 2.2.1 弹性力 ... 29
  - 2.2.2 摩擦力 ... 30
  - 2.2.3 万有引力 ... 31
  - 2.2.4 四种基本相互作用力 ... 33
- 2.3 牛顿运动定律的应用 ... 34
  - 2.3.1 应用牛顿运动定律解决力学问题的基本方法 ... 34
  - 2.3.2 应用举例 ... 35
- 2.4 伽利略相对性原理 非惯性参考系 ... 39
  - 2.4.1 伽利略相对性原理 ... 39
  - 2.4.2 非惯性参考系与惯性力 ... 39

2.4.3 惯性离心力及其应用 ········· 41
习题 ································ 45

第3章 能量与动量 ················ 49

3.1 功 质点动能定理 ············ 49
3.1.1 功 ························ 49
3.1.2 质点动能定理 ············ 52

3.2 保守力与非保守力做功特点 势能 ··· 53
3.2.1 弹力、重力和万有引力做功的特点 ··· 53
3.2.2 保守力与非保守力 ········ 55
3.2.3 势能 ···················· 55
3.2.4 重力势能和引力势能的关系 ··· 56
3.2.5 势能曲线 ················ 57

3.3 机械能守恒定律 能量守恒定律 ··· 58
3.3.1 质点系动能定理 ·········· 59
3.3.2 质点系的功能原理 ········ 59
3.3.3 机械能守恒定律 ·········· 60
3.3.4 黑洞 ···················· 62
3.3.5 能量守恒定律 ············ 64

3.4 伯努利方程及应用 ············ 64
3.4.1 理想流体的定常流动 ······ 65
3.4.2 连续性原理 ·············· 65
3.4.3 伯努利方程 ·············· 66
3.4.4 伯努利方程的应用 ········ 66

3.5 质点与质点系的动量定理 ······ 68
3.5.1 动量 ···················· 68
3.5.2 冲量 ···················· 68
3.5.3 质点的动量定理 ·········· 70
3.5.4 质点系的动量定理 ········ 72
3.5.5 变质量质点的运动 火箭飞行原理 ··· 73

3.6 动量守恒定律及应用 ·········· 76
3.6.1 动量守恒定律 ············ 76
3.6.2 对心碰撞 ················ 78

3.7 质心 质心运动定律 ·········· 81
3.7.1 质心 ···················· 81
3.7.2 质心运动定律 ············ 82

习题 ································ 84

第4章 刚体力学基础 ·············· 89

4.1 刚体运动的描述 ·············· 89
4.1.1 刚体的概念 ·············· 89
4.1.2 刚体的平动和转动 ········ 89
4.1.3 刚体定轴转动运动学 ······ 91

4.2 刚体定轴转动动力学 ······ 93
4.2.1 力矩 ······ 93
4.2.2 刚体定轴转动定律 ······ 95
4.2.3 转动惯量及计算 ······ 96
4.2.4 刚体定轴转动定律的应用 ······ 98
4.3 刚体定轴转动的功和能 ······ 101
4.3.1 力矩的功 ······ 101
4.3.2 刚体定轴转动的动能 ······ 102
4.3.3 刚体定轴转动的动能定理 ······ 102
4.3.4 刚体的重力势能 ······ 103
4.4 刚体定轴转动的角动量 ······ 104
4.4.1 质点的角动量 ······ 105
4.4.2 刚体对定轴的角动量 ······ 105
4.4.3 刚体定轴转动的角动量定理 ······ 106
4.4.4 角动量守恒定律及应用 ······ 107
习题 ······ 111

第 2 篇 机械振动和机械波

第 5 章 机械振动 ······ 119

5.1 简谐振动的描述 ······ 119
5.1.1 简谐振动 ······ 119
5.1.2 简谐运动的动力学方程 ······ 119
5.1.3 描述简谐运动的物理量 ······ 121
5.1.4 振幅和初相位的确定 ······ 123
5.2 简谐振动的旋转矢量表示法 ······ 126
5.3 简谐振动的能量 ······ 129
5.3.1 振动的动能和势能 ······ 129
5.3.2 振动的能量平均值 ······ 129
5.4 同方向的简谐振动的合成 ······ 130
5.4.1 同方向同频率的两个简谐振动的合成 ······ 130
5.4.2 同方向不同频率的两个简谐振动的合成——拍 ······ 133
5.5 相互垂直的简谐振动的合成 ······ 134
5.6 阻尼振动 ······ 136
5.7 受迫振动和共振 ······ 138
5.7.1 受迫振动 ······ 138
5.7.2 共振及其应用 ······ 139
习题 ······ 141

第 6 章 机械波 ······ 145

6.1 机械波的产生和传播 ······ 145
6.1.1 机械波产生的条件 ······ 145
6.1.2 机械波的形成和传播 ······ 145

       6.1.3 波面与波线 ……………………………………………………… 147
       6.1.4 描述波的特征量 …………………………………………………… 147
   6.2 平面简谐波及其描述 ……………………………………………………………… 151
       6.2.1 平面简谐波的波动方程 …………………………………………… 151
       6.2.2 波动方程的物理意义 ……………………………………………… 152
   6.3 波的能量和能流 …………………………………………………………………… 156
       6.3.1 波的能量和能量密度 ……………………………………………… 156
       6.3.2 波的能流和能流密度 ……………………………………………… 158
   6.4 声波及其应用 ……………………………………………………………………… 159
       6.4.1 声速 ………………………………………………………………… 159
       6.4.2 声强与声强级 ……………………………………………………… 159
       6.4.3 声压和声压级 ……………………………………………………… 160
       6.4.4 声音的三要素 ……………………………………………………… 161
       6.4.5 声波的应用 ………………………………………………………… 162
   6.5 惠更斯原理 波的干涉 …………………………………………………………… 162
       6.5.1 波的叠加原理 ……………………………………………………… 162
       6.5.2 惠更斯原理 ………………………………………………………… 163
       6.5.3 波的干涉 …………………………………………………………… 164
   6.6 驻波 ………………………………………………………………………………… 167
       6.6.1 驻波的形成 ………………………………………………………… 167
       6.6.2 驻波方程 …………………………………………………………… 167
       6.6.3 振动的简正模式 …………………………………………………… 169
       6.6.4 半波损失 …………………………………………………………… 170
   6.7 多普勒效应 ………………………………………………………………………… 172
       6.7.1 波源不动,观察者运动 …………………………………………… 172
       6.7.2 观察者不动,波源运动 …………………………………………… 172
       6.7.3 波源和观察者均运动 ……………………………………………… 173
   习题 ……………………………………………………………………………………… 174

第3篇 相 对 论

第7章 相对论基础 ……………………………………………………………………… 181
   7.1 狭义相对论产生的历史背景和实验基础 ………………………………………… 181
       7.1.1 历史背景 …………………………………………………………… 181
       7.1.2 迈克耳孙-莫雷实验 ………………………………………………… 182
   7.2 狭义相对论的基本假设与洛伦兹变换 …………………………………………… 183
       7.2.1 狭义相对论的两个基本假设 ……………………………………… 183
       7.2.2 洛伦兹变换 ………………………………………………………… 184
   7.3 狭义相对论的时空观 ……………………………………………………………… 186
       7.3.1 相对论时空理论不破坏因果律 …………………………………… 186
       7.3.2 同时的相对性 ……………………………………………………… 187
       7.3.3 长度收缩 …………………………………………………………… 188
       7.3.4 时间膨胀 …………………………………………………………… 189

- 7.4 狭义相对论速度变换 ... 190
- 7.5 狭义相对论动力学基础 ... 191
  - 7.5.1 质量与速度的关系 ... 192
  - 7.5.2 相对论质点动力学方程 ... 192
  - 7.5.3 质能关系 ... 193
  - 7.5.4 能量和动量关系 ... 194
- 7.6 广义相对论简介 ... 195
  - 7.6.1 广义相对论的两个基本原理 ... 195
  - 7.6.2 惯性质量和引力质量 ... 196
  - 7.6.3 惯性力与引力的等效 ... 197
  - 7.6.4 广义相对论的实验检验 ... 197
- 习题 ... 199

第4篇 热 学

第8章 气体动理论 ... 205

- 8.1 气体动理论的基本观点 ... 205
- 8.2 状态 状态参量 理想气体的状态方程 ... 206
  - 8.2.1 热力学系统 ... 206
  - 8.2.2 平衡态 ... 207
  - 8.2.3 描述气体系统的状态参量 ... 207
  - 8.2.4 理想气体的三大实验定律 ... 208
  - 8.2.5 理想气体的状态方程 ... 209
- 8.3 理想气体的压强 ... 211
  - 8.3.1 理想气体的微观模型 ... 211
  - 8.3.2 统计假设 ... 211
  - 8.3.3 理想气体的压强公式 ... 211
- 8.4 能量均分定理 理想气体的内能 ... 213
  - 8.4.1 温度的本质和统计意义 ... 213
  - 8.4.2 分子的自由度 ... 214
  - 8.4.3 能量均分定理 ... 215
  - 8.4.4 理想气体的内能 ... 216
- 8.5 气体分子的速率分布 ... 218
  - 8.5.1 大量随机事件的统计规律性 ... 218
  - 8.5.2 速率分布函数 ... 219
  - 8.5.3 麦克斯韦速率分布律 ... 220
  - 8.5.4 三种统计速率 ... 220
  - 8.5.5 麦克斯韦速率分布曲线的性质 ... 221
  - 8.5.6 麦克斯韦速率分布律的实验验证 ... 223
- 8.6 气体分子的平均自由程和碰撞频率 ... 224
  - 8.6.1 分子的平均自由程和平均碰撞频率的含义 ... 224
  - 8.6.2 平均自由程与平均碰撞频率之间的关系 ... 224
- 习题 ... 226

第 9 章 热力学基础 229

9.1 功 热量和系统内能的改变 229
9.1.1 准静态过程的功 229
9.1.2 热量 230
9.1.3 系统内能的改变 231

9.2 热力学第一定律及其应用 232
9.2.1 热力学第一定律 232
9.2.2 等体过程 233
9.2.3 等压过程 234
9.2.4 等温过程 236
9.2.5 绝热过程 236

9.3 循环过程 卡诺循环 239
9.3.1 循环过程 239
9.3.2 热机及其效率 240
9.3.3 制冷机 241
9.3.4 卡诺循环 242

9.4 热力学第二定律 卡诺定理 245
9.4.1 热力学第二定律 245
9.4.2 可逆过程和不可逆过程 246
9.4.3 卡诺定理 247

9.5 熵和熵增加原理 248
9.5.1 克劳修斯等式 248
9.5.2 熵增加原理 249
9.5.3 热力学第二定律的统计意义 252

习题 257

习题答案 261

附录 268

第 1 篇

经 典 力 学

经典力学简称力学,是研究宏观物体在力的作用下的形变及其作低速机械运动时的现象和规律的学科。宏观是相对于原子等微观粒子而言;低速是相对于光速而言。物体的空间位置随时间的变化称为机械运动。从物体受力和运动状态的角度,力学可分为静力学、运动学和动力学三部分。静力学研究力的平衡或物体的静止问题;运动学只讨论物体怎样运动,不涉及运动与所受力的关系;动力学讨论物体的运动和所受力的关系。力学也可按所研究对象区分为固体力学、流体力学和一般力学等分支。力学是物理学、天文学和许多工程学的基础。

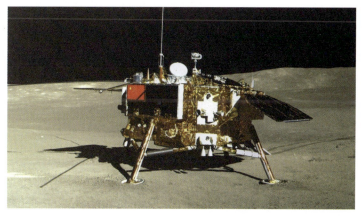

"嫦娥四号"成功着陆月球背面

力学知识最早起源于对自然现象的观察和在生产劳动中的经验,人们在上古时期就积累了相当丰富的力学知识。但是对力和运动之间的关系,只是在欧洲文艺复兴时期以后,人们才逐渐有了正确的认识。16—17世纪人们开始通过科学实验,对力学现象进行准确的研究。许多物理学家和天文学家,如哥白尼、布鲁诺、伽利略、开普勒等,做了很多艰巨的工作,使力学逐渐摆脱传统观念的束缚,并取得了很大的进展。

英国物理学家艾萨克·牛顿在前人研究和实践的基础上,经过长期的实验观测、数学计算和深入思考,提出了力学运动三大定律和万有引力定律,把天体力学和地球上物体的力学统一起来,建立了系统的经典力学基础理论。概括来说,经典力学是由伽利略及其所在时代的其他优秀物理学家奠基,由牛顿正式建立起来的。此后力学便蓬勃发展起来,发展了许多新的力学理论和力学分支,解决了工程技术中大量的关键性问题。

名人名言

判天地之美,析万物之理。

——庄子(中国)

学而不思则罔,思而不学则殆。

——孔子(中国)

学习知识要善于思考,思考,再思考,我就是靠这个方法成为科学家的。

——爱因斯坦(美国)

数学方程是自然法则的速记,但法则本身是思想。

——薛定谔(奥地利)

不知道自己无知,乃是双倍的无知。

——柏拉图(古希腊)

科学的真理不应在古代圣人的蒙着灰尘的书上去找,而应该在实验中和以实验为基础的理论中去找。真正的哲学是写在那本经常在我们眼前打开着的最伟大的书里面的。这本书就是宇宙,就是自然本身,人们必须去读它。

——伽利略(意大利)

物理定津不能单靠"思维"来获得,还应致力于观察和实验。

——普朗克(德国)

请允许我说明我讲这门课的主要目的。我的目的不是教你们如何应付考试,甚至不是让你们掌握这些知识,以便更好地为今后你们面临的工业或军事工作服务。我最希望的是,你们能够像真正的物理学家一样,欣赏到这个世界的美妙。物理学家们看待这个世界的方式,我相信,是这个现代化时代真正文化内涵的主要部分。也许你们学会的不仅仅是如何欣赏这种文化,甚至也愿意参加到这个人类思想诞生以来最伟大的探索中来。

——费曼(美国)

应对国际科技竞争、实现高水平自立自强,推动构建新发展格局、实现高质量发展,迫切需要我们加强基础研究,从源头和底层解决关键技术问题。

——习近平(中国)

第 1 章 质点运动学

物质的运动有各种各样的运动形式,其中机械运动是这些运动中最简单、最常见的运动形式。质点运动学(kinematics)是从几何的角度(指不涉及物体本身的物理性质和加在物体上的力)描述和研究物体位置随时间的变化规律的力学分支,它不涉及质点运动变化的原因。

1.1 质点 参考系和坐标系

1.1.1 质点

物体都有一定的形状和大小,运动方式又都各不相同。如果物体在所研究的问题中,其形状、大小无关紧要,那么,我们就可把物体当作一个有一定质量的点,这样的点叫作**质点**(mass point)。

实际的物理现象和物理规律一般都是十分复杂的,涉及许多因素,质点是经过科学抽象而形成的**物理模型**。所谓物理模型,是人们为了研究物理问题的方便和探讨物理事物的本身而对研究对象所作的一种简化描述,是以观察和实验为基础,采用理想化的办法所创造的,能再现事物本质和内在特性的一种假想物体,是对实际问题的抽象。理想化的物理模型既是物理学赖以建立的基本思想方法,又是应用物理学解决实际问题的重要途径和方法,这种方法的思维过程要求通过分析实际问题中研究对象的条件、物理过程的特征,才能建立与之相适应的物理模型。在研究实际物理现象和物理规律时,往往舍弃次要因素和次要矛盾,抓住主要因素和主要矛盾,从而突出客观事物的本质特征。

每一个模型的建立都有一定的条件和使用范围,在学习和应用模型解决问题时,要弄清模型的使用条件,根据实际情况加以运用。因此,能否把物体当作质点是有条件的、相对的,而不是无条件的、绝对的,因而对具体情况要作具体分析。例如,研究地球绕太阳公转时,由于地球到太阳的平均距离约为地球半径的 10^4 倍,故地球上各点相对于太阳的运动可以看作是相同的,所以在研究地球公转时,可以把地球当作质点。但是,在需要研究地球自转时,球内各点的运动差别很大,这时就不能再把地球当作质点处理了;又比如,在研究分子的运动且不考虑其转动时,可将其看成一个质点,而要研究其转动时,则又不能将其看成一个质点。所以,不是小尺度的物体就可以看成质点,也不是大尺度的物体就不可以看成质点,物体是否可看成质点要根据具体研究情况而定。只有物体的形状和大小在所研究的问题中属于无关因素或次要因素,即物体的形状和大小在所研究的问题中影响很小或可忽略时,即在我们可容忍的误差范围内,物体才被看作质点。

应当指出的是,把物体视为质点这种抽象的研究方法,在实践上和理论上都有重要意义的。当我们所研究的运动物体不能视为质点时,可把整个物体看成是由许多质点组成的质点系,弄清这些质点的运动,就弄清楚了整个物体的运动。所以,研究质点的运动是研究物体运动的基础。

> **感悟·启迪**
>
> 唯物辩证法认为:在复杂事物的发展过程中,存在着许多矛盾,其中必有一种矛盾,它的存在和发展,决定或影响着其他矛盾的存在和发展,这种在事物发展过程中处于支配地位,对事物发展起决定作用的矛盾就是主要矛盾,其他矛盾处于从属地位。对事物发展不起决定作用的矛盾,则是次要矛盾。主要矛盾和次要矛盾相互依赖,相互影响,并在一定条件下相互转化。物理学的模型方法正是这一哲学原理的体现。
>
> 从方法论上看,做事情要着重把握主要矛盾,抓重点、抓中心、抓关键;但又不忽视次要矛盾的解决,要统筹兼顾。办事情既要反对不分主次,"眉毛胡子一把抓",又要反对只抓主要矛盾,忽略次要矛盾的"单打一"。大学生当前的主要矛盾是学习,同时适当参与其他活动,全方位锻炼自己。

1.1.2 参考系

在自然界中所有的物体都在不停地运动,绝对静止不动的物体是不存在的。在观察一个物体的位置及位置的变化时,总要选取其他物体作为标准,选取的标准物不同,对物体运动情况的描述也就不同,这就是运动描述的相对性。

不同参照系中的运动

神舟八号与天宫一号交会对接

为描述物体的运动而被选作标准的另一个物体叫作**参考系**(reference frame)。选择不同的参考系对同一物体运动情况的描述是不同的。如电影《闪闪的红星》插曲《红星照我去战斗》有这样两句歌词:"小小竹排江中游,巍巍青山两岸走",反映了船上的人选地面和选江水为参考系时,观察到的结果不同;我国古代诗歌中也有不少反映运动的相对性的诗句,如:"满眼风光多闪烁,看山恰似走来迎;仔细看山山不动,是船行""空手把锄头,步行骑水牛;人从桥上过,桥流水不流""飞花两岸照船红,百里榆堤半日风,卧看满天云不动,不知云与我俱东"。因此,在说明物体的运动情况时,必须指明是对什么参考系而言的。参考系的选择是任意的,但讨论物理问题时应当选择使所讨论的问题简单的参考系。在讨论地面上物体的运动时,通常选择地球作为参考系。

> **感悟·启迪**
>
> 孤立地看待一件事物往往会由于缺乏参照物,从而难以抓住事物的特点。正如我们去了解一个人,通常是通过将这个人与其他人比较,然后发现他的特点与个性。

1.1.3 坐标系

在选定了参考系以后,我们就可以定性描述物体是运动的还是静止的,但要定量描述物体的位置、速度等,只有参考系是不够的,还要在参考系上建立一个**坐标系**(coordinate system)。为确定空间一点的位置,按规定方法选取的有次序的一组数据就叫作"坐标"。在某一问题中规定坐标的方法,就是该问题所用的坐标系。最常用的坐标系是直角坐标系(图1-1(a)),它有三条互相垂直的坐标轴(x轴、y轴、z轴)。另外,常用的还有极坐标系、柱面坐标系(图 1-1(b))、球面坐标系(图 1-1(c))等。在解决物理问题时,要根据需要选择适当的坐标系。

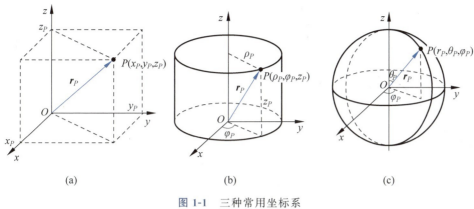

图 1-1 三种常用坐标系
(a)直角坐标系;(b)柱面坐标系;(c)球面坐标系

思考题

1-1 平常说的"风速""飞机的航速""水的流速""地球的公转速度"是什么物体相对于什么参考系运动？有时提到物体的运动,但没有指明参考系,在这种情况下,参考系一般是指什么？举几个例子说明。

1-2 战国《吕氏春秋·察今》记载一则"刻舟求剑"(图 1-2)的故事。故事原意是讽刺不懂事物已发展变化而静止地看问题的人。试从物理学的观点分析刻舟求剑者犯了什么错误？

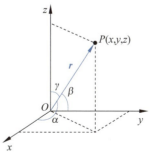

图 1-2 刻舟求剑

1.2 质点运动的描述

1.2.1 位置矢量和位移　运动方程

1. 位置矢量

在直角坐标系中,在某时刻质点位于 P 点的位置可用 x、y 和 z 表示,也可用从坐标原点向质点的位置所引的有向线段 $\boldsymbol{r}$ 表示,$\boldsymbol{r}$ 称为 位置矢量(position vector),简称位矢。如图 1-3 所示,由图中可看出,位矢 $\boldsymbol{r}$ 可表示为

$$\boldsymbol{r} = x\boldsymbol{i} + y\boldsymbol{j} + z\boldsymbol{k} \tag{1-1}$$

式中,$\boldsymbol{i}$,$\boldsymbol{j}$,$\boldsymbol{k}$ 分别为 x、y 和 z 轴方向的 单位矢量(unit vector)。位矢的大小为

$$r = |\boldsymbol{r}| = \sqrt{x^2 + y^2 + z^2} \tag{1-2}$$

图 1-3 位置矢量

位矢的方向余弦分别为

$$\cos\alpha = \frac{x}{r}, \quad \cos\beta = \frac{y}{r}, \quad \cos\gamma = \frac{z}{r} \tag{1-3}$$

式中，$α、β、γ$ 是位矢 r 分别与 $x、y$ 和 z 轴正方向的夹角。

2. 位移和路程

在如图 1-4 的直角坐标系中，有一质点沿曲线运动，t_1 时刻位于 A 点，t_2 时刻位于 B 点，质点相对原点 O 的位矢由 r_A 变为 r_B。显然，在时间间隔 $\Delta t = t_2 - t_1$ 内，位矢的大小和方向都发生了变化。我们将由起始点 A 指向终点 B 的有向线段 $\overrightarrow{AB}$ 称为 A 点到 B 点的位移矢量，简称位移 (displacement)。位移 $\overrightarrow{AB}$ 反映了质点位矢的变化。如把 $\overrightarrow{AB}$ 写作 Δr，则 Δt 时间内质点从 A 点到 B 点的位移为

$$\Delta r = r_B - r_A \tag{1-4}$$

在直角坐标系中，它亦可写成

$$\begin{aligned}\Delta r &= r_B - r_A \\ &= (x_B - x_A)i + (y_B - y_A)j + (z_B - z_A)k \\ &= \Delta x i + \Delta y j + \Delta z k\end{aligned} \tag{1-5}$$

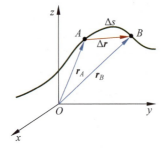

图 1-4 位移与路程

位移的大小为

$$\begin{aligned}|\Delta r| &= \sqrt{(x_B - x_A)^2 + (y_B - y_A)^2 + (z_B - z_A)^2} \\ &= \sqrt{(\Delta x)^2 + (\Delta y)^2 + (\Delta z)^2}\end{aligned}$$

位移的方向余弦分别为

$$\cos α = \frac{\Delta x}{|\Delta r|}, \quad \cos β = \frac{\Delta y}{|\Delta r|}, \quad \cos γ = \frac{\Delta z}{|\Delta r|}$$

应当注意的是，质点的位矢是与坐标原点的选取有关的物理量，而位移与坐标原点的选取无关。质点的位移是描述质点位置变化的物理量，是一个矢量，并非质点所经历的路程(distance)。如在图 1-4 中，曲线所示的路径是质点实际运动的轨迹，A 点到 B 点的轨迹长度 Δs 为质点所经历的路程，而位移则是 Δr，所以，一般情况下，$|\Delta r| \neq \Delta s$。例如，当质点经一闭合路径回到原来的起始位置时，其位移为零，而路程则不为零。所以，质点的位移和路程是两个完全不同的概念。只有在 Δt 很小的极限情况下，位移的大小 $|dr|$ 才可视为与路程 ds 没有区别。另外，一般情况下 $|\Delta r| \neq \Delta r$，因为 $\Delta r = |r_B| - |r_A|$，因此在书写时，不能随便地将 $|\Delta r|$ 写成 Δr。

位移与路程的国际单位都是米(m)，常用单位有光年(ly)、千米(km)、厘米(cm)、毫米(mm)等。

3. 运动方程

在图 1-3 中，如果质点是运动的，则 P 点的坐标将随时间变化。在直角坐标系中，P 点在 t 时刻的位矢可表示为

$$r(t) = x(t)i + y(t)j + z(t)k \tag{1-6}$$

这就是质点的运动方程(equations of motion)。

将式(1-6)的矢量形式的运动方程写成标量形式：

$$x = x(t), \quad y = y(t), \quad z = z(t) \tag{1-7}$$

将标量形式的运动方程中的参数 t 消去，可得到质点运动的轨迹方程。如果质点的运动轨迹是直线，则称其为直线运动；如果质点的运动轨迹是曲线，则称其为曲线运动。

1.2.2 速度

为了描述质点运动快慢及运动方向，需引入速度(velocity)的概念。设在 Δt 时间内

质点的位移为 $\Delta \boldsymbol{r}$，则在这段时间内质点运动的平均速度（average velocity）为

$$\bar{\boldsymbol{v}} = \frac{\Delta \boldsymbol{r}}{\Delta t} = \frac{\Delta x}{\Delta t}\boldsymbol{i} + \frac{\Delta y}{\Delta t}\boldsymbol{j} + \frac{\Delta z}{\Delta t}\boldsymbol{k} = \bar{v}_x \boldsymbol{i} + \bar{v}_y \boldsymbol{j} + \bar{v}_z \boldsymbol{k} \tag{1-8}$$

其中，$\bar{v}_x$、$\bar{v}_y$ 和 $\bar{v}_z$ 分别是平均速度 $\bar{\boldsymbol{v}}$ 在 x、y 和 z 轴方向的分量。平均速度 $\bar{\boldsymbol{v}}$ 的方向与 $\Delta \boldsymbol{r}$ 的方向相同。

在描述质点的运动时，常采用速率（speed）这个物理量。我们把路程 Δs 与质点运动所历时间 Δt 的比值 $\frac{\Delta s}{\Delta t}$ 叫作质点在 Δt 时间内的平均速率（average speed），即平均速率定义为

$$\bar{v} = \frac{\Delta s}{\Delta t} \tag{1-9}$$

平均速率是一个标量，等于质点在单位时间内所通过的路程，不考虑质点的运动方向，因此不能把平均速率与平均速度等同起来。例如，当质点在一段时间内沿某一路径运动又回到出发点时，其平均速度为零，但其平均速率不等于零。

在描述质点的运动时，只有平均速度、平均速率是不够的，我们常常还需要知道质点在某时刻或某位置的瞬时速度（instantaneous velocity），瞬时速度简称速度。当 $\Delta t \to 0$ 时，平均速度的极限值称为速度，即

$$\boldsymbol{v} = \lim_{\Delta t \to 0} \frac{\Delta \boldsymbol{r}}{\Delta t} = \frac{\mathrm{d}\boldsymbol{r}}{\mathrm{d}t} \tag{1-10}$$

由此可见，速度等于位矢 $\boldsymbol{r}$ 对时间 t 的一阶导数。速度 $\boldsymbol{v}$ 的方向是当 $\Delta t \to 0$ 时，平均速度 $\frac{\Delta \boldsymbol{r}}{\Delta t}$ 或 $\Delta \boldsymbol{r}$ 的极限方向。当 $\Delta t \to 0$ 时，位移 $\Delta \boldsymbol{r}$ 趋于轨道上质点所在处的切线方向。所以，质点在任一时刻的速度方向总是和这个时刻质点所在处的轨道曲线相切，并指向运动方向。速度的国际单位是米/秒（m/s）。由于在直角坐标系中 $\boldsymbol{r} = x\boldsymbol{i} + y\boldsymbol{j} + z\boldsymbol{k}$，所以式（1-10）又可写为

$$\boldsymbol{v} = \frac{\mathrm{d}x}{\mathrm{d}t}\boldsymbol{i} + \frac{\mathrm{d}y}{\mathrm{d}t}\boldsymbol{j} + \frac{\mathrm{d}z}{\mathrm{d}t}\boldsymbol{k} = v_x \boldsymbol{i} + v_y \boldsymbol{j} + v_z \boldsymbol{k} \tag{1-11}$$

其中，v_x、v_y 和 v_z 分别是质点沿 x、y 和 z 轴方向运动的速度。由式（1-11）可得在直角坐标系中速度的三个分量 v_x、v_y 和 v_z 分别为

$$v_x = \frac{\mathrm{d}x}{\mathrm{d}t}, \quad v_y = \frac{\mathrm{d}y}{\mathrm{d}t}, \quad v_z = \frac{\mathrm{d}z}{\mathrm{d}t} \tag{1-12}$$

速度的大小即速率为

$$v = \sqrt{v_x^2 + v_y^2 + v_z^2} = \sqrt{\left(\frac{\mathrm{d}x}{\mathrm{d}t}\right)^2 + \left(\frac{\mathrm{d}y}{\mathrm{d}t}\right)^2 + \left(\frac{\mathrm{d}z}{\mathrm{d}t}\right)^2} \tag{1-13}$$

因为 $\Delta t \to 0$ 时，$|\mathrm{d}\boldsymbol{r}| = \mathrm{d}s$，所以速率也可表示为

$$v = |\boldsymbol{v}| = \frac{|\mathrm{d}\boldsymbol{r}|}{\mathrm{d}t} = \frac{\mathrm{d}s}{\mathrm{d}t} \tag{1-14}$$

1.2.3 加速度

速度是一个矢量。在曲线运动中，速度的变化有三种情况：一是速度的大小变化，二是速度的方向变化，三是两者都变化。无论哪种情况，都表示速度发生了变化。为了描述质点速度的变化快慢情况，我们引入加速度（acceleration）的概念。

如图 1-5 所示，设质点在 A 点的速度为 $\boldsymbol{v}_A$，在 B 点的速度为 $\boldsymbol{v}_B$，质点从 A 到 B 运动的时间为 Δt，在 Δt 时间内，质点速度的增量为 $\Delta \boldsymbol{v} = \boldsymbol{v}_B - \boldsymbol{v}_A$，则它在单位时间内速度的

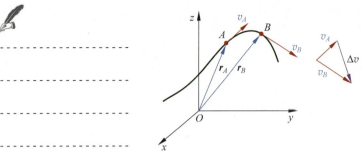

图 1-5 速度的增量

增量即**平均加速度**(average acceleration)为

$$\bar{a} = \frac{\Delta v}{\Delta t} \tag{1-15}$$

平均加速度只能粗略地反映质点在 Δt 时间内加速度的大小,为了精确地描述质点在某一时刻或某一位置的速度的变化率,必须在平均加速度的基础上引入瞬时加速度(简称加速度)的概念,瞬时加速度定义为

$$a = \lim_{\Delta t \to 0} \frac{\Delta v}{\Delta t} = \frac{\mathrm{d}v}{\mathrm{d}t} = \frac{\mathrm{d}^2 r}{\mathrm{d}t^2} \tag{1-16}$$

可见,质点在某时刻的加速度等于该时刻质点的速度对时间的一阶导数,或者是位矢对时间的二阶导数。a 也是矢量,它的方向是 $\Delta t \to 0$ 时,Δv 的方向。

在直角坐标系中,利用式(1-16)可得

$$a = \frac{\mathrm{d}v}{\mathrm{d}t} = \frac{\mathrm{d}v_x}{\mathrm{d}t}i + \frac{\mathrm{d}v_y}{\mathrm{d}t}j + \frac{\mathrm{d}v_z}{\mathrm{d}t}k = \frac{\mathrm{d}^2 x}{\mathrm{d}t^2}i + \frac{\mathrm{d}^2 y}{\mathrm{d}t^2}j + \frac{\mathrm{d}^2 z}{\mathrm{d}t^2}k$$

$$= a_x i + a_y j + a_z k \tag{1-17}$$

表 1-1 给出了一些运动物体的加速度。

表 1-1 一些运动物体的加速度

运 动 物 体	加速度/(m/s²)
梅西耶 82 星系(M82)喷射反冲加速度	10×10^{-15}
一个年轻恒星喷出射流时的反冲加速度	10×10^{-12}
太阳绕银河系旋转的加速度	2×10^{-10}
地球自转时赤道上的向心加速度	3.3×10^{-2}
地铁列车加速度	1.3
月球表面的重力加速度	1.6
一辆汽车或摩托车发动机驱动车轮最高加速度	15
火箭起飞	20~90
加速跑的猎豹	32
水星表面的重力加速度	25
加速飞行的苍蝇	100
触发汽车安全气囊所需的加速度	360
网球撞击墙壁的加速度	1×10^5
子弹在步枪中加速	2×10^6
最快的离心机	1×10^8
大型质子加速器	9×10^{13}

注 本表摘自 Christoph Schiller. *Motion Mountain—the Adventure of Physics*.

物理学家简介

伽 利 略

伽利略(Galileo Galilei,1564—1642)(图 1-6)是意大利物理学家和天文学家,近代科学革命的先驱。历史上,他首先在科学实验的基础上融会贯通了数学、物理学和天文学三门知识,扩大、加深并改变了人类对物质运动和宇宙的认识。为了证实和传播哥白尼的日心说,伽利略献出了毕生精力。为此,他晚年受到教会迫害,1633 年被罗马宗教裁判所判处终身监禁。1638 年以后,他双目逐渐失明,晚景凄凉。300 多年后,1979 年 11 月 10 日,罗马教皇公开宣布取消对伽利略的判决:1633 年对伽利略的宣判是不公正的。他以系统的实验和观察推翻了以亚里士多德为代表的、纯属思辨的传统的自然观,开创了以实验事实为根据并具有严密逻辑体系的近代科学。因此,他被称为"近代科学之父"。他的工作,为艾萨克·牛顿的力学体系的建立奠定了基础。

图 1-6 伽利略肖像

伽利略的科学成就主要有:倡导数学与实验相结合的研究方法,这种研究方法是他在科学上取得伟大成就的源泉,也是他对近代科学的最重要贡献;第一次提出惯性概念,并首先把外力和"引起加速或减速的外部原因"即运动的改变联系起来,他指出"一个运动的物体,假如有了某种速度以后,只要没有增加或减小速度的外部原因,便会始终保持这种速度——这个条件只有在水平的平面上才有可能,……"。第一次提出惯性参考系的概念;在研究自由落体运动时提出加速度的概念;在弹道的研究中,伽利略发现水平与垂直两方向的运动各具有独立性运动,从而发现了运动的独立性原理,并用平行四边形法分解和合成运动;发现单摆周期性质;伽利略通过观察闪电现象,认为光速是有限的,并设计了测量光速的掩灯方案。他还发明了温度计、望远镜等。为了纪念伽利略发明折射式望远镜 400 周年,联合国将 2009 年定为国际天文年。

伽利略

例 1-1

已知质点的运动方程为 $\boldsymbol{r}=(5\sin2\pi t\boldsymbol{i}+4\cos2\pi t\boldsymbol{j})$ m。求:(1) $t=0.25$ s 到 $t=1$ s 时间内的位移和平均速度;(2)质点在 1 s 末的速度和加速度;(3)质点的轨道方程。

解 (1) 分别将 $t=0.25$ s 和 $t=1$ s 代入质点的运动方程得

$$\boldsymbol{r}_1=5\boldsymbol{i} \text{ m}, \quad \boldsymbol{r}_2=4\boldsymbol{j} \text{ m}$$

$t=0.25$ s 到 $t=1$ s 时间内的位移为

$$\Delta \boldsymbol{r}=\boldsymbol{r}_2-\boldsymbol{r}_1=(-5\boldsymbol{i}+4\boldsymbol{j}) \text{ m}$$

$t=0.25$ s 到 $t=1$ s 时间内的平均速度为

$$\bar{\boldsymbol{v}}=\frac{\Delta \boldsymbol{r}}{\Delta t}=\frac{-5\boldsymbol{i}+4\boldsymbol{j}}{1-0.25} \text{ m}=\frac{1}{3}(-20\boldsymbol{i}+16\boldsymbol{j}) \text{ m/s}$$

(2) 质点在任意时刻的速度为

$$\boldsymbol{v}=\frac{\mathrm{d}\boldsymbol{r}}{\mathrm{d}t}=(10\pi\cos2\pi t\boldsymbol{i}-8\pi\sin2\pi t\boldsymbol{j}) \text{ m/s}$$

将 $t=1$ s 代入上式得质点在 1 s 末的速度为

$$\boldsymbol{v}=10\pi\boldsymbol{i} \text{ m/s}$$

质点在任意时刻的加速度为

$$\boldsymbol{a}=\frac{\mathrm{d}\boldsymbol{v}}{\mathrm{d}t}=(-20\pi^2\sin2\pi t\boldsymbol{i}-16\pi^2\cos2\pi t\boldsymbol{j}) \text{ m/s}^2$$

将 $t=1$ s 代入上式得质点在 1 s 末的加速度为

$$\boldsymbol{a}=-16\pi^2\boldsymbol{j} \text{ m/s}^2$$

(3) 由质点的运动方程得其参数方程为 $x=(5\sin2\pi t)$ m,$y=(4\cos2\pi t)$ m,消去参数 t 后得质点的运动方程为

$$\frac{x^2}{5^2}+\frac{y^2}{4^2}=1$$

例 1-2

图 1-7 是一台牛头刨床实物图，它是一种靠刀具的往复直线运动及工作台的间歇运动来完成工件的平切削加工的机床。图 1-8 是牛头刨床的摆动导杆机构简图，OA 作角速度为 ω 的匀速圆周运动，带动 $O'B$ 运动，位于 B 处的滑块带动刨刀，作直线往复运动，往复运动的刨刀切割固定在机床工作平台上的工件。求：(1) 滑块 B 的运动规律；(2) 滑块 B 的速度和加速度。

牛头刨

图 1-7　牛头刨床实物图

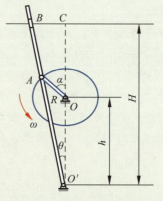
图 1-8　牛头刨床的摆动

解　(1) 选杆 OB 在 OO' 位置为起始位置，$\alpha = \omega t$，则由图形几何关系可得

$$\tan\theta = \frac{R\sin\alpha}{h + R\cos\alpha} = \frac{R\sin\omega t}{h + R\cos\omega t}$$

设 CB 的长度为 x，则有 $\tan\theta = \dfrac{x}{H}$，故滑块 B 的运动规律为

$$x = \frac{RH\sin\omega t}{h + R\cos\omega t}$$

(2) 滑块 B 的速度为

$$v = \frac{\mathrm{d}x}{\mathrm{d}t} = \frac{RH\omega(R + h\cos\omega t)}{(h + R\cos\omega t)^2}$$

滑块 B 的加速度为

$$a = \frac{\mathrm{d}^2 x}{\mathrm{d}t^2} = \frac{RH\omega^2 \sin\omega t}{(h + R\cos\omega t)^3}(2R^2 - h^2 + Rh\cos\omega t)$$

1.2.4　法向加速度与切向加速度

当运动质点的轨迹为曲线时，称质点作曲线运动。如果质点曲线运动的轨迹在一个平面上，则称其为平面曲线运动。对于一般的平面曲线运动，在直角坐标系中讨论质点的速度和加速度有时很不方便，这时常采用 **自然坐标系**（natural coordinates system）。所谓自然坐标系，是沿质点的运动轨迹建立的坐标系。质点在任意时刻的位置，可用它到轨迹上的固定点 O 的轨迹长度来表示。在自然坐标系中，切向单位矢量 e_t 沿质点所在点的轨道切线方向，法向单位矢量 e_n 则垂直于在同一点的切向单位矢量，可见，在一般情况下，这两个单位矢量的方向是随质点位置的不同而不同的，如图 1-9 所示。用自然坐标系研究质点的运动，最大的一个优点是不对速度进行分解，因为其速度的方向总是沿轨迹质点所在处的切线方向。

如图 1-10 所示，质点作平面曲线运动，在 Δt 时间内，质点由 A 点运动到 B 点，速度

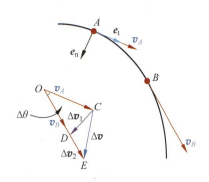

图 1-9　自然坐标系　　　　图 1-10　曲线运动的加速度

由 $\boldsymbol{v}_A$ 变为 $\boldsymbol{v}_B$，将矢量 $\boldsymbol{v}_B$ 平移与矢量 $\boldsymbol{v}_A$ 组成一个矢量三角形 OCE，在矢量 $\boldsymbol{v}_B$ 上截取长 $\overline{OD}=|\boldsymbol{v}_A|$，则有

$$\Delta \boldsymbol{v} = \Delta \boldsymbol{v}_1 + \Delta \boldsymbol{v}_2$$

显然 $\Delta \boldsymbol{v}_1$ 是速度方向变化引起的，$\Delta \boldsymbol{v}_2$ 是速度大小变化引起的，则有

$$\boldsymbol{a} = \lim_{\Delta t \to 0} \frac{\Delta \boldsymbol{v}_1}{\Delta t} + \lim_{\Delta t \to 0} \frac{\Delta \boldsymbol{v}_2}{\Delta t} \qquad (1\text{-}18)$$

首先讨论等式(1-18)右边第一项 $\lim\limits_{\Delta t \to 0} \dfrac{\Delta \boldsymbol{v}_1}{\Delta t}$。当 $\Delta t \to 0$ 时，$\Delta \boldsymbol{v}_1$ 的极限方向垂直于 $\boldsymbol{v}$，即 A 点的法线方向，则 A 点的**法向加速度**为

$$\boldsymbol{a}_n = \lim_{\Delta t \to 0} \frac{\Delta \boldsymbol{v}_1}{\Delta t} \qquad (1\text{-}19)$$

A 点的法向加速度的大小为

$$|\boldsymbol{a}_n| = \lim_{\Delta t \to 0} \frac{|\Delta \boldsymbol{v}_1|}{\Delta t} = \lim_{\Delta t \to 0} \frac{v\Delta\theta}{\Delta t} = v \lim_{\Delta t \to 0} \frac{\Delta\theta}{\Delta t} = v\frac{d\theta}{dt} = v\frac{d\theta}{ds}\frac{ds}{dt} = \frac{v^2}{\rho}$$

其中，$\rho = \dfrac{ds}{d\theta}$ 叫作曲线上一点的曲率半径，曲率半径的倒数叫作该点的**曲率**(curvature)。将上式用矢量形式表示，则有

$$\boldsymbol{a}_n = \frac{v^2}{\rho}\boldsymbol{e}_n \qquad (1\text{-}20)$$

显然，法向加速度是描述速度方向变化的物理量。因此，法向加速度只改变速度的方向，不改变速度的大小。

> **知识拓展**
>
> ### 曲率的计算
>
> 曲率是用来反映曲线的弯曲程度的量。曲率越大，表示曲线的弯曲程度越大。在实际中，常常遇到求曲线的曲率问题。
>
> 如果质点作平面曲线运动的轨迹曲线方程为 $y=f(x)$，则曲线上任一点的曲率的计算公式为
>
> $$K = \frac{|f''(x)|}{[1+(f'(x))^2]^{3/2}}$$
>
> 如果轨迹曲线方程用参数方程 $x=\varphi(t), y=\psi(t)$ 表示，则曲线上任一点的曲率的计算公式为
>
> $$K = \frac{|\psi''(t)\varphi'(t) - \psi'(t)\varphi''(t)|}{[\varphi'(t)^2 + \psi'(t)^2]^{3/2}}$$
>
> 如以角速度 ω、半径为 R 作圆周运动的物体的运动方程为 $x=R\cos\omega t, y=R\sin\omega t$，代入上面的计算公式可计算出其轨迹的曲率为 $1/R$，曲率半径为 R。

再讨论式(1-18)右边的第二项 $\lim\limits_{\Delta t \to 0} \dfrac{\Delta \boldsymbol{v}_2}{\Delta t}$。当 $\Delta t \to 0$ 时，$\Delta \boldsymbol{v}_2$ 的极限方向指向 A 点的切线方向，**切向加速度**为

$$\boldsymbol{a}_\text{t} = \lim_{\Delta t \to 0} \dfrac{\Delta \boldsymbol{v}_2}{\Delta t}$$

A 点的切向加速度的大小为

$$|\boldsymbol{a}_\text{t}| = \lim_{\Delta t \to 0} \dfrac{|\Delta \boldsymbol{v}_2|}{\Delta t} = \lim_{\Delta t \to 0} \dfrac{\Delta v}{\Delta t} = \dfrac{\mathrm{d}v}{\mathrm{d}t}$$

将上式用矢量形式表示，有

$$\boldsymbol{a}_\text{t} = \dfrac{\mathrm{d}v}{\mathrm{d}t} \boldsymbol{e}_\text{t} \tag{1-21}$$

显然，切向加速度是描述速度大小变化的物理量。因此，切向加速度只改变速度的大小，不改变速度的方向。由此可见，加速度 $\boldsymbol{a}$ 可写成法向加速度 $\boldsymbol{a}_\text{n}$ 和切向加速度 $\boldsymbol{a}_\text{t}$ 两个分量的和，即

$$\boldsymbol{a} = a_\text{n} \boldsymbol{e}_\text{n} + a_\text{t} \boldsymbol{e}_\text{t} = \dfrac{v^2}{\rho} \boldsymbol{e}_\text{n} + \dfrac{\mathrm{d}v}{\mathrm{d}t} \boldsymbol{e}_\text{t} \tag{1-22}$$

在自然坐标系中，加速度 $\boldsymbol{a}$ 的大小可表示

$$a = |\boldsymbol{a}| = \sqrt{a_\text{n}^2 + a_\text{t}^2} = \sqrt{\left(\dfrac{v^2}{\rho}\right)^2 + \left(\dfrac{\mathrm{d}v}{\mathrm{d}t}\right)^2} \tag{1-23}$$

加速度 $\boldsymbol{a}$ 的方向可用它和速度 $\boldsymbol{v}$ 的夹角 θ 表示，即

$$\theta = \arctan \dfrac{a_\text{n}}{a_\text{t}} \tag{1-24}$$

如果质点在运动过程中，保持其轨迹上每点的曲率半径都相同，质点作圆周运动。设圆周运动的半径为 R，则

$$\begin{cases} \boldsymbol{a}_\text{n} = \dfrac{v^2}{R} \boldsymbol{e}_\text{n} & (1\text{-}25\text{a}) \\ \boldsymbol{a}_\text{t} = \dfrac{\mathrm{d}v}{\mathrm{d}t} \boldsymbol{e}_\text{t} & (1\text{-}25\text{b}) \end{cases}$$

当作圆周运动的质点的切向加速度不为零时，这样的圆周运动称为变速圆周运动，当其切向加速度为零时，这样的圆周运动称为**匀速圆周运动**(uniform circular motion)。作匀速圆周运动的质点的法向加速度常称为**向心加速度**(centripetal acceleration)。

例 1-3

一质点沿半径为 R 的圆周运动。质点所经过的弧长与时间的关系为 $s = bt + \dfrac{1}{2}ct^2$，其中 b、c 是大于零的常量，求从 $t=0$ 开始到切向加速度与法向加速度大小相等时所经历的时间。

解 质点在任一时刻的速率为

$$v = \dfrac{\mathrm{d}s}{\mathrm{d}t} = b + ct$$

质点在任一时刻的切向加速度和法向加速度的大小分别为

$$a_\text{t} = \dfrac{\mathrm{d}v}{\mathrm{d}t} = c, \quad a_\text{n} = \dfrac{v^2}{R} = \dfrac{(b+ct)^2}{R}$$

当切向加速度与法向加速度的大小相等时,有

$$\frac{(b+ct)^2}{R}=c$$

从而解出从 $t=0$ 开始到切向加速度与法向加速度大小相等时所经历的时间为

$$t=\sqrt{\frac{R}{c}}-\frac{b}{c}$$

1.2.5 圆周运动的角量表示

1. 角坐标与角位移

如图 1-11 所示,t 时刻质点在 A 处,$t+\Delta t$ 时刻质点在 B 处,θ 是 OA 与 x 轴的正向夹角,$\theta+\Delta\theta$ 是 OB 与 x 轴的正向夹角,称 θ 为 t 时刻质点的角坐标,$\Delta\theta$ 为 t 到 $t+\Delta t$ 时间间隔内角坐标增量,称为在时间间隔 Δt 内的角位移。

2. 角速度

质点的角位移 $\Delta\theta$ 与发生这个角位移所经历的时间 Δt 的比值,称为该 Δt 时间内质点对 O 点的平均角速度,用 $\bar{\omega}$ 表示,即

$$\bar{\omega}=\frac{\Delta\theta}{\Delta t} \quad (1-26)$$

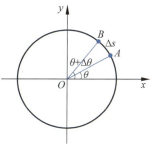

图 1-11 角坐标与角位移

平均角速度粗略地描述了物体的运动。为了描述运动细节,需要引入瞬时角速度。将 $\Delta t\to 0$ 时平均角速度 $\bar{\omega}$ 的极限值,称为质点在 t 时刻对 O 点的瞬时角速度,简称角速度(angular velocity),即

$$\omega=\lim_{\Delta t\to 0}\bar{\omega}=\lim_{\Delta t\to 0}\frac{\Delta\theta}{\Delta t}=\frac{\mathrm{d}\theta}{\mathrm{d}t} \quad (1-27)$$

3. 角加速度

为了描述角速度变化的快慢,引入角加速度的概念。设在 t 到 $t+\Delta t$ 内,质点的角速度增量为 $\Delta\omega$,则

$$\bar{\alpha}=\frac{\Delta\omega}{\Delta t} \quad (1-28)$$

称 $\bar{\alpha}$ 为 $t\sim t+\Delta t$ 时间间隔内质点相对于 O 点的平均角加速度。

为了精确地描述质点在某角坐标或某时刻的角速度的变化快慢,引入瞬时角加速度。将 $\Delta t\to 0$ 时平均角加速度 $\bar{\alpha}$ 的极限值,称为质点在 t 时刻对 O 点的瞬时角加速度,简称角加速度(angular acceleration),即

$$\alpha=\lim_{\Delta t\to 0}\bar{\alpha}=\lim_{\Delta t\to 0}\frac{\Delta\omega}{\Delta t}=\frac{\mathrm{d}\omega}{\mathrm{d}t}=\frac{\mathrm{d}^2\theta}{\mathrm{d}t^2} \quad (1-29)$$

由此可见,角加速度等于角速度对时间的一阶导数或等于角坐标对时间的二阶导数。

在国际单位制中,角坐标 θ、角位移 $\Delta\theta$ 的单位为弧度(rad),角速度 ω 的单位为弧度/秒(rad/s),角加速度 α 的单位为弧度/秒^2(rad/s^2)。

4. 线量与角量的关系

质点作圆周运动时,既可以用线量,如位置 s、路程 Δs、速率 v、加速度 a_n、a_t 等量描述,也可以用角量,如角坐标 θ、角位移 $\Delta\theta$、角速度 ω、角加速度 α 等量描述。线量和角量

之间有一定的关系，下面讨论它们之间的关系。

如图 1-11 所示，设质点作圆周运动的半径为 R，在 Δt 时间内质点的角位移为 $\Delta\theta$，则路程 Δs 和角位移 $\Delta\theta$ 之间的关系为

$$\Delta s = R\Delta\theta \tag{1-30}$$

当 $\Delta t \to 0$ 时，有

$$\lim_{\Delta t \to 0}\frac{\Delta s}{\Delta t} = \lim_{\Delta t \to 0} R\frac{\Delta\theta}{\Delta t} = R\lim_{\Delta t \to 0}\frac{\Delta\theta}{\Delta t}$$

即

$$\frac{\mathrm{d}s}{\mathrm{d}t} = R\frac{\mathrm{d}\theta}{\mathrm{d}t}$$

亦即

$$v = R\omega \tag{1-31}$$

这就是线速度 v 与角速度 ω 之间的关系。

将式(1-31)对 t 求导得

$$\frac{\mathrm{d}v}{\mathrm{d}t} = R\frac{\mathrm{d}\omega}{\mathrm{d}t}$$

即

$$a_\mathrm{t} = R\alpha \tag{1-32}$$

此即切向加速度 a_t 与角加速度 α 之间的关系。

将 $v = R\omega$ 代入式(1-25a)，即得法向加速度 a_n 与角速度 ω 之间的关系为

$$a_\mathrm{n} = R\omega^2 \tag{1-33}$$

思考题

1-3 质点位置矢量的方向不变，质点是否作直线运动？质点沿直线运动，其位置矢量是否一定方向不变？

1-4 有人认为：质点的瞬时速度是很短时间内的平均速度；瞬时速度为 10 m/s，表示质点在 1 s 内走过 10 m。这些看法对吗？

1-5 质点作平面运动，已知其运动方程在直角坐标系中的分量为 $x = x(t)$，$y = y(t)$。在计算质点的速度和加速度的大小时，有人先由 $r = \sqrt{x^2+y^2}$ 求出 $r = r(t)$，再由 $v = \dfrac{\mathrm{d}r}{\mathrm{d}t}$ 和 $a = \dfrac{\mathrm{d}^2 r}{\mathrm{d}t^2}$ 求得结果，你认为这种做法对吗？如果不对，错在什么地方？

1-6 有人认为：由于加速度等于速度的变化率，$\boldsymbol{a} = \dfrac{\mathrm{d}\boldsymbol{v}}{\mathrm{d}t}$，因此，在质点作直线运动时，若加速度为正，必作加速运动；若加速度为负，必作减速运动。这些看法正确吗？

1-7 质点作匀变速直线运动。设 $t=0$ 时，质点的位置 $x = x_0$，初速度 $v = v_0$，则质点作匀变速直线运动的公式为

$$v = v_0 + at$$
$$x = x_0 + v_0 t + \frac{1}{2}at^2$$
$$v^2 = v_0^2 + 2a(x - x_0)$$

如何推导出上述公式？

1-8 一个十字交叉路口，道路宽 30 m。当交通指示灯变为绿灯时，一辆小车从静止开始运动，并以 2 m/s² 的加速度加速通过此交叉路口，如图 1-12 所示，求这个过程所需的时间为多少？

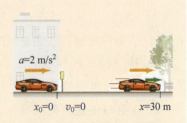

图 1-12 思考题 1-8 用图

1-9 质点在什么情况下作直线运动？在什么情况下作曲线运动？

1-10 作曲线运动的质点必定有加速度。那么，是否必定有切向加速度？速度大小不变的运动，其加速度是否一定为零？

> **感悟·启迪**
>
> 如果把公式 $x=x_0+v_0t+\dfrac{1}{2}at^2$ 中的 x_0、v_0 比喻为一个人的人生起点，a 是努力程度，t 是其持之以恒的时间，从自身的角度看，这三者都会决定其最终的结果，或决定做一件事情的成功与否。"孩子不能输在起跑线上，有可能输在终点上。"

1.3 质点运动学的基本问题

运动学的问题一般分为下列两大类。

第一类问题是，已知质点的位置矢量 $\boldsymbol{r}=\boldsymbol{r}(t)$，求质点的速度和加速度，这类问题可以通过矢径对时间的逐级微商得到。

第二类问题是，已知质点的加速度或速度，而反过来求质点的速度、位置及运动方程。这类问题则是通过对加速度或速度积分而得到结果，积分常数要由问题给定的初始条件，如初始位置和初始速度来决定。

例 1-4

一个质点的运动方程为 $x=t^2$，$y=(t-1)^2$，各量采用国际单位制单位。求：(1) 何时质点的速率为最小值？最小值为多少？(2) 当质点的速率为 10 m/s 时，求质点的位置。(3) 质点在任意时刻的法向加速度和切向加速度。

解 (1) 质点在任意时刻 x 轴方向和 y 轴方向的速度分别为

$$v_x=\frac{\mathrm{d}x}{\mathrm{d}t}=2t, \quad v_y=\frac{\mathrm{d}y}{\mathrm{d}t}=2(t-1) \tag{I}$$

由此求得质点在任意时刻的速率为

$$v=\sqrt{v_x^2+v_y^2}=\sqrt{4t^2+4(t-1)^2}=2\sqrt{2t^2-2t+1} \tag{II}$$

将式(II)中速率 v 对时间 t 求导得

$$\frac{\mathrm{d}v}{\mathrm{d}t}=\frac{4t-2}{\sqrt{2t^2-2t+1}} \tag{III}$$

令式(III)中 $\dfrac{\mathrm{d}v}{\mathrm{d}t}=0$，即可计算出质点的速率为最小值时的时间 $t=0.5$ s。将 $t=0.5$ s 代入式(II)就可计算出质点的最小速率为

$$v_{\min}=\sqrt{2}\ \mathrm{m/s}$$

(2) 将 $v=10$ m/s 代入式(II)得

$$10=2\sqrt{2t^2-2t+1}$$

解上面方程得 $t=-3$ s(舍去)，$t=4$ s。将 $t=4$ s 代入质点的运动方程，得质点的速率为 10 m/s 时，质点的位置为

$$x=16\ \mathrm{m}, \quad y=9\ \mathrm{m}$$

(3) 质点在任意时刻的切向加速度大小为

$$a_t = \frac{dv}{dt} = \frac{4t-2}{\sqrt{2t^2-2t+1}} \tag{Ⅳ}$$

求质点的法向加速度，有两种方法：第一种方法是先求出在任意时刻质点运动轨迹的曲率半径，然后代入 $a_n = \dfrac{v^2}{\rho}$ 求解；第二种方法是先计算出质点的总加速度，利用总加速度与法向加速度、切向加速之间的关系求解。下面用第二种方法求解。

利用式（Ⅰ）可计算出质点的 x 轴方向和 y 轴方向的加速度分别为

$$a_x = \frac{dv_x}{dt} = 2 \text{ m/s}^2, \quad a_y = \frac{dv_y}{dt} = 2 \text{ m/s}^2$$

加速度的大小为

$$a = \sqrt{a_x^2 + a_y^2} = 2\sqrt{2} \text{ m/s}^2 \tag{Ⅴ}$$

则质点的法向加速度大小为

$$a_n = \sqrt{a^2 - a_t^2} = \sqrt{8 - \frac{(4t-2)^2}{2t^2-2t+1}} = \frac{2}{\sqrt{2t^2-2t+1}}$$

例 1-5

如图 1-13 所示，以初速度为 v_0、与水平方向成 θ 角抛出一物体。求：(1) 物体的运动轨迹方程；(2) 被抛出物体离水平地面的最大高度 H（射高）和物体落地点距抛出点的最大水平距离 R（射程）。

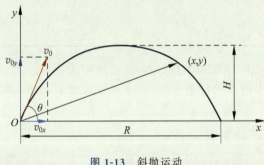

图 1-13 斜抛运动

解 把抛射体看成质点，将抛射体的初速度 v_0 沿水平方向和竖直方向分解，得 $v_{0x} = v_0\cos\theta$，$v_{0y} = v_0\sin\theta$。忽略空气阻力，抛射体在水平方向作匀速直线运动，在竖直方向作竖直上抛运动，由此得

$$v_x = v_0\cos\theta \tag{Ⅰ}$$

$$v_y = v_0\sin\theta - gt \tag{Ⅱ}$$

积分可得

$$x = v_0\cos\theta \cdot t \tag{Ⅲ}$$

$$y = v_0\sin\theta \cdot t - \frac{1}{2}gt^2 \tag{Ⅳ}$$

将参数形式的运动方程写成矢量式，得

$$\boldsymbol{r} = v_0\cos\theta \cdot t\boldsymbol{i} + \left(v_0\sin\theta \cdot t - \frac{1}{2}gt^2\right)\boldsymbol{j} = \boldsymbol{v}_0 t - \frac{1}{2}gt^2\boldsymbol{j}$$

由此可见，斜抛运动也可看成是沿初速度 $\boldsymbol{v}_0$ 方向的匀速直线运动和沿竖直方向的自由落体运动的叠加。运动的分解可从不同的角度去分解。

联立式（Ⅲ）和式（Ⅳ）消去参量 t 得轨迹方程为

$$y = x\tan\theta - \frac{g}{2v_0^2\cos^2\theta}x^2 \tag{Ⅴ}$$

所以抛射体的轨迹曲线是抛物线。式（Ⅴ）中，令 $y=0$ 得射程为

$$R = \frac{v_0^2\sin2\theta}{g} \tag{Ⅵ}$$

由 $v_y = 0$ 得到抛射体上升到最大高度时所用时间为 $t = v_0\sin\theta/g$，将其代入式（Ⅳ）得抛射体的射高为

$$H = \frac{v_0^2\sin^2\theta}{2g} \qquad (\text{Ⅶ})$$

上述计算是在忽略空气的阻力得到的结果，但是，如果考虑到空气阻力，实际的射程比不计空气阻力计算出的结果小得多，图 1-14 是两种情况比较的示意图。表 1-2 给出了一些武器的弹丸在真空中和在空气中射程的对比情况。

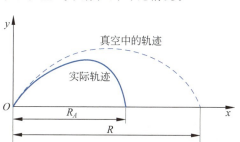

图 1-14 弹道曲线

表 1-2 弹丸在真空中和空气中的射程对比

弹丸类型	初速 v_0/(m/s)	仰角 θ	真空射程 R/m	实际射程 R_A/m
芬兰 338Lapua Magnum 步枪弹	853	29°25′	63 528	6 180
美国 M362 迫榴炮弹	234	45°	5 587	3 644
西班牙 Vulcano155 毫米炮弹	1 150	14.6°	65 836	30 000
中国 203 毫米加榴炮弹	933	45°	88 825	40 000

例 1-6

飞机着陆时，为使其尽快停止，常采用降落伞制动。设飞机刚着陆时为 $t=0$ 时刻，速度为 v_0 且坐标为 $x=0$。假设其加速度为 $a_x = -bv_x^2$，b 为常量，求：(1)此飞机的运动学方程；(2)飞机的着陆时间和着陆距离。

解 (1) 由题意可知，飞机作直线运动，飞机运动看成是一质点运动，由 $a_x = -bv_x^2$ 得

$$\frac{\mathrm{d}v_x}{\mathrm{d}t} = -bv_x^2$$

将速度 v_x 和时间分别移到等式的两边并积分，得

$$\int_{v_0}^{v_x} \frac{\mathrm{d}v_x}{v_x^2} = -b\int_0^t \mathrm{d}t$$

因此得

$$v_x = \frac{v_0}{bv_0 t + 1} \qquad (\text{Ⅰ})$$

将上式改写为

$$\frac{\mathrm{d}x}{\mathrm{d}t} = \frac{v_0}{bv_0 t + 1}$$

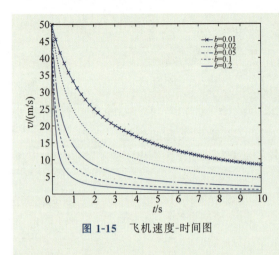

图 1-15　飞机速度-时间图

积分得

$$\int_0^x dx = \int_0^t \frac{v_0}{bv_0 t + 1} dt$$

因此得

$$x = \frac{1}{b}\ln(bv_0 t + 1) \qquad (\text{Ⅱ})$$

（2）图 1-15 是以初速度 $v_0 = 50$ m/s，b 取不同的值时，绘出的飞机着陆的速度-时间图像。由式（Ⅰ）可以看出，如取 $b = 0.2$ 时，10 s 时飞机的速度大约为 1 m/s；50 s 时飞机的速度约为 0.2 m/s，基本上可认为飞机已停止。以 $b = 0.2, v_0 = 50$ m/s，$t = 50$ s 代入式（Ⅱ）计算得飞机的着陆滑行距离为 31.1 m。

思考题

1-11　动物管理员在森林里的树上寻找到了一只丢失的猴子，立即用麻醉枪射击，设子弹从枪口射出的瞬间，精明的猴子便从静止开始自由下落，如图 1-16 所示。子弹能击中猴子吗？为什么？

图 1-16　射击猴子

1.4　相对运动

由前面的讨论，我们已经知道运动是绝对的，静止是相对的，物体的运动总是相对于某个参考系描述的。描述质点运动的位矢、速度、加速度等物理量一般都与参考系有关。对于不同的参考系，它们的值可能不同。本节讨论一个质点相对于运动坐标系的速度、加速度和这个质点相对于"静止"坐标系的速度、加速度之间的关系。

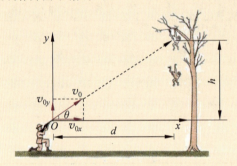

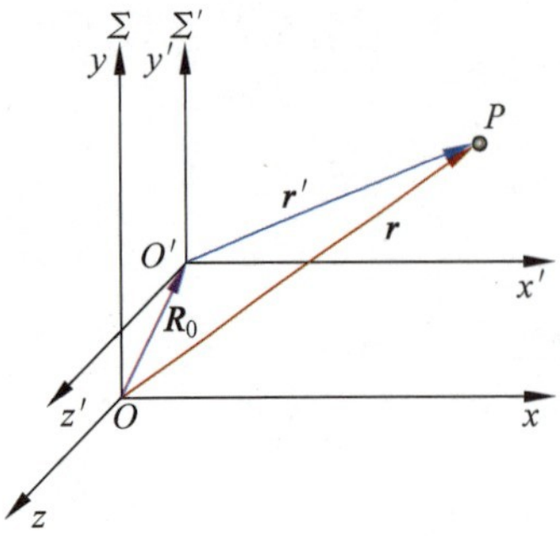

图 1-17　相对运动

如图 1-17 所示，有两个参考系 Σ 和 Σ'，在这两个参考系上分别建立直角坐标系 $Oxyz$ 和 $O'x'y'z'$，且各相应坐标轴互相平行。Σ 系为固定参考系。Σ' 系为运动参考系。设 t 时刻 Σ' 系坐标原点在 Σ 系中的位置为 $\boldsymbol{R}_0$，质点 P 在 Σ 系中的位矢为 $\boldsymbol{r}$，在 Σ' 系中的位矢为

r'，则

$$r = R_0 + r' \tag{1-34}$$

这就是<u>伽利略坐标变换</u>。

将式(1-34)两边对时间 t 求导得

$$\frac{dr}{dt} = \frac{dR_0}{dt} + \frac{dr'}{dt} \tag{1-35}$$

根据速度的定义，$\frac{dr}{dt}$ 和 $\frac{dr'}{dt}$ 分别表示质点 P 相对于 Σ 系和 Σ' 系的速度，用 v 和 v' 表示。v 和 v' 分别称为<u>绝对速度</u>(absolute velocity)和<u>相对速度</u>(relative velocity)；$\frac{dR_0}{dt}$ 为 Σ' 系相对于 Σ 系的速度，称为<u>牵连速度</u>(convected velocity)，用 v_0 表示。故式(1-35)又可改写为

$$v = v_0 + v' \tag{1-36}$$

这就是相对平移参考系中的速度变换关系，称为<u>伽利略速度变换关系</u>。

将式(1-36)两边对时间 t 求导得

$$\frac{dv}{dt} = \frac{dv_0}{dt} + \frac{dv'}{dt} \tag{1-37}$$

根据加速度的定义，$\frac{dv}{dt}$ 和 $\frac{dv'}{dt}$ 分别表示质点 P 相对于 Σ 系和 Σ' 系的加速度，用 a 和 a' 表示。a 和 a' 分别称为<u>绝对加速度</u>和<u>相对加速度</u>；$\frac{dv_0}{dt}$ 为 Σ' 系相对于 Σ 系的加速度，称为<u>牵连加速度</u>，用 a_0 表示。故式(1-37)又可改写为

$$a = a_0 + a' \tag{1-38}$$

这就是相对平移参考系中的<u>加速度变换关系</u>。

应当注意的是，伽利略坐标变换是在长度和时间的测量都与参考系无关的情况下得到的结果。长度与时间的测量与参考系的选择无关，这种时空观称为<u>牛顿时空观</u>，是一种绝对时空观。这种时空观在经典力学低速情况下无疑是正确的，这已由大量的实验所验证，但在狭义相对论中将会看到，当质点的运动速度和两参考系的相对运动的速度可以和光速相比拟时，长度和时间的测量与相对运动的参考系的速度有关，那时伽利略坐标变换就不再成立了，当然，由伽利略坐标变换推得的速度变换式和加速度变换式也就不成立了。所以，伽利略坐标变换、速度变换和加速度变换只在低速情况下成立。

> **感悟·启迪**
>
> 每一件事，从不同的角度看，会有不同的见解。见解不同，结果自然也会不一样。试着换位思考，多替别人着想。理解别人的无奈，感恩自己的幸运，可能你才会豁然开朗：世界原来如此美丽！换个思路，换种活法，人生或许会有不一样的风景。

例 1-7

一艘帆船以速率 $v_1 = 10$ m/s 匀速直线行驶，另一游艇在帆船的正前方以速率 $v_2 = 20$ m/s 垂直于帆船的航线方向运动，如图 1-18 所示，问：在帆船上运动员看游艇是怎样运动的？

解 设帆船的运动方向为 x 轴方向，游艇相对于水的运动方向为 y 轴方向。如选择静止的水面为静 Σ 系，帆船为动 Σ' 系，则帆船相对于水的速度则为牵连速度，大小为 $v_0 = v_1 i = 10i$ m/s，而游艇相对于水的速度为绝对速度，大小为 $v = v_2 j = 20j$ m/s，画出矢量图如图 1-19 所示，图中 v' 为游艇相对于帆

图 1-18 例 1-7 示意图

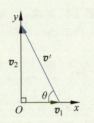
图 1-19 矢量图

的速度,其值为

$$v' = v - v_0 = (20j - 10i) \text{ m/s}$$

大小为

$$v' = \sqrt{20^2 + (-10)^2} = 10\sqrt{5} \text{ m/s}$$

方向为

$$\theta = \arctan 2 = 63.4°$$

思考题

1-12 传说,第一次世界大战时,一架战斗机上的飞行员在一次空战中发现座舱里有一只"昆虫"在飞,他顺手抓过来一看,竟是一颗子弹,这可能吗?

1-13 用放置在地面上的桶盛雨,刮风与不刮风时,哪一种情况下先装满?为什么?设风的方向与地面平行。

习题

1-1 描写质点运动状态的物理量是_____。为了描述物体的运动而被选定的标准物叫作_____。

1-2 任意时刻 $a_t = 0$ 的运动是_____运动;任意时刻 $a_n = 0$ 的运动是_____运动;任意时刻 $\mathbf{a} = 0$ 的运动是_____运动;任意时刻 $a_t = 0, a_n$ 为常量的运动是_____运动。

1-3 一质点的运动方程为 $x = 3t^2 - 12t + 12$,其中 x 的单位为 m,t 的单位为 s,则当物体的速度为 6 m/s 时,其位置是_____m。

1-4 一人骑摩托车跳越一条大沟,他能以与水平成 30°,大小为 30 m/s 的初速从一边起跳,刚好到达另一边,则可知此沟的宽度为_____(取 $g = 10 \text{ m/s}^2$)。

1-5 一质点在 xOy 平面内运动,运动方程为 $x = 2t, y = 9 - 2t^2$,长度量的单位为 m,t 的单位为 s,试写出 $t = 1$ s 时质点的位置矢量为_____;$t = 2$ s 时该质点的瞬时速度为_____,此时的瞬时加速度为_____;质点运动的轨迹方程为_____。

1-6 一质点沿 x 轴正向运动,其加速度与位置的关系为 $a = 3 + 2x$(SI),若在 $x = 0$ 处,其速度 $v_0 = 5$ m/s,则质点运动到 $x = 3$ m 处时所具有的速度为_____。

1-7 沿 x 轴运动的质点,速度 $v = \alpha x, \alpha > 0, t = 0$ 时该质点位于 $x_0 > 0$ 处,而后的运动过程中,质点加速度 a 与所到位置 x 之间的函数关系为 $a = $ _____,加速度 a 与时刻 t 之间的函数关系为 $a = $ _____。

1-8 质点沿半径为 0.02 m 的圆周运动,它所走的路程与时间的关系为 $s = 0.1t^3$(m),当质点的线

速度为 $v=0.3$ m/s 时,它的法向加速度为_____,切向加速度为_____。

1-9 一质点沿半径为 $R=1.0$ m 的圆周运动,其运动方程为 $\theta=2t^3+3t$,θ 以 rad 计,t 以 s 计,则当 $t=2$ s 时,质点的角位置为_____;角速度为_____;角加速度为_____;切向加速度为_____;法向加速度为_____。

1-10 下列各种情况中,说法错误的是[　　]。
    A. 一物体具有恒定的速率,但仍有变化的速度
    B. 一物体具有恒定的速度,但仍有变化的速率
    C. 一物体具有加速度,而其速度可以为零
    D. 一物体速率减小,但其加速度可以增大

1-11 一个质点作圆周运动时,下列说法中正确的是[　　]。
    A. 切向加速度一定改变,法向加速度也改变
    B. 切向加速度可能不变,法向加速度一定改变
    C. 切向加速度可能不变,法向加速度不变
    D. 切向加速度一定改变,法向加速度不变

1-12 一运动质点某瞬时位于位置矢量 $\boldsymbol{r}(x,y)$ 的端点处,对其速度大小有四种关系:

(1) $\dfrac{dr}{dt}$ (2) $\dfrac{d\boldsymbol{r}}{dt}$ (3) $\dfrac{ds}{dt}$ (4) $\sqrt{\left(\dfrac{dx}{dt}\right)^2+\left(\dfrac{dy}{dt}\right)^2}$

下述判断正确的是[　　]。
    A. 只有(1)、(2)正确   B. 只有(2)、(3)正确
    C. 只有(3)、(4)正确   D. 只有(1)、(3)正确

1-13 一质点在平面上运动,已知质点位置矢量的表示式为 $\boldsymbol{r}=at^2\boldsymbol{i}+bt^2\boldsymbol{j}$(其中 a、b 为常量),则该质点作[　　]。
    A. 匀速直线运动   B. 变速直线运动
    C. 抛物线运动   D. 一般曲线运动

1-14 一小球沿斜面向上运动,其运动方程为 $s=5+4t-t^2$(SI),则小球运动到最高点的时刻是[　　]。
    A. $t=4$ s   B. $t=2$ s   C. $t=8$ s   D. $t=5$ s

1-15 如图 1-20 所示,一艘战舰同时发射两炮弹射向敌舰 A 和 B,如果在忽略空气阻力的情况下,哪条敌舰先被击中?[　　]
    A. A 舰   B. B 舰
    C. A、B 两舰同时被击中   D. 条件不足,不能判断

1-16 如图 1-21 所示,一质点以恒定的速率沿螺旋线自外向内运动,则该质点加速度的大小[　　]。
    A. 越来越小   B. 越来越大
    C. 为大于零的常量   D. 始终为零

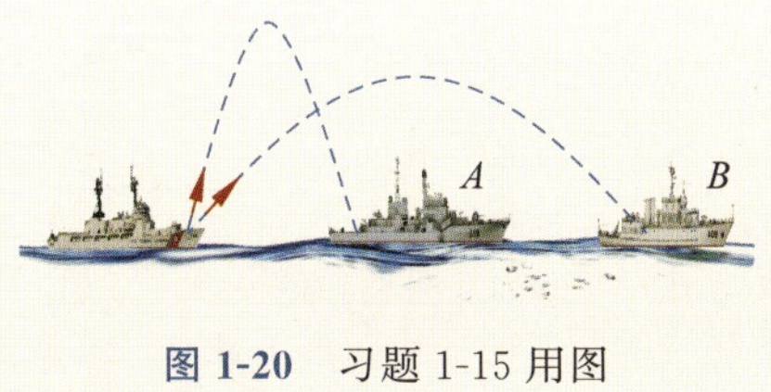

图 1-20 习题 1-15 用图 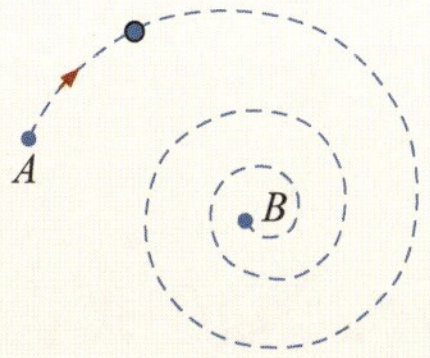　　　　图 1-21 习题 1-16 用图

1-17 在相对地面静止的坐标系内,A、B 二船都以 2 m/s 的速率匀速行驶,A 船沿 x 轴正向,B 船沿 y 轴正向。今在 A 船上设置与静止坐标系方向相同的坐标系(x、y 轴方向单位矢量用 $\boldsymbol{i}$、$\boldsymbol{j}$ 表示),那么

在 A 船上的坐标系中，B 船的速度(以 m/s 为单位)为[　　]。

    A. $2i+2j$　　　　　　B. $-2i+2j$　　　　　　C. $-2i-2j$　　　　　　D. $2i-2j$

1-18　一物体作匀加速直线运动，走过一段距离 Δs 所用的时间为 Δt_1，紧接着走过下一段距离 Δs 所用的时间为 Δt_2，试证明：物体的加速度为 $a = \dfrac{2\Delta s}{\Delta t_1 \Delta t_2} \dfrac{\Delta t_1 - \Delta t_2}{\Delta t_1 + \Delta t_2}$。

1-19　气球吊一重物，以速度 v_0 从地面匀速竖直上升，上升一定高度后重物与气球分离并落回地面，整个过程所用的时间为 t。不计空气对物体的阻力，重物离开气球时距地面的高度为多少？

1-20　一质点从静止开始作直线运动，开始时加速度为 a_0，此后加速度随时间均匀增加，经过时间 τ 后，加速度为 $2a_0$，经过时间 2τ 后，加速度为 $3a_0$，……，求经过时间 $n\tau$ 后，该质点的速度和走过的距离。

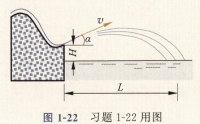

图 1-22　习题 1-22 用图

1-21　两个物体以速度 u_1 和 u_2 从一足够高的塔顶沿相反方向水平抛出，不计一切阻力。求出速度矢量相互垂直的时间以及该时刻两物体的分离距离。

1-22　图 1-22 是重力坝溢流段和鼻坎挑流。鼻坎与下游水位高差为 H，设挑流角为 α，水流射出鼻坎的速度为 v，试求水流射出鼻坎到下游的水平距离 L。

1-23　一个学校操场旁边有建筑物，建筑物顶有一平台，平台离地面的高度为 6 m，平台的四周有 1 m 高的栏杆，从栏杆的顶端算起到地面的垂直距离为 $h = 7$ m。一行人将从平台上掉落到操场上的足球踢回平台，球的抛射角 $\theta = 53°$，抛出点到建筑物墙的水平距离 $d = 24$ m，球到墙的竖直上方一点的时间 $t = 2.2$ s，如图 1-23 所示。求：(1)球的初速度；(2)球越过栏杆上方时，球离栏杆的垂直距离为多少？(3)球落在平台上的点离栏杆的水平距离。

1-24　如图 1-24 所示，以初速度 v_0、抛射角为 $\theta = 45°$ 从车后向一运动的卡车抛出一小球，抛出时，小球的竖直位置与卡车车厢在同一水平面上，并与卡车车尾的距离为 $d = 5$ m，卡车车厢长度 $L = 2.5$ m。小球在抛出过程中，卡车以 $V = 9$ m/s 速度匀速向右运动。为使被抛出的小球落到卡车车厢中，小球的初速度最大值和最小值应为多少？（取 $g = 10$ m/s^2）

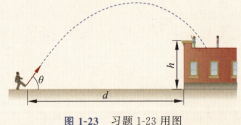

图 1-23　习题 1-23 用图

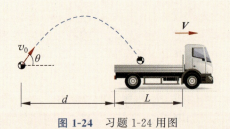

图 1-24　习题 1-24 用图

1-25　有一质点沿 x 轴作直线运动，t 时刻的坐标为 $x = 4.5t^2 - 2t^3$ (SI)。试求：(1)第 2 s 内的平均速度；(2)第 2 s 末的瞬时速度；(3)第 2 s 内的路程。

1-26　一艘正在沿直线行驶的快艇，在发动机关闭后，其加速度方向与速度方向相反，大小与速度平方成正比，即 $\dfrac{dv}{dt} = -kv^2$，式中 k 为常量。试证明：快艇在关闭发动机后行驶 x 距离时的速度为 $v = v_0 e^{-kx}$，其中，v_0 是发动机关闭时的速度。

1-27　长为 l 的细棒，在竖直平面内沿墙角下滑，上端 A 下滑的速度为匀速 v，如图 1-25 所示。当下端 B 离墙角距离为 $x(x<l)$ 时，B 端的水平速度和加速度多大？

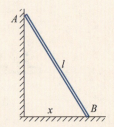

图 1-25　习题 1-27 用图

1-28 湖中有一小船,有人用绳绕过岸上一定滑轮拉湖中的船向岸边运动,设定滑轮距湖面的高度为 h,该人以匀速 $\boldsymbol{v}_0$ 拉绳,如图 1-26 所示。求小船离岸距离为 x 处的速度和加速度。

1-29 图 1-27 所示为一摇杆套筒运动机构,摇杆通过套筒带动竖直方向上的滑块 D 沿光滑导杆向下运动。现已知摇杆顺时针匀角速度为 ω,两支座 A 和 B 之间的固定距离为 s,求当摇杆与水平方向成 θ 角时,滑块 D 的运动速度。

1-30 滑道连杆机构如图 1-28 所示,曲柄 OA 长为 r,按规律 $\varphi=\varphi_0+\omega t$ 转动(φ 以 rad 为单位,t 以 s 为单位),ω 为一常量。求滑道上 B 点的运动方程、速度方程及加速度方程。

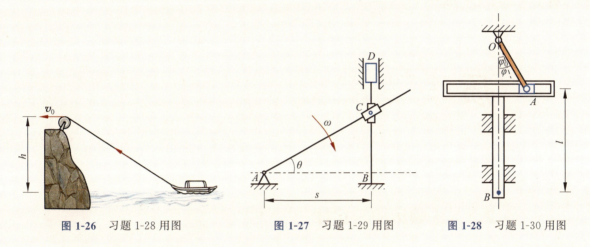

图 1-26 习题 1-28 用图　　图 1-27 习题 1-29 用图　　图 1-28 习题 1-30 用图

1-31 质点沿半径为 $R=3$ m 的圆周运动,切向加速度为 $a_t=3$ m/s^2,在 $t=0$ s 时质点的速度为零。试求:(1)$t=1$ s 时的速度与加速度;(2)第 2 s 内质点所通过的路程。

1-32 一质点沿圆周运动,其切向加速度与法向加速度的大小恒保持相等。设 θ 为质点在圆周上任意两点速度 $\boldsymbol{v}_1$ 与 $\boldsymbol{v}_2$ 之间的夹角。试证:$v_2=v_1\mathrm{e}^{\theta}$。

1-33 一飞机相对于空气以恒定速率 v 沿正方形轨道飞行,在无风天气其运动周期为 T。若有恒定小风沿平行于正方形的一对边吹来,风速为 $V=kv(k\ll 1)$。求飞机仍沿原正方形(对地)轨道飞行时周期要增加多少?

1-34 一艘船以速率 u 驶向对岸码头 P,另一艘船以速率 v 自码头离去,试证:当两船的距离最短时,两船与码头的距离之比为 $(v+u\cos\alpha):(u+v\cos\alpha)$。设航路均为直线,$\alpha$ 为两航路间的夹角。

1-35 如图 1-29 所示,有一宽度为 l 的大江,江水由北向南流去。设江中心的水流速度为 $\boldsymbol{u}_0$,靠两岸的水流速为零。江中任一点处的水流速度与江中心的水流速度之差与江心至该点距离的平方成正比。今有相对于水的速度为 $\boldsymbol{v}_0$ 的汽船由西岸出发,以东偏北 45°方向航行,试求其航线的轨迹方程以及到达东岸的地点。

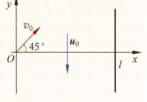

图 1-29 习题 1-35 用图

第2章

牛顿运动定律

质点运动学研究如何描述质点运动，没有研究质点按某种方式运动的原因，这个问题正是质点动力学（dynamics）所要解决的问题。质点动力学的基础是牛顿总结的三大运动定律。本章将首先介绍力学中常见的几种力和力的分类，其次阐述牛顿三大运动定律的内容以及应用牛顿三大运动定律处理力学问题的方法，最后讨论如何在非惯性系中处理力学问题。

2.1 牛顿运动三定律

欧洲中世纪（约476—1453年）（一种说法是指自西罗马帝国灭亡到东罗马帝国灭亡的这段时期），是封建制度在欧洲占统治地位的时期，这个时期的欧洲没有一个强有力的政权来统治。封建割据带来频繁的战争，造成科技和生产力发展停滞，人民生活在毫无希望的痛苦中，所以中世纪或者中世纪早期在欧洲普遍被称作"黑暗时代"，是欧洲文明史上发展比较缓慢的时期。

随着手工业和商品经济的发展，资本主义生产关系已在欧洲封建制度内部逐渐形成，导致了生产力与生产关系的矛盾，市场急需自由劳动力。为了解决此经济问题，文艺复兴时代的思想家把资产阶级的经济要求用抽象的形式表现出来，打出了"人文主义"和"自由、平等、博爱"的大旗。在政治上，封建割据已引起民众普遍不满，民族意识开始觉醒，欧洲各国民众强烈要求民族统一，在文化艺术上开始出现了反映新兴资本主义势力的利益和要求。14世纪，意大利兴起了文艺复兴运动，其核心是人文主义精神，人文主义精神的核心是提出以人为中心而不是以神为中心，肯定人的价值和尊严。主张人生的目的是追求现实生活中的幸福，倡导个性解放，反对愚昧迷信的神学思想，认为人是现实生活的创造者和主人，正如但丁（Dante Alighieri，1265—1321，意大利）所说："人的高贵，就其许多的成果而言，超过了天使的高贵。"文艺复兴是一场思想文化运动，带来一场科学与艺术革命，揭开了近代欧洲历史的序幕。这一时期涌现出了许多哲学家、文学家、艺术家和科学家，例如，但丁、列奥纳多·达·芬奇（Leonardo Di Serpiero Da Vinci，1452—1519，意大利）、米开朗基罗（Michelangelo di Lodovico Buonarroti Simoni，1475—1564，意大利）、莎士比亚（William Shakespeare，1564—1616，英国）、哥白尼（Nicolaus Copernicus，1473—1543，波兰）、布鲁诺（G. Bruno，1548—1600，意大利）、伽利略、开普勒（J. Kepler，1571—1630，德国）、弗兰西斯·培根（Francis Bacon，1561—1626，英国）等。在科学研究方面，一些科学的先驱不再盲从"神圣的"圣经教义，而用自由探索的精神去认识自然界的一切运动现象。例如：哥白尼提出日心说；开普勒总结出了行星运动三大

哥白尼

定律；伽利略对落体运动和惯性进行研究，并发明了天文望远镜等；笛卡儿（R. Descartes，1596—1650，法国）提出运动量（动量）守恒思想，后经惠更斯（C. Huygens，1629—1695，荷兰）进一步完善，惠更斯还计算出了单摆的周期公式等。

在继承和发展前人的科学成就的基础上，1687 年艾萨克·牛顿（I. Newton，1643—1727，英国）出版了《自然哲学的数学原理》一书，建立了完整的力学体系，该书的出版标志着近代科学的第一个学科——经典力学的诞生，堪称科学史上的一次大综合。300 多年过去了，牛顿三大运动定律和万有引力定律已被大量的实验所验证，它们是描述宏观低速物体运动的基本规律，是物理学和现代工程学的基础。

笛卡儿

> **物理学家简介**
>
> ### 艾萨克·牛顿
>
> 自然和自然规律隐藏在黑夜中，上帝说"让牛顿降生吧"，一切就有了光明。
>
> ——蒲伯（Alexander Pope，1688—1744，英国）
>
> 艾萨克·牛顿（Isaac Newton，1643—1727）（图 2-1），英国物理学家、数学家、天文学家、自然哲学家和炼金术士。1643 年 1 月 4 日，艾萨克·牛顿出生于英格兰林肯郡乡下的一个小村落——埃尔斯索普村的埃尔斯索普庄园（图 2-2）。牛顿出生前三个月，父亲就去世了。三岁时母亲改嫁，后随外祖母长大。
>
>
>
> 图 2-1　牛顿肖像　　　　　　　图 2-2　牛顿故居
>
>
>
> 牛顿
>
> 1661 年，进入了剑桥大学的三一学院学习。1665 年毕业，1669 年任剑桥大学"卢卡斯讲座教授"职位，1672 年当选为英国皇家学会会员，1703 年当选皇家学会主席，并连任 5 届。他在 1687 年出版的《自然哲学的数学原理》一书里，对万有引力和三大运动定律进行了描述，这些描述奠定了此后三个世纪物理世界的科学观点，其理论是现代工程学的基础。他通过论证开普勒行星运动定律与他的引力理论间的一致性，展示了地面物体与天体的运动都遵循着相同的自然定律，从而消除了对"太阳中心说"的最后一丝疑虑，推动了科学革命。在力学上，牛顿还阐明了动量守恒和角动量守恒的原理。在光学上，他发明了反射式望远镜，并基于对三棱镜将白光发散成可见光谱的观察，发展出了颜色理论。
>
> 在数学上，牛顿与戈特弗里德·威廉·莱布尼茨（G. W. Leibniz，1646—1716，德国）分享了发明微积分学的荣誉。他证明了广义二项式定理，提出了"牛顿法"用以趋近函数的零点，并为幂级数的研究做出了贡献。在 2005 年，英国皇家学会进行了一场"谁是科学史上最有影响力的人"的民意调查中，牛顿被认为比阿尔伯特·爱因斯坦（Albert Einstein，1879—1955，德国）更具影响力。

2.1.1　牛顿第一定律

古希腊哲学家亚里士多德（Aristotle，前 384—前 322）认为自然界的运动有三种类型：地面上的物体在竖直方向上的"自然运动"和水平方向上的"强迫运动"，以及天体环绕地球作圆周运动的"天体运动"。对于"强迫运动"，他认为："凡运动的事物必然都有

亚里士多德

推动者在推着它运动。"

伽利略认为,力是使物体发生运动或改变运动状态的因素。在他看来,力是与物体相互作用产生的结果,而不是物体本身的属性。通过斜面实验得出:如果斜面变成水平面,则钢珠找不到同样的高度而会一直保持一种运动状态,永远运动下去。

笛卡儿在《哲学原理》第二章中以第一和第二自然定律的形式第一次比较完整地表述了惯性定律:只要物体开始运动,就将继续以同一速度并沿着同一直线方向运动,直到遇到某种外来原因造成的阻碍或偏离为止。这里他强调了伽利略没有明确表述的惯性运动的直线性。这一表述为理解物体的运动和静止提供了重要的参考,同时也为后来的物理学发展奠定了基础。

1687年,牛顿继承了伽利略和笛卡儿的思想,结合自己的研究,在《自然哲学的数学原理》一书中将力与运动的关系表述为:**每个物体都保持其静止或匀速直线运动的状态,除非有外力作用于它迫使它改变那个状态**。这就是**牛顿第一定律**(Newton's first law)。

该定律明确了运动不需要力来维持,力不是维持运动状态的原因,力是改变运动状态的原因。物体的运动状态是由它的运动速度决定的,物体都有维持静止或作匀速直线运动的趋势,如果没有外力,它的运动状态不会改变。物体的这种性质称为**惯性**(inertia)。因此,牛顿第一定律也称为惯性定律。

要注意的是,牛顿第一定律并不在所有的参考系里都成立,它只在**惯性参考系**(inertial system)中才成立。因此常常把牛顿第一定律是否成立,作为一个参考系是否是惯性参考系的判据。那么,什么是惯性参考系呢?如果物体在某参考系中,不受其他物体的作用而保持静止或匀速直线运动状态,那么这样的参考系就是惯性参考系。若某参考系相对于惯性参考系作匀速直线运动,则该参考系也是惯性参考系。但是,若某参考系相对于惯性参考系作加速运动,则该参考系是非惯性参考系。在惯性参考系中时间是均匀流逝的,空间是均匀和各向同性的。虽然地球有自转的加速度和绕太阳公转的加速度,但计算结果表明,这两个加速度都比较小,所以地球是一个近似程度较高的惯性参考系,在研究地球表面及附近物体的运动时,常常把地球作为惯性参考系。

物体的惯性大小与物体的质量成正比。因此,质量大的物体惯性大,其运动状态不易改变。在生产、生活中,惯性有时对我们来说是有弊的,有时是有利的。如火车比汽车不易停下,这是对我们不利的;我们在跳远、跳高时要助跑,是要利用惯性,这是对我们有利的。

牛顿第一定律是通过分析事实,再进一步概括、推理得出的。我们周围的物体,都要受到这个力或那个力的作用,找不到一个完全不受力作用的物体,因此不可能用实验来直接验证这一定律。但是,从定律得出的一切推论,都经受住了实践的检验。因此,牛顿第一定律已成为公认的力学基本定律之一。

知识拓展

中国古代对力和运动的认识

在我国古代著作中,对于力和运动问题,已有一定的认识。早在春秋时期成书的《考工记》就有这样的记载:"马力既竭,辀犹能一取也。"这就是说,马已停止用力,车还能向前走一段距离。这里虽然没给出惯性的概念,但是已经注意到了惯性现象。

在成书于公元前388年的《墨经》里,还给力下了一个明确的定义。在《墨经·经上》第21条里写道:"力,行之所以奋也。"这里的"行"就是"物体","奋"字在古籍中的意思是多方面的,像由静到动、动而愈速、由下上升等都可以用"奋"字。经文的意思是,力是使物体由静而动、动而愈速或由下而上的原因。在《墨经·经说上》里又写道:"力,重之谓。"这说明物重是力的一种表现。从这条经文来看,的确可以说我们的祖先在二千多年以前,已经对力和运动之间的关系,开始了正确的观察和研究。

东汉王充所著的《论衡·状留篇》中有这样一段话:"且圆物投之于地,东西南北无之不可,策杖叩动,才微辄停。方物集地,一投而止,及其移徙,须人动举。"这就是说,将圆球投到地上,它的运动方向或东或西,或南或北是不一定的,但是无论向哪个方向运动,只要用手杖加上一个微小的力量,它就会停止运动;将方的物体投在地上就会静止,必须人用力才能使它发生位移。这里说明了力是使物体运动状态发生变化的原因,也说明了物体的平衡和它的基底的关系。王充还提出:"车行于陆,船行于沟,其满而重者行迟,空而轻者行疾。"这段话说明,在一定的外力作用下,质量越大的物体运动状态的改变就越困难。

2.1.2 牛顿第二定律

牛顿第一定律只是定性地描述了物体所受的力与物体的运动状态的改变,即加速度的关系。**牛顿第二定律**(Newton's second law)则在牛顿第一定律的基础上对物体所受的力与物体运动状态的改变之间的关系进行定量的描述。

牛顿在其《自然哲学的数学原理》中将第二定律表述为:**物体运动的变化正比于外力,变化的方向沿外力作用的直线方向**。选取比例系数为 1,则牛顿第二定律的数学表达式为

$$\boldsymbol{F} = \frac{\mathrm{d}\boldsymbol{p}}{\mathrm{d}t} \tag{2-1}$$

式中

$$\boldsymbol{p} = m\boldsymbol{v} \tag{2-2}$$

称为物体的**动量**(momentum)。将式(2-2)代入式(2-1)有

$$\boldsymbol{F} = \frac{\mathrm{d}\boldsymbol{p}}{\mathrm{d}t} = \frac{\mathrm{d}(m\boldsymbol{v})}{\mathrm{d}t} = m\frac{\mathrm{d}\boldsymbol{v}}{\mathrm{d}t} + \boldsymbol{v}\frac{\mathrm{d}m}{\mathrm{d}t}$$

从上式可看出,如果物体的质量在运动过程中不随时间变化,则 $\frac{\mathrm{d}m}{\mathrm{d}t}=0$,于是可得

$$\boldsymbol{F} = m\boldsymbol{a} \tag{2-3}$$

式中,m 为物体质量,$\boldsymbol{a}$ 为物体的加速度。由此可见,当一个物体的质量在运动过程中不发生改变时,物体加速度的大小与作用力的大小成正比,与物体的质量成反比,加速度的方向与作用力的方向相同,要注意的是,这里的物体是指质点。式(2-3)就是关于不变质量质点运动的牛顿第二定律的数学表达式,它是解决质点动力学问题的基本定律。

在国际单位制(SI)中,长度、质量和时间的单位是基本单位,分别为米(m)、千克(kg)和秒(s);力的单位是导出单位。质量为 1 kg 的质点,获得 1 m/s² 的加速度时,作用于该质点的力为 1 牛顿(N),即 1 N=1 kg·1 m/s²。在直角坐标系中,式(2-3)也可写为

$$\begin{cases} F_x = ma_x = m\dfrac{\mathrm{d}^2 x}{\mathrm{d}t^2} \\ F_y = ma_y = m\dfrac{\mathrm{d}^2 y}{\mathrm{d}t^2} \\ F_z = ma_z = m\dfrac{\mathrm{d}^2 z}{\mathrm{d}t^2} \end{cases} \tag{2-4}$$

式中，F_x、F_y、F_z 分别表示力 $\boldsymbol{F}$ 在 x、y、z 三个坐标轴上的分量，a_x、a_y、a_z 分别表示 $\boldsymbol{a}$ 在 x、y、z 三个坐标轴上的分量。由此可见，物体在哪个方向受到力的作用，就会在哪个方向产生加速度。

如果物体作平面曲线运动，常选择自然坐标系，此时有

$$\begin{cases} F_n = ma_n = m\dfrac{v^2}{\rho} \\ F_t = ma_t = m\dfrac{dv}{dt} \end{cases} \tag{2-5}$$

式中，F_n、F_t 分别表示物体在运动轨迹的法线方向和切线方向所受的合外力。

对于式(2-3)形式的牛顿第二定律，在理解上要注意它的 5 个性质。

(1) **相对性**：牛顿第二定律只在惯性参考系中才成立，式中的加速度 $\boldsymbol{a}$、动量 $\boldsymbol{p}$ 是物体相对于惯性参考系的加速度和动量。

(2) **同体性**：物体所受外力 $\boldsymbol{F}$、质量 m 和加速度 $\boldsymbol{a}$ 是对于同一物体而言的。

(3) **矢量性**：力、动量和加速度都是矢量，物体加速度的方向由物体所受合外力的方向决定。在牛顿第二定律数学表达式 $\boldsymbol{F}=m\boldsymbol{a}$ 中，等号不仅表示左右两边数值相等，也表示方向一致，即物体加速度的方向与所受合外力的方向相同。

(4) **瞬时性**：当物体(质量一定)所受外力发生突然变化时，作为由力决定的加速度的大小和方向也要同时发生突变；当合外力为零时，加速度同时为零，加速度与合外力保持一一对应关系。牛顿第二定律是一个瞬时对应的规律，表明了力的瞬间效应。

(5) **独立性**：作用在物体上的各个力，都能各自独立产生一个加速度，各个力产生的加速度的矢量和等于合外力产生的加速度。

2.1.3 牛顿第三定律

牛顿第三定律表述为：**两个物体间的作用力 $\boldsymbol{F}$ 和反作用力 $\boldsymbol{F}'$ 大小相等，方向相反，沿着同一直线，且同时分别作用在这两个物体上**。其数学表达式为

$$\boldsymbol{F} = -\boldsymbol{F}' \tag{2-6}$$

牛顿第三定律进一步阐明了力的相互作用的性质，力的作用是相互的，每一个力都有它的施力物体和受力物体，作用力与反作用力同时出现，同时消失，无主次，无先后；作用力和反作用力作用在两个物体上，产生的作用不能相互抵消；相互作用力一定是相同性质的力。

牛顿第三运动定律不仅揭示两物体相互作用的规律，还为解决复杂力学问题，转换研究对象提供了理论基础，拓宽了牛顿第二定律的适用范围，是牛顿力学中不可分割的重要组成部分。由只关注单一物体的牛顿第一定律和牛顿第二定律出发，结合牛顿第三定律就扩展了研究对象，就能解决由多个物体组成的复杂系统的动力学问题。

2.1.4 牛顿运动定律的适用范围

牛顿运动定律和其他物理定律一样，有一定的适用范围。牛顿运动定律只适用于惯性参考系，对于非惯性参考系，牛顿运动定律不再适用；牛顿运动定律只适用于处理低速运动问题，这里的低速是指速度远小于光速，不适用于处理高速运动问题，对于高速运动问题，要用相对论力学；牛顿运动定律只适用于处理宏观物体的运动，一般不适用于微观粒子，微观粒子的运动服从量子力学规律。

> **思考题**
>
> **2-1** 有人说:"当物体的加速度为零时,牛顿第一定律就可视作牛顿第二定律的特殊情况。因此,牛顿三定律应改为牛顿二定律而不失其牛顿运动定律的完整性。"这样的说法对吗?
>
> **2-2** 在钓鱼时,如果上钩的鱼的质量较大时,我们不应猛拉鱼线,这样鱼线容易被拉断,这是为什么?
>
> **2-3** 有人说:"人推动了车是因为人推车的力大于车推人的力。"这种说法对吗?如果不对,为什么车又会前进呢?
>
> **2-4** 秤上放着一个玻璃瓶子,瓶盖是密封的。一只苍蝇飞在瓶子中,没有挨着瓶子。秤的示数等于瓶子的重量,还是大于瓶子的重量?如果苍蝇靠拴在身上的一个小氢气球浮在瓶子中,又有怎样的结果呢?

知识拓展

为什么滑水运动员不会沉入水中?

看到滑水运动员在水面上乘风破浪快速滑行时,你有没有想过,为什么滑水运动员站在滑板上不会沉下去呢?

原因就在这块小小的滑板上。你看,滑水运动员在滑水时,总是身体向后倾斜,双脚向前用力蹬滑板,使滑板和水面有一个夹角。当前面的游艇通过牵绳拖着运动员时,运动员就通过滑板对水面施加了一个斜向下的力。而且,游艇对运动员的牵引力越大,运动员对水面施加的这个力也越大。因为水不易被压缩,根据牛顿第三定律,水面就会通过滑板反过来对运动员产生一个斜向上的反作用力 N。这个反作用力和牵绳对人的拉力 F 在竖直方向的分力等于运动员的重力 mg 时,滑板和运动员就不会下沉,如图 2-3 所示。因此,滑水运动员只要依靠技巧,控制好脚下滑板的倾斜角度,就能在水面上快速滑行。

图 2-3 滑水运动员

2.2 几种常见的力

在动力学中,分析物体所受的力是解决有关动力学问题的基础,了解一些常见力的性质和规律是必要的。下面介绍力学中常见的弹性力、摩擦力和万有引力,并初步了解自然界中存在的四种相互作用。

2.2.1 弹性力

力的作用效果之一是使物体发生形变,当撤去外力后,发生形变的物体能恢复原来的形状,这样的形变称为**弹性形变**(elastic deformation);当撤去外力后,发生形变的物体不能恢复原来的形状,这样的形变称为**范性形变**(plastic deformation)。物体能发生弹性形变的最大限度称为**弹性限度**(elasticity limit)。

两个相互接触的物体彼此发生形变时产生的力称为**弹性力**(elastic force)。弹性力产生的条件是:两个物体一要有接触,二要有形变。弹性力的方向垂直于两物体的接触切面。

弹簧被拉长或压缩时,弹簧会给与它相连的物体一个弹性力,如图 2-4 所示。根据胡克(Robert Hooke,1635—1703,英国)定律,在弹性限度内,弹性力 F 的大小与弹簧的伸长量或压缩量 x 成正比,即

$$F = -kx \tag{2-7}$$

式中,比例系数 k 称为**劲度系数**(stiffness),负号表示弹性力的方向与形变的方向相反。

下面讨论在力学中常见的绳中的**张力**(tension)。当绳索两端分别受到外力 F 和 F' 的作用而被拉紧时,取绳中的一个截面来考虑,截面两侧的绳索互相施以大小相等方向相反的力 F_T 和 F_T',这个力就是绳索在该截面处的张力,如图 2-5 所示。

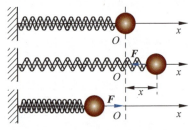

图 2-4 弹簧的弹性力

现在研究绳中各处张力的情况,在绳中任取长度为 Δl 的质元,质元的质量为 $\Delta m = \lambda \Delta l$,其中 λ 是绳单位长度的质量,设此段绳索左边所受张力为 $F_T(l)$,右边所受张力为 $F_T(l+\Delta l)$,绳的加速度为 a,如图 2-6 所示。应用牛顿第二定律,可得

$$\Delta F_T = F_T(l+\Delta l) - F_T(l) = \Delta m a = \lambda \Delta l a \tag{2-8}$$

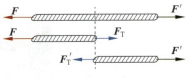

图 2-5 绳中的张力

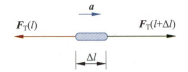

图 2-6 绳中一质元所受张力

由此可见,一般情况下,绳索上各处的张力的大小是不相等的($\Delta F_T \neq 0$),但当绳索的质量可以忽略不计,即 $\lambda = 0$ 时,或绳处于静止状态($a=0$)时,绳索上的各处的张力相等($\Delta F_T = 0$)。所以,拉紧的绳索内各处的张力是否相等,应视具体情况而定。本书所涉及的被拉紧的绳索问题,如无特别的说明,都当作细而轻的绳索,绳索上各处的张力大小相等。

2.2.2 摩擦力

相互接触的两物体间有相对运动或相对运动趋势时,会在接触面上出现阻碍物体相对运动或相对运动趋势的力,这种力称为**摩擦力**(friction force)。摩擦力的方向总是在两接触面的切线方向上。如按接触表面间有无润滑分类,摩擦可分为**湿摩擦**和**干摩擦**。湿摩擦是液体内部或液体和固体表面的摩擦,干摩擦是固体表面之间的摩擦。如按相对运动类型分类,摩擦可分为**滑动摩擦**和**滚动摩擦**。如按接触部分有无相对运动分类,摩擦可分为**滑动摩擦**和**静摩擦**。下面仅介绍静摩擦力和滑动摩擦力。

相互接触的两个物体,沿接触面有相对滑动的趋势时,接触面之间会产生一对阻止相对运动发生的力,这一对力叫作**静摩擦力**(static friction force)。**静摩擦力的方向与物体的相对运动趋势相反**。静摩擦力的大小是不确定的,有一个上限,即最大静摩擦力 $f_{\max}$。实验表明,最大静摩擦力的大小与物体的正压力 N 成正比,即

$$f_{\max} = \mu_0 N \tag{2-9}$$

式中,μ_0 是**静摩擦因数**(static friction factor)。静摩擦因数与两接触物体的材料性质及接触面的粗糙情况有关而与接触面的面积无关。一般情况下,静摩擦力的大小总是满足

关系 $0 \leqslant f_{静} \leqslant f_{max}$。

当外力大于最大静摩擦力时,物体将在另一物体的表面上滑动,此时物体受到的摩擦力称为**滑动摩擦力**(sliding friction force),滑动摩擦力的方向与物体相对运动的方向相反,滑动摩擦力 f 的大小与物体的正压力 N 成正比,即

$$f = \mu N \tag{2-10}$$

式中,μ 是**动摩擦因数**(sliding friction factor)。动摩擦因数与两接触物体的材料性质及接触面的粗糙情况、温度、干湿度等有关,还与两接触面的相对速度有关,而与接触面的面积无关。在相对运动的速度不大时,动摩擦因数 μ 略小于静摩擦因数 μ_0;在一般计算时,除非特别指明,可认为它们是近似相等的。

摩擦力在实际中具有重要的意义,摩擦力的坏处主要在于它会消耗大量的能量,使机器的传动部件发热,甚至烧毁,因而不得不进行冷却。当航天器进入大气层时,由于速度很快,与大气的摩擦产生大量的热量,如不采取一定措施,会使航天器的表面温度上升很高,从而烧毁航天器,所以在航天器的表面,特别是航天器的头部要覆盖烧蚀材料,这种材料在热流作用下能发生分解、熔化、蒸发、升华、侵蚀等物理和化学变化,从而带走大量的热,以达到阻止热量传入航天器内部的目的。在运动场上,运动员会尽量减小与空气或水的摩擦阻力,以获得较好的比赛成绩,如悉尼奥运会上,澳大利亚运动员索普穿着"全身鲨鱼皮式泳衣"以减小摩擦力,滑冰运动员带上头盔,穿上紧身衣以减小风阻等。但另一方面,在许多场合下有摩擦力是必要的。例如人的行走,车辆的制动,机器的转动(皮带轮),弦乐器的演奏,……,没有摩擦力或摩擦过小都是不行的,可以说,没有摩擦力的世界是不可想象的。而且,有时我们还要特意地增大摩擦,如在鞋底和轮胎上弄上花纹,给在结冰路面上行驶的汽车轮胎上装上防滑链(如图2-7),在二胡弦上打上松香,给传动皮带适当打蜡,体操、举重运动员在手上涂抹滑石粉等都是为了增加摩擦力。

图 2-7 汽车防滑链

2.2.3 万有引力

开普勒在分析天文学家第谷(Tycho Brahe,1546—1601,丹麦)留下的大量天文资料后,在他1609年出版的《新天文学》一书中,提出了著名的开普勒第一定律和第二定律,之后在1619年出版的《宇宙谐和论》一书中又提出了开普勒第三定律。这些定律对行星的运动规律进行了描述。牛顿继承了前人的研究成果,通过深入的研究,提出了著名的**万有引力定律**(law of universal gravitation),解决了行星运动规律的问题,揭示了天体的运动规律与地上物体的运动规律具有内在的一致性。这个定律指出,所有物体之间都存在着一种相互吸引力,所有的吸引力都遵从相同的规律,这种相互吸引力叫作万有引力。万有引力定律表述为:任何两个物体间都存在着相互作用的引力,力的方向沿两个物体的连线方向,力的大小与两个物体的质量 m_1 和 m_2 的乘积成正比,与两物体之间的距离 r 的平方成反比。即

$$F = G\frac{m_1 m_2}{r^2} \tag{2-11}$$

开普勒

弟谷

式中，G 为引力常量（gravitational constant），它最早由物理学家亨利·卡文迪许（H. Cavendish,1731—1810,英国）用扭秤实验测得，其实验装置如图 2-8 所示，一般计算时取 $G=6.67\times 10^{-11}$ N·m^2/kg^2。引力常量的测定不仅以实践验证了万有引力定律，同时也让此定律有了更广泛的使用价值。上式中的"物体"，实际上指的是质点，即只有当两物体本身的大小比它们之间的距离 r 小得多时，万有引力定律才成立。对于不能看成质点的物体，则必须将它们分成许多可以看成质点的质元，然后计算所有质元之间的相互作用力，从数学上讲，这个计算过程通常是一个积分过程。计算表明，对于质量分布均匀的两个球体，它们之间的万有引力可以直接由式(2-11)计算，这时 r 表示两球球心间的距离，也就是说，这两球体之间的引力与把球的质量当作集中在球心的质点之间的引力是一样的。

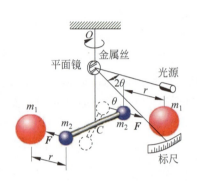

图 2-8　卡文迪许扭秤实验

万有引力定律可用矢量式表示为

$$\boldsymbol{F}=-G\frac{m_1 m_2}{r^2}\boldsymbol{e}_r \tag{2-12}$$

式中，$\boldsymbol{e}_r$ 表示由质点 m_1 指向质点 m_2 的单位矢量，负号表示质点 m_2 受质点 m_1 的吸引力的方向与 $\boldsymbol{e}_r$ 的方向相反，如图 2-9 所示。

在地面或地面附近的物体由于地球引力而使物体受到的力称为重力 $\boldsymbol{F}_G$（gravity），重力的方向指向地心，物体所受重力的大小和方向与物体受到地球的引力的大小和方向差别不大（后面将计算）。因此，对地面附近的物体，常常将其受到的引力当作重力。

设地球的质量为 M_E，物体的质量为 m，物体在地球表面或附近，地球的半径为 R_E，则物体的重力大小为

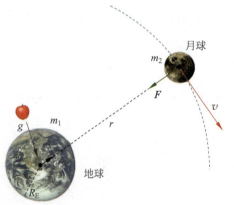

图 2-9　万有引力

$$F_G=F=G\frac{M_E m}{R_E^2}=mg \tag{2-13}$$

式中，$g=G\dfrac{M_E}{R_E^2}$，称为**重力加速度**（acceleration of gravity）。已知引力常量 $G=6.67\times 10^{-11}$ N·m^2/kg^2，$M_E=5.98\times 10^{24}$ kg，$R_E=6.37\times 10^6$ m，由此可计算出 $g=9.82$ m/s^2。一般来说，不同地方的重力加速度值是不相同的，表 2-1 列出了世界上一些地方的重力加速度值。一般在计算时，地球表面附近的重力加速度取 $g=9.80$ m/s^2。

表 2-1　世界上一些地方的重力加速度值

地点	纬度	重力加速度/(m/s²)	地点	纬度	重力加速度/(m/s²)
赤道	0°	9.780 4	新加坡	北纬 1°17′	9.780 7
南宁	北纬 22°43′	9.787 6	马尼拉	北纬 14°35′	9.783 6
广州	北纬 23°06′	9.788 3	东京	北纬 35°42′	9.798 0
昆明	北纬 25°02′	9.783 6	华盛顿	北纬 38°53′	9.801 1
福州	北纬 28°02′	9.791 6	北京	北纬 39°56′	9.801 2
重庆	北纬 29°35′	9.791 4	罗马	北纬 41°54′	9.803 5
拉萨	北纬 29°36′	9.779 9	巴黎	北纬 48°50′	9.809 4
杭州	北纬 30°16′	9.793 0	格林威治	北纬 51°29′	9.811 88
武汉	北纬 30°33′	9.793 6	伦敦	北纬 51°31′	9.811 99
成都	北纬 30°40′	9.791 3	柏林	北纬 52°31′	9.812 8
上海	北纬 31°12′	9.794 0	莫斯科	北纬 55°45′	9.815 6
西安	北纬 32°16′	9.794 4	圣彼得堡	北纬 59°56′	9.819 3
南京	北纬 37°47′	9.794 4	北极	北纬 90°	9.832 2
天津	北纬 39°13′	9.801 1	爪哇	南纬 6°	9.782 0
沈阳	北纬 41°48′	9.803 5	好望角	南纬 33°56′	9.796 3
乌鲁木齐	北纬 43°27′	9.801 5	墨尔本	南纬 37°49′	9.799 9
哈尔滨	北纬 44°04′	9.806 6	南极	南纬 90°	9.832 2

例 2-1

一质点 M 旁边放着一长度为 l、质量为 m 的杆，如图 2-10 所示，质点离杆近端的距离为 d。求质点与杆之间的万有引力。

解　以质点 M 所在处为坐标原点，建立如图 2-10 所示的坐标系。在 m 上取一长度为 dx 的质元，它距质点 M 的距离为 x。质元的质量为 $dm = \dfrac{m}{l}dx$，质点 M 与质元 dm 之间的万有引力大小为

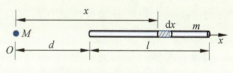

图 2-10　例 2-1 用图

$$dF = G\frac{M dm}{x^2} = G\frac{Mm}{lx^2}dx$$

则杆与质点间的万有引力大小为

$$F = \int dF = \int_d^{d+l} G\frac{Mm}{lx^2}dx = G\frac{Mm}{d(d+l)}$$

2.2.4　四种基本相互作用力

到目前为止，科学家发现，从力的性质划分，自然界中共有四种基本相互作用力，它们是万有引力、电磁力相互作用力、强相互作用力和弱相互作用力。

万有引力是具有静止质量的物体之间的相互作用，它是长程力，在四种基本相互作用中最弱，其规律是牛顿万有引力定律，更为精确的理论是广义相对论。

电磁相互作用力是带电荷粒子或具有磁矩粒子通过电磁场传递的相互之间的作用力，它也是长程力，其规律总结在麦克斯韦方程组和洛伦兹力公式中，更为精确的理论是量子电动力学。宏观的摩擦力、弹性力以及各种化学作用实质上都是电磁相互作用力的

表现。其强度仅次于强相互作用力,在四种基本相互作用力中处于第二位。

强相互作用力是让强子们结合在一块的作用力,是一个短程力(大约在 10^{-15} m 数量级),人们认为它是由核子间相互交换介子而产生的,其理论是量子色动力学,在四种基本相互作用力中最强。

弱相互作用力是基本粒子之间的一种特殊作用力,由于弱相互作用力比强相互作用力和电磁相互作用力的强度都弱,故得此名,其作用范围比强相互作用力还要小(大约在 10^{-18} m 数量级),其力程在四种相互作用力中最短。

宇宙中一切物质和场的作用都能归纳为这四种相互作用,但是有没有一种更高层次的理论,将这四种相互作用归纳为同一种作用呢?这就是"大一统理论"。爱因斯坦最早着手这一工作,他最初是想统一电磁相互作用和引力相互作用,但未获成功。1967—1968 年,斯蒂芬·温伯格(S. Weinberg,1933—   ,美国)和阿布杜斯·萨拉姆(A. Salam,1926—1997,巴基斯坦)各自独立地提出了一种电磁相互作用和弱相互作用统一的量子场论,从而解决了这些问题。但是,他们的理论有一个令人不满意的局限性:它只适用于一类基本粒子。1970 年,谢尔登·李·格拉肖(S. L. Glaschow,1932—   ,美国)将这一概念作了进一步推广,建立了完善的弱电统一理论,为此他们三人共同分享了 1979 年度的诺贝尔物理学奖。弱电统一理论预言的结果现已被许多实验所证实,它使四种基本相互作用实现了部分统一。目前"大一统理论"的研究遇到重重阻力,但人们相信,完成"大一统理论"是有可能的,一旦"大一统理论"完成,许多物理学问题和科学现象都能得到圆满解决。

> **思考题**
>
> 2-5 既然将一个物体视作质点,为什么有时还要考虑它与其他物体间的弹力作用?
>
> 2-6 在公路上行驶的汽车,摩擦力既然阻碍它的运动,为什么它的前进又离不开摩擦力?
>
> 2-7 火车司机开动很重的列车时,总是先倒车,使车往后退一下,然后再往前开车。为什么这样做容易使列车开动?
>
> 2-8 两辆完全相同的小车,一辆空载,一辆满载,从同一斜坡相同高度处无初速地向下滑行。有人说:"满车的下滑力大,所以满车先到达坡底",也有人说:"满车惯性大,所以满车后到达坡底。"正确的答案是什么?试就无摩擦和有摩擦两种情形分别进行讨论。

2.3 牛顿运动定律的应用

牛顿运动定律作为质点动力学的基础,在实践中有广泛的应用,本节将举例说明如何应用牛顿运动定律来分析和解决动力学的有关问题。

2.3.1 应用牛顿运动定律解决力学问题的基本方法

应用牛顿运动定律解决质点动力学的问题大致可分为两类:一类是已知质点的受力情况,求解质点的运动状态。对于这类问题,现阶段我们主要掌握恒力作用下的多体问题和变力作用下的单体问题。对于变力,力可能是空间、时间和速度的函数。另一类是已知质点的运动状态,求解作用于质点的力、速度、加速度等。

运用牛顿运动定律解决质点动力学问题的基本方法有隔离法、整体法等。综合这两种方法,其基本步骤如下:

(1) 确定研究对象。研究对象可能是质点,也可能是质点系(整体),如何确定要视问题的要求和计算方便而定。

(2) 分析研究对象受力情况。要求认真分析研究对象的受力情况并画出受力示意图。

(3) 选取坐标系或确定坐标原点及正方向,依据力的作用效果对力进行正交分解,有时还要对速度或加速度进行分解。

(4) 根据物体的受力及运动情况列出方程。在应用牛顿运动定律解题时,常常列出各坐标轴上的分量式。

(5) 求解及讨论。一般先进行符号运算,求出最终的表达式后,一并代入数值,得出最后的结果,并作必要的讨论。

综上,我们把应用牛顿运动定律的解题步骤归纳为:"认物体、看运动、查受力、建坐标、列方程、解方程、作讨论。"

2.3.2 应用举例

例 2-2

如图 2-11 所示,质量为 m 的小环套在绳上,绳子跨过定滑轮并在另一端系一质量为 M 的物体,若绳子不可伸长,不计质量,绳子与滑轮间的摩擦力可忽略,小环受绳子的摩擦力为 f,求小环相对于绳子的加速度和物体 M 相对于地面的加速度。

解 对小环 m 和物体 M 的受力分析图如图 2-12 所示。图中,T 是绳子的张力,f 是绳子作用于小环的摩擦力,a 是小环相对于与之接触的那段绳子的加速度,绳子不可伸长,小环有向上的牵连加速度 a_M,故小环相对于地面向下的加速度为 $a-a_M$,选择地面为参考系,应用牛顿第二定律有

$$Mg - T = Ma_M \qquad (\text{I})$$

$$mg - f = m(a - a_M) \qquad (\text{II})$$

图 2-11 例 2-2 用图

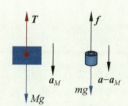

图 2-12 受力分析图

由于不计绳子的质量,故对物体 M 的张力 T 等于小环受到的摩擦力。再由式(I)和式(II)解得

$$a = 2g - \frac{(m+M)f}{mM} \qquad (\text{III})$$

$$a_M = g - \frac{f}{M} \qquad (\text{IV})$$

讨论 如果物体 M 能下落,由式(IV)可得 $a_M = g - \frac{f}{M} > 0$,即 $f < Mg$;如果环能相对于绳向下运动,由式(III)可得 $a = 2g - \frac{(m+M)f}{mM} > 0$,即要求 $f < 2\frac{Mm}{m+M}g$。

例 2-3

一条质量分布均匀的绳子,质量为 M、长度为 L,一端固定在竖直转轴 OO' 上,并以恒定角速度 ω 在水平面上旋转,如图 2-13(a)所示。设转动过程中绳子始终伸直不打弯,且忽略重力,求距转轴为 r 处绳中的张力 $T(r)$。

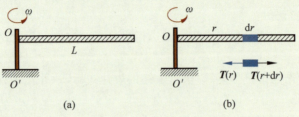

图 2-13 例 2-3 示意图

解 取距转轴为 r 处,长度为 dr 的小段绳子,其质量为 $\dfrac{M}{L}dr$。对此小段进行受力分析,如图 2-13(b)所示。由于绳子作圆周运动,所以小段绳子有径向加速度,由牛顿第二定律得

$$T(r) - T(r+dr) = \frac{M dr}{L}\omega^2 r$$

令

$$T(r) - T(r+dr) = -dT(r)$$

得

$$dT(r) = -\frac{M}{L}\omega^2 r dr$$

则有

$$\int_{T(r)}^{T(L)} dT = -\int_r^L \frac{M\omega^2}{L} r dr$$

由于绳子的末端是自由端,所以 $T(L)=0$,可得

$$T(r) = \frac{M\omega^2(L^2 - r^2)}{2L}$$

例 2-4

一质量为 m 的跳水运动员以 0 m/s 的初速度从 10 m 跳台上跳下。(1)求入水速度 v_0 和从起跳到入水大致所用的时间;(2)假定作用在运动员身上水的浮力及其所受的重力正好抵消,作用在他身上水的黏滞力大小为 bv^2,当 $x=0$ 时,$v=v_0$,试求速度 v 与水下深度 x 所满足的函数关系;(3)设 $\dfrac{b}{m} = 0.4\ \text{m}^{-1}$,求当 $v=v_0/10$ 时,运动员潜入水的深度;(4)求运动员在水下的深度与时间所满足的函数关系。

解 (1)依题意,将运动员在空中的运动近似看成是自由落体运动,由 $h = \dfrac{1}{2}gt^2$ 得,从起跳到入水大致所用的时间为

$$t = \sqrt{\frac{2h}{g}} = \sqrt{\frac{2\times 10}{9.8}}\ \text{s} = 1.43\ \text{s}$$

入水速度为

$$v_0 = gt = 9.8 \times 1.43\ \text{m/s} = 14.0\ \text{m/s}$$

(2) 选择运动员为研究对象,对其进行受力分析(见图 2-14),应用牛顿第二定律列方程得

$$m\frac{dv}{dt} = -bv^2 \qquad (\text{I})$$

即

$$\frac{dv}{v} = -\frac{b}{m}dx \qquad (\text{II})$$

对上式积分,并应用初始条件:$x=0$ 处,$v=v_0$,可得

$$\int_{v_0}^{v}\frac{dv}{v} = -\int_{0}^{x}\frac{b}{m}dx$$

因此得

$$v = v_0 e^{-\frac{b}{m}x} \qquad (\text{III})$$

图 2-14 水中的跳水运动员

(3) 当 $b/m = 0.4 \text{ m}^{-1}$,$v = v_0/10$ 时,有

$$\frac{1}{10}v_0 = v_0 e^{-0.4x}$$

得

$$x = \frac{1}{0.4}\ln 10 \text{ m} = 5.76 \text{ m}$$

如以运动员在水中的速度减小到 $v = 2.0 \text{ m/s}$ 的安全速度计算,则得 $x = 4.86 \text{ m}$,所以标准的 10 m 跳台跳水游泳池的设计规范要求水深在 4.5～5 m。

(4) 由式(III)得

$$\frac{dx}{dt} = v_0 e^{-\frac{b}{m}x}$$

整理上式,并应用初始条件 $t=0$,$x=0$,对上式积分,可得

$$\int_{0}^{x} e^{\frac{b}{m}x} dx = \int_{0}^{t} v_0 dt$$

因此得

$$x = \frac{m}{b}\ln\left(1 + \frac{bv_0}{m}t\right)$$

例 2-5

一链条,总长为 l,放在摩擦因数为 μ 的水平桌面上,其中一端下垂,长度为 a,如图 2-15 所示。假定开始时链条静止,且释放链条后,链条下垂部分带动链条而下落,求链条(末端)刚刚离开桌边时的速度。

解 设链条总质量为 m,则单位长度的质量为 m/l,当链条再下落 x 时,则下落部分所受重力为 $m_1 g = \frac{m}{l}(a+x)g$,此力可看成作用于整个链条的外力,此时在桌面部分的长度为 $l-a-x$,质量为 $m_2 = \frac{m}{l}(l-a-x)$,这部分链条对桌面的压力等于桌面对链条的支持力,也等于这部分链条的重力(见图 2-16),即

$$N = m_2 g = \frac{m}{l}(l-a-x)g \qquad (\text{I})$$

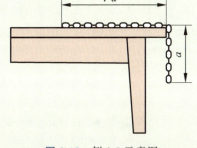

图 2-15 例 2-5 示意图

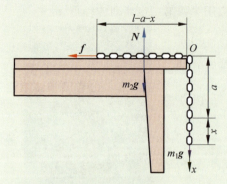

图 2-16 受力分析图

桌面上链条受到的摩擦力为

$$f = \mu N = \mu \frac{m}{l}(l-a-x)g \qquad (\mathrm{II})$$

选取整个链条为研究对象,选取桌边处为坐标原点,应用牛顿第二定律得

$$m\frac{\mathrm{d}v}{\mathrm{d}t} = \frac{m}{l}(a+x)g - \mu \frac{m}{l}(l-a-x)g \qquad (\mathrm{III})$$

即

$$\frac{\mathrm{d}v}{\mathrm{d}t} = \frac{1}{l}(a+x)g - \frac{\mu}{l}(l-a-x)g$$

亦即

$$v\,\mathrm{d}v = \frac{g}{l}[(\mu+1)x + (\mu+1)a - \mu l]\mathrm{d}x$$

对上式积分得

$$v^2 = \frac{g}{l}[(\mu+1)x^2 + 2(\mu+1)ax - 2\mu l x] + C$$

当 $x=0$ 时,$v=0$,代入上式可计算出积分常量 $C=0$,故上式变为

$$v = \sqrt{\frac{g}{l}[(\mu+1)x^2 + 2(\mu+1)ax - 2\mu l x]} \qquad (\mathrm{IV})$$

当链条离开桌边时,$x=l-a$,此时链条速度为

$$v = \sqrt{\frac{g}{l}[l^2 - a^2 - \mu(l-a)^2]} \qquad (\mathrm{V})$$

当桌面为光滑桌面时,即 $\mu=0$,代入上式可得

$$v = \sqrt{\frac{g}{l}(l^2 - a^2)}$$

例 2-6

半径为 R 的圆环,其环面固定在光滑的水平面上,质量为 m 的物体沿环的内壁运动,物体与环之间的摩擦因数为 μ。已知 $t=0$ 时,物体的速率为 v_0。求物体在任一时刻的速度 v、所受的摩擦力 f 和已经走过的路程 Δs。

解 选择物体为研究对象,地面为参考系,物体在竖直方向受重力 mg 和环面支持力 N_1 的作用,两力相互平衡。物体在水平面内受环的正压力 N_2 和摩擦力 f 的作用,作圆周运动,受力分析图如图 2-17 所示。采用自然坐标系,物体的运动方程的分量式可写为

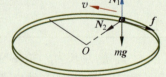

图 2-17 受力分析图

$$-f = ma_\mathrm{t} = m\frac{\mathrm{d}v}{\mathrm{d}t} \quad (\text{切向}) \qquad (\mathrm{I})$$

$$N_2 = ma_\mathrm{n} = m\frac{v^2}{R} \quad (\text{法向}) \qquad (\mathrm{II})$$

另外滑动摩擦力 f 与正压力 N_2 的关系为

$$f = \mu N_2 \qquad (\mathrm{III})$$

联立式(Ⅰ)~式(Ⅲ)得

$$\mu \frac{v^2}{R} = -\frac{\mathrm{d}v}{\mathrm{d}t}$$

分离变量后积分可得

$$\int_{v_0}^{v} \frac{\mathrm{d}v}{v^2} = -\int_0^t \frac{\mu}{R} \mathrm{d}t$$

求得物体在任意时刻的速度为

$$v = \frac{v_0 R}{R + \mu v_0 t} \tag{Ⅳ}$$

将上式代入式（Ⅰ）得

$$f = \frac{\mu m v_0^2 R}{(R + \mu v_0 t)^2} \tag{Ⅴ}$$

物体走过的路程为

$$\Delta s = \int_0^t v \mathrm{d}t = \int_0^t \frac{v_0}{1 + \frac{\mu v_0}{R} t} \mathrm{d}t = \frac{R}{\mu} \ln\left(1 + \frac{\mu v_0}{R} t\right) \tag{Ⅵ}$$

2.4　伽利略相对性原理　非惯性参考系

2.4.1　伽利略相对性原理

在 1.4 节中，我们已经讨论了在作相对运动的两个参考系 Σ 系和 Σ' 系中运动的质点，它相对于 Σ 系的绝对加速度 $\boldsymbol{a}$ 与相对于 Σ' 系的相对加速度 $\boldsymbol{a}'$，以及 Σ' 系相对于 Σ 系运动的牵连加速度 $\boldsymbol{a}_0$ 之间满足如下关系式（式(1-38)）：

$$\boldsymbol{a} = \boldsymbol{a}_0 + \boldsymbol{a}'$$

如果 Σ' 系相对于 Σ 系是匀速直线运动或静止的，即两个参考系都是惯性参考系，此时牵连加速度 $\boldsymbol{a}_0 = \boldsymbol{0}$，则上式变为

$$\boldsymbol{a} = \boldsymbol{a}' \tag{2-14}$$

上式表明，当惯性参考系 Σ' 以恒定的速度相对于惯性参考系 Σ 作匀速直线运动时，质点在这两个惯性参考系中的加速度是相同的，质点在 Σ' 系中所受的力为 $\boldsymbol{F}' = m\boldsymbol{a}'$，所以有

$$\boldsymbol{F} = m\boldsymbol{a} = m\boldsymbol{a}' = \boldsymbol{F}'$$

这就是说，在这两个惯性参考系中，牛顿第二定律的数学表达式不变，具有相同的形式。换句话说，牛顿运动定律在所有惯性系中都是等价的。

力学定律在一切惯性参考系中具有相同的形式，任何力学实验都不能区分静止和匀速运动的惯性参考系，这就是伽利略相对性原理，也称为力学的相对性原理。该原理最早由伽利略提出，是经典力学的基本原理。

2.4.2　非惯性参考系与惯性力

在讨论牛顿运动定律时曾经明确指出，牛顿运动定律只在惯性参考系中成立。这句话包含着两层意思：第一，参考系有惯性参考系和非惯性参考系两类；第二，在惯性参考系中，牛顿运动定律成立，而在非惯性参考系中牛顿运动定律不成立。

通常又把牛顿运动定律成立的参考系叫作惯性系，而牛顿运动定律不成立的参考系叫作非惯性系。地面上的物体或观察者以地球表面为参考系，牛顿运动定律与实验结果

吻合得较好，所以近似地认为固定在地球表面上的地面参考系是惯性参考系。由相对运动的知识可知，凡是相对于地面作匀速直线运动的参考系都是惯性参考系。凡是相对于地面作加速运动的参考系都不是惯性参考系，而是非惯性参考系。例如，正在启动或制动的车辆、升降机，旋转着的转盘等都是非惯性参考系。

如图 2-18 所示，在地面上停着一辆小车，车厢内有一光滑桌面，桌面上放置一质量为 m 的小球，当车静止时，小球静止于桌面上，这时小球在水平方向没有受到外力的作用，而在竖直方向上重力与桌面对小球的支持力相互抵消了，合力为零，故在竖直方向小球亦无运动。如果小车匀速前进，把小球放在桌面上，小球也同样静止在桌面上不动。因此，此时车厢中的观察者 A 不能通过小球的运动与否来判断小车的运动与否。但是，当小车相对于地面以加速度 a_0 向右运动时，情况就不一样了，站在地面上的观察者 B，以地面为参考系来观察，小球仍为静止，因为桌面是光滑的，小球在水平方向未受力的作用，因而保持原来的静止状态不变，小球的运动满足牛顿运动定律。但是在车厢里的观察者 A 却观察到小球以加速度 $-a_0$ 向左运动。以车厢为参考系的观察者 A（他习惯于用牛顿第二定律来研究力和加速度的关系），虽然观察到了这个加速度，但是却未能找到产生这个加速度的力，这显然违背牛顿第二定律。所以，在非惯性系中牛顿运动定律不适用。怎样在非惯性参考系中处理这个问题呢？于是他不得不设想有个假想力 F_i 作用于小球上，如图 2-19 所示，此力使质量为 m 的小球获得加速度 $-a_0$，按照牛顿第二定律，则

$$F_i = -ma_0 \tag{2-15}$$

其中，F_i 称为**惯性力**（inertial force）；a_0 是非惯性系相对于惯性系的加速度。惯性力是假想力，或者叫作虚拟力，它与真实的力最大的区别在于，它不是因物体之间相互作用而产生，它没有施力者，也不存在反作用力。牛顿第三定律对于惯性力并不适用。

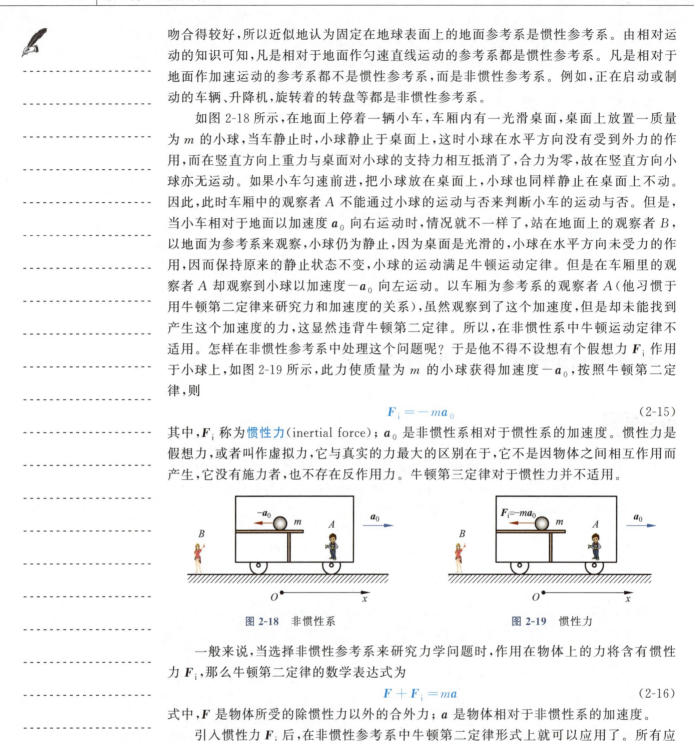

图 2-18 非惯性系　　　　　图 2-19 惯性力

一般来说，当选择非惯性参考系来研究力学问题时，作用在物体上的力将含有惯性力 F_i，那么牛顿第二定律的数学表达式为

$$F + F_i = ma \tag{2-16}$$

式中，F 是物体所受的除惯性力以外的合外力；a 是物体相对于非惯性系的加速度。

引入惯性力 F_i 后，在非惯性参考系中牛顿第二定律形式上就可以应用了。所有应用牛顿定律的方法和技巧都可以使用。

> **知识拓展**
>
> ### 加速度计原理
>
> 　　加速度计是测量运载体线加速度的仪表。测量飞机过载的加速度计是最早获得应用的飞机仪表之一。
>
> 　　目前，加速度计可分为闭环液浮摆式加速度计、挠性摆式加速度计、振弦式加速度计和摆式积分陀螺加速度计等几类。

图 2-20 显示了一种利用惯性力而设计的简单的加速度计原理。当加速度计沿感受线方向向上加速运动时，小球 m 由于受惯性力的作用向下绕 O 点旋转，引起指针 B 向上偏转，反之，当加速度计沿感受线方向向下加速运动时，则指针向下偏转，只要在表盘上根据小球的质量、平衡弹簧 K 的特性及到转动点 O 的距离、小球到转动点 O 的距离等定出加速度的标度，就能从表盘 C 上读出此时的加速度的值。

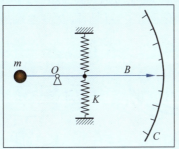
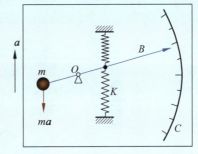

图 2-20 加速度计

例 2-7

一楔子顶角为 α，以加速度 a_0 沿水平方向加速运动。质量为 m 的质点沿楔子的光滑斜面滑下，如图 2-21 所示。求质点相对于楔子的加速度 a' 及楔子斜面对质点的支持力 N。

解 如果选地面为参考系，则质点的运动轨迹不清晰，不便解答；如果选楔子为参考系，则质点沿楔子斜面运动，质点的运动图像清晰，便于研究。建立如图 2-22 所示的直角坐标系附着在楔子上，质点在 Oxy 平面中的受力如图 2-22 所示，则有

$$mg\sin\alpha - ma_0\cos\alpha = ma' \quad (x \text{ 轴方向})$$
$$N - mg\cos\alpha - ma_0\sin\alpha = 0 \quad (y \text{ 轴方向})$$

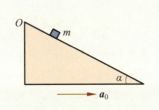
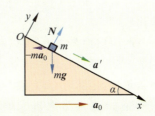

图 2-21 例 2-7 示意图　　图 2-22 例 2-7 受力图

解得质点相对于楔子的加速度和楔子斜面对质点的支持力分别为

$$a' = g\sin\alpha - a_0\cos\alpha$$
$$N = m(g\cos\alpha + a_0\sin\alpha)$$

思考 本题中如果没有设定质点沿楔子光滑斜面滑下，则质点一定沿光滑斜面滑下吗？在什么情况下，质点相对于斜面静止、相对于斜面向上运动或相对于斜面向下运动？

2.4.3　惯性离心力及其应用

另一种常见的非惯性系是匀速转动参考系，如图 2-23 所示。水平圆盘以匀角速度 ω 绕圆心的垂直轴转动，质量为 m 的小球用弹簧与转轴相连，设转台平面为光滑平面，它与小球和弹簧的摩擦力均可略去不计，由圆盘外的观测者 A 看来，小球 m 以匀角速度 ω

随盘转动,转动半径为 R,弹簧施于小球的拉力提供了小球作匀速圆周运动所需要的向心力,此向心的大小为 $F=\dfrac{mv^2}{R}=m\omega^2 R$,这符合牛顿第二定律的结论。而同样的问题,对于站在转台上相对于转台静止的观察者 B 看来,弹簧伸长了是客观事实,在低速情况下,其伸长量不会因观察者的不同而不同,因此观察者 B 看到的小球受到弹簧施予的拉力大小应与观察者 A 看到的相同,然而,此时观察者 B 却看到小球是静止的,于是在转台上的观察者 B 看来,牛顿运动定律不适用了,可见,圆盘参考系是非惯性系。

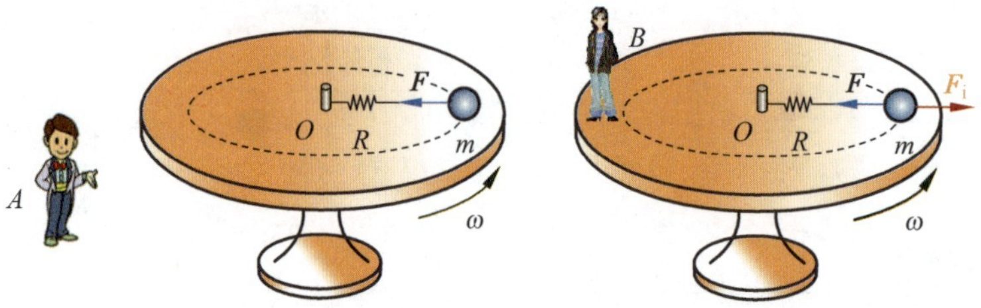

图 2-23 惯性离心力

为了解决上述问题,观察者 B 假设小球 m 除了受到弹簧的拉力 F 外,还受到了**惯性离心力**(inertial centrifugal force)F_i 的作用,F 和 F_i 大小相等,方向相反,使小球 m 得以"平衡"。于是,在圆盘这个非惯性系中的观测者可引入惯性离心力 F_i,使牛顿第二定律在形式上仍然成立,即

$$F_i = -F = m\omega^2 R \tag{2-17}$$

式中,R 的方向由圆心指向小球 m。必须指出的是,惯性离心力并不是向心力的反作用力,因为惯性离心力和向心力都是作用在小球 m 上,它们不可能是作用力与反作用力的关系。而向心力的反作用力是离心力,离心力是小球 m 对弹簧的拉力。所以,切不可将惯性离心力与离心力相混淆。

与直线加速非惯性参考系一样,在旋转的非惯性参考系中解决力学问题时,同样可应用式(2-14)。

利用惯性离心力,可以制作很多的机械。1788 年,瓦特为了解决蒸汽机的速度控制问题,发明了离心式调速器(图 2-24)。它巧妙地利用了力学中的惯性离心力,当蒸汽机转得越快,惯性离心力使得小球向外张开的范围越大,带动套环上升,杠杆使得蒸汽阀进气阀变小,进入蒸汽机内的蒸汽变少,使得蒸汽机转速变慢,从而使得蒸汽机的速度稳定。

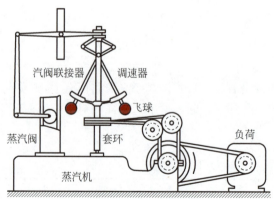

图 2-24 离心调速器

离心机是利用惯性离心力分离固体、液体或气体中各组分或它们的混合物中各组分的机械。它可将悬浮液中的固体颗粒与液体分开,或将乳浊液中两种密度不同,又互不

相溶的液体分开（例如从牛奶中分离出奶油），也可用于排除湿固体中的液体，例如用洗衣机甩干湿衣服；利用不同密度或粒度的固体颗粒在液体中沉降速度不同的特点，沉降离心机还可对固体颗粒按密度或浓度进行分级。特殊的超速管式分离机还可分离不同密度的气体混合物，例如可将气态的 $^{235}_{92}\text{U}$ 和 $^{238}_{92}\text{U}$ 的化合物六氟化铀进行分离，得到高浓度的 $^{235}_{92}\text{U}$，提炼出武器级浓度的 $^{235}_{92}\text{U}$。图 2-25 是俄罗斯研制的第 8 代超临界气体离心机实物照片和气体离心机原理图，图 2-26 是美国俄亥俄州派克顿离心机厂生产的用于浓缩铀的离心机级联。可以说离心机是日常生活和工业生产中一个重要的机械，它大量应用于化工、石油、食品、制药、选矿、煤炭、污水处理和船舶等部门。

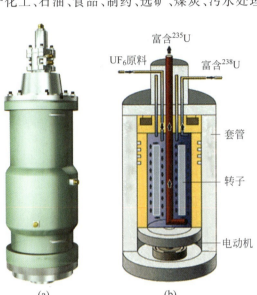

图 2-25　气体离心法浓缩铀离心机实物和原理图
(a) 实物图；(b) 原理图

图 2-26　生产浓缩铀离心机级联
美国俄亥俄州派克顿离心机厂照片

例 2-8

地球的自转使物体在地球表面所受的重力与物体所处的纬度有关，试找出它们之间的关系。

解　设有质量为 m 的物体，处于地球纬度 φ 处，R 是地球的半径，r 是物体的圆周轨道的半径，则 $r=R\cos\varphi$，地球自转的角速度为 ω（图 2-27），于是物体在该处受到的惯性离心力大小为

$$F_\text{i}=m\omega^2 R\cos\varphi \qquad （Ⅰ）$$

其中，$\boldsymbol{F}_\text{i}$ 的方向与地球的轴线 OO' 垂直，自物体沿圆轨道的半径向外。

地球对物体的引力 F 的大小为

$$F=G\frac{mM}{R^2}=mg \qquad （Ⅱ）$$

其中，$g=G\dfrac{M}{R^2}$，是指不受地球自转影响的重力加速度。引力的方向自物体指向地心。物体所受的地球引力 $\boldsymbol{F}$ 与物体的惯性离心力 $\boldsymbol{F}_\text{i}$ 的合力就是物体所受的重力 $\boldsymbol{F}_\text{G}$，即

$$\boldsymbol{F}_\text{G}=\boldsymbol{F}+\boldsymbol{F}_\text{i} \qquad （Ⅲ）$$

现在我们来计算 $\boldsymbol{F}_\text{G}$ 的大小。应用余弦定理可得

$$F_\text{G}^2=F^2+F_\text{i}^2-2FF_\text{i}\cos\varphi$$

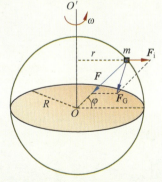

图 2-27　地球自转对重力的影响

则有

$$F_G = F\left[1+\left(\frac{F_i}{F}\right)^2 - 2\frac{F_i}{F}\cos\varphi\right]^{\frac{1}{2}} \quad (\text{IV})$$

由于 $\left(\frac{F_i}{F}\right)^2 \ll 1$，可以忽略不计，再将式（IV）作泰勒展开，由于 $2\frac{F_i}{F}\cos\varphi$ 较小，略去高次项，这样式（IV）变为

$$F_G \approx F\left(1 - \frac{F_i}{F}\cos\varphi\right) \quad (\text{V})$$

又因为

$$\frac{F_i}{F} = \frac{m\omega^2 r}{mg} = \frac{m\omega^2 R\cos\varphi}{mg} \approx \frac{(7.3\times 10^{-5}\ \text{s}^{-1})^2 \times 6.4\times 10^6\ \text{m}}{9.8\ \text{m/s}^2}\cos\varphi \approx 3.5\times 10^{-3}\cos\varphi$$

将上式代入式（V）得

$$F_G \approx F(1 - 3.5\times 10^{-3}\cos^2\varphi)$$

通常我们所说的重力是指 $\boldsymbol{F}_G$，显然，由于地球自转，物体的重力 $\boldsymbol{F}_G$ 随纬度不同而异。实际上，物体所受地球的引力和重力的数值相差最多不过千分之几，重力的指向和引力的指向也几乎一致，所以除需精密计算外，一般不区分引力和重力。

例 2-9

如图 2-28 所示，长度分别为 L_1 和 L_2 的不可伸长的轻绳悬挂着质量分别为 m_1 和 m_2 的两个小球，它们处于静止状态，突然连接两绳的中间小球受到水平向右的冲击力，瞬间获得向水平向右的速度 v_0。求这瞬间连接 m_2 的绳子拉力 T 为多大？

解 如果选择地面为参考系，则 m_2 的运动情况不易判断，如选择 m_1 为参考系，则 m_2 相对于 m_1 作速度为 v_0 的向左的圆周运动。选择 m_1 为参考系，m_2 的受力如图 2-29 所示。其中，惯性力 F_i 大小为

$$F_i = \frac{m_2 v_0^2}{L_1}$$

由牛顿运动定律得

$$T - m_2 g - F_i = \frac{m_2 v_0^2}{L_2}$$

解得

$$T = m_2 g + \frac{m_2 v_0^2}{L_1} + \frac{m_2 v_0^2}{L_2}$$

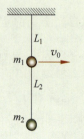

图 2-28 例 2-9 示意图

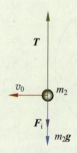

图 2-29 m_2 受力图

思考题

2-9 什么是超重和失重？在失重情况下，蜡烛的火焰是什么形状？

2-10 用卡车运送集装箱，集装箱四周用绳索固定在车厢内，如图 2-30 所示。当卡车紧急制动时，后面拉紧的绳索断裂了。分别以地面和汽车为参考系，解释绳索断裂的原因。

2-11 在车窗都关好的行驶的汽车内，漂浮着一个氢气球，当汽车向左转弯时，氢气球在车内将向左运动还是向右运动？

图 2-30　思考题 2-10 用图

习题

2-1 质量相等的两物体 A 和 B 分别固定在弹簧的两端，竖直放在光滑水平面 C 上，如图 2-31 所示。弹簧的质量与物体 A、B 的质量相比，可以忽略不计。若把支持面 C 迅速抽走，则在移开的一瞬间，A 的加速度大小 $a_A =$ _____，B 的加速度的大小 $a_B =$ _____。

2-2 如图 2-32 所示，质量为 m 的人站在自动扶梯上，扶梯正以加速度 a 向上加速运动，a 与水平方向夹角为 θ，则人受到的支持力为_____，受到的摩擦力为_____。

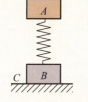　

图 2-31　习题 2-1 用图　　图 2-32　习题 2-2 用图

2-3 假如地球半径缩短 1%，而它的质量保持不变，则地球表面的重力加速度 g 增大的百分比是_____。

2-4 月球半径约为地球半径的 1/4，月球质量约为地球质量的 1/96，地球表面的重力加速度取 10 m/s^2，第一宇宙速度为 7.9 km/s。(1)月球表面的重力加速度大约是_____ m/s^2；(2)美国的"阿波罗Ⅱ号"宇宙飞船登月成功时，宇航员借助一计时表测出近月飞船绕月球一周的时间为 T，则可得到月球的平均密度的表达式为_____（用字母表示）。

2-5 下列关于惯性的说法中，正确的是[　　]。

　　A. 人走路时没有惯性，被绊倒时有惯性

　　B. 百米赛跑到终点时，人不能立即停下是由于惯性，停下时就没有惯性了

　　C. 物体没有受外力作用时有惯性，受外力作用后惯性被克服了

　　D. 物体的惯性与物体的运动状态及受力情况均无关

2-6 下列说法中正确的是[　　]。

　　A. 物体所受合外力为零，物体的速度必为零

　　B. 物体所受合外力越大，物体的加速度越大，速度也越大

　　C. 物体的速度方向一定与物体受到的合外力的方向一致

　　D. 物体的加速度方向一定与物体所受到的合外力方向一致

2-7 如图 2-33 所示，一夹子夹住木块，在力 F 的作用下向上提升。夹子和木块的质量分别为 m 和 M，夹子与木块两侧间的最大静摩擦力均为 f，若木块不滑动，力 F 的最大值是[　　]。

A. $\dfrac{2f(M+m)}{M}$ B. $\dfrac{2f(M+m)}{m}$

C. $\dfrac{2f(M+m)}{M}-(M+m)g$ D. $\dfrac{2f(M+m)}{m}+(M+m)g$

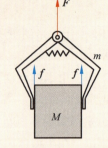

图 2-33 习题 2-7 用图

2-8 如图 2-34 所示，在托盘测力计的托盘内固定一个倾角为 30°的光滑斜面，现将一个重 4 N 的物体放在斜面上，让它自由滑下，那么测力计因有重 4 N 的物体存在而增加的读数是[ ]。

A. 4 N B. $2\sqrt{3}$ N C. 0 N D. 3 N

2-9 如图 2-35 所示，车厢底板光滑的小车上用两个量程为 20 N 完全相同的弹簧秤甲和乙系住一个质量为 1 kg 的物块，当小车在水平地面上作匀速运动时，两弹簧秤的示数均为 10 N，当小车作匀加速运动时弹簧秤甲的示数变为 8 N，这时小车运动的加速度大小是[ ]。

A. 2 m/s² B. 4 m/s² C. 6 m/s² D. 8 m/s²

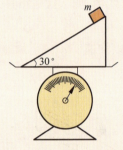

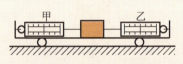

图 2-34 习题 2-8 用图 图 2-35 习题 2-9 用图

2-10 在密度为 ρ_0 的体积无限大的液体中，有两个半径为 R、密度为 ρ 的球，相距为 $d(d>R)$，且 $\rho>\rho_0$。求两球受到的万有引力。

2-11 一个半径为 R、密度为 ρ 的球形星体，计算由于其自身引力在其中心处产生的压强。

2-12 证明：质量为 M 的飞机在水平航线上飞行时落下一个质量为 m 的炸弹，飞机将有一个向上的加速度 mg/M。

2-13 宇航员在一星球表面上的某高处，沿水平方向抛出一小球。经过时间 t，小球落到星球表面，测得抛出点与落地点之间的距离为 L。若抛出时初速度增大到原来的 2 倍，则抛出点与落地点之间的距离为 $\sqrt{3}L$。已知两落地点在同一水平面上，该星球的半径为 R，万有引力常量为 G，求该星球的质量 M。

2-14 如图 2-36 所示，升降机以加速度 a 竖直向上作匀加速运动。机内有一倾角为 θ、长度为 L 的斜面，有一物体(可视为质点)在该斜面顶端，相对斜面从静止释放。设物块与斜面间动摩擦因数为 μ，求释放后，该物块经过多少时间到达斜面的底端？

2-15 一根光滑的钢丝弯成如图 2-37 所示的形状，其上套有一小环。当钢丝以恒定角速度 ω 绕其竖直对称轴旋转时，小环在其上任何位置都能保持相对静止。求钢丝的形状(即写出 y 与 x 的关系)。

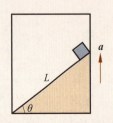

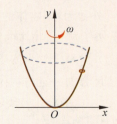

图 2-36 习题 2-14 用图 图 2-37 习题 2-15 用图

2-16 如图 2-38 所示，质量分别为 m_1 和 m_2 的两只球用弹簧连在一起，且以长度为 l_1 的细绳拴在轴 OO' 上，当 m_1 和 m_2 均以角速度 ω 绕轴在光滑水平面上作匀速圆周运动时，弹簧长度为 l_2。问：(1) 此时弹簧伸长量多大？绳子张力多大？(2) 将绳突然烧断的瞬间，两球的加速度 a_1 和 a_2 多大？（弹簧和绳的质量忽略不计）

2-17 设一物体在离地面上空高度等于地球半径处由静止落下。求它到达地面的速度（不计空气阻力和地球的自转）。

2-18 质量 $m=10$ kg、长 $l=40$ cm 的链条，放在光滑的水平桌面上，其一端系一细绳，通过滑轮悬挂着质量为 $m_1=10$ kg 的物体，如图 2-39 所示。$t=0$ 时，系统从静止开始运动，这时 $l_1=l_2=20$ cm$<l_3$。设绳不伸长，轮、绳的质量和轮轴及桌沿的摩擦不计，求当链条刚刚全部滑到桌面上时，物体 m_1 的速度和加速度的大小。

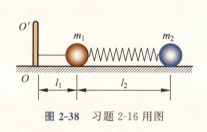

图 2-38　习题 2-16 用图

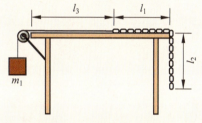

图 2-39　习题 2-18 用图

2-19 质量为 m 的雨滴下降时，因受空气阻力，在落地前已是匀速运动，其速率为 $v_{max}=5.0$ m/s。设空气阻力的大小与雨滴速率的平方成正比，问：当雨滴下降速率为 $v=4.0$ m/s 时，其加速度 a 多大？（取 $g=9.8$ m/s^2）

2-20 一质量为 45 kg 的物体，由地面以初速 $v_0=60$ m/s 竖直向上发射，空气的阻力为 $f=-kv$，其中 $k=0.03$，力的单位是 N，速率 v 的单位是 m/s。求：(1) 物体发射到最大高度所需的时间；(2) 物体可达到的最大高度为多少？

2-21 质量为 m 的物体，在 $F=F_0-kt$ 的外力作用下沿 x 轴运动，已知 $t=0$ 时，$x_0=0$，$v_0=0$，求物体在任意时刻的速度 v 和位移 x。

2-22 有一带电粒子沿竖直方向以 v_0 从坐标原点向上运动，从时刻 $t=0$ 开始粒子受到 $F=F_0t$ 水平力的作用，F_0 为常量，粒子质量为 m，如图 2-40 所示。求粒子的运动轨迹。

2-23 长度为 l 的轻绳，一端系一质量为 m 的小球，另一端系于定点 O，开始时小球处于最低位置。若使小球获得如图 2-41 所示的速度 $\boldsymbol{v}_0$，则小球将在铅直平面内作圆周运动。应用牛顿运动定律求小球在任一位置时的速率 v 及绳的张力 T。

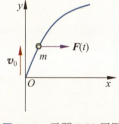

图 2-40　习题 2-22 用图

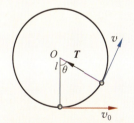

图 2-41　习题 2-23 用图

2-24 飞机降落时的着地速度大小 $v_0=90$ km/h，方向与地面平行，飞机与地面间的动摩擦因数 $\mu=0.1$，飞机的迎面空气阻力为 $C_x v^2$，升力为 $C_y v^2$（v 是飞机在跑道上的滑行速度，C_x 和 C_y 为两常量）。

已知飞机的升阻比 $K=C_y/C_x=5$，求飞机从着地到停止这段时间所滑行的距离(设飞机着地前瞬间对地面无压力)。

2-25 空气对物体的阻力由许多因素决定，一个近似公式是 $f=-kv$，v 是物体的速度，k 是常量。现考虑一个在空中由静止下落的物体，试求：(1)它在任一时刻的速度；(2)当物体的速度等于多少时，物体不再加速(这个速度叫作收尾速度)。

2-26 一个质点竖直上抛，初速度为 v_0，如果空气阻力与速率的平方成正比，证明：回到初始位置的速率为 $\dfrac{v_0 v_{\max}}{(v_0^2+v_{\max}^2)^{1/2}}$，其中 $v_{\max}$ 是极限速率。

第3章

能量与动量

能量是度量物质运动的一个物理量,亦简称能。相应于不同形式的运动,能量分为机械能、分子内能、电能、化学能、原子能等。度量物体状态改变过程中能量变化的物理量是功。动量是量度物质运动的另一个物理量,动量的改变由物体受到的冲量来量度。

本章从功和能、动量与冲量的角度研究物质的运动规律,也是从另一个角度研究力和运动的关系,从而进一步揭示物体运动规律。

3.1 功 质点动能定理

3.1.1 功

如图 3-1 所示,当一质点受恒力 F 作用并作直线运动时,此力做的功 W 等于力的大小 $|F|$、位移的大小 $|\Delta r|$ 和它们夹角的余弦的乘积,即 $W = |F| \cdot |\Delta r| \cos\theta$。根据矢量标积(scalar product)的定义,功又可表示为 F 和 Δr 的标积,即

$$W = F \cdot \Delta r \tag{3-1}$$

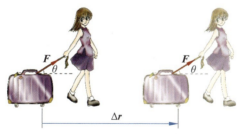

图 3-1 恒力做功

例 3-1

一质点在力 $F = 3i + 4j$ 的作用下发生了位移 $\Delta r = 2i - 2j$,式中 F 的单位为 N,位移的单位为 m。求此力所做的功。

解 由恒力做功的计算公式(3-1)可得

$$W = F \cdot \Delta r = (3i + 4j) \cdot (2i - 2j) = -2.0 \text{ J}$$

如果质点在外力作用下沿一曲线轨道由 A 点移动到 B 点,如图 3-2 所示。在此过程中,作用于质点上的力 F 的大小和方向都在随时间变化,因而不能直接运用式(3-1)计算力 F 做的功,但我们可以借助微积分来计算变力做功。

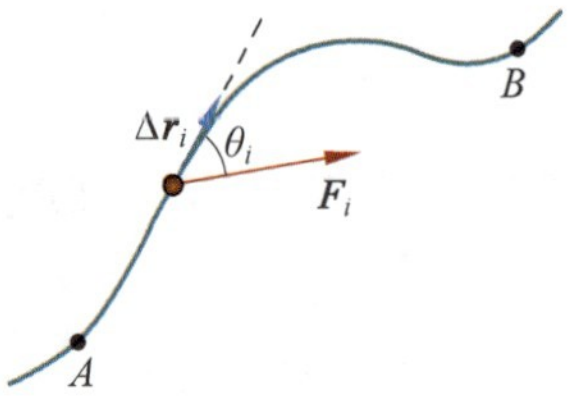

首先将质点的运动轨迹分为 n 个小段,只要 n 足够大,即每一小段足够小,就能将任一小段看作直线,质点在每一小段上所受的力可以看成恒力。这样,我们可运用前面的公式来计算第 i 小段上力对质点做的功,常称为元功,其表示为

$$\Delta W_i = \boldsymbol{F}_i \cdot \Delta \boldsymbol{r}_i = |\boldsymbol{F}_i| \cdot |\Delta \boldsymbol{r}_i| \cos\theta_i \tag{3-2}$$

图 3-2 变力做功

于是,质点沿曲线轨迹从 A 点移动到 B 点的过程中,变力 F 对质点做的功等于所有元功的总和,即

$$W = \sum_{i=1}^{n} \Delta W_i = \sum_{i=1}^{n} \boldsymbol{F}_i \cdot \Delta \boldsymbol{r}_i \tag{3-3}$$

当分段数 n 趋于无穷大、每一小段的位移 $\Delta \boldsymbol{r}_i$ 趋于零时,其求和变成积分,即

$$W = \lim_{\Delta \boldsymbol{r}_i \to 0} \sum_{i=1}^{n} \boldsymbol{F}_i \cdot \Delta \boldsymbol{r}_i = \int_{A}^{B} \boldsymbol{F} \cdot \mathrm{d}\boldsymbol{r} \tag{3-4}$$

这就是计算功最一般的公式。

综上所述,从功的计算公式可得到关于功的以下几个结论:

(1) 功是力沿质点运动轨迹的线积分,因此功是力对空间的积累效应。一般来说,功的大小既与质点运动的始末位置有关,也与运动的路径有关,这样的物理量在物理学中称为过程量。

(2) 功是标量,且有正负,其正负取决于力和位移间的夹角。当 $0 \le \theta < 90°$ 时,$W > 0$,称力对质点做正功;当 $90° < \theta \le 180°$ 时,$W < 0$,称力对质点做负功;当 $\theta = 90°$ 时,$W = 0$,称该力对质点不做功。如果一个质点在力的方向上没有位移,则此力不做功。如图 3-3 所示,人用了很大的力也未推动巨石,因而他对巨石没有做功。

图 3-3 人推巨石

感悟·启迪

由做功的正负给我们的启迪是努力的方向永远比努力更重要。培根说:"做人有计划,人生有方向";黑格尔说:"跛足而不迷路的人,能赶过虽健步如飞但误入歧途的人";毕加索说:"正确的抉择,你的才华会得到更好的施展。"由此可见,人生的方向是照亮黑夜之路的灯塔,是浇灌沙漠生命的清泉,是一切成功所需的垫脚石。在快节奏、高效率、信息化的今天,我们无论干什么事都要掌握好努力的方向,即要有目标。没有方向,漫无目的地去干,等于是在白白浪费时间,根本就不会有什么成绩和效率可言,甚至会起反作用。

(3) 若有 $\boldsymbol{F}_1, \boldsymbol{F}_2, \cdots, \boldsymbol{F}_i, \cdots, \boldsymbol{F}_n$ 同时作用在质点上,则合力 $\sum \boldsymbol{F}_i = \boldsymbol{F}_1 + \boldsymbol{F}_2 + \cdots + \boldsymbol{F}_n$ 所做的功为

$$W = \int_{A}^{B} \left(\sum \boldsymbol{F}_i\right) \cdot \mathrm{d}\boldsymbol{r} = \int_{A}^{B} \boldsymbol{F}_1 \cdot \mathrm{d}\boldsymbol{r} + \int_{A}^{B} \boldsymbol{F}_2 \cdot \mathrm{d}\boldsymbol{r} + \cdots$$

$$= W_1 + W_2 + \cdots + W_i + \cdots + W_n = \sum_{i=1}^{n} W_i \tag{3-5}$$

此式表明，合力对质点所做的功，等于每个分力所做的功的代数和。显然，此结果是依据力的叠加原理得出的。

(4) 在直角坐标系中，$\boldsymbol{F}$ 和 $\mathrm{d}\boldsymbol{r}$ 都是坐标 x,y,z 的函数，即 $\boldsymbol{F}=F_x\boldsymbol{i}+F_y\boldsymbol{j}+F_z\boldsymbol{k}$，$\mathrm{d}\boldsymbol{r}=\mathrm{d}x\boldsymbol{i}+\mathrm{d}y\boldsymbol{j}+\mathrm{d}z\boldsymbol{k}$，该力做功也可表示为

$$W = \int_A^B (F_x\boldsymbol{i}+F_y\boldsymbol{j}+F_z\boldsymbol{k}) \cdot (\mathrm{d}x\boldsymbol{i}+\mathrm{d}y\boldsymbol{j}+\mathrm{d}z\boldsymbol{k})$$
$$= \int_A^B (F_x\mathrm{d}x + F_y\mathrm{d}y + F_z\mathrm{d}z) \tag{3-6}$$

此式也是变力做功的另一数学表达式，与式(3-4)是等价的。

(5) 当质点只受 x 轴方向的变力作用时，可用图示法计算功的大小。如图 3-4 所示，曲线表示 F_x 随 x 变化的函数关系，曲线下的曲边梯形的面积就等于变力 F_x 所做功的代数值。

(6) 功随时间的变化率叫作**功率**(power)，用 P 表示，按此定义有

$$P = \frac{\mathrm{d}W}{\mathrm{d}t} = \frac{\boldsymbol{F}\cdot\mathrm{d}\boldsymbol{r}}{\mathrm{d}t} = \boldsymbol{F}\cdot\boldsymbol{v} \tag{3-7}$$

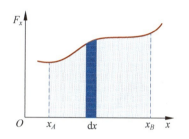

图 3-4 变力做功的图示

这就是说，功率等于力与质点速度的标积，或者说等于力的大小与速度在力的方向上的分量的乘积。由此可知，当功率保持恒定时，力大，则速度小。比如，当汽车的发动机输出功率一定时，上坡时需加大牵引力，就得降低速度。

在国际单位制中，力的单位是牛顿(N)，位移的单位是米(m)，所以功的单位是牛顿·米(N·m)，我们把这个单位称为焦耳，符号为 J，即 1 J＝1 N·m。功率的单位为瓦特，简称瓦，符号为 W。1 瓦特的功率就是 1 秒的时间内做 1 焦耳的功，即 1 W＝1 J/s，1 kW＝10^3 W。

例 3-2

一个人从 10 m 深的井中提水，桶的质量为 1 kg，开始时桶中装有 10 kg 的水，由于水桶漏水，每升高 1 m 要漏去 0.2 kg 的水。求：将水桶匀速地提到井口，人所做的功。

解 由题意，设初始时桶和水的总重为 G，每升高 1 m 要漏去 0.2 kg 的水，则升高 x 米时桶内的水重减少 $\Delta G = 0.2gx$，将水桶匀速地提起，人的拉力等于桶重与水重的和，故做功为

$$W = \int_0^{10}(G - 0.2gx)\mathrm{d}x = g(11x - 0.1x^2)\big|_0^{10}$$
$$= 9.8 \times (11 \times 10 - 0.1 \times 10^2)\ \mathrm{J} = 980\ \mathrm{J}$$

例 3-3

如图 3-5 所示，一质点在 Oxy 平面上运动，所受的力为 $\boldsymbol{F}=(y^2-x^2)\boldsymbol{i}+3xy\boldsymbol{j}$。求：(1)质点从点 $A(0,0)$ 经运动路径 $y=x^2$ 到达点 $C(2,4)$ 的过程中力 $\boldsymbol{F}$ 所做的功。(2)从点 $A(0,0)$ 经直线到点 $B(0,2)$，再从点 $B(0,2)$ 经直线到点 $C(2,4)$，力 $\boldsymbol{F}$ 所做的功。

解 (1) 由 $y=x^2$ 求微分可得

$$\mathrm{d}y = 2x\mathrm{d}x$$

（Ⅰ）

由功的计算公式有

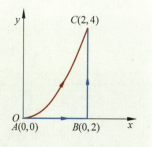

图 3-5 例 3-3 图示

$$W = \int_A^B \boldsymbol{F} \cdot \mathrm{d}\boldsymbol{r} = \int_A^B [(y^2 - x^2)\boldsymbol{i} + 3xy\boldsymbol{j}] \cdot (\mathrm{d}x\boldsymbol{i} + \mathrm{d}y\boldsymbol{j})$$
$$= \int_A^B [(y^2 - x^2)\mathrm{d}x + 3xy\,\mathrm{d}y] \tag{II}$$

利用质点的运动方程和式(I)可将上式化为

$$W = \int_0^2 (7x^4 - x^2)\mathrm{d}x = \left(\frac{7}{5}x^5 - \frac{1}{3}x^3\right)\bigg|_0^2 = 42\frac{2}{15}\,\mathrm{J} \approx 42.13\,\mathrm{J}$$

(2) 做功可分两段 $A \to B, B \to C$ 进行计算，即

$$W = \int_A^C \boldsymbol{F} \cdot \mathrm{d}\boldsymbol{r} = \int_A^B [(y^2 - x^2)\boldsymbol{i} + 3xy\boldsymbol{j}] \cdot \mathrm{d}x\boldsymbol{i} + \int_B^C [(y^2 - x^2)\boldsymbol{i} + 3xy\boldsymbol{j}] \cdot \mathrm{d}y\boldsymbol{j}$$
$$= \int_0^2 (0 - x^2)\mathrm{d}x + \int_0^4 3 \times 2y\,\mathrm{d}y = -\frac{1}{3}x^3\bigg|_0^2 + 3y^2\bigg|_0^4$$
$$= -\frac{8}{3} + 3 \times 16\,\mathrm{J} = 46.67\,\mathrm{J}$$

计算结果表明，此力做功与路径有关。

3.1.2 质点动能定理

我们已经知道，功是力对空间的积累效果，那么，力对物体做功，会使物体的运动状态发生怎样的变化呢？

一质量为 m 的质点在合外力 $\boldsymbol{F}$ 的作用下，自 A 点沿曲线轨迹移动到 B 点，它在 A 点和 B 点的速度分别为 $\boldsymbol{v}_A$ 和 $\boldsymbol{v}_B$。设在某一位置 P 点作用在质点上的合外力 $\boldsymbol{F}$ 和位移 $\mathrm{d}\boldsymbol{r}$ 之间的夹角为 θ，如图 3-6 所示，于是，合外力 $\boldsymbol{F}$ 对质点所做的元功为

$$\mathrm{d}W = \boldsymbol{F} \cdot \mathrm{d}\boldsymbol{r} = |\boldsymbol{F}| \cos\theta\,|\mathrm{d}\boldsymbol{r}|$$

由牛顿第二定律及切向加速度的定义可得

$$|\boldsymbol{F}|\cos\theta = ma_\mathrm{t} = m\frac{\mathrm{d}v}{\mathrm{d}t}$$

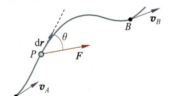

图 3-6 讨论质点动能定理用图

那么，质点自 A 点移动至 B 点的过程中，合外力所做的总功为

$$W = \int_A^B \boldsymbol{F} \cdot \mathrm{d}\boldsymbol{r} = \int_{v_A}^{v_B} m\frac{\mathrm{d}v}{\mathrm{d}t}\,|\mathrm{d}\boldsymbol{r}| = \int_{v_A}^{v_B} mv\,\mathrm{d}v$$

积分得

$$W = \frac{1}{2}mv_B^2 - \frac{1}{2}mv_A^2 \tag{3-8}$$

为赋予式(3-8)更鲜明的物理意义，我们引入一个物理量 E_k，$E_\mathrm{k} = \frac{1}{2}mv^2$，称为质点的**动能**(kinetic energy)。式(3-8)所表示的结果是在一般情况下得出的，所以是一个普遍结论，这个结论可以表述为：**作用于质点的合外力所做的功，等于质点动能的增量。这个结论称为动能定理**(theorem of kinetic energy)。

关于质点的动能定理还应说明如下几点：

(1) 功和动能之间既有联系又有区别。只有合外力对质点做功，才能使质点的动能发生变化，功是能量变化的量度。功是与在外力作用下质点的位置移动过程相联系的，故功是一个过程量。而动能是质点在运动中具有的能量，由质点的质量与速度决定，是表征质点运动状态的一个物理量。质点的运动状态确定时，速率就是确定的，动能也就

确定了,可以说,动能是质点运动状态的单值函数,是一个状态量。

(2) 与牛顿第二定律一样,动能定理也只适用于惯性系。此外,在不同的惯性系中,质点的位移和速度是不同的,因此,功和动能都依赖于惯性系的选取。

> **感悟·启迪**
>
> 动能定理很好地诠释了从量变到质变。荀子曰:"积土成山,风雨兴焉;积水成渊,蛟龙生焉;积善成德,而神明自得,圣心备焉。故不积跬步,无以至千里;不积小流,无以成江海。骐骥一跃,不能十步;驽马十驾,功在不舍。"知识和能力是一点一点地积累起来的,要有扎实的基础,要温习和巩固,不能急于求成。

(3) 动能的单位和量纲与功的单位和量纲是相同的。

例 3-4

质量为 $m=2\times10^{-3}$ kg 的子弹,在枪筒中前进时受到的合力为 $F=400-\dfrac{8\,000}{9}x$,式中 x 为子弹在枪筒中前进的距离。子弹射出枪口的速度为 300 m/s,试计算枪筒的长度。

解 设枪筒的长度为 l,根据动能定理,有

$$\frac{1}{2}mv^2-0=\int_0^l F\,\mathrm{d}x=\int_0^l\left(400-\frac{8\,000}{9}x\right)\mathrm{d}x$$

代入数据并求解得 $l=0.45$ m。

思考题

3-1 一个物体的动能不变,其速度是否一定不变?

3-2 如果一个物体有加速度,则这个物体的动能就会发生变化吗?

3-3 合外力对物体做的功等于物体动能的增量,那么,其中一个分力做的功,能否大于物体动能的增量?

3.2 保守力与非保守力做功特点 势能

3.1 节我们介绍了功的概念,讨论了力对物体做功的计算方法及质点的动能定理。本节将从重力、弹力和万有引力做功的特点出发,得出保守力与非保守力做功的特点,从而引入势能的概念。

3.2.1 弹力、重力和万有引力做功的特点

1. 弹力做功的特点

如图 3-7 所示,在光滑水平面上放置一弹簧,弹簧的一端固定,另一端与一质量为 m 的物体相连接。当弹簧在水平方向上不受外力作用时,它将不发生形变,此时物体位于 O 点,这个位置叫作平衡位置,现以平衡位置为坐标原点,向右为 x 轴

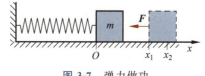

图 3-7 弹力做功

正向建立坐标系。

若物体受到沿 x 轴正向的外力作用由 x_1 移动至 x_2，在弹簧被拉伸过程中，弹簧的弹性力 $\boldsymbol{F}=-kx\boldsymbol{i}$ 是变力，但在弹簧伸长 $\mathrm{d}x$ 时的弹性力 $\boldsymbol{F}$ 可近似看成是不变的。于是，弹簧的弹性力在拉伸 $\mathrm{d}x$ 过程中所做的功为

$$\mathrm{d}W = \boldsymbol{F} \cdot \mathrm{d}\boldsymbol{x} = -kx\boldsymbol{i} \cdot \mathrm{d}x\boldsymbol{i} = -kx\mathrm{d}x$$

那么，物体由 x_1 移动至 x_2 的过程中，弹簧的弹性力所做的功就为

$$W = \int \mathrm{d}W = \int_{x_1}^{x_2} -kx\mathrm{d}x = -\left(\frac{1}{2}kx_2^2 - \frac{1}{2}kx_1^2\right) \tag{3-9}$$

式(3-9)表明，对于在弹性限度内具有给定劲度系数 k 的弹簧，其弹性力所做的功只与物体的始末位置(或者说，相应于始末位置的伸长量或压缩量)有关，而与物体移动的具体路径无关。

2. 重力做功的特点

如图 3-8 所示，质量为 m 的质点在地面附近沿任意路径从 A 点经 C 点运动到 B 点，A 点和 B 点距地面的高度分别为 y_1 和 y_2，质点所受的重力 $\boldsymbol{F}_G = m\boldsymbol{g}$ 是恒力，方向竖直向下，而它的路径是曲线，质点运动过程中各段元位移与重力方向的夹角 θ 不断变化。

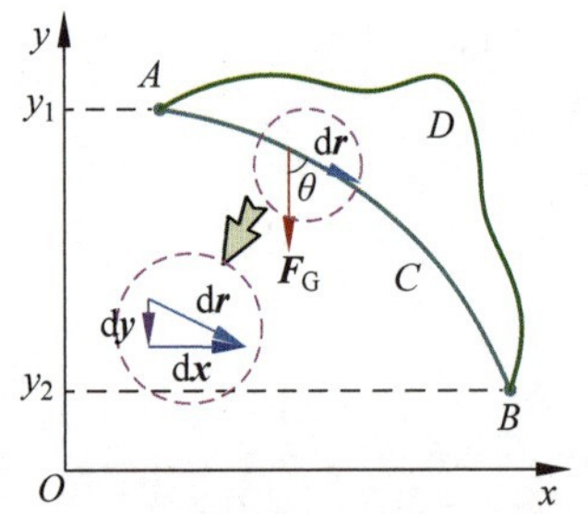

取任意元位移 $\mathrm{d}\boldsymbol{r}$，重力所做的元功为

$$\mathrm{d}W = \boldsymbol{F}_G \cdot \mathrm{d}\boldsymbol{r}$$

若质点在平面内运动，按图 3-8 建立直角坐标系，并取地面上某点为坐标原点，则有

$$\mathrm{d}\boldsymbol{r} = \mathrm{d}x\boldsymbol{i} + \mathrm{d}y\boldsymbol{j}$$

因 $\boldsymbol{F}_G = -mg\boldsymbol{j}$，于是，重力所做的元功为

$$\mathrm{d}W = -mg\boldsymbol{j} \cdot (\mathrm{d}x\boldsymbol{i} + \mathrm{d}y\boldsymbol{j}) = -mg\mathrm{d}y$$

图 3-8 重力对质点做功

那么，质点在由 A 点移动至 B 点的过程中，重力做的总功为

$$W = -\int_{y_1}^{y_2} mg\mathrm{d}y = -mg(y_2 - y_1)$$

即

$$W = -(mgy_2 - mgy_1) \tag{3-10}$$

若从 A 点沿 ADB 积分至 B 点，显然结果仍然一样。式(3-10)表明，重力做功只与质点的始末位置有关，而与质点经过的具体路径无关，这是重力做功的一个重要特点。

3. 万有引力做功的特点

当质点和地球之间的距离变化较大时，不能将重力当作恒力看待，此时就要计算引力做功。设有两个质量分别为 m 和 M 的质点，其中质点 M 静止在坐标系原点，质点 m 经过任一路径由 A 点运动到 B 点。如图 3-9 所示，在质点 m 运动过程中所受的万有引力为 $\boldsymbol{F} = -G\dfrac{Mm}{r^2}\boldsymbol{e}_r$，其中 $\boldsymbol{e}_r$ 为沿位矢 $\boldsymbol{r}$ 的单位矢量。当质点 m 沿路径移动一段元位移 $\mathrm{d}\boldsymbol{r}$ 时，万有引力所做的元功为

$$\mathrm{d}W = \boldsymbol{F} \cdot \mathrm{d}\boldsymbol{r} = -G\frac{Mm}{r^2}\boldsymbol{e}_r \cdot \mathrm{d}\boldsymbol{r}$$

从图 3-9 中可看出，

$$\boldsymbol{e}_r \cdot \mathrm{d}\boldsymbol{r} = |\boldsymbol{e}_r||\mathrm{d}\boldsymbol{r}|\cos\theta = \mathrm{d}r$$

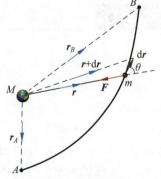

图 3-9 引力做功

于是，上式变为

$$dW = -G\frac{Mm}{r^2} \cdot dr$$

那么，质点 m 从 A 点沿任一路径到达 B 点的过程中，万有引力做的功为

$$W = \int_A^B \boldsymbol{F} \cdot d\boldsymbol{r} = -\int_{r_A}^{r_B} G\frac{Mm}{r^2} dr = -\left[\left(-G\frac{Mm}{r_B}\right) - \left(-G\frac{Mm}{r_A}\right)\right]$$

$$= GMm\left(\frac{1}{r_B} - \frac{1}{r_A}\right) \tag{3-11}$$

式(3-11)说明，当质点的质量 M 和 m 均给定时，在质点 m 由 A 点移动到 B 点的过程中，万有引力所做的功只与质点 m 的始末位置有关，而与质点移动的具体路径无关，这是万有引力做功的一个重要特征。

3.2.2 保守力与非保守力

由上述重力、弹力和万有引力对质点做功的计算可以看到，它们有一个共同的特点，就是这些力对质点做功与质点移动的具体路径无关，而只与质点的始末位置有关，具有这种性质的力称为**保守力**(conservative force)。反之，则称为**非保守力**(nonconservative force)。重力、弹性力、万有引力、静电力和分子力都是保守力；摩擦力、空气阻力、磁场力和爆破力都是非保守力。

如图 3-10 所示，如果一个力是保守力，则质点从 A 点经 C 点运动到 B 点时保守力所做的功，与质点从 A 点经 D 点运动到 B 点时保守力所做的功是相等的，即

$$W = \int_{ACB} \boldsymbol{F} \cdot d\boldsymbol{r} = \int_{ADB} \boldsymbol{F} \cdot d\boldsymbol{r} \tag{3-12}$$

由于

$$\int_{ADB} \boldsymbol{F} \cdot d\boldsymbol{r} = -\int_{BDA} \boldsymbol{F} \cdot d\boldsymbol{r} \tag{3-13}$$

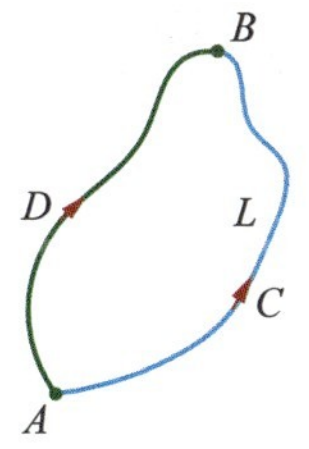

图 3-10 保守力做功

所以，质点沿一闭合路径 $ACBDA$ 运动一周，保守力对质点做的功为

$$W = \oint_L \boldsymbol{F} \cdot d\boldsymbol{r} = \int_{ACB} \boldsymbol{F} \cdot d\boldsymbol{r} + \int_{BDA} \boldsymbol{F} \cdot d\boldsymbol{r} = \int_{ACB} \boldsymbol{F} \cdot d\boldsymbol{r} - \int_{ADB} \boldsymbol{F} \cdot d\boldsymbol{r}$$

利用式(3-12)，上式变为

$$W = \oint_L \boldsymbol{F} \cdot d\boldsymbol{r} = 0 \tag{3-14}$$

式(3-14)表明，质点沿任意闭合路径运动一周时，保守力所做的功恒等于零，这就是反映保守力做功特点的数学表达式。式中积分符号"$\oint_L$"表示沿闭合路径 L 积分。所以说，"保守力做功与路径无关"和"保守力沿任意闭合路径一周做功为零"是反映保守力做功特点的两种等价表述。

3.2.3 势能

由重力、弹力和万有引力这些保守力做功的特点可以看出，各种保守力做功的具体形式虽然不同，但都可表示为某个仅与质点位置有关的标量函数在始位置与末位置之差，若用 E_p 表示这个与位置有关的标量函数，E_{p1} 和 E_{p2} 分别表示这个标量函数在始位

置和末位置的值,则保守力做功 W_c 可表示为

$$W_c = E_{p1} - E_{p2} = -(E_{p2} - E_{p1}) \tag{3-15}$$

由质点动能定理可知,功是能量转换的量度,因此 E_p 这个标量函数应当具有能量的意义,我们称之为**势能**(potential energy),其国际单位为焦耳(J)。式(3-15)表示,保守力对质点所做的功等于质点势能增量的负值。由此可见,当只有保守力做功时,若保守力对质点做正功,则质点的势能减少;若保守力对质点做负功,则质点的势能增加。

由式(3-9)、式(3-10)和式(3-11)可以得到弹性势能、重力势能和万有引力势能的表达式分别为

$$E_p = \frac{1}{2}kx^2 \quad (弹性势能) \tag{3-16}$$

$$E_p = mgy \quad (重力势能) \tag{3-17}$$

$$E_p = -GMm\frac{1}{r} \quad (万有引力势能) \tag{3-18}$$

由上述讨论可知,势能总是与保守力的存在相联系的,它是参与保守力相互作用的物体系统所共有的,势能可释放或者转化为其他形式的能量;势能由物体间相对位置或由物体内部各部分之间的相对位置所确定,亦称位能。势能是状态量,它的大小与势能零点的选择有关。对于重力势能,一般选取地面附近某处为势能零点;对于弹簧的弹性势能,一般选取弹簧自然长度处为势能零点;而对于引力势能,一般选取无穷远处为势能零点。

3.2.4 重力势能和引力势能的关系

重力是地球周围的物体由于受到地球的吸引而具有的力,之前我们已讨论了重力与引力的区别与联系,那么重力势能与引力势能又有何区别与联系呢?

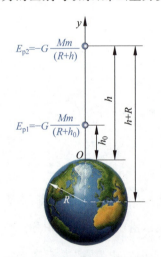

图 3-11 重力势能与引力势能

设地球的质量为 M,半径为 R。质量为 m 的质点处于地球表面附近,距离地球表面的高度为 h。选取距地面高度为 h_0 处为质点重力势能的零点,如图 3-11 所示,于是质点 m 在 h 处的引力势能与在 h_0 处的引力势能之差为

$$\Delta E_p = G\frac{Mm}{R+h_0} - G\frac{Mm}{R+h}$$

$$= GMm\left(\frac{1}{R+h_0} - \frac{1}{R+h}\right)$$

$$= GMm\frac{h-h_0}{(R+h_0)(R+h)}$$

考虑到质点在地球表面附近,$h \ll R$,$h_0 \ll R$,则上式变为

$$\Delta E_p \approx G\frac{Mm}{R^2}(h-h_0) = mg(h-h_0) \tag{3-19}$$

由式(3-19)可清楚地看到,重力势能实际上近似等于质点在地面附近两点之间的引力势能之差,只有当质点在地面附近时,我们才可以用重力势能代替引力势能计算质点势能的变化或质点相对于势能零点的势能值,当质点远离地球时,就必须用质点的引力势能来研究质点的势能了。

3.2.5 势能曲线

系统的势能由系统内发生相互作用的物体之间的相对位置决定,因此我们可以把系统的势能表示为物体之间相对位置的函数 $E_p(x,y,z)$。若以 E_p 为纵坐标,以相对位置为横坐标,就得到系统的势能与物体间相对位置的关系曲线,这种曲线就是势能曲线。图 3-12(a)、(b)和(c)分别表示重力、弹性力和万有引力的势能曲线。从势能曲线可以直观地看出,重力势能随物体的高度 y 以线性方式变化,可正可负;弹力势能随弹簧的形变量以抛物线方式变化,选取弹簧自然长度处为势能零点,则总为正;引力势能随物体间距 r 以双曲线方式变化,选取两物体相距无穷远处为势能零点,则总为负。

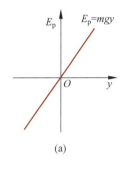
(a)
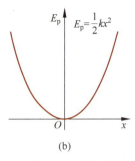
(b)
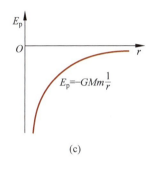
(c)

图 3-12 势能曲线

因为势能曲线所反映的系统势能的变化趋势归根结底代表了系统中保守力随物体间相对位置变化的规律,所以从势能曲线的形状可以看出系统的保守力在某处的大小、方向以及随距离变化的情形。

当系统中两个物体彼此的距离改变了 dx,保守力 F 做正功,系统的势能 E_p 必定降低,设在某一位置力 F 与 x 轴方向的夹角为 θ,则有

$$-dE_p = |F|\cos\theta\, dx = F_x\, dx$$

即

$$F_x = -\frac{dE_p}{dx} \tag{3-20}$$

这表明,保守力沿某坐标轴的分量等于势能对此坐标的导数的负值。利用式(3-20)可以求出引力势能、重力势能和弹力势能所对应的保守力的形式。例如,对于如图 3-12(b)所示的弹性势能曲线,利用式(3-20)很容易判断在坐标原点处 E_p 对参量 x 的导数为零,即在该点曲线的斜率为零,在该点(弹簧平衡位置)的弹力为零。

通过势能曲线,我们可以获取如下的信息:

(1) 质点在轨道上任意位置所具有的势能值。

(2) 势能曲线上任意一点的斜率的负值 $\left(-\dfrac{dE_p}{dx}\right)$ 表示质点在该处所受到保守力。

(3) 当势能曲线取极值时,质点处于平衡位置。如果系统的机械能守恒,由此势能曲线可分析系统状态的变化。势能极小值处称为势阱,势能极大值处称为势垒,当物体位于势阱时,物体处于稳定平衡状态,当物体位于势垒时,物体处于非稳定平衡状态,如图 3-13 所示。利用物体的势能是判断物体平衡的一个重要方法。

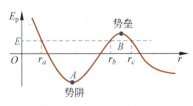

图 3-13 任意势能曲线

例 3-5

伦纳德-琼斯势(Lennard-Jones potential)是描述两个电中性的分子或原子间相互作用势能的一个比较简单的数学模型,其形式为

$$U(r) = 4\varepsilon \left[\left(\frac{\sigma}{r}\right)^{12} - \left(\frac{\sigma}{r}\right)^{6} \right]$$

其中,r 是两原子之间的距离;ε 为势阱的深度;σ 是互相作用的势能正好为零时的两原子间的距离。在实际应用中,ε、σ 参数往往通过拟合已知实验数据或精确量子计算结果而确定。取 $\sigma = 0.263$ nm,$\varepsilon = 1.51 \times 10^{-22}$ J。(1)绘出这种原子的势能函数图像;(2)计算两个原子之间的相互作用力;(3)计算势能极值的位置。

解 (1)这种原子的势能函数图像如图 3-14 所示。

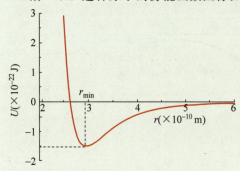

图 3-14 分子或原子间相互作用势能曲线

(2)两个原子之间的相互作用力为

$$F(r) = -\frac{dU(r)}{dr} = 4\varepsilon \frac{d}{dr}\left[\left(\frac{\sigma}{r}\right)^{12} - \left(\frac{\sigma}{r}\right)^{6} \right]$$

$$= 4\varepsilon \left(\frac{12\sigma^{12}}{r^{13}} - \frac{6\sigma^{6}}{r^{7}} \right)$$

式中,第一项表示斥力,第二项表示引力,所以原子(分子)间既有引力又有斥力,二者之和是总的相互作用力。

(3)当 $F(r) = 0$ 时,得势能 $U(r)$ 的极值点为

$$r_{min} = 2^{1/6}\sigma = 2^{1/6} \times 0.236 \text{ m} = 2.952 \times 10^{-10} \text{ m}$$

由于

$$\left.\frac{d^2U(r)}{dr^2}\right|_{r_{min}} = 12\varepsilon \left(\frac{13}{r_{min}^2} - \frac{7}{r_{min}^2} \right) > 0$$

所以 r_{min} 是函数 $U(r)$ 的极小值点,是一个稳定平衡点。

思考题

3-4 质点在运动过程中,作用于质点的某个力一直没有做功,这是否表明该力在这一过程中对质点的运动没有产生任何影响?

3-5 "弹簧拉伸或压缩时,弹簧的弹性势能总是正的。"这一论断是否正确?如果不正确,在什么情况下,弹簧的弹性势能会是负的?

3-6 一同学问:"两个质点相距很远,引力很小,但引力势能却大;反之,它们相距很近,引力势能反而小。这是为什么?"你能否给他解决这个疑难?

3-7 一个力做功的数值和正负与参考系有关,那么一个物体的动能和物体系的势能是否与参考系有关?

3.3 机械能守恒定律 能量守恒定律

质点的动能定理描述了一个质点在运动过程中功与能之间的关系。然而任何一个物体都会与其他物体相互影响和相互制约,那么对于由几个相互作用着的质点组成的系统(称为质点系),功与能之间的关系又将如何呢?

3.3.1 质点系动能定理

为讨论方便,我们先假设质点系由两个质点组成,质点 m_1 所受的合外力为 F_1,受到质点 m_2 的作用力为 f_{12},质点 m_2 所受的合外力为 F_2,受到质点 m_1 的作用力为 f_{21},f_{12}、f_{21} 是两质点相互作用的内力,如图 3-15 所示。根据质点的动能定理,对质点 m_1 应有

$$\int F_1 \cdot dr_1 + \int f_{12} \cdot dr_1 = \Delta E_{k1}$$

同样对质点 m_2 有

$$\int F_2 \cdot dr_2 + \int f_{21} \cdot dr_2 = \Delta E_{k2}$$

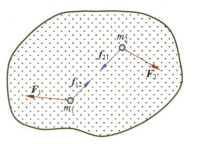

图 3-15 质点系所受外力和内力

将上述两式相加,得

$$\int F_1 \cdot dr_1 + \int F_2 \cdot dr_2 + \int f_{12} \cdot dr_1 + \int f_{21} \cdot dr_2 = \Delta E_{k1} + \Delta E_{k2}$$

上式又可进一步写成

$$W^{ex} + W^{in} = \Delta E_k \quad (3\text{-}21)$$

式中,$W^{ex} = \int F_1 \cdot dr_1 + \int F_2 \cdot dr_2$,是外力对系统所做的功;$W^{in} = \int f_{12} \cdot dr_1 + \int f_{21} \cdot dr_2$,是内力所做的功;$\Delta E_k = \Delta E_{k1} + \Delta E_{k2}$,是系统动能的增量。

可以证明,式(3-21)对由 n 个质点组成的系统仍成立。由此得出:**系统所受的外力和内力做功的代数和等于系统动能的增量**,这就是**质点系的动能定理**。

由质点系的动能定理可以看出,不但外力做功会改变系统的总动能,而且系统内质点之间的内力做功也会改变系统的总动能。如:一颗静止的炸弹,当它爆炸后,由于内力做功,改变了系统的总动能;撑竿跳运动员通过利用杆与运动员之间的内力和运动员体内的内力做功可以跳得更高。

3.3.2 质点系的功能原理

对于质点系的内力,可分为保守内力和非保守内力。因此,内力做功 W^{in} 等于保守内力做功 W_c^{in} 与非保守内力做功 W_{nc}^{in} 之和,即

$$W^{in} = W_c^{in} + W_{nc}^{in}$$

其中保守内力做功可以表示为系统势能增量的负值,即

$$W_c^{in} = -\Delta E_p$$

这样式(3-21)可写为

$$W^{ex} + W_{nc}^{in} = \Delta E_k + \Delta E_p = \Delta E \quad (3\text{-}22)$$

式中,ΔE 为系统的机械能的增量。上式表明,**在系统从一个状态变化到另一个状态的过程中,其机械能的增量等于外力所做功和系统的非保守内力所做功的代数和**。这个规律称为**质点系的功能原理**。

应当注意的是,当选择质点系作为研究对象时,如果应用质点系的动能定理,要计算所有外力做功之和与所有内力做功之和;如果应用质点系的功能原理,要将内力分为保守内力和非保守内力,对于保守内力做的功,在功能原理中不再出现,它已被系统势能增量的负值代替。因此,在应用功能原理进行演算时,要避免重复计算,同时还要正确区分哪些力是保守内力,哪些力是非保守内力。

例 3-6

如图 3-16 所示,跨过定滑轮的轻绳两端分别系着质量为 M 和 m 的物体 A 和 B。物体 A 在水平面上,B 由静止释放。当 B 沿竖直方向下降 h 时,测得 A 沿水平面运动的速度为 v,这时细绳与水平面的夹角为 θ。试计算 B 在下降 h 的过程中,地面摩擦力对 A 做的功(滑轮的质量和摩擦均不计)。

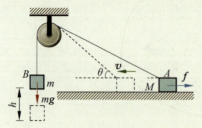

图 3-16 例 3-6 示意图

解 由于摩擦力是一个变力,且较复杂,因此该题如用功的定义式计算摩擦力做功,就有一定难度,如用质点系的动能定理或功能原理,计算就比较简单。

方法一 由运动学易求得 v_A 和 v_B 的关系为

$$v_B = v_A\cos\theta = v\cos\theta \quad (Ⅰ)$$

选取 A、B 组成的质点系为研究对象,A、B 间轻绳的拉力为内力,对 A、B 做功的代数和为零,系统只有 A 所受的摩擦力 f 和 B 所受的重力 mg 做功。设 A 所受的摩擦力做功为 W_{fA},B 所受的重力做功为 W_{GB},由质点系的动能定理得

$$W_{GB} - W_{fA} = \frac{1}{2}mv_B^2 + \frac{1}{2}Mv^2 \quad (Ⅱ)$$

$$W_{GB} = mgh \quad (Ⅲ)$$

联立式(Ⅰ)~式(Ⅲ)得

$$W_{fA} = mgh - \frac{1}{2}Mv^2 - \frac{1}{2}mv^2\cos^2\theta$$

方法二 选取 A、B 和地球组成的质点系为研究对象,B 所受的重力为保守内力,由质点系的功能原理得

$$-W_{fA} = \Delta E = \left(\frac{1}{2}Mv^2 - 0\right) + \left(\frac{1}{2}mv_B^2 - mgh - 0\right)$$

将式(Ⅰ)代入上式得

$$W_{fA} = mgh - \frac{1}{2}Mv^2 - \frac{1}{2}mv^2\cos^2\theta$$

3.3.3 机械能守恒定律

从质点系的功能原理可以看出,当 $W^{ex} + W_{nc}^{in} = 0$ 时,$\Delta E = 0$,或具体写为

$$E_{k1} + E_{p1} = E_{k2} + E_{p2} \quad (3\text{-}23)$$

上式表明,在外力和非保守内力都不做功或所做功的代数和为零的情况下,系统内质点的动能和势能可以互相转换,但它们的总和,即系统的机械能保持不变。这个结论称为**机械能守恒定律**(law of conservation of mechanical energy)。

在实际问题中,阻力和摩擦力做功是不可避免的。值得注意的是,只有当外力和非保守内力不存在或不做功或两者所做功的代数和为零时,系统的机械能才守恒。但在实际问题中,这个条件并不能严格满足。因为物体在运动时,总要受到空气阻力和摩擦力的作用,它们都属于非保守力,并始终要做功,因而系统的机械能要改变。如果系统的机械能改变量与系统的机械能总量相比小得多,机械能改变量可以忽略(即外力做功和非保守内力做功可忽略)时,则可应用机械能守恒定律。

例 3-7

蹦极(bungee jumping)是一项户外休闲活动。跳跃者站在约 40 m 以上高度的位置,用橡皮绳固定后跳下,落地前弹起(图 3-17)。反复弹起落下,重复多次直到静止。设蹦极者的质量为 m,跳出时的速度为零,所用橡皮绳的自然长度为 L,橡皮绳的劲度系数为 k,不计空气阻力和橡皮绳重,蹦极者要从多高处跳下才是安全的?何处蹦极者的速度最大?最大速度是多少?

解 蹦极者的整个运动过程分为两个过程:第一个过程是蹦极者自由下落 L;第二个过程是蹦极者在弹力的作用下继续下落直到最低位置。下落到最低位置时,蹦极者的速度为零,如果此时蹦极者离地面还有一定距离,则蹦极者是安全的。在整个过程中,不计空气阻力和橡皮绳重,只有重力和弹力做功,故系统的机械能守恒。选择蹦极者跳出时为第一状态,落到最低点时为第二状态,最低点离跳出点的竖直距离为 h。设跳出时的位置为重力势能的零点,应用机械能守恒定律得

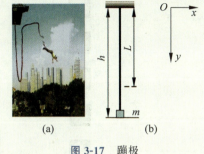

图 3-17 蹦极

$$0 = -mgh + \frac{1}{2}k(h-L)^2$$

解得

$$h = \frac{mg + kL + \sqrt{mg(mg+2kL)}}{k}$$

因此,蹦极者至少要从大于上述所求 h 值的高处跳下才是安全的。

当蹦极者速度达到最大时,其重力等于橡皮绳的弹力,即 $mg = k\Delta x$,故此时橡皮绳的伸长量为 $\Delta x = mg/k$。蹦极者下落至距跳出位置为 $L + mg/k$ 时速度最大。蹦极者速度达到最大时满足:

$$0 = -mg(L+\Delta x) + \frac{1}{2}k(\Delta x)^2 + \frac{1}{2}mv^2$$

解得蹦极者的最大速度为

$$v = \sqrt{(2L + mg/k)g}$$

例 3-8

求使物体脱离地球引力作用的最小速度。

解 我们知道,物体在地球表面附近绕地球作圆周运动的最小速度为 7.9 km/s,此速度称为第一宇宙速度(first cosmic velocity)。当由地面发射的物体的速度增大到一定程度时,运动物体将脱离地球引力作用,使物体脱离地球引力作用的最小速度称为第二宇宙速度,也称为地球的逃逸速度。

选择物体位于地球表面和远离地球为物体运动的始末状态。设物体在地球表面的速度为 v,质量为 m,则其动能为 $\frac{1}{2}mv^2$,引力势能为 $-G\frac{mM}{R}$,式中 R 为地球半径。因为欲求物体脱离地球引力作用的最小速度,故设物体远离地球时的速度为零,其引力势能也为零。在忽略空气阻力的情况下,物体在运动过程中机械能守恒,则有

宇宙速度

$$\frac{1}{2}mv^2 - G\frac{mM}{R} = 0$$

故得第二宇宙速度为

$$v = \sqrt{\frac{2GM}{R}} = \sqrt{2gR} = 11.2 \times 10^3 \text{ m/s}$$

依照同样的方法，可以计算得到其他一些星体的逃逸速度，见表 3-1。

表 3-1 太阳系行星、太阳和月球的逃逸速度

星体名称	逃逸速度/(km/s)	星体名称	逃逸速度/(km/s)
水星(Mercury)	4.3	土星(Saturn)	36
金星(Venus)	10.3	天王星(Uranus)	22
地球(Earth)	11.2	海王星(Neptune)	24
火星(Mars)	5.0	月球(Moon)	2.3
木星(Jupiter)	60	太阳(Sun)	618

图 3-18 画出了物体飞离地球时的各种类型轨道。可以计算得出，当从地球起飞的航天器的飞行速度达到 16.7 km/s 时，就可以摆脱太阳系引力的束缚，脱离太阳系进入更广袤的宇宙空间。这个从地球起飞的航天器脱离太阳系的最小飞行速度称为第三宇宙速度。

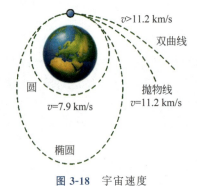

图 3-18 宇宙速度

在地球上发射的航天器摆脱银河系引力的束缚，飞出银河系所需的最小初始速度称为第四宇宙速度。但由于人们尚未知道银河系的准确大小与质量，因此只能粗略估算，其数值为 110～120 km/s。至今，仍然没有航天器能够达到这个速度。

航天器从地球发射，飞出本星系群的最小速度称为第五宇宙速度。由于本星系群的半径、质量均未有足够精确的数据，所以无法估计数据大小。目前科学家估计本星系群的直径为 500 万～1 000 万光年，照这样计算，应该需要 1 500～2 250 km/s 的速度才能飞离本星系群，但这个速度以人类目前的科学发展水平，飞出本星系群只是个幻想。

3.3.4 黑洞

我们可以根据上面得到的逃逸速度公式设想一下，如果在宇宙中存在一个这样的星球，它的质量足够大，以致其逃逸速度正好等于真空中的光速 c，那么由于一切物体的运动速度都不可能超过真空中的光速，这个星球上的一切物体都不能摆脱其引力束缚而逃逸，甚至光子也不能例外，即使它是宇宙中的最大的发光天体，我们也看不到它。这种奇妙的天体就是在广义相对论中所预言的"黑洞"(black hole)。

实际上，早在 1783 年，英国物理学家约翰·米歇尔(John Michell，1724—1793)就提出了有关"暗星"的猜想。他认为，宇宙中或许存在着一种引力场异常强大的恒星，就连光都无法从它的引力场逃逸。然而，米歇尔却生不逢时，在他的那个年代里，人们根本就不会相信他的说法，直到 1915 年爱因斯坦的广义相对论问世，对于黑洞的研究才渐渐展开。

1916 年，德国天文学家卡尔·施瓦西(Karl Schwarzschild，1873—1916)通过计算得到了爱因斯坦场方程的一个真空解，这个解表明，如果一个不带电、不自转星体的半径小

于一个与质量相关的定值,其周围会产生奇异的现象,即存在一个界面——"视界",其他物质一旦进入这个界面,即使光也无法逃脱。这个定值称为施瓦西半径,其计算公式为

$$r = \frac{2GM}{c^2} \tag{3-24}$$

它刚好和经典物理计算结果相同,但要注意的是,这个半径是人类可观测到的半径,它并不是黑洞的实体半径,图3-19是施瓦西黑洞的一个模型图。这种"不可思议的天体"被一位科学记者安·尤因(Ann Ewing)在1964年的文章中称为"黑洞",随后被美国物理学家约翰·阿奇博尔德·惠勒(John Archibald Wheeler,1911—2008)采用并迅速推广开来。

通过计算可以得出,如果太阳变为一个黑洞,其半径为2.94 km;地球变为一个黑洞,其半径为8.5 mm。当然,按照现在的理论,太阳和地球都不可能变成一个黑洞。天体物理学认为,只有质量大于3.2个太阳质量的天体,才能由于其能量耗尽,在自身重力的作用下迅速地坍缩,从而形成黑洞。

2016年,美国激光干涉引力波天文台(LIGO)的科学团队与意大利特兰托大学的VIRGO团队共同宣布,在2015年9月14日测量到在距离地球13亿光年处的两个黑洞合并所发射出的引力波信号。之后,又陆续探测到多次引力波事件。

2019年,人类通过射电望远镜第一次拍到了黑洞的照片(图3-20),科学界沸腾了,普通人也随之好奇,在宇宙中,黑洞又有多少个?科学家估计,黑洞的数目约为4 000亿亿个,目前发现的已有数百个。

图3-19　黑洞模型图

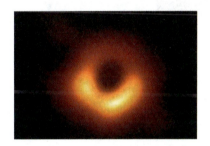
图3-20　第一张黑洞照片

既然连光线都传播不出来,那么我们是如何发现黑洞的呢?实际上,在黑洞外围空间有强大的引力作用,当物质粒子或光子经过那里的时候,其运动轨道会发生弯曲,这种现象称为"引力透镜"效应。我们可以通过引力透镜效应去发现黑洞的存在。黑洞通常会聚拢周围的气体产生辐射,这一过程被称为吸积,我们也可通过黑洞的辐射来发现黑洞。

黑洞也有灭亡的那天,按照英国物理学家斯蒂芬·威廉·霍金(S. W. Hawking,1942—2018)的理论,把量子理论中的海森堡测不准原理和黑洞结合起来对黑洞进行研究。测不准原理表明一个微观粒子的动量和位置不可能同时具有确定的数值,其中一个量越确定,另一个量的不确定程度就越大。假设某一粒子在黑洞中高速运动,黑洞相对于微观粒子体积非常大,故其位置不会被很好的确定,因此,其动量定义较准。但会存在动量定义不准的某些粒子,那么其速度可能超过光速(这并不与爱因斯坦的相对论相悖),并逃离黑洞吸引,这样日积月累,黑洞就慢慢的蒸发了。因为黑洞向外蒸发物质是热辐射过程,人们无法从被辐射出来的物质中提取形成黑洞物质的任何信息。最后黑洞也不见了,那么有关形成黑洞的物质的信息去哪儿了呢?在黑洞的形成和相继的蒸发过程中,信息丢失了。霍金的信息丢失理论与20世纪两大物理学成就之一的量子力学相矛盾。目前,有关这方面的研究尚在进行中。

图 3-21 是 2007 年 12 月 17 日美国宇航局公布的黑洞攻击邻近星系的图片,这幅图片是通过"钱德拉"X 射线太空望远镜在对半人马座 A 进行深空观测时拍摄到的,它显示位于 3C321 星系中心的超大质量黑洞产生的一股喷射粒子冲击邻近的星系。这是人们首次观测到星系间的黑洞射流冲击现象。

图 3-21 美国宇航局公布的黑洞攻击星系的实景照片

3.3.5 能量守恒定律

在机械运动范围内,能量的形式只有动能和势能,即机械能。但是物质的运动形态除机械运动外,还有热运动,电磁运动,原子、原子核和粒子运动,化学运动以及生命运动等。某种形态的能量,就是这种运动形态存在的反映。与这些运动形态相对应,也存在热能、电磁能、核能、化学能以及生物能等各种形态的能量。大量事实表明,不同形态的能量之间可以彼此转换。在系统的机械能减少或增加的同时,必然有等量的其他形态的能量增加或减少,而系统的机械能和其他形态的能量的总和是恒定的。

大量的生产实践和科学实验表明,在一个孤立系统内,能量既不会凭空产生,也不会凭空消失,它只能从一种形式转化为其他形式,或者从一个物体转移到另一个物体,在转化或转移的过程中,能量的总量不变。这就是能量守恒定律(law of conservation of energy)。为确立能量转化与守恒定律作出主要贡献的三位科学家是罗伯特·迈尔(Robert Mayer,1814—1878,德国)、海尔曼·赫姆霍兹(Hermann Helmholtz,1821—1894,德国)和詹姆斯·普雷斯科特·焦耳(James Prescott Joule,1818—1889,英国)。

能量守恒定律是自然界最普遍、最重要的基本定律之一。从物理、化学到地质、生物,大到宇宙天体,小到原子核内部,只要有能量转化,就一定遵从能量守恒定律。从日常生活到科学研究、工程技术,这一定律都发挥着重要的作用。人类对各种能量,如煤、石油等燃料以及水能、风能、核能等的利用,都是通过能量转化来实现的。能量守恒定律是人们认识自然和利用自然的有力武器。

亥姆霍兹

焦耳

3.4 伯努利方程及应用

伯努利方程是瑞士物理学家丹尼尔·伯努利(Daniel Bernoulli,1700—1782)于 1726 年提出来的,是理想流体(气体、液体)作稳定流动时的基本方程,在水利、造船、航空、生物医学等方面有着广泛的应用。

3.4.1 理想流体的定常流动

不可压缩、不计黏性(黏度为零)的流体称为**理想流体**(ideal fluid)。实际上,理想流体在自然界中是不存在的,它只是真实流体的一种近似模型。但是,在分析和研究许多流体的流动时,采用理想流体模型能使流动问题简化,又不会失去流动的主要特性并能相当准确地反映客观实际流动。

流体流动时,若流体中任何一点的压力、速度和密度等物理量都不随时间变化,则称这种流动为**定常流动**(steady flow),也可称为"恒定流动"(constant flow);反之,只要压力、速度和密度中任意一个物理量随时间而变化,流体就作非定常流动或者说流体作时变流动。

流体流经的空间称为流体空间或**流场**(flow field)。在流场中,常用一些假想曲线来反映流体的流动情况,曲线上每一点的切线方向和流体质元流经该点时的速度方向一致,这些曲线称为**流线**(stream line),如图 3-22 所示。流场中的流线是连续分布的,由于流场中每一点只有一个确定的流速方向,所以流线不可相交。流线密集处,表示流速大;流线稀疏处,表示流速小。由一组流线围成的管状区域称为**流管**(stream tube)。

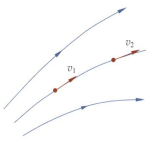

图 3-22 流线

3.4.2 连续性原理

为了得到任一流管中作定常流动的流体质元在不同截面处的流速 v 与截面积 S 的关系,现取一细流管,任取两个横截面 S_1 和 S_2,如图 3-23 所示,对应的流体密度分别为 ρ_1 和 ρ_2。经过时间 Δt,流入细流管的流体质量为

$$\Delta m_1 = \rho_1 \Delta V_1 = \rho_1 S_1 v_1 \Delta t \tag{3-25}$$

同样地,流出细流管的流体质量为

$$\Delta m_2 = \rho_2 \Delta V_2 = \rho_2 S_2 v_2 \Delta t \tag{3-26}$$

流体作定常流动,故流管内流体质量始终不变,即 $\Delta m_1 = \Delta m_2$,故

$$\rho_1 S_1 v_1 = \rho_2 S_2 v_2 \tag{3-27}$$

上式称为**连续性原理**。

对于不可压缩流体,ρ 为常量,故有

$$S_1 v_1 = S_2 v_2 = Q \tag{3-28}$$

上式称为不可压缩流体的连续性原理,其中 Q 称为体积流量。

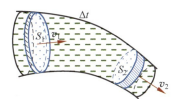

图 3-23 流体连续性的分析

连续性原理表明,不可压缩流体在流动过程中的流速与流通截面积成反比,即流通截面积越大,流速越小;流通截面积越小,流速越大。在日常生活中,为了增大从管子流出的水流速度,使水射得更远些,可以压扁管口,减小出水口的面积,如图 3-24 所示。

图 3-24 从水管中射出的水

3.4.3 伯努利方程

下面尝试在以下理想条件下推导伯努利方程：流体是不可压缩流体；流动是定常流动；作用在流体上的力只有重力（即无惯性力的作用）。首先考虑如图 3-25 所示的不可压缩理想流体的流动，流体在 t 时刻以压强 P_1、速度 v_1 从中心位置高度为 h_1 的截面 S_1 处流入，经过 Δt 时间后以压强 P_2、流速 v_2 从中心位置高度为 h_2 的截面 S_2 处流出。

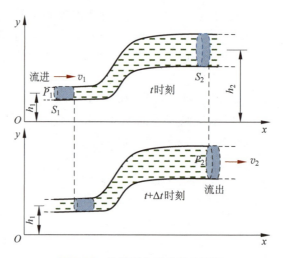

图 3-25 伯努利方程的推导用图

假设在 Δt 时间内流过截面 S_1、S_2 的流体质量分别为 m_1、m_2，则在截面 S_1 上流体的势能为 $m_1 g h_1$，外力做功为 $\Delta W_1 = P_1 S_1 v_1 \Delta t = P_1 \Delta V_1$，流体的动能为 $\frac{1}{2} m_1 v_1^2$；同样，在截面 S_2 上流体的势能为 $m_2 g h_2$，压力做功为 $\Delta W_2 = -P_2 S_2 v_2 \Delta t = -P_2 \Delta V_2$，流体的动能 $\frac{1}{2} m_2 v_2^2$。根据连续性原理可得，$\Delta V_1 = \Delta V_2 = \Delta V$，由于流体不可压缩，有 $m_1 = \rho \Delta V_1 = \rho \Delta V_2 = m_2$。由动能原理得

$$\Delta W_1 - \Delta W_2 = \Delta E = \frac{1}{2} m_2 v_2^2 - \frac{1}{2} m_1 v_1^2 + m_2 g h_2 - m_1 g h_1 \tag{3-29}$$

化简得

$$P_1 + \frac{1}{2} \rho v_1^2 + \rho g h_1 = P_2 + \frac{1}{2} \rho v_2^2 + \rho g h_2 \tag{3-30}$$

式(3-30)即为不可压缩的理想流体的**伯努利方程**，方程反映了理想流体在流动中功能之间的相互转换。

3.4.4 伯努利方程的应用

1. 溢洪道口处的水流速度

溢洪道是用于排泄超过水库或堰容量的多余洪水，防止水由于溢顶而破坏坝体，以确保水坝安全的防洪设备。图 3-26 是我国三峡大坝溢洪时的壮观场景。依照溢泄方式的不同，溢洪道有很多种，图 3-27 是闸门控制直落式溢洪道的示意图。

图 3-26 三峡大坝溢洪

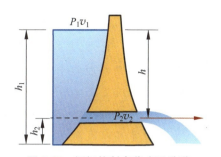

图 3-27 闸门控制直落式溢洪道

三峡大坝有 23 个闸门控制直落式溢洪深孔,孔的底部高程为 $h_2=90$ m,如果蓄水深度 $h_1=175$ m,那么从溢洪口流出的水的速度是多少?

根据伯努利方程,由于此时 $P_1=P_2$,所以有

$$\frac{1}{2}\rho v_1^2+\rho g h_1=\frac{1}{2}\rho v_2^2+\rho g h_2$$

如果再假设水面处水的速度 $v_1=0$,则从溢洪口流出的水的速度为

$$v_2=\sqrt{2g(h_1-h_2)}=\sqrt{2gh}=\sqrt{2\times 9.8\times 65}\ \mathrm{m/s}=35.7\ \mathrm{m/s}$$

2. 文丘里流量计

文丘里流量计是测量管道中液体体积流量的仪器,图 3-28 是其原理图。流体在水平的流管中作稳定流动时,取通过流管中心的水平面为高度参考面,流管中心的那一条流线在过截面 S_1 的 A 点的压强为 $P_A=\rho g h_1$,过截面 S_2 的 B 点的压强为 $P_B=\rho g h_2$,则

$$P_A-P_B=\rho g h_1-\rho g h_2=\rho g h \quad (3\text{-}31)$$

由伯努利方程可得

$$P_A+\frac{1}{2}\rho v_A^2=P_B+\frac{1}{2}\rho v_B^2 \quad (3\text{-}32)$$

流量 Q 为

$$Q=S_1 v_A=S_2 v_B \quad (3\text{-}33)$$

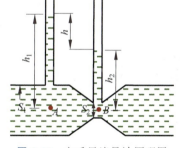

图 3-28 文丘里流量计原理图

联立式(3-31)~式(3-33)可得

$$Q=S_1 S_2 \sqrt{\frac{2gh}{S_1^2-S_2^2}} \quad (3\text{-}34)$$

由此可知,通过读取两管中流体的高度差,就可知单位时间的体积流量。

伯努利方程还有很多应用,如:由于飞机机翼横截面的形状上下不对称,飞机飞行时机翼周围的空气在机翼上方的流线密,流速大,在机翼下方的流线疏,流速小。由伯努利方程可知,机翼上方的压强小于下方的压强。这样就产生了作用在机翼上的向上的升力;喷雾器、汽油发动机的汽化器是利用流速大、压强小的原理制成的;球类比赛中的"弧线球"是因为球的周围空气流动情况不同造成的;利用伯努利方程原理可制成流速计等。

> **思考题**
>
> 3-8 将气球吹大后,用手捏住吹气口,然后突然放手,气球内气流喷出,气球因反冲而运动。可以看见气球运动的路线曲折多变,这是为什么?
>
> 3-9 从树上落下的树叶,即使无风时,树叶下落的路线也曲折多变,为什么?

> **知识拓展**
>
> **生物力学在医学中的应用**
>
> 生物力学(biomechanics)是利用物理学中的力学原理和方法,研究和解决与人体及其他生命体有关的力学问题的一门学科,是一门交叉学科。其中,运动医学、骨科、康复医学、整形外科、口腔科、心血管科等领域的研究最多,应用最为广泛,是生物力学发展的主要领域。
>
> 对于一个器官而言,生物力学可以有助于了解器官的功能,由功能的变化来推知变化的生理或病理含义,从而设法进行防治。这就更深刻地丰富了生理学和医学的内容。与医学密切相关的是人体的血液循环力学。血液循环力学(blood circulation mechanics)是应用于血液循环系统的力学,它将一般的力学原理和方法与生理学、医学的原理和方法有机地结合起来,采用力学的理论和方法来解释和分析血液循环系统中血液流动的特点及系统的力学性质。我国在 20 世纪 70 年代开始涉及该领域的研究,并取得了巨大的进展,特别在临床诊断方面,已成功地将血液流变学参数运用于中风预报、微循环疾病、动脉硬化、心肌梗死等心血管常见病方面。

3.5 质点与质点系的动量定理

不变质量情况下的牛顿第二定律揭示了物体所受外力与它的加速度之间的关系,该定律表明,只要知道物体在某一时刻的受力情况,就可求出物体在该时刻的加速度。当我们对一个物体持续施加力的作用,在这段时间内,力的作用将积累起来产生一个总的效果。下面将介绍力的时间积累效应的规律以及由此得出的一些定理。

3.5.1 动量

当我们观察周围运动着的物体时,会发现它们中的大多数,例如跳动的皮球、飞行的子弹、走动的时钟、运转的机器,最终都会停下来,似乎宇宙中运动的总量在减少。那么整个宇宙是不是也像一台机器那样,总有一天会停下来呢?但是,千百年来人们通过对天体运动的观测,并没有发现宇宙运动有减少的迹象。生活在 16—17 世纪的许多哲学家认为,宇宙中运动的总量是不会减少的,只要我们能找到一个合适的物理量来量度运动,就会看到运动的总量是守恒的。这个合适的物理量到底是什么呢?

法国哲学家、数学家和物理学家笛卡儿提出,质量和速率的乘积是一个合适的物理量。但是后来,荷兰数学家和物理学家惠更斯在研究碰撞问题时发现:按照笛卡儿的定义,两个物体运动的总量在碰撞前后不一定守恒。牛顿在总结这些前人工作的基础上,把笛卡儿的定义作了重要的修改,即不用质量和速率的乘积,而改用质量和速度的乘积,这样就找到了量度运动的另一个物理量。牛顿把它叫作"运动量",就是现在所说的**动量**(momentum)。动量 p 的数学表达式为

$$p = mv \tag{3-35}$$

动量是矢量,其方向与速度的方向相同,国际单位为千克·米/秒(kg·m/s)。

3.5.2 冲量

如在 $\Delta t = t_2 - t_1$ 时间间隔内,作用在质点上的力为恒力 F,则力 F 与作用时间 Δt 的乘积,称为力 F 的**冲量**(impulse),用 I 表示,即

$$I = F \cdot \Delta t \tag{3-36}$$

冲量是表示力对质点作用一段时间的积累效应的物理量。冲量是矢量,恒力的冲量的方向与力的方向相同。在国际单位制中,冲量的单位为牛顿·秒(N·s)。

当质点所受的力不是恒力时,计算力的冲量就不能直接用式(3-35)了。设力 $F(t)$ 是时间 t 的函数,即 $F=F(t)$。要计算变力 $F(t)$ 在时间间隔 t_2-t_1 内对质点的总冲量,可将时间间隔 t_2-t_1 划分为许多无限短的时间间隔 $\mathrm{d}t$,在 $\mathrm{d}t$ 时间内,变力 $F(t)$ 可近似看成不变,因而可以用式(3-36)计算力 $F(t)$ 在 $\mathrm{d}t$ 时间内的冲量,称为**元冲量**,记为 $\mathrm{d}I$,有

$$\mathrm{d}I = F(t) \cdot \mathrm{d}t \tag{3-37}$$

则变力 $F(t)$ 在时间间隔 t_2-t_1 内对质点的总冲量为

$$I = \int_{t_1}^{t_2} F(t)\mathrm{d}t \tag{3-38}$$

式(3-38)是计算变力 $F(t)$ 对质点的冲量的一般式,由此可看出**冲量是力对时间的积累效应**。在直角坐标系中,上式写成分量形式为

$$\begin{cases} I_x = \int_{t_1}^{t_2} F_x(t)\mathrm{d}t \\ I_y = \int_{t_1}^{t_2} F_y(t)\mathrm{d}t \\ I_z = \int_{t_1}^{t_2} F_z(t)\mathrm{d}t \end{cases} \tag{3-39}$$

如果力是一维的,在 $F(t)$-t 图上作出 $F(t)$ 的函数图线,则从 t_1 到 t_2 函数图线下曲边梯形的面积表示力 $F(t)$ 在 t_2-t_1 时间间隔内对质点的冲量大小(图3-29)。

如一个质点受到多个力的作用,则合力 $F(t)=\sum F_i(t)$,则合力 $F(t)$ 的冲量为

$$I = \int_{t_1}^{t_2} F(t)\mathrm{d}t = \int_{t_1}^{t_2} \sum F_i(t)\mathrm{d}t = \sum \int_{t_1}^{t_2} F_i(t)\mathrm{d}t = \sum I_i \tag{3-40}$$

上式表明,合力的冲量等于各分力的冲量的矢量和。

在许多实际问题中,力随时间的变化规律是很难确定的。在打击、碰撞一类问题中,物体之间的相互作用力具有作用时间短、变化快、峰值大的特点,这种力称为冲力。处理这类问题时,常用平均力来代替变化的力,这里的平均力是指力对时间的平均值,定义为

$$\bar{F} = \frac{\int_{t_1}^{t_2} F(t)\mathrm{d}t}{t_2 - t_1} \tag{3-41}$$

由此得平均冲力的冲量为

$$I = \bar{F}(t) \cdot (t_2 - t_1) = \bar{F}(t) \cdot \Delta t \tag{3-42}$$

图3-30反映了平均冲力与实际冲力之间的关系。由此可见,在物体所受的冲量不变的情况下,增加力的作用时间,可以减小物体所受的平均作用力。

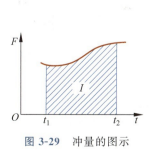

图 3-29 冲量的图示

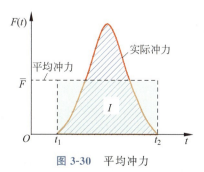

图 3-30 平均冲力

例 3-9

质量为 m 的小球在水平面内作速率为 v_0 的匀速圆周运动,试计算小球经过 1/4 圆周的过程中所受的冲量。

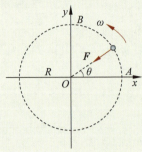

图 3-31 做圆周运动质点

解 设小球由 A 经过 1/4 圆周运动到 B,小球运动的半径为 R,角速度为 ω,如图 3-31 所示。小球圆周运动的周期为 $T = \dfrac{2\pi}{\omega} = \dfrac{2\pi R}{v_0}$。小球由 A 运动,经时间 t 后的角位置为 $\theta = \omega t$,此时小球受向心力大小 $F = m\omega^2 R$,在直角坐标系中分解力 $\boldsymbol{F}$ 得

$$\boldsymbol{F} = -F\cos\omega t\, \boldsymbol{i} - F\sin\omega t\, \boldsymbol{j}$$

小球由 A 运动到 B 的过程中 $\boldsymbol{F}$ 对小球的冲量为

$$\boldsymbol{I} = \int_0^{T/4} \boldsymbol{F}\, dt = -\boldsymbol{i}\int_0^{T/4} F\cos\omega t\, dt - \boldsymbol{j}\int_0^{T/4} F\sin\omega t\, dt$$

由于

$$\int_0^{T/4} F\cos\omega t\, dt = \int_0^{T/4} F\sin\omega t\, dt = \frac{F}{\omega} = mv_0$$

所以

$$\boldsymbol{I} = -mv_0\boldsymbol{i} - mv_0\boldsymbol{j}$$

3.5.3 质点的动量定理

牛顿在《自然哲学的数学原理》中将牛顿第二定律表述为

$$\boldsymbol{F} = \frac{d\boldsymbol{p}}{dt} = \frac{d}{dt}(m\boldsymbol{v}) \tag{3-43}$$

移项得

$$\boldsymbol{F}\, dt = d(m\boldsymbol{v}) = d\boldsymbol{p} \tag{3-44}$$

上式表明,在时间 dt 内质点所受合外力的冲量等于在这段时间内质点动量的增量。这个关系式称为质点**动量定理**(theorem of momentum)的微分形式。

将式(3-44)从 t_1 到 t_2 积分得

$$\boldsymbol{I}_2 - \boldsymbol{I}_1 = \int_{t_1}^{t_2} \boldsymbol{F}\, dt = \int_{p_1}^{p_2} d\boldsymbol{p} = \boldsymbol{p}_2 - \boldsymbol{p}_1 = \Delta \boldsymbol{p} \tag{3-45}$$

这个关系称为质点动量定理的积分形式。由此可见,一般情况下,总冲量的方向与动量变化的方向相同。虽然相对于不同的惯性系,质点的动量是不同的,但质点动量定理的形式是不变的。

如图 3-32 所示,在参考系 Σ 中,一个质量为 m 的质点,在力 $\boldsymbol{F}(t)$ 的作用下运动,在时刻 t_1 和 t_2 质点的速度分别 $\boldsymbol{v}_1$ 和 $\boldsymbol{v}_2$,则在时刻 t_1 和 t_2 质点的动量分别为 $m\boldsymbol{v}_1$ 和 $m\boldsymbol{v}_2$,但对于相对 Σ 系以速度 $\boldsymbol{u}$ 匀速运动的 Σ' 系的观察者来说,在时刻 t_1 和 t_2 质点的动量分别为

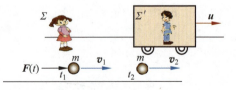

图 3-32 动量的相对性

$m(\boldsymbol{v}_1 - \boldsymbol{u})$ 和 $m(\boldsymbol{v}_2 - \boldsymbol{u})$。由此可见,相对于不同的惯性系,质点的动量是不同的,但两参考系中都满足 $\int_{t_1}^{t_2} \boldsymbol{F}(t)\, dt = m\boldsymbol{v}_2 - m\boldsymbol{v}_1$,其动量定理的形式不变。

在直角坐标系中,式(3-45)写成分量形式为

$$\begin{cases} \Delta I_x = \int_{t_1}^{t_2} F_x(t)\mathrm{d}t = \Delta p_x \\ \Delta I_y = \int_{t_1}^{t_2} F_y(t)\mathrm{d}t = \Delta p_y \\ \Delta I_z = \int_{t_1}^{t_2} F_z(t)\mathrm{d}t = \Delta p_z \end{cases} \quad (3\text{-}46)$$

由此可见,质点在哪个方向受到冲量,那个方向的动量改变。

由动量定理可以看出,如果一个物体的运动速度越大,其动量就越大,当它撞击其他物体时,在作用时间相同的情况下,会对其他物体产生很大的冲力,正是这个原因,我们常常看到建筑物上小小的高空坠物都会对行人造成很大的伤害。在空中飞行的飞机与鸟相碰时,虽然鸟的飞行速度、质量不大,但由于飞机的速度较大,鸟相对于飞机的动量很大,当鸟撞击飞机后会对飞机产生很大的冲力,从而造成机毁人亡的严重后果(图 3-33)。太空垃圾与飞行器相碰会对飞行器产生极大的危害,因此,如何处理太空垃圾已成为今天人类十分关注的问题;宇宙中的陨石撞击地球,会对地球产生强大的冲力,在地球表面形成巨大的陨石坑(图 3-34)。计算结果表明,一颗直径约为 130 m 的小行星碰撞地球所产生的威力就相当于 1.5 亿吨的 TNT 炸药的爆炸力,是日本广岛原子弹爆炸威力的 1 万倍。

图 3-33 被鸟撞击的飞机

图 3-34 陨石坑

如果一个物体的动量变化一定,为减小物体所受的作用力,可以增大作用的时间,这在很多方面得到应用。例如:包装易碎物品时,我们要在物品外包上泡沫塑料或碎纸;在体育运动中,跳远要用沙坑,以减小运动员着地时对运动员的作用力,减少运动员身体的伤害;在很多渡船的船体边缘上都绑有废旧轮胎,以减小船在靠岸碰撞时岸对船的作用力。

例 3-10

帆船在顺风时能向前航行,这是容易理解的事情,然而帆船在逆风时也能通调节帆的状态达到向前航行的目的,这是为什么呢?试说明逆风行舟的道理。

逆风行舟

解 设风速的方向如图 3-35 中所示,调节帆的形状如图所示,设一定质量的风作用于帆前的动量为 $\boldsymbol{p}_1$,作用于帆上后,风的动量为 $\boldsymbol{p}_2$。如果忽略风与帆之间的摩擦力,则 $|\boldsymbol{p}_1| = |\boldsymbol{p}_2|$。由此可见,风在帆的作用下,动量发生了变化,动量的变化为 $\Delta \boldsymbol{p} = \boldsymbol{p}_2 - \boldsymbol{p}_1$,方向如图 3-35 所示。由动量定理可知,帆对风的作用力 $\boldsymbol{F}$ 的方向与风的动量变化 $\Delta \boldsymbol{p}$ 的方向相同,根据牛顿第三定律,风对帆的作用力 $\boldsymbol{F}'$ 与帆对风的作用力大小相等、方向相反,此作用力可分解为平行于船的方向的分量 $\boldsymbol{F}'_\parallel$ 和垂直于船的方向的分量 $\boldsymbol{F}'_\perp$,正是因为平行于船的方向的分力 $\boldsymbol{F}'_\parallel$ 推动船向前航行。由于水对船的横向阻力很大,垂直于船的方向的分力 $\boldsymbol{F}'_\perp$ 对船的横向运动影响不大。因此,即使在逆风时,我们仍能通过

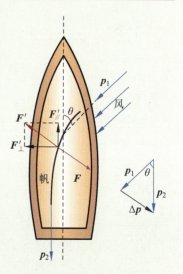

图 3-35 逆风行舟原理图

改变帆的方向,使船向前航行,做到逆风行舟。利用同样的分析方法可以发现,如果不改变图 3-35 中帆的形状,风从左上角向右下角吹,则船不能向前航行。实际上,无论是逆风还是顺风,要使帆船能前行,都要使帆的凹面大致面向来风的方向。

例 3-11

如图 3-36 所示,一架飞机以 200 m/s 的速度飞行,撞上一只质量为 $m=0.3$ kg,长为 20 cm 的鸟,鸟的飞行速度相对飞机来说可忽略不计。问飞机受到的平均冲力为多大?

解 飞机与鸟的相互作用时间为

$$\Delta t = \frac{0.2 \text{ m}}{200 \text{ m/s}} = 1.0 \times 10^{-3} \text{ s}$$

图 3-36 飞机与鸟相撞示意图

由动量定理,飞机受到的平均冲力为

$$\bar{F} = \frac{\Delta p}{\Delta t} = \frac{mv}{\Delta t} = \frac{0.3 \times 200}{1.0 \times 10^{-3}} \text{ N} = 6.0 \times 10^4 \text{ N}$$

3.5.4 质点系的动量定理

设有两个质点 m_1 和 m_2 组成的质点系,质点 m_1 所受合外力为 F_1,受质点 m_2 的作用力为 f_{12},质点 m_2 所受合外力为 F_2,受质点 m_1 的作用力为 f_{21},f_{12}、f_{21} 是两质点相互作用的内力,如图 3-37 所示。分别对 m_1、m_2 应用动量定理,有

$$(F_1 + f_{12})dt = dp_1$$
$$(F_2 + f_{21})dt = dp_2$$

将两式相加,得

$$(F_1 + F_2 + f_{12} + f_{21})dt = dp_1 + dp_2 = d(p_1 + p_2)$$

由牛顿第三定律可知 $f_{12} = -f_{21}$,则得

$$(F_1 + F_2)dt = d(p_1 + p_2)$$

若质点系由两个以上的质点组成,则同样可得

$$\left(\sum F_i\right)dt = d\left(\sum p_i\right) \tag{3-47}$$

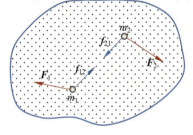

图 3-37 两质点组成的质点系受力图

对上式进行积分得

$$\sum\left(\int_0^t F_i dt\right) = \sum p_i - \sum p_{i0} \tag{3-48}$$

即**系统的总动量的增量等于系统所受外力的冲量的矢量和**,此结论称为**质点系的动量定理**。

由质点系的动量定理可以看出内力不改变系统的总动量,但内力使得动量在系统内的各个质点间相互转移,重新分配;牛顿第二定律主要体现力的瞬时性,适用于单个质点,而动量定理主要体现力对时间的积累效果,适用于质点系。在应用动量定理时要注意,动量定理只适用于惯性系;对于碰撞、爆炸、变质量等问题,使用动量定理较为方便。

> **感悟·启迪**
>
> 冲量是力对时间累积,其作用是使物体的动量发生变化,这一定理也很好地体现了马克思主义哲学中的量变到质变的规律。警句"十年磨一剑""台上一分钟,台下十年功""冰冻三尺,非一日之寒"等也反映了这一道理:做任何事情贵在坚持,需要日积月累。

3.5.5 变质量质点的运动　火箭飞行原理

1. 变质量质点运动的微分方程

如图 3-38 所示,在某一惯性参考系中,设变质量的质点在 t 时刻的质量为 m,速度为 $\boldsymbol{v}$,在 $t+\mathrm{d}t$ 时刻,有一速度为 $\boldsymbol{u}_\mathrm{r}$、质量为 $\mathrm{d}m$ 的微小质点并入,并入后组成的质点系的质量为 $m+\mathrm{d}m$,速度为 $\boldsymbol{v}+\mathrm{d}\boldsymbol{v}$。设作用于质点系的外力为 $\boldsymbol{F}^{(\mathrm{e})}$,对这一系统应用动量定理,得

$$\boldsymbol{F}^{(\mathrm{e})}\mathrm{d}t = (m+\mathrm{d}m)(\boldsymbol{v}+\mathrm{d}\boldsymbol{v}) - \boldsymbol{u}_\mathrm{r}\mathrm{d}m - m\boldsymbol{v}$$

略去二阶小量,整理得

$$\boldsymbol{F}^{(\mathrm{e})} = m\frac{\mathrm{d}\boldsymbol{v}}{\mathrm{d}t} + (\boldsymbol{v}-\boldsymbol{u}_\mathrm{r})\frac{\mathrm{d}m}{\mathrm{d}t} \tag{3-49}$$

上式称为变质量质点的运动微分方程,也称为密歇尔斯基方程。

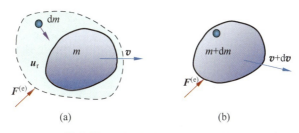

图 3-38　变质量质点运动推导用图
(a) t 时刻;(b) $t+\mathrm{d}t$ 时刻

2. 火箭飞行原理

火箭是通过热气流向后高速喷出产生的反作用力使自身向前运动的喷气推进装置。它自身携带燃烧剂与氧化剂,不依赖空气中的氧助燃,既可在大气中,又可在外层空间飞行。现代火箭可用作快速远距离运送工具,如作为探测太空、发射人造卫星、载人飞船、空间站的运载工具以及其他飞行器的助推器等。如用于投送作战用的战斗部(弹头),便构成火箭武器。其中可以制导的称为导弹,无制导的称为火箭弹。

根据古书记载,"火箭"一词最早出现在公元 3 世纪的三国时代,距今已有 1 700 多年的历史。当时在敌我双方的交战中,人们把一种头部带有易燃物、点燃后射向敌方、飞行时带火的箭叫作火箭。这是一种用作火攻的武器,实质上只不过是一种带"火"的箭,在含义上与我们现在所称的火箭相差甚远。唐代发明了火药,到了宋代,人们把装有火药的筒绑在箭杆上,或在箭杆内装上火药,点燃引火线后射出去,箭在飞行中借助火药燃烧向后喷火所产生的反作用力使箭飞得更远,人们又把这种喷火的箭叫作火箭。这种向后喷火、利用反作用力助推的箭,已具有现代火箭的雏形,可以称为原始的固体火箭。

到了 13 世纪,人们把火箭用作战争武器,不久之后传入欧洲。第一个想到利用火箭飞天的人是聪明的中国人——明朝的万户,他把 47 个自制的火箭绑在椅子上,自己坐在

椅子上,双手举着2只大风筝,然后叫人点火发射。1926 年,美国的火箭专家、物理学家罗伯特·哈金斯·戈达德(R. H. Goddard,1882—1945)成功试飞了第一枚无控液体燃料火箭。中国于20世纪50年代开始研制火箭。1958年6月中国成功仿制出苏联的C-75型(SA-2)地空导弹武器系统,这是中国的第一枚导弹,是中国发展火箭的前期基础。1970 年 4 月 24 日,中国首次用"长征1号"三级运载火箭成功发射了"东方红1号"人造卫星。

火箭发射

火箭的飞行是一个变质量物体的运动问题,下面应用密歇尔斯基方程计算火箭的飞行速度。

火箭的运动可以看成直线运动。设一枚单级火箭发射前的质量为 M_0,火箭喷气结束时剩下的外壳及其他附属设备的总质量为 M_s。在某一瞬时 t,火箭的质量为 m,速度为 v,在其后的时间 $t+dt$ 内,火箭喷出质量为 dm 的气体,喷出气体相对于火箭的速度为 u,方向与火箭的速度相反,喷出气体相对于地的运动速度为 $u_r=v-u$(图 3-39)。为讨论简单起见,假定火箭在飞行过程中忽略空气和重力的影响,应用密歇尔斯基方程,得

$$dv = -u\frac{dm}{m}$$

对上式积分,设火箭起飞时的速度为零,得

$$\int_0^v dv = -\int_{M_0}^{M_s} u\frac{dm}{m}$$

求得

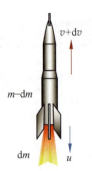

图 3-39 火箭飞行原理

$$v = u\ln\frac{M_0}{M_s} \qquad (3\text{-}50)$$

从式(3-50)可以得出以下两点指导性原理:①火箭速度值的提高与喷出气体相对于火箭的速度大小成正比,与火箭的燃料燃烧前后的质量比的自然对数成正比;②火箭速度的提高与火箭的质量无直接关系,只与质量比有关。

由此可见,提高火箭的速度有两种办法,一是提高气体的喷射速度,二是提高质量比,而提高喷射速度的办法比提高质量比的办法更为有效。因为火箭除了外壳、储存燃料设备和燃烧室外,还要有发动机、控制装置、仪器、人造卫星或爆炸弹头等装置。要把质量比提高到10也是很难办到的。但喷射速度的提高也有一定的限度,因为提高喷射速度,必须要有高效能的燃料,才能产生高温高压的气体,高速地从喷口喷出。同时还要求用于制造燃烧室和喷口的材料能经受得住高温、高压和高速。现代液体燃料火箭喷射速度约为 2 500 m/s。气体的压力约为 40 atm,温度已高达 3 000 ℃左右。

如果质量比为 6,气体喷射速度为 2 500 m/s,则火箭的最大速度不到 4 500 m/s。这还远小于第一宇宙速度,更不用说脱离地球引力了。

为了获得很大的速度值,要采用多级火箭。多级火箭是由构造相似、大小不同的火箭连接而成的。对于多级火箭,设第一级、第二级和第三级火箭总质量分别为 m_1、m_2 和 m_3,其中第一级、第二级和第三级火箭内携带燃料的质量分别为 m_{1e}、m_{2e} 和 m_{3e};第一级、第二级和第三级火箭燃料喷射的速度(相对于火箭)分别为 u_1、u_2 和 u_3;火箭的载荷的质量为 m_p。由式(3-50)可得第一级火箭的燃料全部喷射完时,火箭的速度为

$$v_1 = u_1\ln\frac{m_1+m_2+m_3+m_p}{m_1+m_2+m_3+m_p-m_{1e}} = u_1\ln N_1 \qquad (3\text{-}51)$$

第二级火箭的燃料全部喷射完时,火箭的速度为

$$v_2 = v_1 + u_2 \ln \frac{m_2+m_3+m_p}{m_2+m_3+m_p-m_{2e}} = v_1 + u_2 \ln N_2 \qquad (3\text{-}52)$$

第三级火箭的燃料全部喷射完时,火箭的速度为

$$v_3 = v_1 + v_2 + u_3 \ln \frac{m_3+m_p}{m_3+m_p-m_{3e}} = v_1 + v_2 + u_3 \ln N_3 \qquad (3\text{-}53)$$

因此,火箭的飞行速度大大增加了。

感悟·启迪

中国的火箭发射技术之所以处于世界前列,与钱学森有着密不可分的关系。钱学森24岁留学美国,28岁就成为世界知名的空气动力学家,被美国麻省理工学院聘为终身教授。但当得知中华人民共和国成立的消息时,钱学森便决定早日赶回祖国,为自己的国家效力。钱学森在回国的过程中遭到了美国的阻挠和迫害,被扣留长达五年之久,但他始终没有放弃归国梦,在中国政府的争取下最终回到祖国。钱学森带领科研团队把中国的导弹、火箭研究推向世界前列。"5年归国路,10年两弹成",钱学森被誉为"中国航天之父""中国导弹之父""中国自动化控制之父"和"火箭之王"。由于钱学森回国效力,中国导弹、原子弹的发射水平向前推进了至少20年。

例 3-12

一根柔软的均质链条,全长为 L,线密度为 λ,一端手提着,另一端着地,然后松手,链条开始自由下落,求下落的任意时刻,链条给地面的压力?

解 此题是一个变质量物体的运动问题。建立如图 3-40 所示的坐标系,坐标原点为地面。设在 t 时刻链条在空中部分的长度为 y,此时链条的下落速度为 u_r。选取落在地上的链条为研究对象,此时链条受的力为地面竖直向上的支持力 N 和竖直向下的重力 $\lambda g(L-y)$,应用密歇尔斯基方程,有

$$N - \lambda g(L-y) = -u_r \frac{dm}{dt} \qquad (\text{I})$$

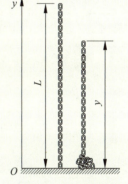

图 3-40 下落链条

因 t 时刻落到地上的链条质量为 $m=\lambda(L-y)$,所以 $\frac{dm}{dt} = -\lambda \frac{dy}{dt} = -\lambda u_r$,$u_r = -\sqrt{2g(L-y)}$,代入式(I)可得

$$N = 3\lambda g(L-y)$$

链条给地面的压力大小也为 N,方向与 N 的方向相反。

此题也可选取整个链条为研究对象,应用牛顿第二定律 $\boldsymbol{F} = \dfrac{d\boldsymbol{p}}{dt}$ 求解,读者可自行尝试。

思考题

3-10 两个质量相同的质点,如果它们的动能相等,它们的动量相等吗?如果它们的动量相等,则它们的动能相等吗?

3-11 冲量的方向是否总与力的方向相同?

3-12 跳伞运动员临着陆时会用力向下拉降落伞,这是为什么?

3-13 用手拉一条线,不容易把它拉断,如果一手握住线的一端,另一只手将另一端迅速一"挣",线就断了,为什么?

图 3-41 接球过程动作示意图

3-14 人从高处跳下时,触地后往往顺势往下一蹲,这样不易受伤。这个现象,与用手去接对方抛来的篮球时,触球后顺势往后一缩(图 3-41),容易接稳球,在物理学原理上有无共同之处?为什么?

3-15 钉钉子时为什么要用铁锤而不用橡皮锤,而铺地砖时却用橡皮锤而不用铁锤?

3-16 为什么轿车前面的发动机舱并不是越坚固越好?

3.6 动量守恒定律及应用

3.6.1 动量守恒定律

对于质点系,由质点系的动量定理可知,当质点系所受合外力为零时,即当 $\sum \boldsymbol{F}_i = 0$ 时,由式(3-48),得

$$\sum \boldsymbol{p}_i - \sum \boldsymbol{p}_{i0} = 0 \tag{3-54}$$

式(3-54)表明,如果一个系统不受外力或所受外力的矢量和为零,那么这个系统的总动量保持不变,这个结论叫作动量守恒定律(law of conservation of momentum)。式(3-54)是动量守恒定律的数学表达式。

下面对动量守恒定律作几点说明:

(1) 在动量守恒定律的数学表达式中,由于动量是一个与参考系有关的物理量,因此所有动量都应是相对于同一惯性参考系而言的。

(2) 动量守恒定律给出了始末状态总动量的关系,在应用时,只要满足守恒条件,无须过问质点运动过程的细节。

(3) 动量守恒定律中系统总动量不变,但系统内各质点的动量可以改变和相互转移。系统中某一质点失去动量的同时,必然是别的质点得到了一份与之相等的动量。质点动量的转移反映了质点机械运动的转移。

(4) 动量守恒定律是自然界中最重要最普遍的守恒定律之一,它既适用于宏观物体,也适用于微观粒子;既适用于低速运动的物体,也适用于高速运动的物体。虽然我们是从牛顿运动定律出发,导出的动量守恒定律,但在历史上,动量守恒定律是惠更斯最先通过碰撞实验得到的,它比牛顿运动定律更早出现,实验表明,它是一条比牛顿运动定律更普遍、更基本的自然规律。

(5) 在实际应用中,如系统内力远大于外力时(如碰撞、弹药爆炸等),可近似地用动量守恒定律处理问题。

(6) 动量守恒定律的数学表达式是一个矢量式,但在实际计算时,常使用它按坐标轴分解的分量式。在直角坐标系中,它的分量式为

$$\begin{cases} \sum p_{ix} - \sum p_{i0x} = 0 & (若 \sum F_{ix} = 0) \\ \sum p_{iy} - \sum p_{i0y} = 0 & (若 \sum F_{iy} = 0) \\ \sum p_{iz} - \sum p_{i0z} = 0 & (若 \sum F_{iz} = 0) \end{cases} \tag{3-55}$$

式(3-55)表明,虽然一个系统的总动量不守恒,但如果系统在某方向上所受的合外力为零或不受外力,则在该方向上我们仍可应用动量守恒定律。

例 3-13

长度为 L、质量为 M 的船停止在静水中(但未抛锚),船尾站着一个质量为 m 的人,也是静止的。现在此人从船尾开始向船头走动,忽略水的阻力。试问:当人走到船头时,船将会移动多远?

解 对人、船组成的系统,人在开始走动后的中间任意时刻,动量都守恒。设人在中间任一时刻人相对于静水的速度为 v,船的速率为 V,令船尾指向船头方向为正方向(见图 3-42),对人、船组成的系统应用动量守恒定律有

$$MV + mv = 0$$

即

$$V = -\frac{m}{M}v$$

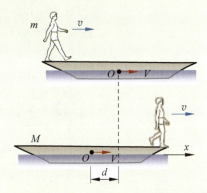

图 3-42 人在船上行走

上式两边同乘以 dt 后积分,得

$$\int_0^t V dt = -\int_0^t \frac{m}{M} v dt$$

式中,$\int_0^t V dt$ 表示人从船尾到船头时,船向后移动的距离,其值为 $-d$,负号表示船实际移动的方向与所选正方向相反;$\int_0^t v dt$ 表示人从船尾到船头时,相对于静水移动的距离,其值为 $L-d$。将上述结论代入上式得

$$d = \frac{m}{m+M}L$$

例 3-14

连同装备总质量 $M = 100$ kg 的宇航员,在离飞船 $s = 45$ m 处与飞船保持相对静止,他带有一个装有 $m = 0.5$ kg 的氧气贮筒,其喷嘴可以使氧气以 $v = 50$ m/s 的速度在极短的时间内相对宇航员喷出。他要返回时,必须向相反的方向释放氧气,同时还要保留一部分氧气供返回途中呼吸。设他的耗氧率 $R = 2.5 \times 10^{-4}$ kg/s。问:要最大限度地节省氧气,并安全返回飞船,所用掉的氧气是多少?

解 设喷出氧气的质量为 m' 后,宇航员获得的速度为 v',喷气的过程中满足动量守恒定律,有

$$0 = (M - m')v' + m'(-v + v')$$

得

$$v' = \frac{m'}{M}v$$

宇航员即以 v' 匀速靠近飞船,到达飞船所需的时间

$$t = \frac{s}{v'} = \frac{Ms}{m'v}$$

这段时间内消耗氧气的质量为 $m'' = Rt$,故其用掉的氧气总量为

$$m_0 = m' + m'' = R\frac{Ms}{m'v} + m' = \frac{2.25 \times 10^{-2}}{m'} + m'$$

将上式中 m_0 对 m' 求一阶导数,令其一阶导数为零,可求得 $m' = 0.15$ kg 时用掉的氧气最少,共用掉的氧气为 $m_0 = m' + m'' = 0.3$ kg。

3.6.2 对心碰撞

碰撞是两个或多个作相对运动的宏观物体或微观粒子发生相互作用后，迅速改变其运动状态的现象。它可以是宏观物体的碰撞，如打夯、锻压、击球等，也可以是微观粒子如原子、核和亚原子粒子间的碰撞。如果两个物体碰撞前的速度在它们的连心线上，碰撞后，它们的速度仍然在连心线上，则称这种碰撞为对心碰撞，也称为正碰。如果碰撞前后两物体的速度不在它们的连心线上，则称这种碰撞为非对心碰撞即斜碰。

由于碰撞过程十分短暂，碰撞物体间的冲力远大于周围物体对它们的作用力，后者的作用可以忽略不计，因此碰撞过程中动量守恒，但机械能不一定守恒。如果两球的弹性都很好，碰撞时因变形而储存的势能，在分离时完全转换为动能，机械能没有损失，则称这种碰撞为**完全弹性碰撞**（completely elastic collision），钢球的碰撞接近这种情况。如碰撞后物体的形变完全不能恢复，碰撞后两物体以相同的速度运动，绝大部分的机械能通过内摩擦转化为内能，则称这种碰撞为**完全非弹性碰撞**（completely inelastic collision），如冲击摆、大鱼吃小鱼。介于两者之间的即两球分离时只部分地恢复原状的碰撞称为**非完全弹性碰撞**（incomplete elastic collision），机械能的损失介于上述两类碰撞之间。对于微观粒子间的碰撞，如只有动能的交换，而无粒子的种类、数目或内部运动状态的改变，则称这种碰撞为**弹性碰撞或弹性散射**（elastic scattering）；如碰撞后不仅交换动能，还有粒子能态的跃迁或粒子的产生和湮没，则称这种碰撞为**非弹性碰撞**或**非弹性散射**（inelastic scattering）。在粒子物理学中可借此获得有关粒子间相互作用的信息，是颇为重要的研究课题。例如：卢瑟福通过对 α 粒子被物质散射的研究，提出了原子的有核模型；弗兰克和 G. L. 赫兹通过电子与原子碰撞实验证实了玻尔的定态假设；20 世纪 60 年代末到 70 年代初，科学家通过高能轻子对质子和中子的深度非弹性散射实验，发现了质子和中子内部存在点状结构。

大鱼吃小鱼

冲击摆

设质量分别为 m_1 和 m_2 的两球作对心碰撞，碰前两球速度分别为 v_{10} 和 v_{20}，碰后两球速度分别为 v_1 和 v_2（见图 3-43），若以 v_{10} 的方向为正方向，则根据动量守恒定律有

$$m_1 v_{10} + m_2 v_{20} = m_1 v_1 + m_2 v_2 \tag{3-56}$$

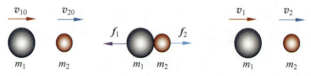

图 3-43 两球的对心碰撞

为了求解碰撞问题，牛顿引入恢复系数（coefficient of restitution），其定义式为

$$e = \frac{v_2 - v_1}{v_{10} - v_{20}} \tag{3-57}$$

式中，$v_2 - v_1$ 是碰撞后两球的分离速度；$v_{10} - v_{20}$ 是两球碰撞前的接近速度。因此，联立式(3-56)和式(3-57)可得

$$v_1 = v_{10} - \frac{(1+e)m_2(v_{10} - v_{20})}{m_1 + m_2} \tag{3-58}$$

$$v_2 = v_{20} + \frac{(1+e)m_1(v_{10} - v_{20})}{m_1 + m_2} \tag{3-59}$$

下面讨论两球发生完全弹性碰撞、完全非弹性碰撞及非完全弹性碰撞后的速度。

1. 完全弹性碰撞

当两球发生完全弹性碰撞时，$e=1$，由式(3-58)和式(3-59)得

$$v_1 = \frac{(m_1 - m_2)v_{10} + 2m_2 v_{20}}{m_1 + m_2} \qquad (3\text{-}60)$$

$$v_2 = \frac{(m_2 - m_1)v_{20} + 2m_1 v_{10}}{m_1 + m_2} \qquad (3\text{-}61)$$

讨论 (1) 若 $m_1 = m_2$，由式(3-60)和式(3-61)得

$$v_1 = v_{20}, \quad v_2 = v_{10}$$

即两个质量相等的小球碰撞后互相交换速度。如此时 $v_{20} = 0$，则 $v_1 = 0, v_2 = v_{10}$，即碰后第一个小球将静止，第二个小球将以第一个小球的速度运动。在台球运动中，常用这一原理打出定球，当用球杆水平打击主球的中部时，如果目标球是静止的，主球与目标球将交换速度，主球就变为静止的了。

(2) 若 $m_2 \gg m_1$，且 $v_{20} = 0$，则

$$v_1 \approx -v_{10}, \quad v_2 = 0$$

即碰撞后，质量为 m_1 的小球将以同样大小的速率，从质量为 m_2 的大球上反弹回来，而大球 m_2 几乎保持静止。

(3) 若 $m_2 \ll m_1$，且 $v_{20} = 0$，则

$$v_1 \approx v_{10}, \quad v_2 = 2v_{10}$$

这个结论表明，当一个质量很大的球与另一个质量很小的球相碰撞时，它的速度几乎不发生变化，但质量很小的球却以近乎两倍于大球的速度向前运动。

2. 完全非弹性碰撞

当两球发生完全非弹性碰撞时，$e = 0$，由式(3-58)和式(3-59)得

$$v_1 = v_2 = \frac{m_1 v_{10} + m_2 v_{20}}{m_1 + m_2}$$

3. 非完全弹性碰撞

当两球发生非完全弹性碰撞时，$0 < e < 1$，其碰后两球的速度表达式分别为式(3-58)和式(3-59)。由式(3-58)和式(3-59)可计算出碰撞过程中损失的动能为

$$\Delta E_k = -\frac{1}{2}(1 - e^2) \frac{m_1 m_2 (v_{10} - v_{20})^2}{m_1 + m_2} \qquad (3\text{-}62)$$

由上式可以看出，当 $e = 1$（完全弹性碰撞）时，$\Delta E_k = 0$（机械能守恒）；当 $e = 0$（完全非弹性碰撞）时，$\Delta E_k = -\frac{1}{2} \frac{m_1 m_2 (v_{10} - v_{20})^2}{m_1 + m_2}$，此时损失的机械能最多。

例 3-15

冲击摆可以用来测量高速运动的子弹的速率。一质量为 $m = 10 \text{ g}$ 的子弹，以一定的水平速度射入冲击摆的木质摆锤中，冲击摆的摆锤上升至最大时摆线与竖直方向的夹角 $\theta = 30°$，摆锤质量为 $M = 1.00 \text{ kg}$，摆长为 $L = 1.6 \text{ m}$，如图 3-44 所示。求子弹入射前的速度（取 $g = 10 \text{ m/s}^2$）。

解 整个物理过程可分两步。第一步是子弹和摆锤相碰。对于由子弹和摆锤组成的系统，碰撞前后水平方向不受外力，则该方向动量守恒，设子弹入射前的速度为 v，子弹射入摆锤后共同的速度为 V，则

$$mv = (m + M)V \qquad (\text{Ⅰ})$$

第二步是子弹和摆锤一起摆动到最高位置 h。因为系统受重力和拉力

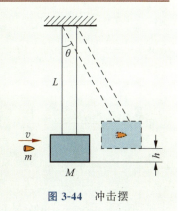

图 3-44 冲击摆

作用(略去空气阻力),拉力不做功,只有重力做功,所以系统的机械能守恒,有

$$\frac{1}{2}(m+M)V^2 = (m+M)gh \tag{Ⅱ}$$

联立式(Ⅰ)和式(Ⅱ)得子弹入射前的速度为

$$v = \frac{m+M}{m}\sqrt{2gh} = \frac{m+M}{m}\sqrt{2gL(1-\cos\theta)}$$

将已知数据代入上式可得

$$v = 209 \text{ m/s}$$

例 3-16

在用铀 235 作燃料的核反应堆中,铀 235 核吸收一个动能约为 0.025 eV 的热中子(慢中子)后,可发生裂变反应,放出能量和 2~3 个快中子,而快中子不利于铀 235 的裂变。为了能使裂变反应继续下去,需要将反应中放出的快中子减速。其中一种减速的方法是使用石墨(碳 12)作减速剂。设中子与碳原子的碰撞是对心弹性碰撞,问一个动能为 $E_0 = 1.75$ MeV 的快中子需要与静止的碳原子碰撞多少次,才能减速成为 0.025 eV 的热中子?

解 设中子和碳核的质量分别为 m 和 M,碰撞前中子的速度为 v_0,碰撞后中子和碳核的速度分别为 v 和 v',因为碰撞是弹性碰撞,所以在碰撞前后,动量和机械能均守恒,又因 v_0、v 和 v' 沿同一直线,故有

$$mv_0 = mv + Mv' \tag{Ⅰ}$$

$$\frac{1}{2}mv_0^2 = \frac{1}{2}mv^2 + \frac{1}{2}Mv'^2 \tag{Ⅱ}$$

联立式(Ⅰ)和式(Ⅱ)得

$$v = \frac{m-M}{m+M}v_0 \tag{Ⅲ}$$

因 $M = 12m$,代入式(Ⅲ)得

$$v = -\frac{11}{13}v_0 \tag{Ⅳ}$$

式中,负号表示 v 的方向与 v_0 方向相反,即与碳核碰撞后中子被反弹。因此,经过一次碰撞后中子的能量为

$$E_1 = \frac{1}{2}mv^2 = \frac{1}{2}m\left(-\frac{11}{13}\right)^2 v_0^2$$

于是

$$E_1 = \left(-\frac{11}{13}\right)^2 E_0 \tag{Ⅴ}$$

式中,E_0 为碰撞前中子的动能。经过 $2, 3, \cdots, n$ 次碰撞后,中子的能量依次为 $E_2, E_3, \cdots, E_n$,则有

$$E_n = \left(\frac{E_1}{E_0}\right)^n E_0 = \left(\frac{11}{13}\right)^{2n} E_0 \tag{Ⅵ}$$

因此

$$n = \frac{\lg(E_n/E_0)}{2\lg(11/13)} \tag{Ⅶ}$$

已知 $\dfrac{E_n}{E_0} = \dfrac{0.025}{1.75\times 10^6} = \dfrac{1}{7}\times 10^{-7}$,代入式(Ⅶ)即得

$$n = \frac{\lg\left(\dfrac{1}{7}\times 10^{-7}\right)}{2\lg(11/13)} = \frac{-7-\lg 7}{2\times(-0.072\,55)} = \frac{7.845\,1}{0.145\,1} \approx 54 \tag{Ⅷ}$$

故初动能为 $E_0 = 1.75$ MeV 的快中子经过近 54 次碰撞后,才减速成为能量为 0.025 eV 的热中子。

> 思考题
>
> 3-17　一人平躺在地上,身上压着一块重石板,另一个人用重锤猛击石板,但见石板碎裂,而下面的人毫无损伤,这是为什么?
>
> 3-18　有人说:"既然动量守恒定律和机械能守恒定律可以由牛顿运动定律导出,有牛顿运动定律就行了,就没必要介绍动量守恒定律和机械能守恒定律。"这种说法对吗?
>
> 3-19　同一个人消耗同样的能量从河中的一条船上往岸上跳,一次是从大船中起跳,一次是从小船上起跳,问哪次容易到达岸上?试定量加以说明(设船和岸在同一水平高度,地理环境相同)。

3.7　质心　质心运动定律

在研究多个质点组成的系统时,常用到质心这一重要的概念。在图 3-45 中,我们可以看到,一把抛出去的扳手在作抛物运动的过程中,扳手上总有一点,其运动轨迹与一个质点被抛出时的运动轨迹一样;同样,在跳水运动员的跳水过程中,我们也能找到一个几何点,它的运动规律和一个质点的运动规律一样(图 3-46),这个特殊点称为物体的质心。可见,就平动而言,这些运动物体的质量似乎集中于质心这一点上。下面讨论质心位置的确定和质心运动的规律。

图 3-45　扳手的质心

图 3-46　跳水运动员的质心

3.7.1　质心

质心(center of mass)是与质点系质量分布有关的一个点,是质点系质量分布的平均位置。如图 3-47 所示,一质点系由 n 个质点组成,以 $m_1, m_2, \cdots, m_i, \cdots, m_n$ 表示各个质点的质量,以 $r_1, r_2, \cdots, r_i, \cdots, r_n$ 表示各个质点对某一坐标原点 O 的位矢,则质心的位矢 r_C 可定义为

$$r_C = \frac{\sum_{i=1}^{n} m_i r_i}{\sum_{i=1}^{n} m_i} = \frac{\sum_{i=1}^{n} m_i r_i}{M} \qquad (3-63)$$

式中,$M = \sum_{i=1}^{n} m_i$ 为质点系的总质量。式(3-63)是一个矢量式,它表明质心位置是以质量为权重(weight)的加权位置平均值。在直角坐标系中,式(3-63)可写成如下的分量式:

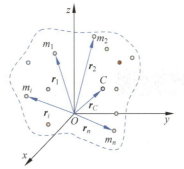

图 3-47　质点系的质心

$$x_C = \frac{\sum_{i=1}^{n} m_i x_i}{M}, \quad y_C = \frac{\sum_{i=1}^{n} m_i y_i}{M}, \quad z_C = \frac{\sum_{i=1}^{n} m_i z_i}{M} \quad (3\text{-}64)$$

如果把质量连续分布的物体当作质点系统,求质心的位置时就要将求和改为求积分,因此式(3-63)变为

$$\boldsymbol{r}_C = \frac{\int \boldsymbol{r}\,\mathrm{d}m}{\int \mathrm{d}m} = \frac{\int \boldsymbol{r}\,\mathrm{d}m}{M} \quad (3\text{-}65)$$

在直角坐标系中,式(3-65)可写成分量式为

$$x_C = \frac{\int x\,\mathrm{d}m}{\int \mathrm{d}m} = \frac{\int x\,\mathrm{d}m}{M}, \quad y_C = \frac{\int y\,\mathrm{d}m}{\int \mathrm{d}m} = \frac{\int y\,\mathrm{d}m}{M}, \quad z_C = \frac{\int z\,\mathrm{d}m}{\int \mathrm{d}m} = \frac{\int z\,\mathrm{d}m}{M} \quad (3\text{-}66)$$

对于密度均匀、形状规则的物体,其质心在它们的几何中心上。要注意的是,质心与重心是不同的概念,不能混为一谈,重心是物体各部分所受重力的合力的作用点。如物体的体积不太大,可认为物体处于均匀的重力场中,亦即在物体内部各点的重力加速度 $\boldsymbol{g}$ 大小相等、方向平行时,物体的重心与质心位置是重合的。

例 3-17

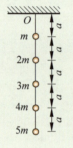

图 3-48 例 3-17 示意图

如图 3-48 所示,将 5 颗珍珠系成一串悬挂在墙上,每颗珍珠间距均为 a,其质量依次为 $m,2m,3m,4m,5m$,忽略系珍珠的线的质量,求该串珍珠质心距悬点 O 的距离。

解 选择 O 点为坐标原点,竖直向下方向为 x 轴正方向,则有

$$x_C = \frac{\sum_{i=1}^{n} m_i x_i}{M} = \frac{m \times a + 2m \times 2a + 3m \times 3a + 4m \times 4a + 5m \times 5a}{m + 2m + 3m + 4m + 5m}$$

$$= \frac{55ma}{15m} = \frac{11}{3}a$$

例 3-18

一细棒的线密度与其到一端的距离成正比,即 $\lambda = kx$,已知棒的长度为 L,求棒的质心位置。

解 选取如图 3-49 所示的坐标系,任取线元 $\mathrm{d}x$,则该线元的质量为 $\mathrm{d}m = \lambda\,\mathrm{d}x = kx\,\mathrm{d}x$,根据连续质量分布的质心计算公式,可得

$$x_C = \frac{\int x\,\mathrm{d}m}{\int \mathrm{d}m} = \frac{\int_0^L x k x\,\mathrm{d}x}{\int_0^L k x\,\mathrm{d}x} = \frac{2}{3}L$$

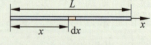

图 3-49 例 3-18 示意图

3.7.2 质心运动定律

将式(3-63)对 t 求导得质心速度为

$$\boldsymbol{v}_C = \frac{\mathrm{d}\boldsymbol{r}_C}{\mathrm{d}t} = \frac{\sum_{i=1}^{n} m_i \dfrac{\mathrm{d}\boldsymbol{r}_i}{\mathrm{d}t}}{M} = \frac{\sum_{i=1}^{n} m_i \boldsymbol{v}_i}{M} \quad (3\text{-}67)$$

将式(3-67)对 t 求导得质心加速度为

$$a_C = \frac{d\boldsymbol{v}_c}{dt} = \frac{\sum_{i=1}^{n} m_i \frac{d\boldsymbol{v}_i}{dt}}{M} = \frac{\sum_{i=1}^{n} m_i \boldsymbol{a}_i}{M} \tag{3-68}$$

由此得

$$\sum_{i=1}^{n} m_i \boldsymbol{a}_i = M\boldsymbol{a}_C$$

对 n 个质点组成的系统应用牛顿第二定律可得，合外力 $\boldsymbol{F} = \sum_{i=1}^{n}\boldsymbol{F}_i = \sum_{i=1}^{n} m_i \boldsymbol{a}_i$，故上式变为

$$\boldsymbol{F} = M\boldsymbol{a}_C \tag{3-69}$$

由此可见，不管物体的质量如何分布，也不管外力作用在物体的什么位置上，质心的运动就像是物体的全部质量都集中于此，而且所有外力也都集中作用在其上的一个质点的运动一样，这就是**质心运动定律**。它表明，质心的运动服从牛顿第二定律，系统内力不会影响质心的运动。质心的运动代表着质点系整体的运动，与单个质点的运动相同，因此，质心是体系平动动力学特征的代表点。这正是将实际物体抽象为质点模型的实质。

由质心运动定律可知，如果系统所受合外力为零，则质心加速度 $\boldsymbol{a}_C = 0$，因此质心速度 $\boldsymbol{v}_C$ 为一常量，即 $\sum_{i=1}^{n} m_i \boldsymbol{v}_i =$ 常量，这也是动量守恒定律的表达式。由此可见，由质心运动定律也可得到动量守恒定律。

例 3-19

如图 3-50 所示，一静置于水平光滑面上的等腰三角形木块，质量为 M，高为 h，三角形的腰与底边的夹角为 θ。当一只质量为 m 的蚂蚁由右边斜面底端，越过顶部，再爬至左边斜面底端时，木块移动的距离为多少？

解 由于蚂蚁与三角形木块组成的系统在水平方向不受外力，故当蚂蚁由右边斜面底端，越过顶部，再爬至左边斜面底端时，系统的质心位置保持不变。

蚂蚁在斜面底端右边时，设此木块中垂线的位置为坐标原点，则此木块的质心坐标为 $x_M = 0$，蚂蚁坐标为 $x_m = h\cot\theta$，因此系统的质心位置为

$$x_C = \frac{m \times h\cot\theta + M \times 0}{m+M} = \frac{mh\cot\theta}{m+M} \quad (\text{I})$$

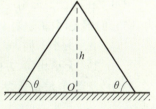

图 3-50 例 3-19 示意图

蚂蚁在斜面底端左边时，设木块向右运动的距离为 x'_M，则蚂蚁的坐标为 $-h\cot\theta + x_M$，此时系统的质心位置为

$$x'_C = \frac{m \times (-h\cot\theta + x_M) + M \times x_M}{m+M}$$

$$= \frac{m(-h\cot\theta + x_M) + Mx_M}{m+M} \quad (\text{II})$$

系统的质心位置保持不变，即 $x'_C = x_C$，联立式（I）和式（II）解得木块移动的距离为

$$x'_M = \frac{2mh}{M+m}\cot\theta$$

思考题

3-20 物体的质心位置是否必定在物体上？质心与重心是否一定重合？

3-21 向上揪着自己的头发，使身体离开座椅（脚不能沾地），这可能实现吗？为什么？

习题

3-1 汽车在水平公路上作直线运动，它的功率保持不变，当汽车的速度为 4 m/s 时，加速度为 0.4 m/s²，汽车所受阻力恒为车重的 0.01 倍，若取 $g=10$ m/s²，汽车行驶的最大速度为_____ m/s。

3-2 有一质量为 $m=0.5$ kg 的质点，在 Oxy 平面内运动，其运动方程为 $x=2t+2t^2$，$y=3t$（SI），则在 $t=0$ s 至 $t=3$ s 这段时间内，外力对质点所做的功为_____，外力的方向是_____。

3-3 已知质点的质量为 $m=5$ kg，运动方程为 $\boldsymbol{r}=2t\boldsymbol{i}+t^2\boldsymbol{j}$（SI），则质点在 0～2 s 内受的冲量 $\boldsymbol{I}$ 为_____，在 0～2 s 内力所做的功为_____。

3-4 如图 3-51 所示，一轻弹簧左端固定，右端连接一物块。弹簧的劲度系数为 k，物块的质量为 m，物块与桌面之间的滑动摩擦因数为 μ，重力加速度大小为 g。现以恒力 $F(F>\mu mg)$ 将物块自平衡位置开始向右拉动，则系统的最大势能为_____。

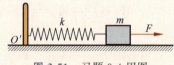

图 3-51 习题 3-4 用图

3-5 质量为 $m=5.0$ kg 的物体，在 10 s 的时间内，其速度由 $\boldsymbol{v}_0=48\boldsymbol{i}+36\boldsymbol{j}$（SI）变为 $\boldsymbol{v}=18\boldsymbol{i}-4\boldsymbol{j}$（SI），则物体所受的平均作用力的大小应为_____ N。

3-6 在一水平面上，以 $F(t)=6-2t$ 的力（t 的单位为 s，F 的单位为 N）施于质量 $m=2$ kg、初速为 12 m/s 的物体上，则 8 s 末物体的速率为_____。

3-7 对功的概念有以下几种说法：①保守力做正功时，系统内相应的势能增加；②质点沿一闭合路径运动一周，保守力对质点做的功为零；③作用力与反作用力大小相等、方向相反，所以两者所做的功的代数和必为零。在上述说法中正确的是[　　]。

    A. ①和②是正确的   B. ②和③是正确的
    C. 只有②是正确的   D. 只有③是正确的

3-8 在高台上分别沿 45°仰角方向和水平方向以同样的速率从同一点投出两颗小石子，忽略空气阻力，则它们落地时的速度[　　]。

    A. 大小不同，方向不同   B. 大小相同，方向不同
    C. 大小相同，方向相同   D. 大小不同，方向相同

3-9 人造卫星绕地球作圆周运动，由于受到空气的摩擦阻力，人造卫星的速度和轨道的变化规律分别为[　　]。

    A. 速度减小，半径增大   B. 速度减小，半径减小
    C. 速度增大，半径增大   D. 速度增大，半径减小

3-10 如图 3-52 所示的一根管子，入口处的直径为 a，出口处的直径为 $3a$，如果入口处水的流速为 v_0，压强为 P_0，出口处水的流速和压强分别为[　　]。

    A. 流速为 v_0，压强为 P_0

    B. 流速为 $\dfrac{1}{3}v_0$，压强为 P_0

    C. 流速为 $\dfrac{1}{9}v_0$，压强小于 P_0

    D. 流速为 $\dfrac{1}{9}v_0$，压强大于 P_0

图 3-52 习题 3-10 用图

3-11 用锤压钉不易将钉压入木块,用锤击钉则很容易将钉击入木块,这是因为[ ]。

　　A. 前者遇到的阻力大,后者遇到的阻力小

　　B. 前者动量守恒,后者动量不守恒

　　C. 后者锤的动量变化大,给钉的作用力就大

　　D. 后者锤的动量变化率大,给钉的作用力就大

3-12 自水平地面作斜抛运动的物体,在最高点时的动量值恰为抛出时的 3/5,此时突然分裂为质量相等的两块,其中一块以初速为零落下,则此裂块落地时的动量值与抛出时原物体的动量值的比值为[ ]。

　　A. 2/5　　　　　B. 3/5　　　　　C. 4/5　　　　　D. 1

3-13 如图 3-53 所示,质量为 m 的平板 A 由于竖立的弹簧支撑而处在水平位置。现从平台上投掷一个质量为 m 的球 B,球的初速度为 v,沿水平方向。球由于重力作用下落,与平板发生完全弹性碰撞,假设平板是平滑的,则球与平板碰撞后的运动方向应为[ ]。

　　A. A_0 方向　　　　　B. A_1 方向

　　C. A_2 方向　　　　　D. A_3 方向

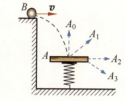

图 3-53　习题 3-13 用图

3-14 如图 3-54 所示,在水平面上有一质量为 M 的木块,水平面与木块之间的滑动摩擦因数为 μ_k。一颗质量为 m 的子弹,以速度 v 射入木块并嵌入木块中,当子弹与木块一起沿水平面运动到停止时,木块在水平面上移动的距离为[ ]。

　　A. $\left(\dfrac{m+M}{M}\right)\left(\dfrac{v^2}{2\mu_k g}\right)$　　　　　B. $\left(\dfrac{m+M}{M}\right)^2\left(\dfrac{v^2}{2\mu_k g}\right)$

　　C. $\left(\dfrac{m}{m+M}\right)\left(\dfrac{v^2}{2\mu_k g}\right)$　　　　　D. $\left(\dfrac{m}{m+M}\right)^2\left(\dfrac{v^2}{2\mu_k g}\right)$

3-15 长度为 l、质量为 M 的均匀分布的柔绳,一端挂在天花板下的钩子上,现将另一端缓慢地垂直提起,并挂在同一钩子上,试通过直接积分$\left(即用 W=\displaystyle\int_A^B \boldsymbol{F}\cdot\mathrm{d}\boldsymbol{r}\right)$,求出该过程中提力对绳子所做的功。

3-16 如图 3-55 所示,面积为 50 m² 的地下室充有深度为 1.5 m 的水,现要将其从地下室中抽到街道上,求该过程所需做的功。已知水面至街道的距离为 5 m。

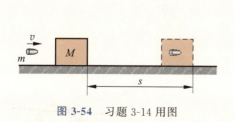

图 3-54　习题 3-14 用图

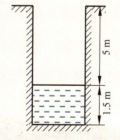

图 3-55　习题 3-14 用图

3-17 一质量为 10 kg 的物体沿 x 轴无摩擦地运动,设 $t=0$ 时,物体位于原点,速度为零(即初始条件:$x_0=0, v_0=0$),问:(1)物体在力 $F=3+4t$ (SI) 的作用下运动了 3 s,此时它的速度、加速度为多大?(2)物体在力 $F=3+4x$ (SI) 的作用下移动了 3 m,此时它的速度、加速度为多大?

3-18 一辆车通过一根跨过定滑轮的细绳 PQ 提升井中质量为 m 的物体，如图 3-56 所示。绳的 P 端拴在车后的挂钩上，Q 端拴在物体上。设绳的总长不变，绳的质量、定滑轮的质量和尺寸、滑轮上的摩擦都忽略不计。开始时，车停在 A 点，左右两侧绳都已绷紧并且是竖直的，左侧绳长为 H。提升时，车加速向左运动，沿水平方向从 A 点经过 B 点驶向 C 点。设 A 点到 B 点的距离也为 H，车经过 B 点时的速度为 v_B。求在车由 A 点移到 B 点的过程中，绳 Q 端的拉力对物体做的功。

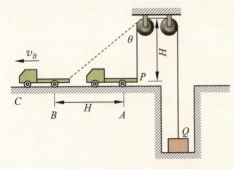

图 3-56 习题 3-18 用图

3-19 在地球深处的一个铀原子释放出一个 α 粒子，这个 α 粒子的速度为 v，在地球中运动一段距离 d 后停止下来。已知 α 粒子的质量为 $m=6.7\times10^{-27}$ kg，速度 $v=2.0\times10^4$ m/s，$d=0.71$ mm。求 α 粒子所受到的力的大小。

3-20 已知质量为 m 的质点与质量为 M、半径为 R 的质量均匀分布的致密天体中心的距离为 $r(r\geqslant R)$。设致密天体是中子星，其半径 $R=10$ km，质量 $M=1.5M_\odot$（$1M_\odot=2.0\times10^{30}$ kg，$M_\odot$ 为太阳的质量）。求：

(1) 1 kg 的物质从无限远处被吸引到中子星的表面时所释放的引力势能为多少？

(2) 在氢核聚变反应中，若参加核反应的原料的质量为 m，则反应中的质量亏损为 $0.0072m$，1 kg 的原料通过核聚变提供的能量与第(1)问中所释放的引力势能之比是多少？

(3) 天文学家认为，脉冲星是旋转的中子星，中子星的电磁辐射是连续的，沿其磁轴方向辐射最强，磁轴与中子星的自转轴方向有一夹角（见图 3-57），在地球上的接收器所接收到的一连串周期出现的脉冲是脉冲星的电磁辐射。试由上述看法估算地球上接收到的两个脉冲之间的时间间隔的下限。

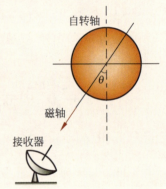

图 3-57 习题 3-20 用图

3-21 一质点的势能函数为 $U(x)=5x^2-4x^3$，其中 U 和 x 的单位分别为焦耳(J)和米(m)。求：(1)作用为质点上的力 $F(x)$ 为多少？(2)质点在哪些位置是平衡位置，哪些位置是非平衡位置？

3-22 一机关枪每秒射出 10 颗质量为 100 g 的子弹，每个子弹的出口速率是 800 m/s，子弹射到墙壁后立即停止运动。求：(1)每颗子弹的动量变化是多少？(2)子弹施于墙的平均力是多少？

3-23 如图 3-58 所示为一辆 45 座客车，其长、宽和高分别为 10 490 mm、2 500 mm、3 200 mm。这辆客车在风速为零的高速路上以 25 m/s 的速度行驶。已知空气的密度为 1.20 kg/m³。如果假设风作用在车上后变成静止状态，试估算客车受到的风阻（忽略客车除车头外的其他部分受到的空气摩擦）。

3-24 直升机是通过旋翼对空气柱产生向下的动量，来维持其高度的。如图 3-59 所示，一质量为 M 的直升机的旋翼鼓动空气向下流动形成气流，气流的切面为圆形，半径近似为 r。忽略空气的转动能、空气摩擦引起的升温和空气密度的改变，空气的密度为 ρ。(1)试推导直升机引擎所需的功率 P。(2)如果把直升机引擎的功率增加 1 倍，试计算直升机向上的加速度。

图 3-58 习题 3-23 用图

图 3-59 习题 3-24 用图

3-25 在光滑的水平桌面上，一质量为 m 处于静止状态的物体，被一锤所击，锤的作用力沿水平方向，其大小为 $F=F_0\sin\dfrac{\pi}{\tau}t(0\leqslant t\leqslant\tau)$。求：(1)在时间 $0\sim\tau$ 内锤的作用力对物体所做的功；(2)物体在任一时刻 t 的速度。

3-26 篮球运动是一项同学们喜欢的体育运动。为了检测篮球的性能，某同学多次让一篮球从 $h_1=1.8\text{ m}$ 处自由下落，测出篮球从开始下落至第一次反弹到最高点所用的时间为 $t=1.3\text{ s}$ 和该篮球从离开地面至第一次反弹到最高点所用的时间为 0.5 s，篮球的质量为 $m=0.6\text{ kg}$，g 取 10 m/s^2。求篮球对地面的平均作用力(不计空气阻力)。

3-27 自动称米机(图 3-60)已被许多粮店广泛使用。但买米者认为：因为米流落到容器中有向下的冲力，所以实际的米量不足，自己不划算；而卖米者则认为：当预定米的质量数满足时，此刻尚有一些米仍在空中，这些米是多出来的，自己才真的不划算。因而双方争执不休，究竟哪方说得对还是双方说得都不对呢？

3-28 质量分别为 m_1、m_2 和 m_3 的三个质点 A、B、C，用拉直且不可伸长的绳子 AB 和 BC 相连，并静止在水平面上，如图 3-61 所示，AB 和 BC 之间的夹角为 $(\pi-\alpha)$。现对质点 C 施加以方向沿 BC 的冲量 I，试求质点 A 开始运动时的速度。

3-29 如图 3-62 所示，火箭起飞前的总质量为 m_0，其中燃料的质量为 m'，设单位时间消耗的燃料质量为 $q(q=\mathrm{d}m/\mathrm{d}t)$，喷出的燃料气体相对于火箭的速度为 u，不计空气阻力，火箭在重力场中以铅垂方向向上飞行，求火箭速度的变化规律，能达到的最大速度是多少？

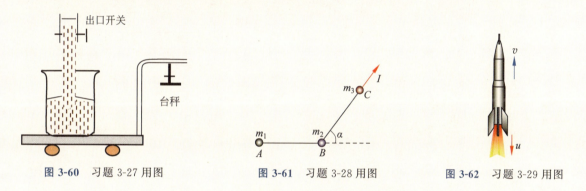

图 3-60 习题 3-27 用图　　图 3-61 习题 3-28 用图　　图 3-62 习题 3-29 用图

3-30 以一固定大小的力 P，把井中一个盛满水、总重为 Mg 的桶从井底拉上来，桶的底部有一小裂孔。当桶底恰好被拉至井中水平面时，取为 $t=0$，此时假设桶(含内部盛满的水)的速度为零。在桶底被拉离水面后，桶内之水即以等时率由桶底小裂孔流出，设桶内盛满的水重为 m_0g，且当 $t=T$ 时，桶内的水恰好流尽(假设此时桶尚未被拉到井口)，问这时桶的速度为多少？

3-31 两男孩各开着一辆冰车在水平冰面上游戏。甲车的总质量为 $M=30\text{ kg}$，乙车的总质量也是 30 kg。游戏时，甲车推着一质量为 $m=15\text{ km}$ 的箱子以大小为 $v_0=2\text{ m/s}$ 的速度滑行。乙车以同样大小的速度迎面滑来。为了避免相撞，甲车突然将箱子沿冰面推给乙车，箱子到乙车处时，乙车迅速把它抓住。若不计冰面的摩擦力，求甲车至少要以多大的速度(相对于地面)将箱子推出，才能避免和乙车相碰。

3-32 如图 3-63(a)所示，将两刚性球($m_2\ll m_1$)叠放在一起，并让它们从高度为 h 处下落，小球 A 与地面发生弹性碰撞，小球 B 也会被弹起，求小球 B 弹跳的高度。如果有 n 个刚性球，仍把它们叠放在一起并让它们从高度为 h 处下落。假设 $m_n\ll\cdots\ll m_3\ll m_2\ll m_1$，如图 3-63(b)所示，如果取 $h=1\text{ m}$，要使最上端的小球弹起的速度达到第二宇宙速度，应当至少叠放多少个小球？(忽略所有刚性小球的大小)

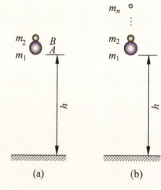

图 3-63 习题 3-32 用图

3-33 一个质量为 $m_1 = m$ 的光滑球体在光滑的水平表面上以速度 u 移动,并与第二个大小相同、质量为 $m_2 = \dfrac{m}{2}$ 的静止球体正碰。设碰撞的恢复系数为 e,求碰撞后系统总的机械能和损失的机械能。

3-34 如图 3-64 所示,有一组质量面密度均相同的无穷多个质量均匀分布的圆盘,它们的半径依次为 $R, R/2, R/4, R/8, \cdots$,各盘的边缘相切于一公共点 O,求该系统质心距 O 点的距离。

3-35 有一半径为 R、圆心角为 $2\theta_0$ 的扇形薄板,其质量面密度为 σ,求其质心的位置。

3-36 在水平的光滑桌面上,有一质量为 5 kg 的物体,以 30 m/s 的速度向北行进;另有一质量为 10 kg 的物体,以 20 m/s 的速度向东行进,求此系统的质心速度和质心动量。

3-37 一浮吊的质量为 $M = 2 \times 10^4$ kg,由岸上吊起一质量 $m = 2 \times 10^3$ kg 的货物后,再将吊杆 OA 从与竖直方向间的夹角 $\theta = 60°$ 转到 $\theta' = 30°$,如图 3-65 所示。设吊杆长 $L = 8$ m,水的阻力忽略不计,求浮吊在水平方向移动的距离?向哪边移动?

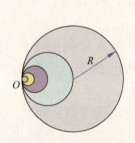

图 3-64　习题 3-34 用图

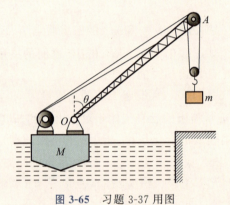

图 3-65　习题 3-37 用图

第 4 章

刚体力学基础

前 3 章我们主要介绍了质点力学的基本概念和原理。但是,对于机械运动的研究,仅局限于质点和质点系的情况是远远不够的。实际物体有其形状和大小,它可以平动和转动,甚至于作更为复杂的运动,而且在运动中,物体的形状也可能发生变化。本章所讨论的刚体实际上是由质点系组成的一类特殊的物体。我们将从质点运动的知识出发,讨论刚体的运动规律,重点是刚体的定轴转动。

4.1 刚体运动的描述

4.1.1 刚体的概念

如果一个物体在运动过程中,它的大小、形状和内部各点相对位置都保持不变,则称其为刚体(rigid body)。刚体是一个理想模型。事实上,任何物体受到外力的作用都不可能不改变形状。实际物体都不是真正的刚体。但是,若物体本身的变化不影响整个运动过程,为使被研究的问题简化,可忽略物体的形状和体积的变化而把该物体当作刚体来处理,这样所得的结果仍与实际情况相当符合。因此,虽然刚体是一个理想模型,但有实际意义。例如,物理天平的横梁处于平衡状态,横梁在力的作用下产生的形变很小,可不予考虑。为此在研究天平横梁平衡的问题时,可将横梁当作刚体。

在刚体问题中,可将刚体当作一个特殊的质点系(质量连续分布,各质点间的距离保持不变)来处理。将前面学过的关于质点系的动量定理、质心运动定理、角动量定理等用到这一特殊的质点系,就可得到有关刚体的一些规律。

4.1.2 刚体的平动和转动

若刚体中所有点的运动轨迹都保持完全相同,或者说刚体内任意两点间的连线总是平行于它们的初始位置间的连线,则称这种运动为平动(translation)(见图 4-1)。例如,升降机的运动、汽缸中活塞的运动、刨床上刨刀的运动、车床上车刀的运动、摩天轮吊篮的运动(图 4-2)等,都是平动。刚体平动时,刚体上所有质点都有相同的加速度,故刚体上任意一点的运动都可以代表整个刚体的运动,所以刚体平动时可将刚体当作质点来研究。

刚体运动时,若刚体上的所有质点围绕同一直线作圆周运动,则称这种运动为刚体转动,该直线叫作刚体的转轴。刚体转动时,刚体上任意质点的轨迹圆所在的平面叫作转动平面(图 4-3)。刚体的各个转动平面相互平行,且均垂直于转轴。若转轴是固定不

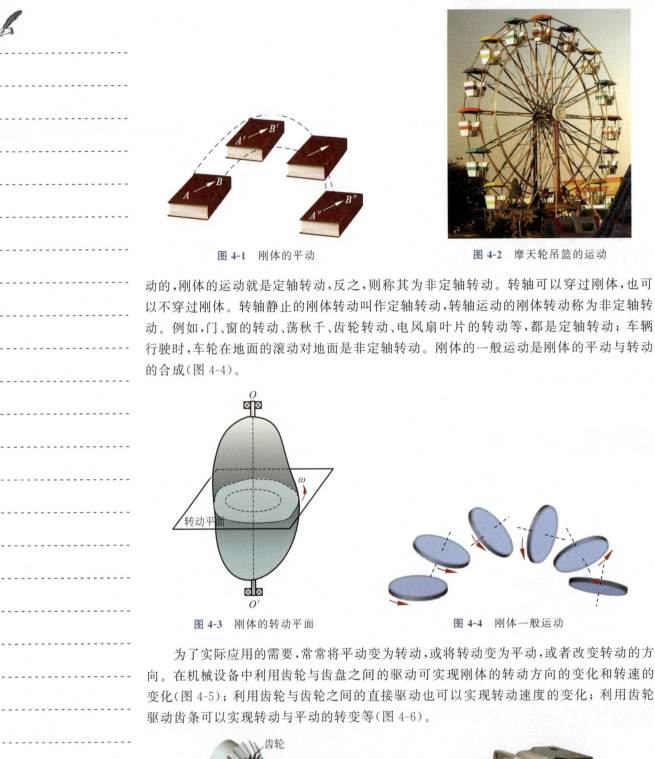

图 4-1 刚体的平动

图 4-2 摩天轮吊篮的运动

动的,刚体的运动就是定轴转动,反之,则称其为非定轴转动。转轴可以穿过刚体,也可以不穿过刚体。转轴静止的刚体转动叫作定轴转动,转轴运动的刚体转动称为非定轴转动。例如,门、窗的转动、荡秋千、齿轮转动、电风扇叶片的转动等,都是定轴转动;车辆行驶时,车轮在地面的滚动对地面是非定轴转动。刚体的一般运动是刚体的平动与转动的合成(图 4-4)。

图 4-3 刚体的转动平面

图 4-4 刚体一般运动

为了实际应用的需要,常常将平动变为转动,或将转动变为平动,或者改变转动的方向。在机械设备中利用齿轮与齿盘之间的驱动可实现刚体的转动方向的变化和转速的变化(图 4-5);利用齿轮与齿轮之间的直接驱动也可以实现转动速度的变化;利用齿轮驱动齿条可以实现转动与平动的转变等(图 4-6)。

图 4-5 转向齿轮传动

图 4-6 齿轮驱动齿条

4.1.3 刚体定轴转动运动学

1. 角位置、角位移

刚体在作定轴转动时,如何确定其位置呢? 刚体作定轴转动时,刚体上的各点都绕定轴作圆周运动。由于刚体上各点的速度和加速度都是不同的,因此用线量描述不太方便。但是由于刚体上各个质点之间的相对位置不变,因而绕定轴转动的刚体上的所有点在同一时间内都具有相同的角位移,在同一时刻都具有相同的角速度和角加速度,故采用角量描述比较方便。为此引入角量——角位置、角位移、角速度和角加速度。

当刚体作定轴转动时,我们在刚体的转动平面上作一条垂直于转轴的参考线,取为 Ox 轴,如图 4-7 所示。当刚体绕过 O 点的水平轴转动时,如在时刻 t 刚体上的一点 A 到 O 的连线 OA 从 x 轴的位置转到图中 OA 的位置,此时 OA 与 x 轴的夹角为 θ,刚体在作定轴转动时,刚体上所有的点也转过角度 θ,刚体的位置完全由角度 θ 确定,θ 称为 t 时刻刚体的角位置。在 $t+\Delta t$ 时刻,刚体上的连线 OA 又从 OA 的位置转到了 OB 的位置,转动的角度为 $\Delta\theta$,刚体上的其他所有点也都绕转轴转过 $\Delta\theta$,$\Delta\theta$ 称为刚体转动的角位移。

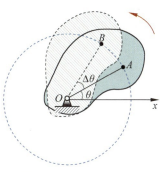

图 4-7 刚体的定轴转动

2. 角速度

若 Δt 时间内角位置 θ 有增量 $\Delta\theta$,则可定义角速度为

$$\boldsymbol{\omega} = \lim_{\Delta t \to 0} \frac{\Delta \boldsymbol{\theta}}{\Delta t} = \frac{\mathrm{d}\boldsymbol{\theta}}{\mathrm{d}t} \tag{4-1}$$

其中,$\mathrm{d}\theta$ 为角位移。角速度 ω 是一个矢量,它的方向由右手螺旋定则确定,其方法是:把右手的拇指伸直,其余四指弯曲,使弯曲的方向与刚体转动方向一致,这时拇指所指的方向就是角速度方向,如图 4-8 所示。在刚体作定轴转动时,角速度的方向可用正负来表示,如果取刚体逆时针转动的角速度方向为正,则刚体顺时针转动的角速度方向为负。

如图 4-9 所示,在刚体上取一点 P,它到转轴的距离 OP 为 r,相应的位矢为 $\boldsymbol{r}$,则 P 点的线速度 $\boldsymbol{v}$ 和角速度 $\boldsymbol{\omega}$ 之间的关系为

$$\boldsymbol{v} = \boldsymbol{\omega} \times \boldsymbol{r} \tag{4-2}$$

图 4-8 角速度矢量的方向　　图 4-9 线速度与角速度之间的矢量关系

3. 角加速度

若 Δt 时间内角速度 ω 有增量 $\Delta\omega$,则定义角加速度为

$$\boldsymbol{\alpha} = \lim_{\Delta t \to 0} \frac{\Delta \boldsymbol{\omega}}{\Delta t} = \frac{\mathrm{d}\boldsymbol{\omega}}{\mathrm{d}t} \tag{4-3}$$

对于刚体的定轴转动,角加速度同样可以用正负来表示角加速度的方向。若角加速度与角速度符号相同,则刚体转动加快;若角加速度与角速度符号相反,则刚体转动减慢。这时式(4-3)常写为标量形式,即

$$\alpha = \frac{d\omega}{dt} = \frac{d^2\theta}{dt^2} \tag{4-4}$$

当作定轴转动的刚体的角加速度为恒量时,则称这种运动为刚体的匀变速定轴转动。设 $t=0$ 时,刚体的角位置和角速度分别为 θ_0 和 ω_0,可容易得到刚体作匀变速定轴转动的运动学方程,列于表 4-1 中。为了便于对比记忆,我们把质点作匀变速直线运动的相应关系也列于表 4-1 中。

表 4-1　刚体匀变速定轴转动的基本公式

质点匀变速直线运动	刚体匀变速定轴转动
$v = v_0 + at$	$\omega = \omega_0 + \alpha t$
$x = x_0 + v_0 t + \frac{1}{2} at^2$	$\theta = \theta_0 + \omega_0 t + \frac{1}{2} \alpha t^2$
$v^2 = v_0^2 + 2a(x - x_0)$	$\omega^2 = \omega_0^2 + 2\alpha(\theta - \theta_0)$

4. 刚体定轴转时角量与线量之间的关系

当刚体作定轴转动时,刚体上任一点的线速度 $\boldsymbol{v}$ 的方向与角速度 $\boldsymbol{\omega}$ 的方向垂直,则由式(4-2)得线速度 $\boldsymbol{v}$ 与角速度 $\boldsymbol{\omega}$ 之间的大小关系为

$$v = \omega r \tag{4-5}$$

刚体上任一点的切向加速度与角加速度之间的关系为

$$a_t = \frac{dv}{dt} = \frac{d(\omega r)}{dt} = r \frac{d\omega}{dt} = r\alpha \tag{4-6}$$

刚体上任一点的法向加速度与角速度之间的关系为

$$a_n = \frac{v^2}{r} = \frac{r^2 \omega^2}{r} = r\omega^2 \tag{4-7}$$

由此可见,由于刚体作定轴转动时,刚体上的任意一点都作圆周运动,故刚体上任意一点的角量与线量的关系与质点作圆周运动中相应的角量与线量的关系是相同的。

> **感悟·启迪**
>
> 从研究质点的运动到研究刚体的运动,人们对事物的认识总是遵循从简单到复杂,从直观到抽象,从个别到一般的过程。

例 4-1

一刚体以 60 r/min 绕 z 轴作匀速转动($\boldsymbol{\omega}$ 沿 z 轴正方向)。设某时刻刚体上一点 P 的位置矢量为 $\boldsymbol{r} = 3\boldsymbol{i} + 4\boldsymbol{j}$ (SI),求 P 点的线速度。

解　P 点的角速度为

$$\boldsymbol{\omega} = \frac{60 \times 2\pi}{60} \boldsymbol{k} \text{ rad/s} = 2\pi \boldsymbol{k} \text{ rad/s}$$

P 点的线速度为

$$\boldsymbol{v} = \boldsymbol{\omega} \times \boldsymbol{r} = 2\pi \boldsymbol{k} \times (3\boldsymbol{i} + 4\boldsymbol{j}) \text{ m/s} = 6\pi \boldsymbol{j} - 8\pi \boldsymbol{i} \text{ m/s}$$

例 4-2

一条缆索绕过一定滑轮拉动一升降机,如图 4-10 所示。滑轮半径为 $r=0.5$ m,如果升降机从静止开始以加速度 $a=0.4$ m/s² 匀加速上升,求:(1)滑轮的角加速度;(2)开始上升后,$t=5$ s 末滑轮的角速度;(3)在 5 s 内滑轮转过的圈数;(4)开始上升后,$t=1$ s 末滑轮边缘上一点的加速度(假设缆索和滑轮之间不打滑)。

解 (1) 滑轮的角加速度为

$$\alpha = \frac{a_t}{r} = \frac{a}{r} = \frac{0.4}{0.5} \text{ rad/s}^2 = 0.8 \text{ rad/s}^2$$

(2) $t=5$ s 末滑轮的角速度为

$$\omega = \alpha t = 0.8 \times 5 \text{ rad/s} = 4 \text{ rad/s}$$

(3) 5 s 内滑轮转过的角度为

$$\theta = \frac{1}{2}\alpha t^2 = \frac{1}{2} \times 0.8 \times 5^2 \text{ rad} = 10 \text{ rad}$$

在 5 s 内滑轮转过的圈数为

$$n = \frac{\theta}{2\pi} = \frac{10}{2\pi} = 1.6$$

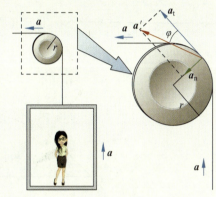

图 4-10 升降机

(4) 如图 4-10 所示,已知 $a_t = a = 0.4$ m/s²,又知 $t=1$ s 末滑轮的角速度为 $\omega = \alpha t = 0.8 \times 1 = 0.8$ rad/s,则 $t=1$ s 末滑轮边缘上一点的法向加速度为

$$a_n = r\omega^2 = 0.5 \times 0.8^2 \text{ m/s}^2 = 0.32 \text{ m/s}^2$$

故 $t=1$ s 末滑轮边缘上一点的加速度大小为

$$a' = \sqrt{a_n^2 + a_t^2} = \sqrt{0.32^2 + 0.4^2} \text{ m/s}^2 = 0.51 \text{ m/s}^2$$

这个加速度的方向与滑轮边缘切线方向的夹角为

$$\varphi = \arctan\frac{a_n}{a_t} = \arctan\frac{0.32}{0.4} = 38.7°$$

思考题

4-1 蹬自行车时,脚踏板相对于地面保持平行,试问自行车脚踏板相对于车身的运动是平动还是转动?

4-2 水平弯道上转弯的火车是在作平动吗?

4.2 刚体定轴转动动力学

4.2.1 力矩

我们打开一扇门,要使它从静止到转动,如果力的作用点在门的转轴上或平行于门的转轴,都不能转动门。这是我们熟知的常识。门是否转动和转动的快慢,不仅与我们所施力的大小和方向有关,还与力的作用点有关。由此可见,外力对刚体转动的影响,不仅与力的大小和方向有关,而且还与力的作用点的位置有关,仅由力的大小也不再能反映出力对刚体的作用效果。为此,引入力矩这个物理量来描述力对刚体转动的影响。力矩可以分为力对点的矩和力对轴的矩。

1. 力对点的矩

力对点的矩是力对物体产生绕某一点转动作用的物理量，等于力作用点的位置矢量和力矢量的矢量积，即

$$\boldsymbol{M}_O = \boldsymbol{r} \times \boldsymbol{F} \tag{4-8}$$

式中，r 为矩心 O 引向力 $\boldsymbol{F}$ 的作用点 A 的矢径。力矩 $\boldsymbol{M}$ 的大小即它的模为

$$|\boldsymbol{M}_O| = |\boldsymbol{r} \times \boldsymbol{F}| = Fr\sin\theta = Fd \tag{4-9}$$

式中，θ 为 $\boldsymbol{r}$ 和 $\boldsymbol{F}$ 正方向间的夹角，$d = r\sin\theta$ 为矩心到力作用线的垂直距离，称为**力臂** (moment arm of force)。力矩的大小也可用 $\triangle OAB$ 面积的 2 倍来表示。力矩 (moment of force) 是矢量，它的方向由右手螺旋定则确定，其方法是：伸出手掌，四指先指向矢径 $\boldsymbol{r}$ 的方向，然后四指沿 $\boldsymbol{r}$ 与 $\boldsymbol{F}$ 的夹角小于 180°的方向转向作用力 $\boldsymbol{F}$ 的方向，则大拇指所指方向就是力矩 $\boldsymbol{M}_O$ 的方向，由此可见，$\boldsymbol{M}_O$ 的方向垂直于由 $\boldsymbol{r}$ 与 $\boldsymbol{F}$ 组成的平面，如图 4-11 所示。

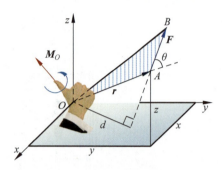

图 4-11 力对点的矩

力矩的国际单位为牛顿·米（N·m），它与能量和功的量纲相同，但是力矩只能用单位牛顿·米，而不用单位焦耳。

在直角坐标系，式(4-8)可写为

$$\boldsymbol{M}_O = \begin{vmatrix} \boldsymbol{i} & \boldsymbol{j} & \boldsymbol{k} \\ x & y & z \\ F_x & F_y & F_z \end{vmatrix}$$
$$= (yF_z - zF_y)\boldsymbol{i} + (zF_x - xF_z)\boldsymbol{j} + (xF_y - yF_x)\boldsymbol{k} \tag{4-10}$$

2. 力对轴的矩

在工程中，经常遇到刚体绕定轴转动的情形，为了度量力使刚体绕定轴转动的效果，有必要了解力对轴的矩的概念。力对轴的矩是力对物体产生绕某一轴转动作用的物理量。如图 4-12 是刚体的一个转动平面，刚体绕通过 O 点且垂直于该平面的 Oz 轴转动，作用力 $\boldsymbol{F}$ 和作用点的矢径 r 都在转动平面内，力 $\boldsymbol{F}$ 与矢径 r 的夹角为 θ。显然，力 $\boldsymbol{F}$ 越大、力的作用点离 Oz 轴越远（即矢径 r 越大），且其夹角 θ 越接近于 90°，力产生的效果就越显著。因此，我们定义作用力 $\boldsymbol{F}$ 对转轴的**力矩**为

$$\boldsymbol{M} = \boldsymbol{r} \times \boldsymbol{F} \tag{4-11}$$

力对轴的矩的大小等于力在垂直于该轴的平面上的分量和此分力作用线到该轴垂直距离的乘积，即

$$M = Fr\sin\theta = Fd \tag{4-12}$$

式中，d 是转轴 Oz 与力的作用线间的垂直距离，仍称为力臂。力对轴的矩的方向仍用右手螺旋定则确定，如图 4-12 所示。

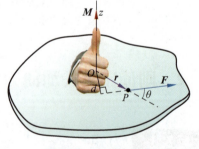

图 4-12 力对轴的矩

刚体作定轴转动时，力矩 $\boldsymbol{M}$ 的方向用正和负表示，如取刚体逆时针转动时 $\boldsymbol{M}$ 的方向为正，则刚体顺时针转动时 $\boldsymbol{M}$ 的方向为负。当刚体同时受到几个力矩作用时，合力矩等于各个力矩的矢量和，即

$$\boldsymbol{M} = \sum_{i=1}^{N} \boldsymbol{r}_i \times \boldsymbol{F}_i = \boldsymbol{r}_1 \times \boldsymbol{F}_1 + \boldsymbol{r}_2 \times \boldsymbol{F}_2 + \cdots + \boldsymbol{r}_N \times \boldsymbol{F}_N = \sum_{i=1}^{N} \boldsymbol{M}_i \tag{4-13}$$

若力 $\boldsymbol{F}$ 不在刚体转动平面内，把力分解为平行和垂直于转轴方向的两个分量，即 $\boldsymbol{F} = \boldsymbol{F}_z + \boldsymbol{F}_{xy}$，如图 4-13 所示，其中 $\boldsymbol{F}_z$ 对转轴的力矩为零，外力在垂直于转动平面方向

的分量与转轴平行，不引起刚体转动状态的变化，故 F 对转轴的力矩为 $M_z\boldsymbol{k}=\boldsymbol{r}\times\boldsymbol{F}_{xy}$。

应当注意的是，由于刚体内部每个质元之间的作用力与反作用力大小相等、方向相反，它们对转轴的力臂也相等，因此这些成对出现的作用力与反作用力对转轴的力矩大小相等、方向相反，刚体内各质点间的相互作用力对转轴的合内力矩为零，如图 4-14 所示。因此，内力不会影响刚体的转动。

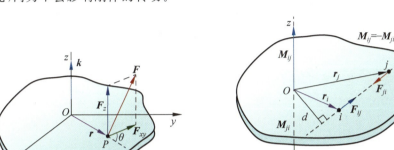

图 4-13　任意力对轴的矩　　　　图 4-14　内力对轴的力矩

> **感悟·启迪**
>
> 力矩反映了力的三要素。力矩这个物理量给我们的启示是：一个人要想成功，除了努力，以及有远大的目标和达到这个目标的雄心壮志外，还要扬长避短，要找准"着力点"。

4.2.2　刚体定轴转动定律

1. 刚体定轴转动第一定律

一个可绕固定轴转动的刚体，当它所受的合外力矩等于零时，它将保持原有的角速度不变。这就是刚体定轴转动第一定律。

2. 刚体定轴转动第二定律

为了研究刚体在力矩作用下的运动，我们可以先将刚体分解为无穷多的质点 Δm_i，然后采用叠加原理进行求和或者通过积分的手段对整个刚体进行研究。这样，我们就可以将研究质点运动的方法应用于刚体力学的研究。

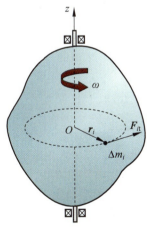

图 4-15　推导转动定律用图

如图 4-15 所示，设刚体绕 Oz 轴转动，则刚体上每个质元都绕 Oz 轴作圆周运动。设第 i 个质元的质量为 Δm_i，位矢为 $\boldsymbol{r}_i$，由于刚体所受的内力对刚体的定轴转动没有贡献，而对于刚体所受的外力矩，除刚体所受外力沿转动平面的切向分量对刚体的转动有贡献外，刚体所受外力在其他方向的分量对刚体的转动无贡献，对转轴的力矩为零，故只考虑质元所受外力的切向分量 $\boldsymbol{F}_{it}$，质元的切向加速度为 $\boldsymbol{a}_{it}$。由牛顿第二定律有

$$\boldsymbol{F}_{it}=(\Delta m_i)\boldsymbol{a}_{it}$$

则力 $\boldsymbol{F}_{it}$ 对 Oz 轴的力矩大小可表示为

$$M_i=r_iF_{it}=(\Delta m_i)r_ia_{it}$$

虽然每一质元的线加速度不同，但它们的角加速度相同，应用角加速度与切向加速度之间的关系 $a_{it}=r_i\alpha$，上式可写成

$$M_i = r_i F_{it} = r_i^2 (\Delta m_i) \alpha$$

如令刚体上所有质元对 Oz 轴所受的合外力矩为 $M = \sum M_i$，则由上式可得

$$M = \sum r_i^2 \Delta m_i \alpha = \alpha \sum r_i^2 \Delta m_i \qquad (4\text{-}14)$$

式中，$\sum r_i^2 \Delta m_i$ 只与刚体的形状、质量分布以及转轴的位置有关，也就是说，它只与绕定轴转动的刚体本身的性质和转轴的位置有关，称为刚体的 **转动惯量**（moment of inertia），用符号 J 表示。转动惯量的单位是千克·米^2，符号为 $\text{kg} \cdot \text{m}^2$，于是，有

$$J = \sum r_i^2 \Delta m_i \qquad (4\text{-}15)$$

若刚体上的质元是连续分布的，则转动惯量为

$$J = \int_v r^2 \, \mathrm{d}m \qquad (4\text{-}16)$$

式中，v 表示对整个刚体积分。所以式（4-14）可改写为

$$M = J\alpha \qquad (4\text{-}17)$$

上式表明，刚体绕固定轴转动时，刚体的角加速度与它所受的合外力矩成正比，与刚体的转动惯量成反比，角加速度的方向与合外力矩的方向相同，这就是 **刚体绕定轴转动的第二定律**，简称 **转动定律**。

4.2.3 转动惯量及计算

由转动定律知，转动惯量是刚体转动时惯性的量度，其量值取决于刚体的质量、质量分布及转轴的位置。准确测量一个刚体的转动惯量有着重要的意义，其在科学实验、工程技术、航天、电力、机械、仪表等工业领域也是一个重要参量。电磁系仪表的指示系统，因线圈的转动惯量不同，可分别用于测量微小电流（检流计）或电荷量（冲击电流计）。在发动机叶片、飞轮、陀螺以及人造卫星的外形设计上，精确地测定转动惯量，也是十分必要的。

对于质量分布均匀、外形不复杂的物体，可以根据它的外形尺寸的质量分布直接利用公式计算出其相对于某一确定转轴的转动惯量。而对于外形复杂和质量分布不均匀的物体，只能通过实验的方法来精确地测定物体的转动惯量。下面计算一些外形规整的刚体的转动惯量。

例 4-3

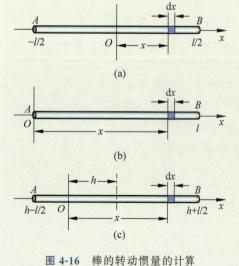

图 4-16 棒的转动惯量的计算

现有一质量为 m、长度为 l 的均匀细棒，分别绕下面三种转轴转动：(1) 转轴通过棒的中心并和棒垂直；(2) 转轴通过棒的一端并和棒垂直；(3) 转轴通过棒上距中心为 h 的一点并和棒垂直。试计算它们的转动惯量。

解 如图 4-16 所示，在棒上离轴 x 处，取一长度元 $\mathrm{d}x$，设棒的质量线密度为 $\lambda = \dfrac{m}{l}$，则长度元的质量为 $\mathrm{d}m = \lambda \mathrm{d}x$。

(1) 根据式（4-16）得，细棒对通过棒的中心并与棒垂直的转轴（图 4-16(a)）的转动惯量为

$$J_1 = \int r^2 \, \mathrm{d}m = \int_{-l/2}^{l/2} \lambda x^2 \, \mathrm{d}x = \frac{1}{12} m l^2$$

(2) 根据式（4-16）得，细棒对通过棒的一端并与棒垂直的转轴（图 4-16(b)）的转动惯量为

$$J_2 = \int r^2 \mathrm{d}m = \int_0^l \lambda x^2 \mathrm{d}x = \frac{1}{3}ml^2$$

（3）根据式(4-16)得，细棒对转轴通过棒上距中心为 h 的一点并与棒垂直的转轴（图 4-16(c)）的转动惯量为

$$J_3 = \int r^2 \mathrm{d}m = \int_{h-l/2}^{h+l/2} \lambda x^2 \mathrm{d}x = \frac{1}{12}ml^2 + mh^2$$

由上面的计算结果可以看出，$J_1 = \frac{1}{12}ml^2$ 是细棒对通过质心转轴的转动惯量，可用 J_C 表示，细棒对通过棒上距中心为 h 的一点并与细棒垂直的转轴的转动惯量为 $J = J_C + mh^2$。此结果表明，**刚体对一定轴的转动惯量，等于该刚体对同此轴平行并通过质心之轴的转动惯量加上该刚体的质量同两轴间距离平方的乘积**，此结论称为**刚体转动的平行轴定理**（parallel axis theorem）。

另外，计算还表明，当杆的转轴位置确定后，杆的转动惯量与杆的质量和杆的长度的平方成正比。由转动定律知，在所受外力矩相同的情况下，刚体的转动惯量越大，它所获得的角加速度越小。因此，在杂技的顶杆表演中（图 4-17），质量越大、长度越长的杆，表演者越容易顶稳，反之越不容易顶稳，因为杆的质量越大、杆越长，当杆偏离平衡位置时，产生的角加速度较小，表演者有时间调节位置，使杆重新回到平衡位置。

图 4-17 高空顶杆杂技

转动惯量

例 4-4

一个质量为 m、半径为 R 的均匀圆盘绕通过圆盘中心并与盘面垂直的轴转动，求其转动惯量。

解 设圆盘的质量面密度为 σ，如图 4-18 所示，在圆盘上取一半径为 r 宽为 $\mathrm{d}r$ 的圆环，此圆环的质量为

$$\mathrm{d}m = 2\pi r \mathrm{d}r \cdot \sigma$$

此圆环的转动惯量为

$$\mathrm{d}J = r^2 \mathrm{d}m = r^2 \cdot 2\pi \sigma r \mathrm{d}r = 2\pi r^3 \sigma \mathrm{d}r$$

积分得

$$J = \int_0^R 2\pi r^3 \sigma \mathrm{d}r = \frac{1}{4} 2\pi R^4 \sigma = \frac{1}{2}mR^2$$

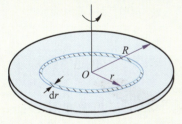

图 4-18 圆盘转动惯量的计算

例 4-5

对于薄板刚体，若建立直角坐标系 $Oxyz$，其中 z 轴与薄板垂直，Oxy 平面在薄板内（见图 4-19）。证明：薄板刚体对 z 轴的转动惯量等于对 x 轴的转动惯量和对 y 轴的转动惯量之和，即

$$J_z = J_x + J_y$$

证明 在薄板上取一质量为 Δm_i 的质元，它到 Oz 轴的距离为 r_i，则它到 Oy 轴和 Ox 轴的距离分别为 x_i 和 y_i。此质元对 z 轴的转动惯量为

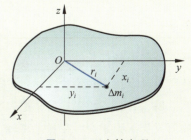

图 4-19 正交轴定理

$$\Delta J_z = \Delta m_i r_i^2$$

则薄板的所有质元对 z 轴的转动惯量为

$$J_z = \sum \Delta J_z = \sum \Delta m_i r_i^2 = \sum \Delta m_i x_i^2 + \sum \Delta m_i y_i^2$$

上式中右边第一项是薄板对 y 轴的转动惯量 J_y，右边第二项是薄板对 x 轴的转动惯量 J_x。故有

$$J_z = J_x + J_y$$

由此可见，对于一个薄板刚体，当刚体的厚度可以忽略时，如取 x 轴和 y 轴都包含于薄板平面内，而 z 轴垂直于薄板，则刚体对 z 轴的转动惯量，等于对 x 轴和 y 轴的转动惯量之和。这一结论称为**刚体转动的垂直轴定理**(perpendicular axis theorem)。

利用刚体转动的平行轴定理和垂直轴定理可为计算刚体的转动惯量带来方便。表 4-2 列出了一些常用刚体的转动惯量。

表 4-2 常用刚体转动惯量

刚体形状	轴的位置	转动惯量	刚体形状	轴的位置	转动惯量	刚体形状	轴的位置	转动惯量
圆环	过圆心与环平面垂直	mR^2	圆筒	沿几何中心	$\frac{1}{2}m(R_1^2 + R_2^2)$	圆柱	沿几何中心	$\frac{1}{2}mR^2$
圆柱	通过中心与柱体垂直	$\frac{1}{4}mR^2 + \frac{1}{12}ml^2$	细棒	过棒的中心	$\frac{1}{12}ml^2$	球体	通过球心	$\frac{2}{5}mR^2$
球壳	通过球心	$\frac{2}{3}mR^2$	圆环	沿圆环直径	$\frac{1}{2}mR^2$	薄板	通过中心与薄板垂直	$\frac{1}{12}m(a^2 + b^2)$

4.2.4 刚体定轴转动定律的应用

例 4-6

一匀质细杆长度为 l，质量为 m，在摩擦因数为 μ 的水平桌面上绕其一端点转动，初始角速度为 ω_0，转动点的摩擦力矩不计。问：细杆转动多少圈才能停下来？

解 杆上各质元均受摩擦力作用，但各质元受的摩擦阻力矩不同，靠近轴的质元受阻力矩小，远离轴的质元受阻力矩大。在杆上离转轴的距离为 r 处取一长度为 $\mathrm{d}r$ 的质元，质元的质量为 $\mathrm{d}m = \lambda \mathrm{d}r$，其中 λ

为杆的质量线密度，$\lambda = \dfrac{m}{l}$，如图 4-20 所示，则质元所受阻力矩为

$$dM = -\mu gr\,dm$$

细杆所受的阻力矩为

$$M = \int dM = -\int_0^l \mu\lambda gr\,dx = -\dfrac{1}{2}\mu mgl$$

由转动定理可得

$$M = -\dfrac{1}{2}\mu mgl = J\alpha = \dfrac{1}{3}ml^2\alpha$$

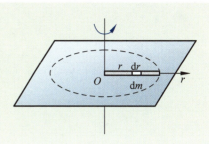

图 4-20 细杆在桌面上转动

得细杆转动的角加速度为

$$\alpha = -\dfrac{3\mu g}{2l}$$

由此可见，细杆是作匀角加速运动。当细杆停止转动时，$\omega = 0$。由匀角加速运动公式 $\omega^2 = \omega_0^2 + 2\alpha(\theta - \theta_0)$，得细杆转动的圈数为

$$n = \dfrac{\theta - \theta_0}{2\pi} = \dfrac{\omega^2 - \omega_0^2}{4\pi\alpha} = \dfrac{\omega_0^2 l}{6\pi\mu g}$$

例 4-7

长度为 l、质量为 m 的均匀细杆竖直立着，下面连有铰链，如图 4-21 所示，开始时杆静止，因处于不稳定平衡状态，在一个极小的扰动作用下，它便会倒下。求当它与竖直线成 60°时的角加速度和角速度。

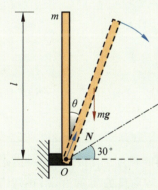

图 4-21 例 4-7 示意图

解 细杆在转动过程中受到两个力的作用，一个为重力 $m\boldsymbol{g}$，作用在细杆的重心，另一个是铰链的约束力 $\boldsymbol{N}$。当细杆转到与铅直方向成 θ 角时，重力对铰链 O 点的力矩大小为 $M = \dfrac{1}{2}mgl\sin\theta$，而约束力 $\boldsymbol{N}$ 总是通过 O 点，故力矩为零。由转动定理，有

$$M = \dfrac{1}{2}mgl\sin\theta = J\alpha$$

式中，$J = \dfrac{1}{3}ml^2$ 为细杆对 O 点的转动惯量，于是细杆绕 O 点转动的角加速度为

$$\alpha = \dfrac{3g}{2l}\sin\theta$$

当细杆转到与竖直线成 60°时的角加速度为

$$\alpha = \dfrac{3g}{2l}\sin 60° = \dfrac{3\sqrt{3}\,g}{4l}$$

由角加速度的定义有

$$\dfrac{d\omega}{dt} = \dfrac{3g}{2l}\sin\theta$$

利用变换 $\dfrac{d\omega}{dt} = \dfrac{d\omega}{d\theta}\dfrac{d\theta}{dt} = \omega\dfrac{d\omega}{d\theta}$，上式变为

$$\omega\,d\omega = \dfrac{3g}{2l}\sin\theta\,d\theta$$

对上式积分，并利用初始条件：$\theta = 0$ 时，$\omega_0 = 0$，末位置时，$\theta = 60° = \dfrac{\pi}{3}$，得

$$\int_0^\omega \omega \, d\omega = \int_0^{\frac{\pi}{3}} \frac{3g\sin\theta}{2l} d\theta$$

积分后化简,可得细杆转到与竖直线成 60°时的角速度为

$$\omega = \sqrt{\frac{3g}{l}(1-\cos 60°)} = \sqrt{\frac{3g}{2l}}$$

例 4-8

用落体观察法可以测定飞轮的转动惯量。如图 4-22 所示,半径为 R 的飞轮可绕 OO' 轴自由转动,将其用一根轻绳在飞轮上缠绕若干圈后,在绳子的一端挂一质量为 m 的重物。令重物从静止开始下落,带动飞轮转动,记下重物下落的距离 h 和时间 t,就可算出飞轮的转动惯量 J。试写出它的计算式。(假设轴承间无摩擦)

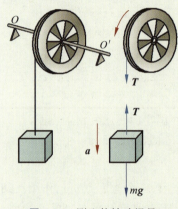

图 4-22 测飞轮转动惯量

解 对重物和飞轮进行受力分析知,重物受到重力 $m\boldsymbol{g}$ 和张力拉力 $\boldsymbol{T}$ 的作用。将重物看成质点,设其向下的加速度为 a。根据已知条件,应用牛顿第二定律和匀加速直线运动公式,得

$$mg - T = ma$$
$$h = at^2/2$$

飞轮受绳子的拉力也为 $\boldsymbol{T}$,对飞轮产生力矩,使飞轮转动,应用转动定律,得

$$TR = J\alpha$$

由于绳是不可伸长的,且绳与滑轮之间无滑动,则有

$$a = R\alpha$$

联立以上方程,求解得飞轮的转动惯量为

$$J = \frac{mR^2(gt^2 - 2h)}{2h}$$

例 4-9

短道速滑是冬季奥运会项目,比赛场地的大小为 30 m×60 m,跑道每圈的长度为 111.12 m。运动员在过弯道时往往要向弯道内侧倾斜身体以保持平衡,如图 4-23 所示。假设运动员的质量为 m,在弯道时的速度为 $v=10$ m/s,转弯的半径为 $R=8.5$ m。求运动员身体与水平地面之间的夹角 θ。

解 对运动员的受力情况分析如图 4-24 所示。运动员受到重力 $m\boldsymbol{g}$、冰面对运动员水平向右的力 F_x 和竖直向上的力 F_y 的作用。将运动员简化为一刚体,则本问题简化为一个刚体在这几个力的作用下的平衡问题。

图 4-23 短道速滑运动

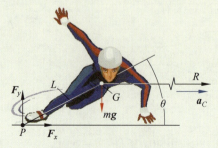

图 4-24 受力分析图

在竖直方向,重力 mg 与对运动员竖直向上的力 F_y 的合力应为零,即
$$F_y - mg = 0$$
在水平方向,冰面对运动员水平向右的力 F_x 使运动员作圆周运动,则有
$$F_x = m\frac{v^2}{R}$$
同时,运动员要保持平衡,他所受的合外力矩应为零。转动点为运动员重心所在位置,则有
$$F_x L\sin\theta - F_y L\cos\theta = 0$$
联立以上方程,求解得到运动员身体与水平地面之间的夹角 θ 为
$$\theta = \arctan\frac{gR}{v^2} = \arctan\frac{9.8\times 8.5}{10^2} = 39.8°$$

思考题

4-3 计算一个刚体对某转轴的转动惯量时,能不能认为它的质量集中于其质心,成为一个质点,然后计算这个质点对该转轴的转动惯量,为什么?试举例说明。

4-4 有人说:"刚体对通过刚体质心的轴的转动惯量总是小于其对不通过质心的轴的转动惯量。"这种说法对吗?

4-5 高空走钢丝是一项很危险的杂技。如图 4-25 所示,演员常常凭借手中拿着一根质量适中的长杆,在高空架设的钢丝上徒步行走。请问这根杆对演员有什么作用?

4-6 有两个空心球,它们的外表相同,质量和体积也相同,一个是铝球,一个是铁球,请设计一个实验,判别哪个是铝球,哪个是铁球?

图 4-25 高空走钢丝

4.3 刚体定轴转动的功和能

4.3.1 力矩的功

如图 4-26 所示,刚体的一个转动平面与其转轴正交于 O 点,F 为在此平面内作用在刚体上 P 点的外力。t 时刻 P 点的位置矢量为 r,$t+\mathrm{d}t$ 时刻 P 点的位置矢量为 $r+\mathrm{d}r$,则位移为 $\mathrm{d}r$。刚体绕转轴转过的角位移为 $\mathrm{d}\theta$,力 F 做的元功为

$$\begin{aligned}\mathrm{d}W &= \boldsymbol{F}\cdot\mathrm{d}\boldsymbol{r} = F\cos\alpha\,|\mathrm{d}\boldsymbol{r}|\\ &= F\cos\left(\frac{\pi}{2}-\varphi\right)r\mathrm{d}\theta\\ &= Fr\sin\varphi\,\mathrm{d}\theta\end{aligned} \tag{4-18}$$

由于 $F\sin\varphi$ 是力 F 沿 $\mathrm{d}r$ 方向的分量,因而垂直于 r 的方向,所以 $rF\sin\varphi$ 就是力对转轴的力矩 M 的大小,因此有

$$\mathrm{d}W = M\mathrm{d}\theta \tag{4-19}$$

即力对转动刚体做的元功等于相应的力矩和角位移的乘积。对于有限的角位移,力矩做

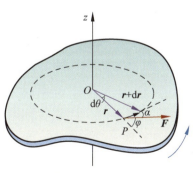

图 4-26 力矩做功

的功为

$$W = \int_{\theta_1}^{\theta_2} M \mathrm{d}\theta \tag{4-20}$$

由此可见，力矩做功是力矩对空间的累积作用。如果力矩的大小和方向不变，则当刚体转动 θ 时，力矩所做的功为

$$W = \int_{\theta_1}^{\theta_2} M \mathrm{d}\theta = M \int_{\theta_1}^{\theta_2} \mathrm{d}\theta = M(\theta_2 - \theta_1) \tag{4-21}$$

即恒力矩对绕定轴转动的刚体所做的功，等于力矩的大小与转过的角度的乘积。

由功率的定义式(3-7)可知，力矩的功率为

$$P = \frac{\mathrm{d}W}{\mathrm{d}t} = M \frac{\mathrm{d}\theta}{\mathrm{d}t} = M\omega \tag{4-22}$$

4.3.2 刚体定轴转动的动能

设刚体以角速度 ω 作定轴转动，取一质元 Δm_i，它距转轴的距离为 r_i，则此质元的速度为 $v_i = \omega r_i$，质元 Δm_i 所具有的动能为

$$E_{ki} = \frac{1}{2} \Delta m_i v_i^2 = \frac{1}{2} \Delta m_i r_i^2 \omega^2$$

则刚体的总动能为

$$E_k = \sum \frac{1}{2} \Delta m_i r_i^2 \omega^2 = \frac{1}{2} \left(\sum \Delta m_i r_i^2 \right) \omega^2 = \frac{1}{2} J \omega^2 \tag{4-23}$$

由此可见，刚体的转动动能是刚体各部分质元的动能之和。

4.3.3 刚体定轴转动的动能定理

前面我们已经知道，在合外力矩 M 的作用下，如果刚体绕定轴转过的角位移为 $\mathrm{d}\theta$，则合外力矩对刚体所做的元功为

$$\mathrm{d}W = M \mathrm{d}\theta$$

由转动定律可知

$$M = J\alpha = J \frac{\mathrm{d}\omega}{\mathrm{d}t}$$

故可得

$$\mathrm{d}W = J \frac{\mathrm{d}\omega}{\mathrm{d}t} \mathrm{d}\theta = J \frac{\mathrm{d}\theta}{\mathrm{d}t} \mathrm{d}\omega = J\omega \mathrm{d}\omega$$

若在 t 时间内，由于合外力矩对刚体做功，使得刚体的角速度从 ω_0 变成 ω，那么合外力矩对刚体所做的功为

$$W = \int \mathrm{d}W = J \int_{\omega_0}^{\omega} \omega \mathrm{d}\omega$$

即

$$W = \frac{1}{2} J \omega^2 - \frac{1}{2} J \omega_0^2 \tag{4-24}$$

上式表明，合外力矩对绕定轴转动的刚体所做的功等于刚体的转动动能的增量，这就是刚体定轴转动的动能定理。

4.3.4 刚体的重力势能

如果一个刚体处在重力场中，也可引入重力势能对其进行描述。设有一个刚体，总质量为 m。建立如图 4-27 所示的直角坐标系，在刚体上选取一质量为 Δm_i 的质元，质元到势能零点的高度为 h_i，则质元的重力势能为

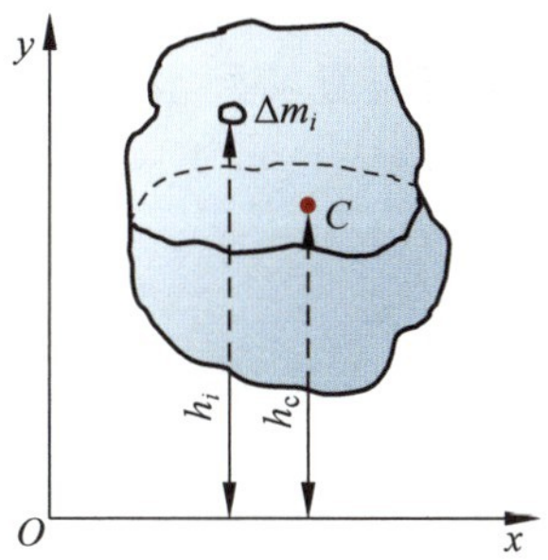

$$\Delta E_{pi} = \Delta m_i g h_i$$

对于一个外形不是很高大的刚体，它的重力势能是组成刚体的所有质元的重力势能之和，即

$$E_p = \sum \Delta m_i g h_i = g \sum \Delta m_i h_i$$
$$= mg \frac{\sum \Delta m_i h_i}{m} = mgh_c \tag{4-25}$$

图 4-27 刚体势能

其中，$h_c = \dfrac{\sum \Delta m_i h_i}{m}$ 是刚体的质心高度。这一结果表明，一个外形不是很高大的刚体的重力势能与它的质量集中在质心时所具有的重力势能一样。

若刚体在转动过程中，只有重力力矩对刚体做功，则刚体在重力场中的机械能守恒，即

$$E = \frac{1}{2}J\omega^2 + mgh_c = C$$

其中，C 为恒量。

例 4-10

电动机带动一个转动惯量为 $J = 50 \text{ kg} \cdot \text{m}^2$ 的系统由静止开始转动，在 0.5 s 时达到 120 r/min 的转速。假定在这一过程中转速是均匀增加的，求电动机对转动系统施加的力矩和所做的功。

解 已知 $\omega_0 = 0, t = 0.5 \text{ s}$ 时，$\omega = 120 \text{ r/min} = 4\pi \text{ rad/s}$，则可得角加速度为

$$\alpha = \frac{\omega - \omega_0}{t} = \frac{4\pi - 0}{0.5} \text{ rad/s}^2 = 8\pi \text{ rad/s}^2$$

所以，电动机对转动系统施加的力矩为

$$M = J\alpha = 50 \times 8\pi \text{ N} \cdot \text{m} = 400\pi \text{ N} \cdot \text{m} \approx 1.26 \times 10^3 \text{ N} \cdot \text{m}$$

由转动动能定理得

$$W = \frac{1}{2}J\omega^2 - \frac{1}{2}J\omega_0^2 = \left(\frac{1}{2} \times 50 \times (4\pi)^2 - 0\right) \text{ J} = 3.94 \times 10^3 \text{ J}$$

例 4-11

螺旋桨在发动机的驱动下，以 $1\,200 \text{ r/min}$ 的转速作匀速转动，所受的阻力矩为 $8\,000 \text{ N} \cdot \text{m}$。为了保持螺旋桨正常运转，求发动机克服此阻力矩所需提供的功率。

解 欲保持螺旋桨的正常运转，发动机应提供与阻力矩相等的动力矩 $8\,000 \text{ N} \cdot \text{m}$，以克服螺旋桨所受的阻力矩，故由题设可知，所需功率为

$$P = M\omega = 8\,000 \times \frac{2\pi \times 1\,200}{60} \text{ W} \approx 1\,005 \text{ kW}$$

例 4-12

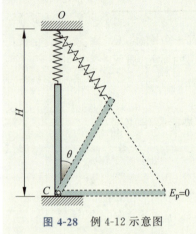

图 4-28 例 4-12 示意图

如图 4-28 所示，一轻弹簧与一长为 $l=1$ m 的匀质细杆相连，弹簧的劲度系数 $k=40$ N/m，细杆的质量为 $m=3$ kg，O 点与 C 点的距离为 $H=1.5$ m。杆可绕 C 点无摩擦转动。若当 $\theta=0°$ 时弹簧为原长，那么细杆在 $\theta=0°$ 的位置上至少具有多大的角速度才能转到水平位置？

解 取弹簧、杆、地为系统，由题意知杆从竖直位置转到水平位置的过程中，系统机械能守恒，所以有

$$\frac{1}{2}k\left[\sqrt{H^2+l^2}-(H-l)\right]^2 = mg\cdot\frac{1}{2}\times l + \frac{1}{2}\left(\frac{1}{3}ml^2\right)\omega^2$$

解得

$$\omega = \frac{1}{l}\sqrt{\frac{3[k(\sqrt{H^2+l^2}+l-H)^2 - mgl]}{m}}$$

代入已知数据得

$$\omega = 6.18 \text{ rad/s}$$

思考题

4-7 刚体作定轴转动时，它的动能的增量只取决于外力对它做的功，而与内力的作用无关，对于非刚体也有这样的规律吗？为什么？

4-8 手扶拖拉机是一种小型拖拉机，它结构简单、功率较小，适用于小块耕地的作业。它需由驾驶员扶着扶手架控制操纵机构，牵引或驱动配套农机具进行作业，如图 4-29 所示。世界上第一台手扶拖拉机是由美国人在 1904 年制造的。到 1920 年前后，在欧美一些国家已开始用手扶拖拉机从事菜园、果园、苗圃及小块农田的作业，所以当时它也被称为园圃拖拉机。手扶拖拉机的发动机是单缸四冲程发动机，我们常在发动机外看到一个大大的飞轮，这个飞轮有什么作用？

图 4-29 手扶拖拉机

4.4 刚体定轴转动的角动量

在讨论质点的运动时，我们用动量来描述机械运动的状态，并讨论了在机械运动过程中所遵循的动量守恒定律。然而，在讨论质点相对于空间某一定点的运动时，只用动量描述就不够了，因为质点的运动除与质点的质量和速度有关外，还与选定的参考点到质点的位矢有关。为此引入一个新的物理量，称为角动量，来描述物体的运动状态。角动量是一个很重要的概念，在转动问题中，它所起的作用和质点力学中的（线）动量所起的作用类似。

在研究力对质点的作用时，考虑力对时间的累积作用引出动量定理，从而得到动量守恒定律；考虑力对空间的累积作用时，引出动能定理，从而得到机械能守恒定律和能量守恒定律。在 4.3 节我们已讨论了力矩对空间的累积作用，得出刚体的转动动能定理，本节将讨论力矩对时间的累积作用，得出角动量定理和角动量守恒定律，在这之前先讨论质点对给定点的角动量。

4.4.1 质点的角动量

当质点或质点系绕某一定点或轴线运动时,用动量描述它们的运动不方便,为此引入**角动量**(angular momentum)的概念。定义质点 m 在某时刻对某一定点的位矢 r 和质点在该时刻的动量 p 的矢积,叫作质点在该时刻对该定点的角动量 L,即

$$L = r \times p = r \times mv \qquad (4\text{-}26)$$

角动量 L 是一矢量,它的方向垂直于由 r 和 v 组成的平面,并遵从右手螺旋定则,如图 4-30 所示。它的单位为千克·米²/秒,符号为 $kg \cdot m^2/s$。角动量 L 的大小为

$$L = mvr\sin\theta \qquad (4\text{-}27)$$

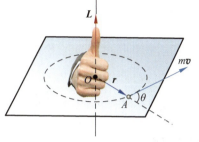

图 4-30 刚体的角动量

从角动量的定义可以看出,同一质点对不同定点的角动量不同;只要是描述质点相对于某点的运动,无论质点是作曲线运动还是作直线运动,都可以引入角动量。

例 4-13

由于地球的直径比地球到太阳的距离小得多,因此在研究地球绕太阳的公转时可将地球看成一个质点。已知地球的质量 $M = 5.97 \times 10^{24}$ kg,地球到太阳的距离为 $r = 1.5 \times 10^{11}$ m,地球绕太阳公转一周所需要的时间为 365 天 6 小时 9 分 10 秒。试计算地球绕太阳公转的角动量大小。

解 由已知条件可计算,地球绕太阳公转一周所需要的时间为 $t = 3.156 \times 10^7$ s,则地球绕太阳公转的速度为

$$v = \frac{2\pi r}{t} = \frac{2\pi \times 1.5 \times 10^{11}}{3.156 \times 10^7} \text{ m/s} \approx 2.98 \times 10^4 \text{ m/s}$$

则得地球绕太阳公转的角动量大小为

$$L = mvr = 5.97 \times 10^{24} \times 2.98 \times 10^4 \times 1.5 \times 10^{11} \text{ kg} \cdot \text{m}^2/\text{s} = 2.67 \times 10^{40} \text{ kg} \cdot \text{m}^2/\text{s}$$

4.4.2 刚体对定轴的角动量

当刚体以角速度 ω 绕定轴转动时,刚体上每个质点都以相同的角速度绕定轴转动,质点 m_i 对转轴的角动量为 $L_i = m_i v_i r_i = m_i r_i^2 \omega$,于是刚体上所有质点对转轴的角动量,即刚体的角动量为

$$L = \sum m_i r_i^2 \omega = \left(\sum m_i r_i^2\right) \omega$$

引入转动惯量,则刚体的角动量可写成

$$L = J\omega \qquad (4\text{-}28)$$

表示成矢量形式为

$$\boldsymbol{L} = J\boldsymbol{\omega} \qquad (4\text{-}29)$$

上式表明,角动量的方向与角速度的方向一致,与转轴平行,如图 4-31 所示。

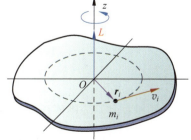

图 4-31 质点的角动量

例 4-14

若将地球看成一个质量分布均匀的球体,试计算地球自转时的角动量大小。已知地球的质量 $M = 5.97 \times 10^{24}$ kg,地球的半径为 $R = 6.378 \times 10^6$ m,地球的自转周期 T 为 23 小时 56 分 4 秒。

解 由已知条件得地球的自转周期 $T = 8.6164 \times 10^4$ s,则地球自转的角动量大小为

$$L = J\omega = \frac{2}{5}MR^2 \times \frac{2\pi}{T}$$

$$= \frac{2}{5} \times 5.97 \times 10^{24} \times (6.378 \times 10^6)^2 \times \frac{2\pi}{8.6164 \times 10^4} \text{ kg} \cdot \text{m}^2/\text{s}$$

$$= 7.1 \times 10^{33} \text{ kg} \cdot \text{m}^2/\text{s}$$

卫星观测到的地球自转的角动量为 5.9×10^{33} kg·m²/s。

4.4.3 刚体定轴转动的角动量定理

力对时间的累积作用是使质点的动量发生变化,那么力矩对时间的累积作用会对定轴转动的刚体产生什么效果呢?为研究这个问题,我们先将式(4-28)对时间求导得

$$\frac{dL}{dt} = \frac{d(J\omega)}{dt}$$

利用刚体定轴转动的转动定律,又可得

$$M = \frac{dL}{dt} \tag{4-30}$$

表示成矢量式为

$$\boldsymbol{M} = \frac{d\boldsymbol{L}}{dt} \tag{4-31}$$

即刚体定轴转动时,作用于刚体的合外力矩等于刚体绕此轴转动的角动量随时间的变化率。上式的结论对于质点相对一点的运动也是成立的,我们可把质点看成刚体的特例,即最简单和最特殊的刚体。因为由式(4-26)对时间求导可得

$$\frac{d\boldsymbol{L}}{dt} = \frac{d}{dt}(\boldsymbol{r} \times m\boldsymbol{v}) = \boldsymbol{r} \times \frac{d(m\boldsymbol{v})}{dt} + \frac{d\boldsymbol{r}}{dt} \times m\boldsymbol{v} = \boldsymbol{r} \times \boldsymbol{F} + \boldsymbol{v} \times m\boldsymbol{v}$$

由矢积性质 $\boldsymbol{v} \times m\boldsymbol{v} = 0$,上式变为

$$\frac{d\boldsymbol{L}}{dt} = \boldsymbol{r} \times \boldsymbol{F} = \boldsymbol{M}$$

这与式(4-31)是完全相同的。所以,质点对固定点的角动量对时间的导数,等于作用于该质点上的力对该点的力矩。

将式(4-31)变形得

$$\boldsymbol{M} dt = d\boldsymbol{L}$$

积分得

$$\int_{t_0}^{t} \boldsymbol{M} dt = \int_{\boldsymbol{L}_0}^{\boldsymbol{L}} d\boldsymbol{L} = \boldsymbol{L} - \boldsymbol{L}_0 = J\boldsymbol{\omega} - J_0\boldsymbol{\omega}_0 \tag{4-32}$$

式中,$\boldsymbol{L}_0$ 和 $\boldsymbol{L}$ 分别为刚体在时刻 t_0 和 t 的角动量;$\int_{t_0}^{t} \boldsymbol{M} dt$ 称为刚体在时间间隔 $t-t_0$ 内所受的**冲量矩**(moment of impulse)。上式表明,**作用在刚体上的冲量矩等于刚体角动量的增量,这就是刚体的角动量定理**。此结论对于非定轴转动和质点来说也是成立的。对于刚体的定轴转动,刚体所受力矩和角动量的方向可用正负表示,此时上面的矢量表

示也可写为标量形式,即

$$\int_{t_0}^{t} M \mathrm{d}t = \int_{L_0}^{L} \mathrm{d}L = L - L_0 = J\omega - J_0\omega_0 \tag{4-33}$$

4.4.4 角动量守恒定律及应用

若刚体所受的合外力矩为零,即 $M=0$,则由式(4-32)得

$$J\bm{\omega} = \bm{C} \tag{4-34}$$

其中,C 为恒矢量。上式表明,刚体(质点系)绕一固定点或一定轴运动时,当刚体(质点系)所受的合外力矩为零,或者不受合外力矩的作用,则刚体(质点系)的角动量保持不变。这个结论叫作角动量守恒定律。

角动量守恒定律是自然界的一个基本定律。它不仅适用于宏观物质,也适用于微观粒子;不仅适用于低速运动的物体,也适用于高速运动的物体。

应当注意的是,角动量是矢量,刚体的角动量守恒是指角动量的大小和方向都不变。选择不同的参考点,角动量也不同。质点对某固定点的角动量守恒,对其他固定点的角动量可能不守恒。例如,对图 4-32 中作圆锥摆的小球作受力分析,小球受到的合力 F 的方向指向 C 点,相对于 C 点,小球所受的合力矩总是为零,而相对于 O 点小球所受的合力矩不为零,因此,小球相对于 C 点的角动量守恒,而小球相对于 O 点的角动量不守恒。

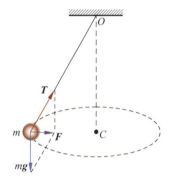

图 4-32 圆锥摆

刚体绕定轴转动时,如果转动惯量不变,由于角动量为恒量,则角速度为恒量,即刚体作匀速转动;刚体绕定轴转动时,如果转动惯量可以改变,由于角动量为恒量,此时,刚体的角速度随转动惯量的变化而变化,但二者的乘积不变。因此,当转动惯量变大时,角速度变小;当转动惯量变小时,角速度变大。

图 4-33 是演示角动量守恒的一个实验。演示时,一个人坐在一张可以自由旋转的凳子上,两手各握一个很重的哑铃。当他平举双臂时,在别人的帮助下,使人和凳子获得一定的角速度,如图 4-33(a)所示。然后此人在旋转过程中并拢双臂,由于这时没有外力矩的作用,凳子和人的角动量保持不变,但并拢双臂时,转动惯量减小了,导致角速度增大,也就是说,并拢双臂时比平举双臂时转得要快些(图 4-33(b))。图 4-34 也是一个演示角动量守恒的实验。一个人坐在凳子上,手握一车轮,当人用力推车轮转动时,则人坐在凳子中向相反的方向转动。

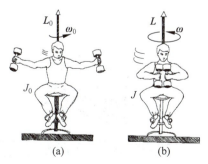

图 4-33 茹科夫基转椅

图 4-34 车轮与转椅的反向旋转

角动量守恒 1

角动量守恒 2

在日常生活中,利用角动量守恒定律的例子还有很多。例如,舞蹈演员与滑冰运动员作旋转动作时,先将两臂与腿伸开,绕通过足尖的竖直轴以一定的角速度旋转,然后将两臂与腿迅速收拢,由于转动惯量减小而使旋转明显加快,如图4-35所示;又如,跳水运动员在空中翻筋斗时将两臂伸直,并以某一角速度离开跳板,在空中时,运动员将臂和腿尽量卷缩起来,以减小他对横贯腰部的转轴的转动惯量,由于角动量守恒,使角速度增大,以便在空中迅速翻转。当快接近水面时,再伸直臂和腿以增大转动惯量,减小角速度,以利于平稳入水,如图4-36所示。

图 4-35 滑冰运动员减小转动惯量快速旋转

图 4-36 运动员跳水

任何骑过自行车的人都知道,当自行车以适当的速度运动时,更易保持自行车的平衡而不倾倒,这是为什么呢?原来,自行车在运动时,由于车轮的转动,轮子就具有一定的角动量,要改变其角动量,必须要对自行车施加外力矩,否则自行车轮的角动量将保持不变,这种不变不但是大小不变,而且方向也不变,因此,在不受外力矩作用时,自行车将保持原来的方向行进,不易倾倒。而当自行车静止时,车轮的角动量为零,更易改变车轮的方向,自行车就更容易倾倒。

按结构形式进行分类,直升机可以分成单旋翼直升机、纵列式双旋翼直升机、横列式双旋翼直升机、共轴式双旋翼直升机等。如图4-37所示,尾桨式单旋翼直升机除有一副旋翼外,它的尾部还有一尾桨,尾桨有什么作用呢?如果没有这个尾桨,当安装在直升机上方的旋翼转动时,根据角动量守恒定律,它必然引起机身反向旋转,以维持总的角动量为零。为了稳定机身,通常在直升机的尾部侧向安装一个小的辅助旋桨,称为尾桨,它能提供一个附加的水平力,其力矩可抵消旋翼给机身的反作用力矩,从而起到调节机身的平衡,改变尾翼螺旋桨的转速,控制直升机转弯的作用。

如图4-38所示,纵列式双旋翼直升机机身前后各有一个旋翼塔座,两副旋翼分别安装在两个塔座上,两副旋翼完全相同,但旋转方向相反,其目的是使飞机在飞行过程中机身不打旋,以保证飞机的平稳飞行。对于横列式双旋翼直升机和共轴式双旋翼直升机,为保持机身平稳的物理学原理与纵列式双旋翼直升机的物理学原理相同。

图 4-37 尾桨式单旋翼直升机

图 4-38 纵列式双旋翼直升机

至此,我们已学习了质点运动学、质点动力学和刚体定轴转动的重要的基本内容。为了便于对刚体运动规律的理解和掌握,下面我们把质点运动与刚体定轴转动的一些重要物理量、公式、定理和定律进行类比,如表 4-3 所示。

表 4-3　质点运动与刚体定轴转动比较

	质点运动		刚体定轴转动
位置矢量	$\boldsymbol{r}$	角位置	θ
位移	$\Delta \boldsymbol{r} = \boldsymbol{r}_2 - \boldsymbol{r}_1$	角位移	$\Delta\theta = \theta_2 - \theta_1$
速度	$\boldsymbol{v} = \dfrac{d\boldsymbol{r}}{dt}$	角速度	$\omega = \dfrac{d\theta}{dt}$
加速度	$\boldsymbol{a} = \dfrac{d\boldsymbol{v}}{dt} = \dfrac{d^2\boldsymbol{r}}{dt^2}$	角加速度	$\alpha = \dfrac{d\omega}{dt} = \dfrac{d^2\theta}{dt^2}$
力	$\boldsymbol{F}$	力矩	$\boldsymbol{M} = \boldsymbol{r} \times \boldsymbol{F}$
质量	m	转动惯量	$J = \int r^2 dm$
动量	$\boldsymbol{P} = m\boldsymbol{v}$	角动量	$\boldsymbol{L} = J\boldsymbol{\omega}$
牛顿第二定律	$\boldsymbol{F} = \dfrac{d\boldsymbol{P}}{dt} = m\boldsymbol{a}$	转动定律	$\boldsymbol{M} = \dfrac{d\boldsymbol{L}}{dt} = J\boldsymbol{\alpha}$
动量定理	$\int \boldsymbol{F} dt = m\boldsymbol{v} - m\boldsymbol{v}_0$	角动量定理	$\int \boldsymbol{M} dt = J\boldsymbol{\omega} - J\boldsymbol{\omega}_0$
动量守恒定律	$\boldsymbol{F} = 0, m\boldsymbol{v} = 恒量$	角动量守恒定律	$\boldsymbol{M} = 0, J\boldsymbol{\omega} = 恒量$
动能	$E_k = \dfrac{1}{2}mv^2$	转动动能	$E_k = \dfrac{1}{2}J\omega^2$
功	$dW = \boldsymbol{F} \cdot d\boldsymbol{r}$	力矩的功	$dW = \boldsymbol{M} \cdot d\boldsymbol{\theta}$
动能定理	$W = \dfrac{1}{2}mv^2 - \dfrac{1}{2}mv_0^2$	转动动能定理	$W = \dfrac{1}{2}J\omega^2 - \dfrac{1}{2}J\omega_0^2$

例 4-15

一个星球的质量是太阳质量的 2 倍,其半径与太阳半径相同,它绕通过球心的轴的旋转周期是 30 d。如果此星球坍缩成一半径为 30 km 的中子星,它的旋转周期是多少? 已知太阳质量为 $M_\odot = 2.0 \times 10^{30}$ kg,半径为 6.95×10^5 km。

解　设星球的质量为 M,坍缩前半径为 R_1,坍缩后半径为 R_2,坍缩前的旋转周期为 T_1,坍缩后的旋转周期为 T_2。由于星球坍缩前后不受外力矩的作用,故坍缩过程中角动量守恒,有

$$\frac{2}{5}MR_1^2 \cdot \frac{2\pi}{T_1} = \frac{2}{5}MR_2^2 \cdot \frac{2\pi}{T_2}$$

故有

$$T_2 = \left(\frac{R_2}{R_1}\right)^2 T_1 = \left(\frac{30}{6.95 \times 10^5}\right)^2 \times 30 \times 24 \times 3\,600 \text{ s} = 4.83 \times 10^{-3} \text{ s}$$

例 4-16

如图 4-39 所示,一长度为 l、质量为 M 的杆可绕支点 O 自由转动。一质量为 m、速度为 v 的子弹射入距支点为 a 的杆内。若杆的偏转角为 30°,问子弹的初速为多少?

解 把子弹和杆看作一个系统,系统所受的力有重力和轴对杆的约束力。在子弹射入杆的极短时间内,重力和约束力均通过 O 点,因而它们对 O 点的力矩均为零,系统的角动量守恒,于是有

$$mva = \left(\frac{1}{3}Ml^2 + ma^2\right)\omega$$

子弹射入杆内,在摆动过程中只有重力做功,故以子弹、杆和地球为系统,系统的机械能守恒。于是有

$$\frac{1}{2}\left(\frac{1}{3}Ml^2 + ma^2\right)\omega^2 = mga(1-\cos30°) + Mg\frac{1}{2}l(1-\cos30°)$$

解上述方程,得

$$v = \frac{1}{ma}\sqrt{\frac{g}{6}(2-\sqrt{3})(Ml+2ma)(Ml^2+3ma^2)}$$

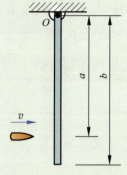

图 4-39 例 4-16 示意图

例 4-17

如图 4-40 所示,一个高为 h、底面半径为 R 的正圆锥绕其竖直轴转动,圆锥表面有一条从锥顶到锥底的光滑细直槽,圆锥起初以角速度 ω_0 转动。一个质量为 m 的小珠在槽的顶端被释放,在重力作用下滑下,假设小珠只能在槽中运动,圆锥绕轴的转动惯量为 J,求:(1)小珠到达底部时圆锥的角速度;(2)小珠刚离开圆锥时相对于实验室参考系的速度。

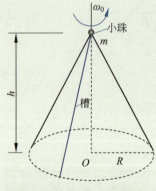

图 4-40 例 4-17 示意图

解 (1)设小珠到达圆锥底部时圆锥的角速度为 ω,由系统(包括圆锥和小球)对固定转轴的角动量守恒,有

$$(J+mR^2)\omega = J\omega_0$$

解得

$$\omega = \frac{J\omega_0}{J+mR^2} \quad (\text{Ⅰ})$$

(2)设小珠到达圆锥底部,也就是小珠刚离开圆锥时在实验室参考系中的速率为 v,由系统在此参考系中机械能守恒得

$$\frac{1}{2}mv^2 + \frac{1}{2}J\omega^2 = \frac{1}{2}J\omega_0^2 + mgh \quad (\text{Ⅱ})$$

联立式(Ⅰ)和式(Ⅱ)得

$$v = \sqrt{\frac{J\omega_0^2(2JR^2+mR^4)}{(J+mR^2)^2} + 2gh}$$

知识拓展

对称性与守恒定律

美是探求理论物理学中重要结果的一个指导原则。
——H. 邦迪(H. Bondi,1919—2005)

多年来,物理学们一直在寻找隐藏在纷繁表象下的自然法则。他们认为,自然法则应该是完美对称和唯一的。

对称性普遍存在于宇宙之中,例如,正六边形具有六角对称,一个平面圆形具有轴对称,人体具有左右对称,人的左手和右手具有镜像对称等。如果一个操作能使某体系从一个状态变换到另一个

与之等价的状态,即体系的状态在此操作下保持不变,则该体系对这一操作对称,这一操作称为该体系的一个对称操作。如周期性变化的体系(单摆、弹簧振子)对周期 T 及其整数倍的时间平移变换对称;牛顿第二定律具有时间反演对称性。如果对某物理定律的表达方式作某种操作,而不引起任何差别,定律的任何效果在此操作下保持不变,则称该物理定律对这一操作对称,这一操作称为该定律的一个对称操作。

诺特(Emmy Noether,1882—1935,德国)定理指出,如果运动定律在某一变换下具有不变性,必然相应地存在一条守恒定律。例如,运动定律的空间平移对称性导致动量守恒定律,时间平移对称性导致能量守恒定律,空间旋转对称性(空间各向同性)导致角动量守恒定律,空间反演对称性导致宇称守恒。在现代物理学及统一场论中,对称和守恒已经成为物理学家们探索自然奥秘的重要方法。

思考题

4-9 两个半径相同的轮子,质量相同,但一个轮子的质量主要集中在边缘附近,另一个轮子的质量分布比较均匀。试问:

(1) 如果作用在它们上面的外力矩相同,哪个轮子转动的角加速度较大?

(2) 如果它们的角动量相同,哪个轮子转得快?

(3) 如果它们的角速度相同,哪个轮子的角动量大?

4-10 试问:(1)一个质点的动量等于零,其角动量是否一定等于零?(2)一个质点的角动量等于零,其动量是否一定等于零?

4-11 一个系统的动量守恒和角动量守恒的条件有何不同?

4-12 一个系统相对于某惯性系原点的角动量守恒,该系统的动量是否一定守恒?

4-13 如图 4-41 所示,圆柱形桶内装有厚薄均匀的冰,绕圆桶中心的轴线以一定的角速度转动,不受任何力矩作用,若冰熔解为水,圆桶的角速度怎样变化?

4-14 体重相同的甲乙两人,分别用双手握住跨过无摩擦滑轮的绳子两端,当他们由同一高度向上爬时,相对于绳子,甲的速度比乙的快,甲能比乙先到达顶点吗?为什么?

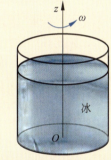

图 4-41 思考题 4-13 示意图

习题

4-1 半径为 20 cm 的主动轮,通过皮带拖动半径为 50 cm 的被动轮转动,皮带与轮之间无相对滑动,主动轮从静止开始作匀角加速度转动,在 4 s 内被动轮的角速度达到 8π rad/s,则主动轮在这段时间内转过了_____圈。

4-2 绕定轴转动的飞轮均匀地减速,$t=0$ 时角速度为 $\omega_0=5$ rad/s,$t=20$ s 时角速度为 $\omega=0.8\omega_0$,则飞轮的角加速度 $\alpha=$_____,从 $t=0$ 到 $t=100$ s 时间内飞轮所转过的角度 $\theta=$_____。

4-3 转动惯量是物体_____量度,决定刚体的转动惯量的因素有_____。

4-4 如图 4-42 所示,在距轻杆的一端 O 为 b 和 $3b$ 处各系质量为 $2m$ 和 m 的小球,轻杆可绕 O 点转动,则系统的转动惯量为_____。

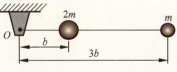

图 4-42 习题 4-4 用图

4-5 一个哑铃由两个质量为 m,半径为 R 的铁球和一根长度为 l 的连杆组成,如图 4-43 所示。和铁球的质量相比,连杆的质量可以忽略不计。此哑铃对通过连杆中心并和它垂直的轴 AA' 的转动惯量为_____。

4-6 一个质量为 m、半径为 R 的均质薄圆盘,绕如图 4-44 所示的轴转动,其转动惯量为_____。

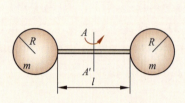

图 4-43 习题 4-5 用图

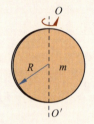

图 4-44 习题 4-6 用图

4-7 一飞轮以 600 r/min 的转速旋转,转动惯量为 2.5 kg·m²,现加一恒定的制动力矩使飞轮在 1 s 内停止转动,则该恒定制动力矩的大小 $M=$_____。

4-8 半径为 0.2 m,质量为 1 kg 的匀质圆盘,可绕通过圆心且垂直于盘的轴转动。现有一变力 $F=5t$(SI)沿切线方向作用在圆盘边缘上,如果圆盘最初处于静止状态,那么它在 3 s 末的角加速度为_____,角速度为_____。

4-9 以下说法错误的是[　　]。

　　A. 角速度大的物体,受的合外力矩不一定大

　　B. 有角加速度的物体,所受合外力矩不可能为零

　　C. 有角加速度的物体,所受合外力一定不为零

　　D. 作定轴(轴过质心)转动的物体,无论角加速度多大,所受合外力一定为零

4-10 现有 7 个质量都为 m、半径都为 r 的硬币,排成如图 4-45 所示的形状,则 7 个硬币组成的系统对通过 O 点垂直于纸面的轴的转动惯量为[　　]。

　　A. $\dfrac{7}{2}mr^2$　　　　　　　　B. $\dfrac{13}{2}mr^2$

　　C. $\dfrac{29}{2}mr^2$　　　　　　　D. $\dfrac{55}{2}mr^2$

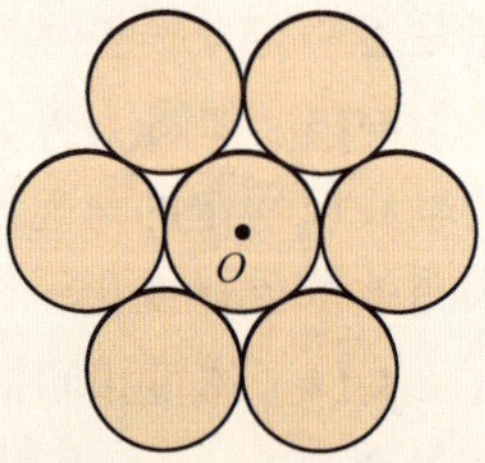

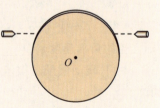

图 4-45 习题 4-10 用图

4-11 一物体绕光滑固定轴自由转动,则它受热膨胀时[　　]。

　　A. 角速度不变　　　　　　　B. 角速度变小

　　C. 角速度变大　　　　　　　D. 无法判断角速度如何变化

4-12 一轻绳绕在有水平轴的定滑轮上,滑轮的转动惯量为 J,绳下端挂一物体。物体所受重力为 P,滑轮的角加速度为 α。若将物体去掉而以与 P 相等的力直接向下拉绳子,滑轮的角加速度 α 将[　　]。

　　A. 不变　　　B. 变小　　　C. 变大　　　D. 如何变化无法判断

4-13 一圆盘正绕垂直于盘面的水平光滑固定轴 O 转动,突然射来两个质量相同、速度的大小相同而方向相反,并在同一条直线上的子弹,如图 4-46 所示。子弹射入并且停留在圆盘内,则在子弹射入圆盘的瞬间的角速度 ω 与子弹射入前的角速度 ω_0 相比,圆盘的角速度 ω[　　]。

　　A. 增大　　　　　　　　　　B. 不变

　　C. 减小　　　　　　　　　　D. 不能确定

图 4-46 习题 4-13 用图

4-14 如图 4-47 所示,有一个小的块状物体,置于一个光滑水平桌面上。有一绳其一端连接此物体,另一端穿过中心的小孔。该物体原以角速度 ω 在距孔为 r 的圆周上转动,今将绳从小孔缓慢往下拉,则物体[ ]。

    A. 角速度减小,角动量增大,动量改变

    B. 角速度不变,动能不变,动量不变

    C. 角速度增大,角动量增大,动量不变

    D. 角速度增大,动能增加,角动量不变

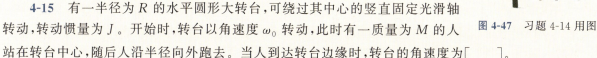

图 4-47 习题 4-14 用图

4-15 有一半径为 R 的水平圆形大转台,可绕过其中心的竖直固定光滑轴转动,转动惯量为 J。开始时,转台以角速度 ω_0 转动,此时有一质量为 M 的人站在转台中心,随后人沿半径向外跑去。当人到达转台边缘时,转台的角速度为[ ]。

    A. $\dfrac{J\omega_0}{J+MR^2}$ B. $\dfrac{J\omega_0}{(J+M)R^2}$ C. $\dfrac{J\omega_0}{MR^2}$ D. ω_0

4-16 一力学系统由两个质点组成,它们之间只有引力作用,若两质点所受外力的矢量和为零,则此系统[ ]。

    A. 动量、机械能、角动量均守恒

    B. 动量、机械能守恒,角动量不守恒

    C. 动量守恒,但机械能和角动量是否守恒不能断定

    D. 动量、角动量守恒,但机械能是否守恒不能断定

4-17 一细棒长度为 L,总质量为 M,其线质量密度随长度的变化关系为 $\lambda(x)=\dfrac{2M}{L^2}x$,试求:(1)细棒质心的位置;(2)棒对过 $x=0$ 且垂直于细棒的转轴的转动惯量。

4-18 一质量为 1.0 kg 的质点,沿 $\boldsymbol{r}=(2t^2-1)\boldsymbol{i}+(t^3+1)\boldsymbol{j}+3\boldsymbol{k}$ 作曲线运动,其中 t 的单位为 s,r 的单位为 m,求在 $t=1.0$ s 时质点对原点的角动量和作用在其上的力矩。

4-19 一质量为 $m=2$ kg 的质点,由静止开始作半径 $R=5$ m 的圆周运动,其相对圆心的角动量随时间的变化关系为 $L=3t^2$(SI)。求:(1)质点受到的相对于圆心的力矩 M;(2)质点运动角速度随时间的变化关系。

4-20 一质量为 $m=6.0$ kg、长度为 $l=1.0$ m 的匀质棒,放在水平桌面上,可绕通过其中心的竖直固定轴转动,且对轴的转动惯量为 $J=ml^2/12$。$t=0$ 时棒的角速度为 $\omega_0=10.0$ rad/s。由于受到恒定的阻力矩的作用,$t=20$ s 时,棒停止运动。求:(1)棒的角加速度大小;(2)棒所受的阻力矩大小;(3)从 $t=0$ 到 $t=10$ s 时间内棒转过的角度。

4-21 一球体绕通过球心的竖直轴旋转,转动惯量为 $J=5\times10^{-2}$ kg·m²。从某一时刻开始,有一个力作用在球体上,使球按规律 $\theta=2+2t-t^2$(SI)旋转,则从力开始作用到球体停止转动的时间为多少?在这段时间内作用在球上的外力矩的大小为多少?

4-22 设电风扇的功率不变恒为 P,叶片受到的空气阻力矩与叶片旋转的角速度 ω 成正比,比例系数为 k,并已知叶片转子的总转动惯量为 J。试求:(1)原来静止的电风扇通电 t 秒后的角速度;(2)电风扇稳定转动时的转速为多大?(3)电风扇以稳定转速旋转时,断开电源后风叶还能继续转过多少角度?

4-23 物体 A 和 B 叠放在水平桌面上,由跨过定滑轮的轻质细绳相互连接,如图 4-48 所示。今用大小为 F 的水平力拉 A。设 A、B 和滑轮的质量都为 m,滑轮的半径为 R,对轴的转动惯量为 $J=\dfrac{1}{2}mR^2$。A 和 B 之间、A 与桌面之间、滑轮与其轴之间的摩擦都可以忽略不计,绳与滑轮之间无相对的滑动且绳不可伸长。已知 $F=10$ N,$m=8.0$ kg,$R=0.050$ m。求:(1)滑轮的角加速度;(2)物体 A 与滑轮之间的绳中的张力;(3)物体 B 与滑轮之间的绳中的张力。

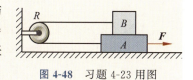

图 4-48 习题 4-23 用图

4-24 一个半径为 R、质量为 m 的硬币,竖直地放置在粗糙的水平桌面上。开始时其处于静止状态,而后受到轻微扰动而倒下。求硬币平面与桌面碰撞一瞬间(即硬币平面在水平位置)质心的速度大小。

4-25 两个人分别在一根质量为 m 的均匀棒的两端将棒抬起,并使其保持静止,今其中一人突然撒手,求在刚撒开手的瞬间,另一个人对棒的支持力 f。

4-26 两个匀质圆盘,一大一小,同轴地黏结在一起,构成一个组合轮。小圆盘的半径为 r,质量为 m;大圆盘的半径为 $r'=2r$,质量为 $m'=2m$。组合轮可绕通过其中心且垂直于盘面的光滑水平固定轴 O 转动,对 O 轴的转动惯量为 $J=9mr^2/2$。两圆盘边缘上分别绕有轻质细绳,细绳下端各悬挂质量为 m 的物体 A 和 B,如图 4-49 所示。现让这一系统从静止开始运动,绳与盘无相对滑动,且绳的长度不变。已知 $r=10$ cm。求:(1)组合轮的角加速度;(2)当物体 A 上升 $h=40$ cm 时,组合轮的角速度。

4-27 如图 4-50 所示,质量为 m_1 和 m_2 的两个物体跨在定滑轮上,m_2 放在光滑的桌面上,滑轮半径为 R,质量为 M。求 m_1 下落的加速度和绳子的张力 T_1、T_2。

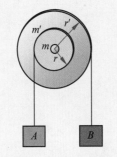
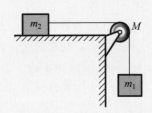

图 4-49 习题 4-26 用图   图 4-50 习题 4-27 用图

4-28 半径为 R,质量为 m 的匀质圆盘,放在粗糙桌面上。盘可绕竖直中心轴在桌面上转动,盘与桌面间的摩擦因数为 μ,初始时角速度为 ω_0,问经过多长时间后,盘将停止转动?摩擦阻力共做多少功?

4-29 如图 4-51 所示,两飞轮 A 和 B 的轴杆在同一中心线上,设两轮的转动惯量分别为 $J_A=10$ kg·m^2 和 $J_B=20$ kg·m^2,开始时,A 轮的转速为 600 r/min,B 轮静止,C 为摩擦啮合器,其转动惯量可忽略不计,A、B 分别与 C 的左、右两个组件相连,当 C 的左右组件啮合时,B 轮加速而 A 轮减速,直到两轮的转速相等为止。设轴光滑,求:(1)两轮啮合后的转速 n;(2)两轮各自所受的冲量矩。

4-30 一水平的匀质圆盘,可绕通过盘心的铅直光滑固定轴自由转动,圆盘质量为 M,半径为 R,对轴的转动惯量 $J=mR^2/2$,当圆盘以角速度 ω_0 转动时,有一质量为 m 的子弹沿盘的直径方向射入而嵌在盘的边缘上,子弹射入后,圆盘的角速度为多少?

4-31 如图 4-52 所示,一质量 M、半径为 R 的圆柱,可绕固定的水平轴 O 自由转动。今有一质量 m,速度为 v_0 的子弹,水平射入静止的圆柱下部(近似看作在圆柱边缘),且停留在圆柱内(v_0 垂直于转轴)。求:(1)子弹与圆柱的角速度;(2)该系统损失的机械能。

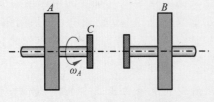
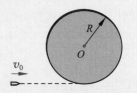

图 4-51 习题 4-29 用图   图 4-52 习题 4-31 用图

4-32 一水平圆盘绕通过圆心的竖直轴转动,角速度为 ω_1,转动惯量为 J_1,在其上方还有一以角速度 ω_2,绕同一竖直轴转动的圆盘,该圆盘的转动惯量为 J_2,两圆盘的平面平行,圆心都在竖直轴上,上盘的底面有销钉,如使上盘落下,销钉嵌入下盘,两盘将合成一体。求:(1)两盘合成一体后系统的角速

度 ω 的大小；(2)上盘落下后，两盘的总动能改变了多少？

4-33 如图 4-53 所示，一均匀细棒长度为 L，质量为 m，可绕经过端点的 O 轴在铅直平面内转动，现将棒自水平位置轻轻放开，当棒摆至竖直位置时棒的一端恰与一质量也为 m 的静止物块相碰，物块被击后滑动距离 s 后停止。已知物块与地面的滑动摩擦因数为 μ，求相撞后棒的质心离地面的最大高度。

4-34 长度为 l、质量为 M 的匀质杆可绕通过杆一端 O 的水平光滑固定轴转动，转动惯量为 $J=Ml^2/3$，开始时杆竖直下垂，如图 4-54 所示。有一质量为 m 的子弹以水平速度 $\boldsymbol{v}_0$ 射入杆上 A 点，并嵌在杆中，$OA=2l/3$。求子弹射入的瞬间杆的角速度 ω。

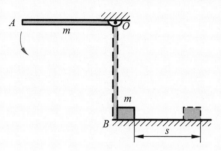

图 4-53 习题 4-33 用图

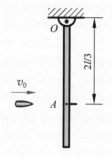

图 4-54 习题 4-34 用图

4-35 如图 4-55 所示，一质量为 m 的黏土块从高度 h 处自由下落，粘于半径为 R，质量为 $M=2m$ 的均质圆盘的 P 点，此时圆盘开始转动。已知 $\theta=60°$，设转轴 O 光滑，求：(1)碰撞后的瞬间盘的角速度 ω_0；(2)P 转到 x 轴时，盘的角速度 ω 和角加速度 α。

4-36 应用角动量守恒定律证明关于行星运动的开普勒第二定律，即行星对恒星的径矢在相等的时间内扫过相等的面积。

4-37 设现在太阳的质量为 M_0，地球的圆轨道半径为 R_0，公转的角速度为 ω_0。太阳经过一年的辐射，质量损耗为 $\Delta M(\Delta M \ll M_0)$，地球的轨道仍近似为圆，试求一年后地球的轨道半径 R 和公转的角速度 ω（答案中不可包含题中未给出的物理量）。

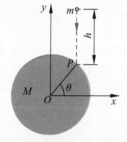

图 4-55 习题 4-35 用图

第 2 篇

机械振动和机械波

振动是自然界中常见的一种运动形式,它寓于物理学的各个领域之中,在自然界、生产技术和日常生活中到处都存在着振动。如微风中树枝的摇曳,飘动的红旗,海浪的起伏,人体心脏的跳动,钟摆的摆动,各种乐器中弦线、簧片或膜的发声等都属于振动。

海浪的波动

从广义上说,振动是指描述系统状态的参量(如位移、电压)在其平衡位置上下交替变化的过程。狭义的振动是指机械振动,即力学系统中的振动。交流电路和收音机的天线上,电荷作往复的流动;在微波炉的炉腔内,电场与磁场的周期性变化,常称电磁振荡。因此,振动又称为振荡。

振动理论在科学研究及工程技术中有很多应用。它是机械原理、建筑力学、电工学、无线电技术、波动学、光学、原子物理学等不可缺少的基础。特别是 20 世纪 60 年代以来非线性振动中出现的混沌现象,使人们对整个自然界的演变规律又前进了一大步。

波动在生活中常用来比喻不安定或起伏不定,如情绪波动、股市的波动等。但在物理学中,波动是一种物质运动形式,它是振动在空间中的传播。如绳上的波、空气中的声波、水面波等,这些波都是机械振动在弹性介质中的传播,称为机械波。此外,无线电波、光波也是一种波动,这种波是变化的电场和变化的磁场在空间的传播,称为电磁波。

在本篇中,我们将讨论机械振动和机械波的基本规律,它是讨论电磁振荡和电磁波的基础。

名人名言

当你面临着夭折的可能性,你就会意识到,生命是宝贵的,你有大量的事情要做。

——霍金(英国)

生命的多少用时间计算,生命的价值用贡献计算。

——裴多菲(匈牙利)

科学成就是由一点一滴积累起来的,唯有长期的积聚才能由点滴汇成大海。

——华罗庚(中国)

在科学上没有平坦的大道,只有不畏劳苦沿着陡峭的山路攀登的人,才有希望达到光辉的顶点。

——马克思(德国)

第 5 章

机械振动

机械振动是一种特殊形式的运动。在这种运动过程中,物体在某一位置附近作往复的周期性运动,它是所有振动中最直观的一种振动形式。由于各种振动遵守相似的规律,因此机械振动的规律,对其他形式的振动也是适用的。

机械振动理论在日常生活、科学研究与工程技术中有广泛的应用,如:乐器的发声、减振与隔振、如何防止系统产生共振等。应用振动原理而工作的机器数不胜数,如:振动给料机、振动输送机、振动离心脱水机、振动压路机、振动夯土机等。

本章主要讨论简谐振动和振动的合成,并简要介绍阻尼振动、受迫振动和共振现象。

5.1 简谐振动的描述

5.1.1 简谐振动

物体在受到大小与偏离平衡位置的位移大小成正比,方向总是指向平衡位置的回复力作用时,物体的运动叫作**简谐振动**(simple harmonic vibration)。或者说,物体的运动参量,随时间按正弦或余弦规律变化的运动,叫作简谐振动。

简谐振动是一种最简单、最基本的振动。多个简谐振动的合成就会得到一个复杂的振动。例如,图 5-1 中曲线 c 表示的较复杂的振动,就可看成是曲线 a 和曲线 b 表示的两个简谐振动的合成;反过来说,一个复杂的周期振动,通过傅里叶级数展开,可分解成一系列简谐振动的叠加,这个过程称为频谱分析或谐波分析。因此,研究简谐振动是研究和处理复杂振动的基础。

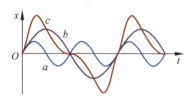

图 5-1 振动合成

5.1.2 简谐运动的动力学方程

将轻弹簧(质量可以忽略不计)的一端固定,另一端固结一个可以自由运动的物体(可近似看作质点),若该系统在振动过程中,弹簧的形变较小(即弹簧作用于物体的力总是满足胡克定律),那么,这样的弹簧和物体组成的振动系统称为弹簧振子。

图 5-2 是一个放置在水平光滑面上的一个弹簧振子。在弹簧处于自然长度(弹簧处于既未伸长也未压缩的状态)时,质量为 m 的物体所受的合力 $\boldsymbol{F}=0$,因此物体处于平衡状态,此时物体所在的位置就是平衡位置。此位置以 O 表示,并取作坐标原点。

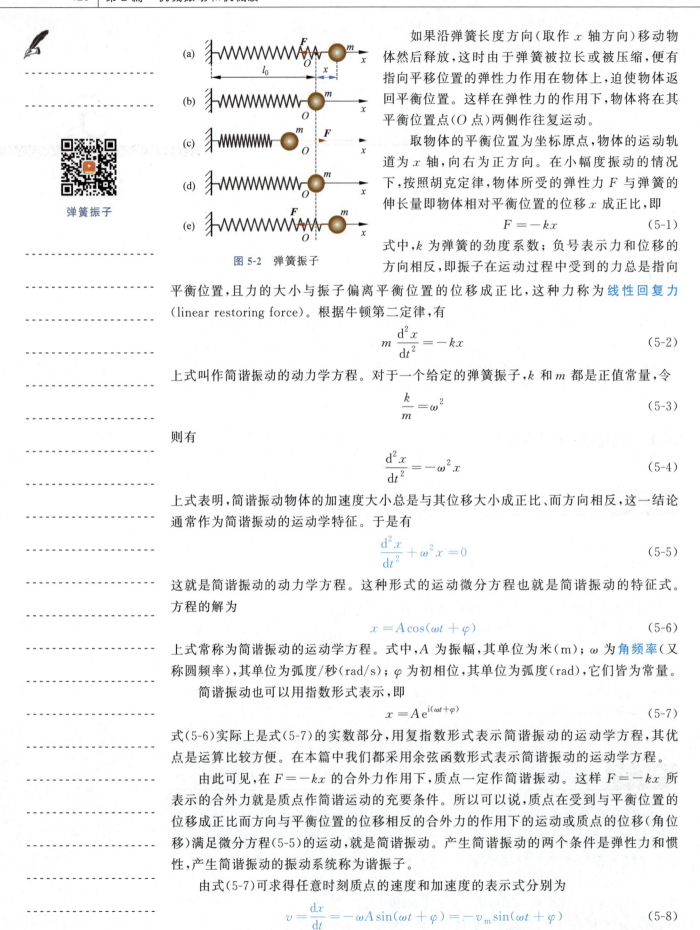

图 5-2 弹簧振子

如果沿弹簧长度方向(取作 x 轴方向)移动物体然后释放,这时由于弹簧被拉长或被压缩,便有指向平移位置的弹性力作用在物体上,迫使物体返回平衡位置。这样在弹性力的作用下,物体将在其平衡位置点(O 点)两侧作往复运动。

取物体的平衡位置为坐标原点,物体的运动轨道为 x 轴,向右为正方向。在小幅度振动的情况下,按照胡克定律,物体所受的弹性力 F 与弹簧的伸长量即物体相对平衡位置的位移 x 成正比,即

$$F = -kx \tag{5-1}$$

式中,k 为弹簧的劲度系数;负号表示力和位移的方向相反,即振子在运动过程中受到的力总是指向平衡位置,且力的大小与振子偏离平衡位置的位移成正比,这种力称为 线性回复力 (linear restoring force)。根据牛顿第二定律,有

$$m\frac{d^2 x}{dt^2} = -kx \tag{5-2}$$

上式叫作简谐振动的动力学方程。对于一个给定的弹簧振子,k 和 m 都是正值常量,令

$$\frac{k}{m} = \omega^2 \tag{5-3}$$

则有

$$\frac{d^2 x}{dt^2} = -\omega^2 x \tag{5-4}$$

上式表明,简谐振动物体的加速度大小总是与其位移大小成正比、而方向相反,这一结论通常作为简谐振动的运动学特征。于是有

$$\frac{d^2 x}{dt^2} + \omega^2 x = 0 \tag{5-5}$$

这就是简谐振动的动力学方程。这种形式的运动微分方程也就是简谐振动的特征式。方程的解为

$$x = A\cos(\omega t + \varphi) \tag{5-6}$$

上式常称为简谐振动的运动学方程。式中,A 为振幅,其单位为米(m);ω 为 角频率(又称圆频率),其单位为弧度/秒(rad/s);φ 为初相位,其单位为弧度(rad),它们皆为常量。

简谐振动也可以用指数形式表示,即

$$x = A e^{i(\omega t + \varphi)} \tag{5-7}$$

式(5-6)实际上是式(5-7)的实数部分,用复指数形式表示简谐振动的运动学方程,其优点是运算比较方便。在本篇中我们都采用余弦函数形式表示简谐振动的运动学方程。

由此可见,在 $F = -kx$ 的合外力作用下,质点一定作简谐振动。这样 $F = -kx$ 所表示的合外力就是质点作简谐运动的充要条件。所以可以说,质点在受到与平衡位置的位移成正比而方向与平衡位置的位移相反的合外力的作用下的运动或质点的位移(角位移)满足微分方程(5-5)的运动,就是简谐振动。产生简谐振动的两个条件是弹性力和惯性,产生简谐振动的振动系统称为谐振子。

由式(5-7)可求得任意时刻质点的速度和加速度的表示式分别为

$$v = \frac{dx}{dt} = -\omega A \sin(\omega t + \varphi) = -v_m \sin(\omega t + \varphi) \tag{5-8}$$

$$a = \frac{d^2 x}{dt^2} = -\omega^2 A\cos(\omega t + \varphi) = -a_m \cos(\omega t + \varphi) = -\omega^2 x \tag{5-9}$$

式中，$v_m = \omega A$ 和 $a_m = \omega^2 A$ 分别称为速度最大值和加速度最大值。由式(5-6)、式(5-8)和式(5-9)，可分别作出如图 5-3 所示的 x-t、v-t 和 a-t 图。由图可见，物体作简谐振动时，其速度和加速度也随时间产生周期性的变化。

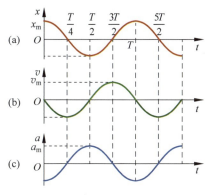

图 5-3　简谐振动图像($\varphi = 0$)

5.1.3　描述简谐运动的物理量

1. 振幅

在简谐振动方程 $x = A\cos(\omega t + \varphi)$ 中，因 $\cos(\omega t + \varphi)$ 的值介于 $+1$ 和 -1 之间，所以物体的位移在 $+A$ 和 $-A$ 之间，我们把简谐振动物体离开平衡位置的最大位移的绝对值 A，称为振幅(amplitude)。

2. 周期和频率

在图 5-2 中，物体从 B 点出发，经 C 点又重新回到 B 点，即物体又重新回到原来的状态，则称振动物体完成了一次全振动。振动物体完成一次全振动所花的时间称为振动的周期(period)。由余弦函数的周期性，可得周期为

$$T = \frac{2\pi}{\omega} \tag{5-10}$$

对于弹簧振子，$\omega = \sqrt{\dfrac{k}{m}}$，所以弹簧振子的周期为

$$T = 2\pi\sqrt{\frac{m}{k}} \tag{5-11}$$

单位时间内物体完成全振动的次数称为振动的频率(frequency)，常用 ν 表示，它的单位是赫兹，符号是 Hz。显然，周期与频率之间的关系为

$$\nu = \frac{1}{T} = \frac{\omega}{2\pi} \tag{5-12}$$

由此可知，

$$\omega = 2\pi\nu \tag{5-13}$$

即 ω 等于物体在单位时间内完成的全振动次数的 2π 倍。

由前文可知，简谐振动的角频率 ω 是由系统的力学性质决定的，而弹簧振子的质量 m 和劲度系数 k 是其本身固有的性质，所以周期和频率完全决定于振动系统本身的性质，故 ω 又称为固有(本征)角频率。由此确定的振动周期称为固有(本征)周期。

3. 相位和初相位

简谐振动的振幅确定了振动的范围,频率或周期则反映了振动的快慢。不过,仅有参量 A 和 ω 还不能确切告诉我们振动系统在任意时刻的运动状态。简谐振动表达式 $x=A\cos(\omega t+\varphi)$ 和任意时刻振子的速度表达式 $v=-\omega A\sin(\omega t+\varphi)$ 表明,只有在 A、ω 和 φ 都确定时,系统的振动状态才是完全确定的,即 $\omega t+\varphi$ 决定振动物体在任意时刻 t 的运动状态(指位置和速度)。我们把能确定系统任意时刻振动状态的物理量 $\varphi'=\omega t+\varphi$ 称为简谐振动的**相位**(phase),旧称位相。"相"是"相貌"的意思,即相位决定了谐振动的"相貌"。显然,φ 是 $t=0$ 时的相位,称为**初相位**,简称**初相**,它是决定初始时刻物体运动状态的物理量。

可见,在 t_1、t_2 时刻,振动的相位不同,系统的振动状态就不相同(即不同的相位表示不同的状态)。反之,系统的一个确定的振动状态必与一个确定的振动相位相对应。

由于振子作往复运动,凡是位移和速度都相同的运动状态,它们所对应的相位差为 2π 或 2π 的整数倍。由此可见,相位反映了振动的周期性特点,是描述运动状态的重要物理量。

相位这一概念的重要性还体现在用它可比较两个谐振动在"步调"上的差异。设有两个同频率的谐振动,它们的振动表达式分别为

$$x_1=A_1\cos(\omega t+\varphi_1) \tag{5-14}$$
$$x_2=A_2\cos(\omega t+\varphi_2) \tag{5-15}$$

则它们的**相位差**(phase difference)为

$$\Delta\varphi=(\omega t+\varphi_2)-(\omega t+\varphi_1)=\varphi_2-\varphi_1 \tag{5-16}$$

即同频率的谐振动在任意时刻的相位差都等于它们的初相位差。

若相位差 $\Delta\varphi=0$ 或 2π 的整数倍,即 $\Delta\varphi=\pm 2k\pi(k=0,1,2,\cdots)$,则称两振动**同相**(in-phase),即两振动的步调相同,如图 5-4 所示。

若 $\Delta\varphi=\pi$ 或 π 的奇数倍,即 $\Delta\varphi=\pm(2k+1)\pi(k=0,1,2,\cdots)$,则称两振动**反相**(antiphase),即两振动的步调完全相反,如图 5-5 所示。

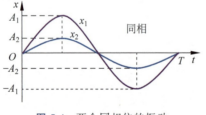

图 5-4 两个同相位的振动

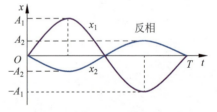

图 5-5 两个反相位的振动

当 $\Delta\varphi$ 为其他值时,分两种情况进行讨论:①若 $\Delta\varphi=\varphi_2-\varphi_1>0$,$x_2$ 将先于 x_1 到达各自的同方向极大值,则称 x_2 振动超前 x_1 振动 $\Delta\varphi$,或称 x_1 振动落后于 x_2 振动 $\Delta\varphi$;②若 $\Delta\varphi=\varphi_2-\varphi_1<0$,则称 x_1 振动超前 x_2 振动 $|\Delta\varphi|$。在这种说法中,由于相位差的周期是 2π,所以我们把 $|\Delta\varphi|$ 的值限定在 π 以内。例如:当 $\Delta\varphi=\dfrac{3\pi}{2}$ 时,通常不说 x_2 振动超前 x_1 振动 $\dfrac{3\pi}{2}$,而改写成 $\Delta\varphi=\dfrac{3\pi}{2}-2\pi=-\dfrac{\pi}{2}$,而说 x_2 振动落后 x_1 振动 $\dfrac{\pi}{2}$,或说 x_1 振动超前 x_2 振动 $\dfrac{\pi}{2}$,如图 5-6 所示。

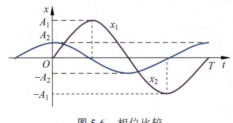

图 5-6 相位比较

相位不但可以用来比较简谐振动相同的

物理量变化的步调,也可以比较不同物理量变化的步调。速度的相位比位移的相位超前 $\frac{\pi}{2}$,加速度的相位比位移的相位超前 π,或者说落后 π,也就是两者是反相的。速度的相位比加速度的相位落后 $\frac{\pi}{2}$。

5.1.4 振幅和初相位的确定

简谐振动的频率、周期和角频率由振动系统本身确定。要确定一个简谐振动,还要确定其振幅和初相位。那么,在角频率 ω 确定的情况下,如何确定简谐振动的振幅和初相位?

设 $t=0$ 时,振动物体相对平衡位置的位移为 x_0,速度为 v_0,则由式(5-6)和式(5-8)得

$$x_0 = A\cos\varphi$$
$$v_0 = -A\omega\sin\varphi$$

由此两式可得 A、φ 的解分别为

$$A = \sqrt{x_0^2 + \frac{v_0^2}{\omega^2}} \qquad (5\text{-}17)$$

$$\tan\varphi = -\frac{v_0}{\omega x_0} \qquad (5\text{-}18)$$

根据式(5-18)计算的初相位 φ 一般在 $-\pi$ 和 π 之间有两个值,要最终确定是哪一个值,还要根据初始速度 v_0 的正负确定。

例 5-1

若一个简谐振动在 $t=0$ 时,$x_0 = -\frac{A}{2}$,且振动物体向 x 轴负方向运动,求此简谐振动的初相位。

解 因 $t=0$ 时,$x_0 = -\frac{A}{2}$,由简谐振动的运动学方程 $x = A\cos(\omega t + \varphi)$ 可得 $-\frac{A}{2} = A\cos\varphi$,所以

$$\varphi = \frac{2\pi}{3}, \frac{4\pi}{3}$$

又由于 $t=0$,振动物体向 x 轴负方向运动,即 $v<0$。由 $v = -\omega A\sin(\omega t + \varphi) = -\omega A\sin\varphi < 0$,推知振动物体的初相位应为 $\varphi = \frac{2\pi}{3}$。

例 5-2

如图 5-7 所示,不可伸长的轻绳一端固定在 A 点,另一端与可视为质点的摆球相连。由这种结构组成的振动系统,称为单摆。若将小球稍微拉离平衡位置后释放,小球就可以竖直平面内来回作小角度($\theta \leqslant 5°$)摆动。设轻绳的长度为 l,小球的质量为 m,忽略摆动过程中的一切阻力,试求单摆小角度振动的周期。

单摆

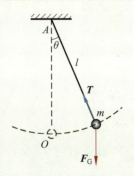
图 5-7 单摆

解 以摆球为研究对象,当轻绳竖直时,摆球在其平衡位置 O 处。当轻绳偏离竖直方向 θ 角时(此处的 θ 很小,又称为角位移),摆球受到的力如图 5-7 所示。若假定沿逆时针方向为正方向,则重力的切向分力 $mg\sin\theta$ 与 θ 的变化反向,有

$$F_t = -mg\sin\theta$$

当角位移 θ 很小时，有 $\sin\theta \approx \theta$，所以得

$$F_t = -mg\theta$$

此时回复力与角位移成正比而且方向相反。

由于轻绳长度为 l，则摆球的切向加速度为

$$a_t = \frac{d^2 s}{dt^2} = \frac{d^2(l\theta)}{dt^2} = l\frac{d^2\theta}{dt^2}$$

根据牛顿运动定律得

$$ml\frac{d^2\theta}{dt^2} = -mg\theta$$

将上式化简得

$$\frac{d^2\theta}{dt^2} + \frac{g}{l}\theta = 0$$

令 $\omega^2 = \frac{g}{l}$，则有

$$\frac{d^2\theta}{dt^2} + \omega^2\theta = 0 \tag{Ⅰ}$$

这一方程和式(5-5)有相同的形式，所以，在角位移很小的情况下，单摆的振动是简谐运动。其周期为

$$T = \frac{2\pi}{\omega} = 2\pi\sqrt{\frac{l}{g}} \tag{Ⅱ}$$

单摆的振动周期完全决定于振动系统本身的性质，即取决于重力加速度 g 和摆长 l，而与摆球的质量无关。单摆为测量重力加速度 g 提供了一种简便方法。

通过求解式(Ⅰ)，可得单摆的振动表达式为

$$\theta = \theta_m \cos(\omega t + \varphi)$$

式中，θ_m 是最大角位移，即角振幅；φ 是初相位，它们均由初始条件决定。

在单摆中，物体所受的恢复力不是弹性力，而是重力的切向分力。在 θ 很小时，此力与角位移 θ 成正比，方向指向平衡位置。虽然该力本质上不是弹性力，但其作用效果完全和弹性力一样，所以是一种准弹性力。

知识拓展

复　摆

复摆是一刚体绕固定的水平轴在重力的作用下作微小摆动的动力运动体系。如图5-8所示，设质心 C 在竖直位置时为平衡位置，质心 C 至轴心 O 的距离 h 为摆长，在任一时刻 t，质心与轴心的连线 OC 偏离平衡位置的夹角为 θ，若规定偏离平衡位置沿逆时针方向转过的角位移为正，则这时复摆受到对于 O 轴的力矩为

$$M = -mgh\sin\theta$$

其中，负号表示力矩 M 的转向与角位移 θ 的转向相反。在角位移 θ 很小时，$\sin\theta \approx \theta$，则

$$M = -mgh\theta$$

设复摆对 O 轴的转动惯量为 J，根据转动定律得

$$J\frac{d^2\theta}{dt^2} = -mgh\theta$$

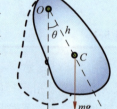

图 5-8　复摆

复摆

变形得
$$\frac{d^2\theta}{dt^2} = -\frac{mgh}{J}\theta = -\omega^2\theta$$

与式(5-5)相比较可知,复摆在摆角很小时也在其平衡位置附近作简谐振动,其周期为
$$T = \frac{2\pi}{\omega} = 2\pi\sqrt{\frac{J}{mgh}}$$

上式表明,复摆的周期也完全决定于振动系统本身的性质。由复摆的振动周期公式可知,如果测出摆的质量、质心到转轴的距离以及摆的周期,就可以求得此物体绕该轴的转动惯量。有些形状复杂的物体的转动惯量,难以用数学方法进行计算,但可用振动方法测定。

例 5-3

匀质柱形木块浮在水面上,水中部分深度为 h,如图 5-9 所示。今使木块沿竖直方向振动且其顶部不会浸入水中,底部不会浮出水面,不计水的运动,略去木块振动过程中所受阻力,试求振动周期 T。

解 引入相应参量,建立 y 轴,如图 5-10 所示。设木块的底面积为 S,木块在水面外的高度为 h',木块的密度为 ρ_1,水的密度为 ρ_2,由于在平衡位置水的浮力等于木块的重力,则有
$$\rho_1 S(h+h')g = \rho_2 Shg \qquad (\text{I})$$

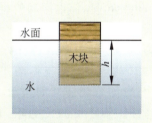
图 5-9 例 5-3 示意图(一)

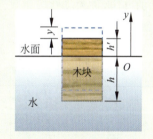
图 5-10 例 5-3 示意图(二)

当木块向上移动一段位移 y 时(图 5-10 中虚线位置),有
$$F = \rho_2 S(h-y)g - \rho_1 S(h+h')g = -\rho_2 Syg \qquad (\text{II})$$
$$F = \rho_1 S(h+h')\frac{d^2 y}{dt^2} \qquad (\text{III})$$

联立式(I)~式(III)得
$$\frac{d^2 y}{dt^2} + \frac{g}{h}y = 0$$

由此可知,木块的运动是简谐振动。令
$$\omega = \sqrt{\frac{g}{h}}$$

则得木块的振动周期为
$$T = \frac{2\pi}{\omega} = 2\pi\sqrt{\frac{h}{g}}$$

思考题

5-1 机械振动与简谐振动有什么区别与联系?如何判断一个物体是否作简谐振动?

5-2 试说明下列运动是不是简谐振动:

(1) 小球在地面上作完全弹性的上下跳动；

(2) 小球在半径很大的光滑凹球面底部作小幅度的摆动。

5-3 简谐振动的初相位是否一定指它开始振动时刻的相位？

5-4 一个古庙里悬挂着一根细长的绳子，在没有米尺只有钟表的条件下，你能测出细绳的长度吗？

5-5 假设沿地球的直径方向钻一个洞，质量为 m 的小球在地球表面从静止开始落入洞中，试问小球将作怎样的运动？

5.2 简谐振动的旋转矢量表示法

在研究简谐运动时，常采用一种较为直观的几何方法，即旋转矢量表示法，又称振幅矢量法。

如图 5-11 所示，从坐标原点 O（平衡位置）画一矢量 A，令 $t=0$ 时 A 与 x 轴的夹角为 φ，然后使 A 以角速度 ω 在竖直面内绕 O 点沿逆时针方向作匀速转动，这个矢量称为旋转矢量。经过时间 t，旋转矢量 A 转过的角度为 ωt，此时 A 与 x 轴之间的夹角变为 $(\omega t+\varphi)$。矢量 A 的末端 M 在 x 轴上的投影点为 P，其位移是 $x=A\cos(\omega t+\varphi)$，这正是简谐振动的表示式。这种用一个作匀速转动的矢量在某一直径上的投影表示简谐振动的方法，称为旋转矢量表示法。

简谐振动的矢量图示

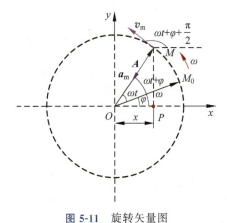

图 5-11 旋转矢量图

由此可见，简谐振动的旋转矢量表示法把描述简谐振动的三个特征量非常直观地表示出来。作匀速转动的矢量 A，其端点 M 在 x 轴上的投影点 P 的运动是简谐振动。在矢量 A 的转动过程中，M 点作匀速圆周运动，通常把这个圆称为参考圆。矢量 A 的长度等于简谐振动的振幅，矢量 A 旋转的角速度就是振动的角频率，矢量 A 转一周所需的时间就是简谐振动的周期，矢量 A 与 x 轴的夹角 $(\omega t+\varphi)$ 就是振动的相位，而 $t=0$ 时矢量 A 与 x 轴的夹角 φ 就是初相位。

利用旋转矢量法，不仅可以表示简谐运动的位置变化，还可以求出简谐运动的速度和加速度。以角速度 ω 匀速转动的矢量 A，其末端 M 的速率是 $v_m=\omega A$，其方向与 x 轴的夹角为 $\left(\omega t+\varphi+\dfrac{\pi}{2}\right)$，在时刻 t 它在 x 轴上的投影是 $v=v_m\cos\left(\omega t+\varphi+\dfrac{\pi}{2}\right)=-\omega A\sin(\omega t+\varphi)$，这就是简谐振动的速度方程。矢量 A 的末端 M 作匀速圆周运动的向心加速度为 $a_m=\omega^2 A$，它与 x 轴的夹角为 $(\omega t+\varphi+\pi)$，在时刻 t 它在 x 轴上的投影为 $a=a_m\cos(\omega t+\varphi+\pi)=-\omega^2 A\cos(\omega t+\varphi)=-\omega^2 x$，这正是简谐振动的加速度公式。

如图 5-12 所示，若把旋转矢量图的 x 轴正方向画成竖直向上，则可用旋转矢量 A 在 x 轴上的投影作出简谐振动的 x-t 图线，这只需平行地画出 x 轴，并使 t 轴的正方向水平向右就行了。在 $t=0$ 时，矢量 A 与 Ox 轴的夹角为初相位 $\varphi=\dfrac{\pi}{4}$，矢端位于 a 点，而 a 点在 x 轴上的投影便是 x-t 图中的 a' 点，此时物体位于 $x=\dfrac{\sqrt{2}}{2}A$，向 x 轴负方向运动，经过 $\dfrac{1}{8}T$ 时间，A 转过 $\dfrac{\pi}{4}$，到达图中 b 点，此时相位为 $(\omega t+\varphi)=\dfrac{\pi}{2}$，其在 x 轴上的投影

点即是 x-t 图中的 b' 点，此时物体位于平衡位置，并继续向 x 轴负方向运动，如此经过一个周期，相位变化 2π，一切又将重复进行下去，这样我们就作出了简谐振动的 x-t 图像。

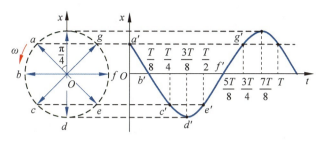

图 5-12 旋转矢量及简谐振动的 x-t 图像

例 5-4

两质点作同方向、同频率的简谐振动，它们的振幅相等，当质点 1 在 $x_1 = A/2$ 处向左运动时，质点 2 在 $x_2 = -A/2$ 处向右运动，试用旋转矢量法求两质点的相位差。

解 如图 5-13 所示，由于质点 1 在 $x_1 = A/2$ 处向左运动，则由旋转矢量法可以判断质点 1 的初相位为

$$\varphi_1 = \frac{\pi}{3}$$

此时质点 2 在 $x_2 = -A/2$ 处向右运动，由旋转矢量法可以判断质点 2 的初相为

$$\varphi_1 = \frac{4\pi}{3}$$

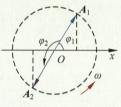

图 5-13 例 5-4 示意图

则两质点的相位差为

$$(\omega t + \varphi_2) - (\omega t + \varphi_1) = \pi$$

二者反相。

例 5-5

如图 5-14 所示，一质点在 x 轴作简谐振动，选取该质点向右运动通过 M 点时作为计时零点（$t=0$），经过 2 s 后质点第一次经过 N 点，再经过 2 s 后质点第二次经过 N 点，若已知该质点在 M、N 两点具有相同的速率，且 $MN = 10$ cm。求：(1) 质点的振动方程；(2) 质点在 M 处的速率。

图 5-14 例 5-5 示意图（一）

解 (1) 由于 M、N 两点具有相同的速率，故此简谐振动的平衡点在 M、N 两点的中点。因此通过 M 点和第二次到 N 点时的旋转矢量相反，而第一次过 N 点时的旋转矢量和第二次过 N 点时的旋转矢量关于 x 轴对称，如图 5-15 所示。又由于从 M 点到第一次经过 N 点的时间与从 N 点到再次经过 N 点的时间相同，故有 $2\theta = \pi - 2\theta$，所以 $\theta = \pi/4$。由此可得质点振动的初相位为

$$\varphi = 5\pi/4$$

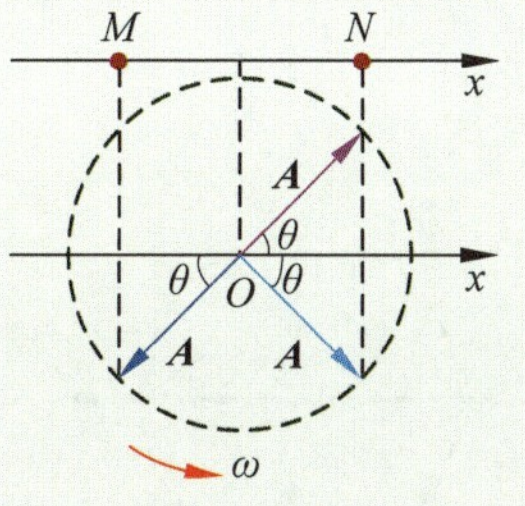

质点振动的角频率为

$$\omega = \frac{\Delta\varphi}{\Delta t} = \frac{\pi/4 - (-\pi/4)}{2} \text{ rad/s} = \frac{\pi}{4} \text{ rad/s}$$

图 5-15 例 5-5 示意图（二）

将 $t = 0$，$x = -5$ cm，代入振动方程 $x = A\cos(\omega t + \varphi)$ 得振幅为

$$A = 5\sqrt{2} \text{ cm}$$

故质点的振动方程为

$$x = 5\sqrt{2}\cos\left(\frac{\pi}{4}t + \frac{5\pi}{4}\right) \text{ cm}$$

(2) 质点的速度方程为 $v = -A\omega\sin(\omega t + \varphi) = -\dfrac{5\sqrt{2}}{4}\pi\sin\left(\dfrac{\pi}{4}t + \dfrac{5\pi}{4}\right)$，故质点通过 M 点时的速度为

$$v = -5\sqrt{2} \times \frac{\pi}{4}\sin\frac{5\pi}{4} \text{ cm/s} = 3.92 \text{ cm/s}$$

例 5-6

有一弹簧振子，弹簧的劲度系数为 $k = 0.72$ N/m，其质量为 $m = 20$ g。
(1) 将物体从平衡位置向右拉到 $x = 0.05$ m 处释放，求简谐振动方程；
(2) 求物体第一次经过 $A/2$ 处的速度大小；
(3) 如果物体在 $x = 0.05$ m 处的速度大小为 $v = 0.3$ m/s，且向正方向运动，求振动方程。

解 (1) 弹簧振子的角频率为

$$\omega = \sqrt{\frac{k}{m}} = \sqrt{\frac{0.72}{20 \times 10^{-3}}} \text{ rad/s} = 6.0 \text{ rad/s}$$

将物体从平衡位置向右拉到 $x = 0.05$ m 处释放，即初始时刻物体的位置 x 为正向量大处，由此得弹簧振子的振幅 $A = 0.05$ m。下一时刻物体的速度方向为 x 轴负方向，由旋转矢量表示法，可得物体的初相位为 $\varphi = 0$，如图 5-16 所示。故简谐振动方程为

$$x = 0.05\cos 6t \text{ m} \tag{I}$$

(2) 振动物体在任意时刻的速度为

$$v = \frac{dx}{dt} = -0.3\sin 6t \text{ m/s} \tag{II}$$

图 5-16 例 5-6 示意图（一）

由式（I）可得弹簧振子第一次经过 $A/2$ 时的相位为 $6t = \dfrac{\pi}{3}$，将其代入式（II）得此时的速度为

$$v = -0.3\sin\frac{\pi}{3} = -0.3 \times \frac{\sqrt{3}}{2} \text{ m/s} = -0.26 \text{ m/s}$$

(3) 由所给的初始条件：$t = 0$ 时，$x_0 = 0.05$ m，$v_0 = 0.3$ m/s 可得弹簧振子的振幅和相位为

$$A' = \sqrt{x_0^2 + \frac{v_0^2}{\omega^2}} = 0.070\,7 \text{ m}$$

$$\tan\varphi_1 = -\frac{v_0}{\omega x_0} = -1$$

所以

$$\varphi_1 = -\frac{\pi}{4} \quad \text{或} \quad \frac{3\pi}{4}$$

由于初始时刻物体的速度方向为 x 轴正方向，利用旋转矢量表示法，可以判断弹簧振子的相位应取 $\varphi_1 = -\dfrac{\pi}{4}$（见图 5-17）。故此时的振动方程为

$$x = 0.070\,7\cos\left(6.0t - \frac{\pi}{4}\right) \text{ m}$$

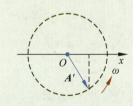

图 5-17 例 5-6 示意图（二）

5.3 简谐振动的能量

5.3.1 振动的动能和势能

下面以水平的弹簧振子为例来说明简谐振动的能量。

设弹簧振子的质量为 m，弹簧的劲度系数为 k，弹簧振子在任一时刻 t 的位移为 $x = A\cos(\omega t + \varphi)$，速度为 $v = -A\omega\sin(\omega t + \varphi)$，则弹簧振子在任一时刻 t 所具有的动能和势能分别为

$$E_k = \frac{1}{2}mv^2 = \frac{1}{2}m\omega^2 A^2 \sin^2(\omega t + \varphi) \qquad (5\text{-}19)$$

$$E_p = \frac{1}{2}kx^2 = \frac{1}{2}kA^2 \cos^2(\omega t + \varphi) \qquad (5\text{-}20)$$

由于 $\omega^2 = \dfrac{k}{m}$，则

$$E_k = \frac{1}{2}kA^2 \sin^2(\omega t + \varphi) \qquad (5\text{-}21)$$

将式(5-20)和式(5-21)相加，即得简谐振动的总机械能为

$$E = E_k + E_p = \frac{1}{2}kA^2 = \frac{1}{2}m\omega^2 A^2 = \frac{1}{2}mv_m^2 \qquad (5\text{-}22)$$

比较动能 E_k 和势能 E_p 可知，弹簧振子的动能和势能是按余弦或正弦函数的平方随时间变化的，但总的机械能在振动过程中却是常量。简谐振动的总能量和振幅的平方成正比。这一结论对任何简谐振动系统都是正确的。振幅不仅给出了简谐振动的运动范围，还反映了振动系统总能量的大小，或者说反映了振动的强度。若取 $\varphi = 0$，则动能 E_k、势能 E_p 和总的机械能 E 随时间变化的曲线如图 5-18 所示。显然，动能最大时，势能最小，而动能最小时，势能最大，但总的机械能保持不变。简谐振动的过程正是动能和势能相互转换的过程。

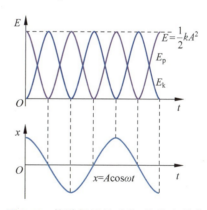

图 5-18 简谐振子的动能、势能和总能量随时间的变化关系

5.3.2 振动的能量平均值

一个与时间有关的物理量 $F(t)$ 在时间间隔 T 内的平均值 $\overline{F}$ 定义为

$$\overline{F} = \frac{1}{T}\int_0^T F(t)\,dt \qquad (5\text{-}23)$$

根据这一定义，可计算出简谐振动在一个周期中的平均动能为

$$\overline{E}_k = \frac{1}{T}\int_0^T \frac{1}{2}mv^2\,dt = \frac{1}{T}\int_0^T \frac{1}{2}m\omega^2 A^2 \sin^2(\omega t + \varphi)\,dt$$

$$= \frac{m\omega^2 A^2}{4} = \frac{1}{4}kA^2 = \frac{1}{2}E \qquad (5\text{-}24)$$

在一个周期内的平均势能为

$$\bar{E}_p = \frac{1}{T}\int_0^T \frac{1}{2}kx^2 \mathrm{d}t = \frac{1}{T}\int_0^T \frac{1}{2}m\omega^2 A^2 \cos^2(\omega t + \varphi)\mathrm{d}t$$

$$= \frac{m\omega^2 A^2}{4} = \frac{1}{4}kA^2 = \frac{1}{2}E \tag{5-25}$$

由此可见,简谐振动在一个周期内的平均动能等于一个周期内的平均势能,即

$$\bar{E}_k = \bar{E}_p \tag{5-26}$$

这是简谐振动的一个重要性质。这一结论在讨论能量按自由度均分原理和比热容时将会用到。

例 5-7

质量为 0.1 kg 的物体,以振幅 1.0×10^{-2} m 作简谐振动,其最大加速度为 4.0 m/s²,求:(1)物体振动的周期;(2)物体通过平衡位置时的动能;(3)系统总能量;(4)物体在何处时其动能和势能相等?

解 (1) 由 $a_m = \omega^2 A$,得

$$\omega = \sqrt{\frac{a_m}{A}} = \sqrt{\frac{4.0}{1.0 \times 10^{-2}}} \text{ rad/s} = 20 \text{ rad/s}$$

因此简谐振动的周期为

$$T = \frac{2\pi}{\omega} = \frac{2\pi}{20} \text{ s} = 0.314 \text{ s}$$

(2) 物体通过平衡位置时的速度最大,其动能为

$$E_{k,\max} = \frac{1}{2}mv_m^2 = \frac{1}{2}m\omega^2 A^2 = 2.0 \times 10^{-3} \text{ J}$$

(3) 物体通过平衡位置时动能最大,势能最小,为零,则系统总能量为

$$E = E_{k,\max} = 2.0 \times 10^{-3} \text{ J}$$

(4) 当 $E_k = E_p$ 时,$E_p = 1.0 \times 10^{-3}$ J,由 $E_p = \frac{1}{2}kx^2 = \frac{1}{2}m\omega^2 x^2$,得

$$x = \sqrt{\frac{2E_p}{m\omega^2}} = \pm 0.707 \text{ cm}$$

思考题

5-6 对于同一简谐振动系统,如果初始条件不同,但系统的振动能量相同,试问振幅是否相同?

5-7 一弹簧振子,沿 x 轴作振幅为 A 的简谐振动,在平衡点 $x=0$ 处,弹簧振子的势能为零,系统的机械能为 50 J,当振子处于 $x = A/2$ 处时,其势能的瞬时值为多少?

5.4 同方向的简谐振动的合成

5.4.1 同方向同频率的两个简谐振动的合成

设一质点同时参与两个同方向、同频率的简谐振动,两简谐振动的表示式分别为

$$x_1 = A_1\cos(\omega t + \varphi_1) \tag{5-27}$$

$$x_2 = A_2\cos(\omega t + \varphi_2) \tag{5-28}$$

现利用旋转矢量法求解合成结果。如图 5-19 所示，旋转矢量 $\boldsymbol{A}_1$ 和 $\boldsymbol{A}_2$ 在 x 轴上的投影分别表示两个简谐振动 x_1 和 x_2，则 $\boldsymbol{A}_1$ 和 $\boldsymbol{A}_2$ 的合矢量 $\boldsymbol{A}$ 在 x 轴上的投影表示合运动 $x_1 + x_2$。因为 $\boldsymbol{A}_1$、$\boldsymbol{A}_2$ 的长度一定，而且以相同的角速度 ω 旋转，所以合矢量 $\boldsymbol{A}$ 的长度不变，并且以同一角速度 ω 匀速旋转，因此合运动是简谐振动，其表达式为

$$x = A\cos(\omega t + \varphi) \tag{5-29}$$

其中，合振动的角频率与分振动的角频率相同，由 $\triangle OMM_1$ 利用余弦定理得合振动的振幅为

$$A = \sqrt{A_1^2 + A_2^2 + 2A_1A_2\cos(\varphi_2 - \varphi_1)} \tag{5-30}$$

由 Rt$\triangle OPM$ 得，合振动的初相位满足

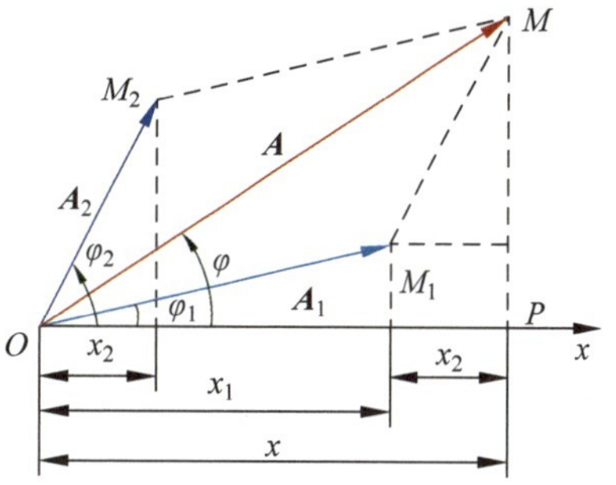

图 5-19 用旋转矢量法求振动的合成

$$\tan\varphi = \frac{A_1\sin\varphi_1 + A_2\sin\varphi_2}{A_1\cos\varphi_1 + A_2\cos\varphi_2} \tag{5-31}$$

由此可见，同方向同频率的简谐振动的合成振动仍为一简谐振动，其频率与分振动频率相同，合振动的振幅 A 由两分振动的振幅 A_1、A_2 和相位差 $\Delta\varphi = (\omega t + \varphi_2) - (\omega t + \varphi_1) = \varphi_2 - \varphi_1$ 决定，相位 φ 介于 φ_1 和 φ_2 之间。下面分三种情况讨论两个简谐振动合成的结果。

（1）当两个分振动同相，即

$$\varphi_2 - \varphi_1 = 2k\pi, \quad k = 0, \pm 1, \pm 2, \cdots \tag{5-32}$$

时，也即 $\cos(\varphi_2 - \varphi_1) = 1$ 时，由式(5-30)可得

$$A = \sqrt{A_1^2 + A_2^2 + 2A_1A_2} = A_1 + A_2 \tag{5-33}$$

合振动的振幅最大，合成结果使振动加强，如图 5-20 所示。

（2）当两个分振动反相，即

$$\varphi_2 - \varphi_1 = (2k+1)\pi, \quad k = 0, \pm 1, \pm 2, \cdots \tag{5-34}$$

时，也即 $\cos(\varphi_2 - \varphi_1) = -1$ 时，由式(5-30)可得

$$A = \sqrt{A_1^2 + A_2^2 - 2A_1A_2} = |A_1 - A_2| \tag{5-35}$$

合振幅最小，合成结果使振动减弱。合振动的初相位与分振动中振幅大的初相位相同，如图 5-21 所示。当 $A_1 = A_2$ 时，$A = 0$，质点静止不动。

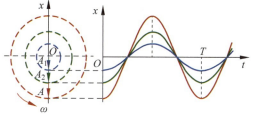

图 5-20 两个同相同频率的简谐振动的合成

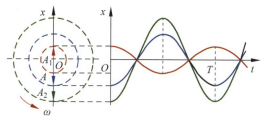

图 5-21 两个反相同频率的简谐振动的合成

（3）当两个分振动既不同相，也不反相时，即 $\Delta\varphi = \varphi_2 - \varphi_1$ 为其他值时，合振动的振幅介于 $A_1 + A_2$ 和 $|A_1 - A_2|$ 之间，由式(5-30)决定。

同方向同频率的简谐振动的合成原理，在讨论声波、光波及电磁辐射的干涉和衍射时经常用到。

例 5-8

在同一直线上有 n 个角频率相同的简谐振动,它们的振幅相等,初相位依次相差一个恒量 β,求合振动方程。

解 设 n 个分振动的方程分别为

$$x_1 = a\cos(\omega t)$$
$$x_2 = a\cos(\omega t + \beta)$$
$$x_3 = a\cos(\omega t + 2\beta)$$
$$\vdots$$
$$x_n = a\cos[\omega t + (n-1)\beta]$$

这 n 个分振动的合振动仍为简谐振动,表示为

$$x = x_1 + x_2 + x_3 + \cdots + x_n = A\cos(\omega t + \varphi)$$

(1) 若 $\beta = 2k\pi(k=0,\pm 1,\pm 2,\cdots)$,在旋转矢量图中,$n$ 个矢量的方向相同,所以 $A = na$,合振动的振幅最大。合振动方程为

$$x = na\cos(\omega t)$$

(2) 若 $n\beta = 2k\pi(k=\pm 1,\pm 2,\cdots,$ 但不含 n 的整数倍$)$,在旋转矢量图中 n 个矢量依次相接构成了封闭的多边形,合振动的振幅为零。

(3) 当 $\beta = \pi$ 时,如果 n 为偶数,则合振动的振幅为 $A = 0$,如果 n 为奇数,则合振动的振幅为 $A = a$,合振动方程为

$$x = a\cos(\omega t)$$

(4) 对于一般情况,可用旋转矢量表示法求合振动的振幅 A 和初相位 φ。作出 $t=0$ 时的矢量合成图,因合振动的旋转矢量 $\boldsymbol{A}$ 等于各振动的旋转矢量的矢量和,按矢量合成的方法,将各简谐振动在 $t=0$ 时的旋转矢量 $\boldsymbol{a}_1$、$\boldsymbol{a}_2$、$\boldsymbol{a}_3$、$\cdots$、$\boldsymbol{a}_n$ 依次首尾相接,则从 $\boldsymbol{a}_1$ 的始端指向 $\boldsymbol{a}_n$ 的末端的矢量为合振动的旋转矢量 $\boldsymbol{A}$,$\boldsymbol{A}$ 与 x 轴的夹角 φ 为合振动的初相位,如图 5-22 所示。

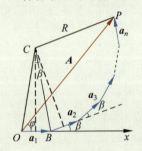

图 5-22 多个简谐振动的合成

因 $|\boldsymbol{a}_1| = |\boldsymbol{a}_2| = |\boldsymbol{a}_3| = \cdots = |\boldsymbol{a}_n| = a$,且相邻两矢量间的夹角为 β,所以各矢量的端点位于同一段圆弧上,设圆弧的半径为 R。在图中作 $\boldsymbol{a}_1$ 和 $\boldsymbol{a}_2$ 的垂直平分线交于 C 点,这两条垂直平分线的夹角显然为 β,则 $\angle OCB = \beta$,$OC = CB = CP = R$,因此,合矢量对 C 所张的角 $\angle OCP = n\beta$,由几何关系可求得合矢量的长度为

$$A = 2R\sin\frac{n\beta}{2}$$

又由于

$$a = 2R\sin\frac{\beta}{2}$$

所以

$$A = \frac{a\sin\dfrac{n\beta}{2}}{\sin\dfrac{\beta}{2}} \tag{Ⅰ}$$

合振动的初相位为

$$\varphi = \angle COB - \angle COP = \frac{\pi - \beta}{2} - \frac{\pi - n\beta}{2} = \frac{n-1}{2}\beta \tag{Ⅱ}$$

由此得合振动的振动方程为

$$x = a\frac{\sin\dfrac{n\beta}{2}}{\sin\dfrac{\beta}{2}}\cos\left(\omega t + \frac{n-1}{2}\beta\right) \tag{Ⅲ}$$

5.4.2 同方向不同频率的两个简谐振动的合成——拍

设一质点同时参与两个同方向、不同频率的简谐振动,两个简谐振动的角频率分别为 ω_1 和 ω_2,振幅都是 A。由于二者频率不同,总有机会使两个分振动的相位相同,选择此时刻开始计时,则二者的初相位相同。这样,两个分振动可分别写成

$$x_1 = A\cos(\omega_1 t + \varphi) \tag{5-36}$$

$$x_2 = A\cos(\omega_2 t + \varphi) \tag{5-37}$$

则合振动为

$$x = x_1 + x_2 = A\cos(\omega_1 t + \varphi) + A\cos(\omega_2 t + \varphi) \tag{5-38}$$

应用三角函数中的和差化积公式 $\left(\cos\alpha + \cos\beta = 2\cos\dfrac{\alpha+\beta}{2}\cos\dfrac{\alpha-\beta}{2}\right)$ 可得,合振动的表达式为

$$x = 2A\cos\frac{\omega_2 - \omega_1}{2}t\cos\left(\frac{\omega_2 + \omega_1}{2}t + \varphi\right) \tag{5-39}$$

由上式可知,合振动不是简谐振动。在一般情形下,我们察觉不到合振动有明显的周期性。但当两个分振动的频率都较大,而二者相差却很小,即 $|\omega_2 - \omega_1| \ll \omega_1 + \omega_2$ 时,上式中 $2A\cos\dfrac{\omega_2-\omega_1}{2}t$ 随时间的变化比 $\cos\left(\dfrac{\omega_2+\omega_1}{2}t + \varphi\right)$ 要缓慢得多。这时,合运动可近似地看成振幅为 $\left|2A\cos\dfrac{\omega_2-\omega_1}{2}t\right|$,角频率为 $\dfrac{\omega_2+\omega_1}{2}$ 的简谐振动。因为简谐振动的振幅是不随时间变化的,所以这种振幅随时间缓慢变化的振动可看成近似的简谐振动,这是因为振幅是随时间改变的缘故,如图 5-23 所示。这种合振幅时而加强时而减弱的现象称为拍。单位时间内振动加强或减弱的次数称为拍频。拍频的值可以由振幅公式 $\left|2A\cos\dfrac{\omega_2-\omega_1}{2}t\right|$ 求出。由于这里只考虑绝对值,而余弦函数的绝对值在一个周期内两次达到最大值,所以单位时间内最大振幅出现的次数应为振动 $\cos\dfrac{\omega_2-\omega_1}{2}t$ 的频率的两倍,即拍频为

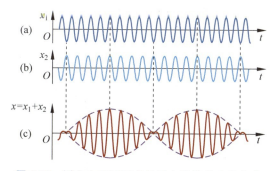

图 5-23 同方向不同频率的两个简谐振动的合成

$$\nu = 2 \times \frac{1}{2\pi} \left| \frac{\omega_2 - \omega_1}{2} \right| = |\nu_2 - \nu_1| \qquad (5\text{-}40)$$

这就是说，拍频为两个分振动的频率之差。

我们可用下面的实验演示拍现象。取两支频率相同的音叉，在一个音叉上套上一个小铁圈，使它的频率有很小的变化。分别敲击这两支音叉，我们听到的声强是均匀的。如果同时敲击这两支音叉，结果听到"嗡""嗡"……的声音，反映出合振动的振幅存在时强时弱的周期性变化，这就是拍现象。

如果将两个频率接近的声音合成得到的声音用用音频编辑软件打开，可以看到它的波形图。图 5-24 是音频编辑软件 Adobe Adition 打开的 330 Hz 与 331 Hz 声音叠加形成的拍的波形图。放大视图后，可看出波的每一振动的变化和波的振幅的变化，单击播放按钮，可听到声音强弱的变化。

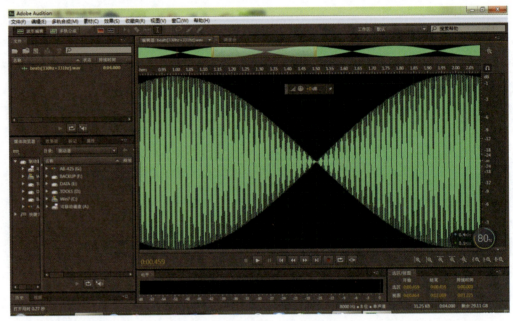

图 5-24　330 Hz 与 331 Hz 声音叠加波形

拍是一种重要的现象，有许多应用。例如：如果已知一个高频振动的频率，使它和另一频率相近但未知的振动叠加，测量合成振动的拍频，就可以求出后者的频率；利用标准音叉来校准钢琴的频率，当二者频率有微小差别时就会出现拍音，调整到使拍音消失，钢琴的一个键就被校准了。拍现象还常用于汽车速度监视器、地面卫星跟踪等。此外，在各种电子学测量仪器中，也常常有拍的应用。

5.5　相互垂直的简谐振动的合成

当一质点同时参与两个不同方向的振动时，质点的位移是这两个振动的位移的矢量和。在一般情况下，质点将在平面上作曲线运动。质点的轨道可有各种形状。轨道的形状由两个振动的周期、振幅和相位差来决定。为简单起见，我们只讨论两个相互垂直的同频率简谐振动的合成情况。

设质点同时参与两个相互垂直方向上的简谐振动，一个振动沿 x 轴方向，另一个振动沿 y 轴方向，并且两振动的频率相同，以质点的平衡位置为坐标原点，则两个振动的方

程分别为

$$x = A_1\cos(\omega t + \varphi_1) \tag{5-41}$$

$$y = A_2\cos(\omega t + \varphi_2) \tag{5-42}$$

式中,ω 为两个振动的角频率;A_1、A_2 和 φ_1、φ_2 分别表示两个振动的振幅和初相位。在任一时刻 t,质点的位置是(x,y)。t 改变时,(x,y) 也改变。所以上面两方程就是含参变量 t 的质点的运动方程,消去时间参数 t,便得到质点合振动的轨道方程为

$$\frac{x^2}{A_1^2} + \frac{y^2}{A_2^2} - 2\frac{xy}{A_1 A_2}\cos(\varphi_2 - \varphi_1) = \sin^2(\varphi_2 - \varphi_1) \tag{5-43}$$

这是一个椭圆方程,椭圆位于以 $2A_1$ 和 $2A_2$ 为边的矩形内,其形状、方位和绕行方向都与相位差$(\varphi_2-\varphi_1)$有关。合成的图形称为李萨如(J. A. Lissajous,1822—1880,法国)图。

李萨如图的形成原理可以直观地用图解法来说明。设参与合成的两个振动的方程分别为 $x=A_1\cos\left(\omega t-\frac{\pi}{4}\right)$,$y=A_2\cos\left(\omega t-\frac{\pi}{2}\right)$。$\varphi=\varphi_2-\varphi_1=-\frac{\pi}{4}$,合成结果为一斜椭圆,方向为逆时针旋转,如图 5-25 所示。可以看出,李萨如图实际上是由一个质点同时参与 x 轴方向和 y 轴方向的振动形成的。如果这两个相互垂直的振动的频率为任意值,那么它们的合成运动就会比较复杂,而且轨迹是不稳定的。而当两个振动的频率成简单的整数比时,就能得到一个稳定、封闭的曲线。

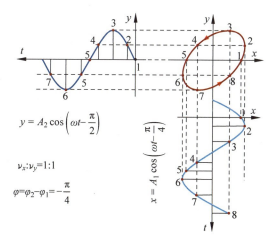

图 5-25 李萨如图的形成

(1) 当 $\varphi_2-\varphi_1=0$ 或 π,即两分振动同相或反相时,合振动的方程为

$$y = \pm\frac{A_2}{A_1}x \tag{5-44}$$

此式表明质点的运动轨迹是通过原点、斜率为 $\pm\dfrac{A_2}{A_1}$ 的直线,合运动是简谐振动。

(2) 当 $\varphi_2-\varphi_1=\pm\dfrac{\pi}{2}$ 时,合振动的方程为

$$\frac{x^2}{A_1^2} + \frac{y^2}{A_2^2} = 1 \tag{5-45}$$

质点的运动轨迹是一个以坐标轴为轴线的正椭圆,如果 $A_1=A_2$,则为一正圆,但因为 y 的相位超前(或落后)于 x 的相位为 $\dfrac{\pi}{2}$,质点沿椭圆(或正圆)轨道按顺时针或逆时针方向旋转。

垂直方向简谐振动的合成

图 5-26 是两个分振动的频率之比为 $\nu_1:\nu_2=1:1$ 和 $\nu_1:\nu_2=2:1$，$\varphi_1=0$，$\varphi=\varphi_2-\varphi_1=0,\dfrac{\pi}{4},\dfrac{\pi}{2},\dfrac{3\pi}{4},\dfrac{5\pi}{4},\dfrac{3\pi}{2},\dfrac{7\pi}{4}$ 时得到的几个李萨如图。由此可见，李萨如图与两分振动的振幅比、频率比以及初相位 φ_1、φ_2 有关。

李萨如图形 1

李萨如图形 2

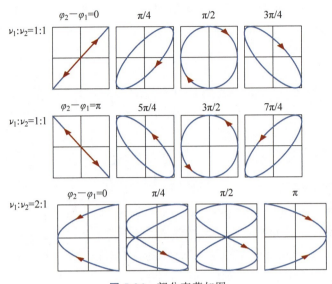

图 5-26 部分李萨如图

李萨如图与水平线的交点数 n_1 及其与竖直线的交点数 n_2 之比等于水平方向分振动周期 T_1 与竖直方向分振动周期 T_2 之比，即

$$\frac{n_1}{n_2}=\frac{T_1}{T_2}=\frac{\nu_2}{\nu_1} \tag{5-46}$$

如果已知 ν_1，就可根据李萨如图求出 ν_2。在示波器实验中，就是利用式(5-46)测定未知频率的。

思考题

5-8 一质点同时参与两个相互垂直的振动，试判断下面两种情况，质点的运动轨迹和运动方向。
(1) $x=A\sin(-\omega t+\varphi)$，$y=A\cos(-\omega t+\varphi)$；
(2) $x=A_1\cos\left(\omega t+\dfrac{\pi}{6}\right)$，$y=A_2\cos\left(\omega t+\dfrac{2\pi}{3}\right)$。

5.6 阻尼振动

自由简谐振动系统的能量守恒，系统一旦作自由简谐振动，将永远振动下去，这是一种理想情况。实际上，由于阻尼作用，振动系统的能量将不断减少，振动将逐渐衰减。振动系统的阻尼通常分为两种：一种是摩擦阻尼，由于存在摩擦阻力，振动系统的能量逐渐转变为热能；另一种是辐射阻尼，由于会引起周围介质的振动，振动系统的能量向四周辐射出去，转变为波的能量。这种在回复力和阻力作用下产生的振动称为**阻尼振动**（damped vibration）。例如，音叉振动时，一方面受空气阻力作用，另一方面辐射声波，因此能量逐渐减少，振动逐渐衰减。

一般情况下,在摩擦阻尼中以黏滞阻力为主,而辐射所引起的阻尼作用也常与黏滞阻力相似,所以在此我们只讨论黏滞阻力的作用。实验指出,当运动物体的速度不太大时,物体受到的黏滞阻力与速度大小成正比,其方向与速度的方向相反,即 $f=-\gamma v=-\gamma \dfrac{\mathrm{d}x}{\mathrm{d}t}$,式中 γ 为 **阻力系数**(damped coefficient),其大小由物体的形状、大小、表面状况和介质的性质决定。物体在线性恢复力和上述黏滞阻力作用下的运动方程为

$$-kx-\gamma\dfrac{\mathrm{d}x}{\mathrm{d}t}=m\dfrac{\mathrm{d}^2 x}{\mathrm{d}t^2} \tag{5-47}$$

令 $\omega_0^2=\dfrac{k}{m}$,$2\beta=\dfrac{\gamma}{m}$,这里 ω_0 为无阻尼时振子的固有角频率,β 称为 **阻尼因子**(damping factor),代入式(5-47)后运动方程可写为

$$\dfrac{\mathrm{d}^2 x}{\mathrm{d}t^2}+2\beta\dfrac{\mathrm{d}x}{\mathrm{d}t}+\omega_0^2 x=0 \tag{5-48}$$

式(5-48)的解与阻尼的大小有关。下面根据阻尼的大小对式(5-48)进行讨论。

(1) 当 $\beta\ll\omega_0$ 时,阻尼为 **弱阻尼**(weak damping),其方程的解为

$$x=A_0 \mathrm{e}^{-\beta t}\cos(\omega' t+\varphi_0) \tag{5-49}$$

式中

$$\omega'=\sqrt{\omega_0^2-\beta^2} \tag{5-50}$$

A_0 和 φ_0 依然是由初始条件确定的两个积分常数。式(5-49)说明阻尼振动的位移和时间的关系为两项的乘积,其中 $\cos(\omega' t+\varphi_0)$ 反映了在弹性力和阻力作用下的周期运动,而 $A_0 \mathrm{e}^{-\beta t}$ 则反映了阻尼对振幅的影响。

图 5-27 反映了阻力振动的位移时间曲线。图中虚线表示阻尼振动的振幅 $A_0 \mathrm{e}^{-\beta t}$ 随时间 t 呈指数规律衰减;阻尼越大(在 $\beta\ll\omega_0$ 范围内),振幅衰减越快。由图可知,在一个位移极大值之后,隔一段固定的时间,就出现下一个较小的极大值,因为位移不能在每一周期后恢复原值,所以严格说来,阻尼振动不是周期运动,我们常把阻尼振动叫作准周期性运动(quasi-periodic motion)。它的准周期为

$$T'=\dfrac{2\pi}{\omega'}=\dfrac{2\pi}{\sqrt{\omega_0^2-\beta^2}}>\dfrac{2\pi}{\omega_0} \tag{5-51}$$

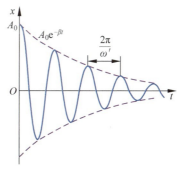

图 5-27 阻力振动的位置与时间关系

阻尼振动

可见,阻尼振动的周期比系统的固有周期长。

式(5-49)中 $A_0 \mathrm{e}^{-\beta t}$ 为阻尼振动的振幅,它随时间的增加而减小,因此如同前面所说的一样,阻尼振动是一种减幅振动。阻尼越小,振幅减弱越慢,每个周期内损失的能量也越少,周期也越接近无阻尼自由振动的周期,运动越接近于简谐振动。阻尼越大,振幅减小越快。图 5-28 中曲线 2 所示的阻尼振动,其振幅比曲线 1 所示的阻尼运动减小得快,因此它的周期也更长。

(2) 若 $\beta=\omega_0$,阻尼为 **临界阻尼**(critical damping),这时式(5-48)的解为

$$x=(c_1+c_2 t)\mathrm{e}^{-\beta t} \tag{5-52}$$

此时系统不作往复运动,而是较快地回到平衡位置并

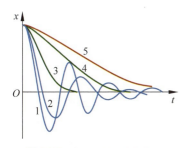

图 5-28 各种阻尼振动比较

停下来,如图 5-28 中曲线 3 所示。

(3) 若 $\beta > \omega_0$,阻尼为**过阻尼**(over damping),此时方程的解为

$$x = c_1 e^{-(\beta - \sqrt{\beta^2 - \omega_0^2})t} + c_2 e^{-(\beta + \sqrt{\beta^2 - \omega_0^2})t} \tag{5-53}$$

这时系统也不作往复运动,而是非常缓慢地回到平衡位置,如图 5-28 中曲线 4 和曲线 5 所示。

在实际应用中,常利用改变阻尼的方法来控制系统的振动状态。如各类机器的减振器,大多采用一系列的阻尼装置。有些精密仪器,如物理天平、灵敏电流计中装有阻尼装置并调至临界阻尼状态,其指针可很快回到零位,使测量更加快捷、准确。

> **思考题**
>
> **5-9** 一个振动系统因受阻力 $f = -\gamma v$ 作用,其振幅逐渐衰减,能否通过实验测出阻尼因子 β 的大小?

5.7 受迫振动和共振

5.7.1 受迫振动

只受线性恢复力和黏滞阻力作用的振动系统,其振幅总是随时间衰减的。为了使振动持久而不衰减,可以利用外界驱动力,其方式主要有用周期力和单方向的力两种。用周期力驱动的振动,叫作**受迫振动**(forced vibration)。

设周期性驱动力为 $F = F_0 \cos\omega t$,式中 F_0 为驱动力的幅值,ω 为驱动力的角频率。物体在弹性力、阻力和驱动力的作用下,其运动方程为

$$-kx - \gamma \frac{dx}{dt} + F_0 \cos\omega t = m \frac{d^2 x}{dt^2} \tag{5-54}$$

令 $\omega_0^2 = \dfrac{k}{m}, 2\beta = \dfrac{\gamma}{m}$,则上式可以写成

$$\frac{d^2 x}{dt^2} + 2\beta \frac{dx}{dt} + \omega_0^2 x = \frac{F_0}{m} \cos\omega t \tag{5-55}$$

在阻尼较小的情况,上述方程的解为

$$x = A_0 e^{-\beta t} \cos(\sqrt{\omega_0^2 - \beta^2}\, t + \varphi_0') + A\cos(\omega t + \varphi_0) \tag{5-56}$$

由微分方程理论可知,在驱动力开始作用的阶段,系统的振动是非常复杂的,解的第一项实际上是式(5-48)在弱阻尼下的通解,随着时间的推移,很快就会衰减到零,故式(5-56)的第一项称为衰减项。式(5-56)的第二项才是稳定项,即方程(5-55)的稳定解为

$$x = A\cos(\omega t + \varphi_0) \tag{5-57}$$

可见,受迫振动稳态的频率等于驱动力的频率。

由式(5-56)知,受迫振动可以看成两个振动的合成:一个振动由式(5-56)中的第一项表示,它是一个减幅的振动;另一个振动由式(5-56)中的第二项表示,它是一个振幅不变的振动。经过一段时间之后,第一项分振动将减弱到可以忽略不计,余下的就是受迫振动达到稳定状态的等幅振动,其振动表达式为 $x = A\cos(\omega t + \varphi_0)$。究其原因,是因为驱动力有时对物体做正功(当其方向与物体速度方向一致时),有时对物体做负功(其方

向与速度方向相反时),而阻尼力始终做负功,但是总的趋势是振动系统的能量逐渐增大,振动加强。随着振动的加强,阻尼也加强,系统因阻尼而损耗的能量也增多。经过一定时间后,在一个周期时间内,当驱动力所做的功正好等于阻尼所损耗的能量时,受迫振动达到稳定状态,振动系统作简谐振动,称为受迫振动稳态。如果撤去驱动力,振动能量又将逐渐减小而成为减幅振动。

将式(5-57)代入式(5-55),并采用待定系数法可得稳定受迫振动的振幅为

$$A = \frac{F_0}{m\sqrt{(\omega_0^2 - \omega^2)^2 + 4\beta^2\omega^2}} \tag{5-58}$$

这说明,受迫振动稳态的振幅与系统的初始条件无关,而是与系统的固有频率、阻尼系数及驱动力的频率和幅值均有关的函数。同时,可得稳定受迫振动的初相位满足:

$$\tan\varphi_0 = -\frac{2\beta\omega}{\omega_0^2 - \omega^2} \tag{5-59}$$

在稳态时,振动物体的速度为

$$v = \frac{\mathrm{d}x}{\mathrm{d}t} = v_\mathrm{m} \cos\left(\omega t + \varphi_0 + \frac{\pi}{2}\right) \tag{5-60}$$

式中

$$v_\mathrm{m} = \frac{\omega F_0}{m\sqrt{(\omega_0^2 - \omega^2)^2 + 4\beta^2\omega^2}} \tag{5-61}$$

应当注意的是,稳态时的受迫振动的表达式虽然和无阻尼自由振动的表达式相同,都是简谐振动,但其实质已有所不同。首先,受迫振动的角频率不是振子的固有角频率,而是驱动力的角频率;其次,受迫振动的振幅 A 和初相位 φ_0 不是取决于振子的初始状态,而是依赖于振子的性质、阻尼的大小和驱动力的特征。

5.7.2 共振及其应用

由式(5-58)可画出不同阻尼时位移振幅和外界驱动力角频率之间的关系曲线,如图 5-29 所示。从图中可以看出,当驱动力的角频率等于某一值时,位移振幅达到最大值,我们把这种位移振幅达到最大值的现象叫作**位移共振**(resonance)。将式(5-58)中的振幅 A 对角频率 ω 求导,并令 $\frac{\mathrm{d}A}{\mathrm{d}\omega} = 0$,可得位移共振角频率 ω_r 为

$$\omega_\mathrm{r} = \sqrt{\omega_0^2 - 2\beta^2} \tag{5-62}$$

同样,由式(5-61)可画出不同阻尼时速度振幅和外界驱动力角频率之间的关系曲线,如图 5-30 所示。从图中可以看出,当驱动力的角频率等于某一值时,速度振幅达到

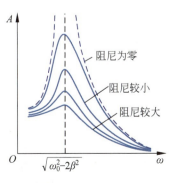

图 5-29 位移共振

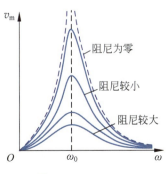

图 5-30 速度共振

最大值，我们把这种速度振幅达到最大值的现象叫作 速度共振。将式(5-61)中的速度振幅 v_m 对角频率 ω 求导，并令 $\dfrac{\mathrm{d}v_\mathrm{m}}{\mathrm{d}\omega}=0$ 可得速度共振角频率 ω_v 为

$$\omega_v = \omega_0 \tag{5-63}$$

当速度共振时，驱动力与物体振动速度同相，表明驱动力始终对振动系统做正功，驱动力的输入功率达到最大。而且，驱动力的输入功率始终等于阻尼力的输出功率，表明速度共振时，受迫振动系统的机械能保持不变。

由式(5-62)和式(5-63)可以看出，在弱阻尼情况下，位移共振与速度共振的条件趋于一致，所以在弱阻尼情况下，一般不必区分两种共振。

共振现象在声学、无线电电子学、光学和原子物理学等领域中都有广泛的应用。例如，收音机利用电磁共振进行选台，一些乐器利用共振提高音响效果，核内的核磁共振被用来进行物质结构的研究和进行医疗诊断等。

共振也会产生不利的作用，例如共振时因振幅过大会造成机器设备的损坏。1940 年著名的美国塔科马海峡大桥断塌的部分原因就是阵阵大风引起桥的共振(图 5-31)。2020 年 5 月 5 日广东虎门大桥也由于空气涡流产生了严重的共振现象。

1940 年美国塔柯姆大桥共振被毁

虎门大桥异常振动背后的原理

图 5-31　大风中因共振而断塌的塔科马海峡大桥

要控制共振现象的发生，可以通过改变振动系统的固有频率、驱动力的频率或阻尼大小。如军队过桥要随步走；火车过桥要慢行；轮船航行时要看波浪的撞击方向而改变船航行速度的大小和方向。

感悟·启迪

在人际关系中，共振现象常表现为情感的共鸣。当我们与他人建立起深厚的情感联系时，会发现自己不仅能够理解对方的情感和想法，还会与对方产生一种共鸣，仿佛我们的心灵在频率上产生了共振。这种共振现象使得我们更易理解和关心他人，更加愿意去帮助他人，因为我们能够感受到对方的情感和需求。工作中的合拍，也能够很好地提高工作效率。

知识拓展

我国古代对共振现象的认识

我国人民早在公元前 4 世纪到公元前 3 世纪，就已经对共振的原理进行研究了。我国古代典籍《庄子·杂篇·徐无鬼》中写道："为之调瑟，废于一堂，废于一室。鼓宫宫动，鼓角角动。音律同矣。

夫改调一弦,于五音无当也,鼓之,二十五弦皆动。"这说的是西周时代一个叫鲁遽的人做的共振实验。他将两把瑟分别放在两个房间,将其中一瑟的某弦弹一下,隔壁那具土瑟上同样的弦也会发声,音律相同,他又改变实验方法,将瑟乱弹一气,结果出来很多泛音,另一具瑟上的每根弦都或多或少地应声而动。这就是世界上最早的共振实验。欧洲直到15世纪才由达·芬奇首次进行共振实验。

在《墨子·备穴篇》还记述了共振现象的具体应用:"凿井传城足,三丈一,视外之广陕而为凿井,慎勿失。城卑穴高从穴难。凿井城上,为三四井,内新甄井中,伏而听之。审之知穴之所在,穴而迎之。"这段话的意思是:在城墙根下每隔三丈挖一口井时,要根据地形的宽窄打井,谨慎不可大意。城基深而洞口位置高,那么隧道开凿就很困难。在城墙下掘井三四口,把蒙了皮的坛子装入井内,将耳朵贴在坛口静听地下传来的声响。确切弄清了敌人隧道的方位后,就从城内打隧道与之相对。

中国古代不仅很早就懂得共鸣现象,还掌握了消除共鸣的方法。如在公元5世纪成书的《天中记》中记载着:"中朝时,蜀人有畜铜澡盘,晨夕恒鸣如人扣。以白张华。华曰:'此盘与洛钟宫商相谐,宫中朝暮撞钟,故声相应。可鑢令轻,则韵乖,鸣自止也。'依言,即不复鸣。"张华指出了产生共振的条件"宫商相谐",即周期性外力作用产生的振动频率和物体的固有频率相接近。而防止共振的方法是改变物体的大小和厚薄,实则改变物体的固有频率。

思考题

5-10 洗衣机把衣服脱水完毕切断电源后,电动机由于惯性还要转一会儿才能停下来,在这个过程中,洗衣机的振动剧烈程度有变化,其中有一阵子振动最剧烈,试分析这一现象。

5-11 小轿车在行驶过程中,当车速达到某一值时,人常常会感觉车子发抖,而速度超过这一值时,车发抖的现象就消除了,这是为什么?

习题

5-1 两个相同的弹簧上端固定,下端各悬挂一个物体,两物体的质量比为 4∶1,则两物体作简谐振动的周期之比为_____。

5-2 某星球质量是地球质量的 p 倍,半径是地球半径的 q 倍,一只在地球上周期为 T 的单摆在该星球上的振动周期为_____。

5-3 一汽车载有 4 人,4 人的质量共为 250 kg,上车后把汽车的弹簧压下 5×10^{-2} m。若该汽车弹簧共负载 1 000 kg 的质量,则汽车的固有频率为_____。

5-4 现有一个弹簧振子,当 $t=0$ 时,物体处在平衡位置且向 x 轴正方向运动,则它的振动的初相位为_____。

5-5 一个简谐振动的方程为 $x=A\cos(3t+\varphi)$,已知 $t=0$ 时的初位移为 0.04 m,初速度为 0.09 m/s,则振幅 $A=$_____,初相位 $\varphi=$_____。

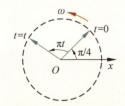

图 5-32 习题 5-6 用图

5-6 一个简谐振动的旋转矢量图如图 5-32 所示,振幅矢量长度为 2 cm,则该简谐振动的初相位为_____,振动方程为_____。

5-7 一个质点按如下规律沿 x 轴作简谐振动:$x=0.1\cos(8\pi t+2\pi/3)$(SI),此振动的周期为_____、初相位为_____、速度最大值为_____、加速度最大值为_____。

5-8 一个质点同时参与两个在同一直线上的简谐振动,其表达式分别为:
$x_1=4\times10^{-2}\cos\left(2t+\dfrac{1}{6}\pi\right)$(SI),$x_2=3\times10^{-2}\cos\left(2t-\dfrac{5}{6}\pi\right)$(SI),则其合成振动的振幅为_____,初相位为_____。

5-9 一个充满水的塑料桶用轻绳悬挂在固定点上摆动,若水桶是漏水的,则随着水的流失,其摆动周期将[   ]。

    A. 总是变大　　　　　　　　　　B. 总是变小

    C. 先变小再变大　　　　　　　　D. 先变大再变小

5-10 地球半径为 R,将一单摆置于水平地面上,t 时间内摆动 n 次;若将其置于高度为 h 的高山上,t 时间内摆动 $n-1$ 次,则 $\dfrac{h}{R}$ 为[   ]。

    A. $\dfrac{1}{n}$ B. $\dfrac{1}{n-1}$ C. $\dfrac{1}{n+1}$ D. $\dfrac{n-1}{n+1}$

5-11 如图 5-33 所示,设两弹簧处于自然长度,则振动系统的周期为[   ]。

    A. $\dfrac{1}{2\pi}\sqrt{\dfrac{k_1+k_2}{m}}$ B. $\dfrac{1}{2\pi}\sqrt{\dfrac{m}{k_1+k_2}}$ C. $2\pi\sqrt{\dfrac{k_1+k_2}{m}}$ D. $2\pi\sqrt{\dfrac{m}{k_1+k_2}}$

5-12 如图 5-34 所示的振动系统的周期为[   ]。

    A. $\dfrac{1}{2\pi}\sqrt{\dfrac{k_1 \cdot k_2}{k_1+k_2}m}$ B. $\dfrac{1}{2\pi}\sqrt{\dfrac{k_1 \cdot k_2}{m(k_1+k_2)}}$

    C. $2\pi\sqrt{\dfrac{k_1 \cdot k_2}{m(k_1+k_2)}}$ D. $2\pi\sqrt{\dfrac{m(k_1+k_2)}{k_1 \cdot k_2}}$

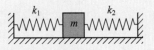
图 5-33　习题 5-11 用图

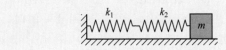
图 5-34　习题 5-12 用图

5-13 一简谐振动曲线如图 5-35 所示,则振动周期是[   ]。

    A. 2.62 s   B. 2.40 s   C. 2.20 s   D. 2.00 s

5-14 一物体作简谐振动,振动方程为 $x=A\cos\left(\omega t+\dfrac{1}{2}\pi\right)$,则该物体在 $t=0$ 时刻的动能与 $t=T/8$ (T 为振动周期)时刻的动能之比为[   ]。

    A. 1∶4   B. 1∶2   C. 1∶1   D. 2∶1   E. 4∶1

5-15 一个质量为 m,半径为 R 的均质圆盘与一根长度为 $2R$ 的轻杆连接,杆和盘一起可绕过 O 点、垂直于盘面的水平光滑固定轴转动,如图 5-36 所示,如果杆和盘绕 O 点作小角度的摆动,则摆动的周期为[   ]。

    A. $2\pi\sqrt{\dfrac{3R}{g}}$ B. $2\pi\sqrt{\dfrac{R}{2g}}$ C. $2\pi\sqrt{\dfrac{19R}{2g}}$ D. $2\pi\sqrt{\dfrac{19R}{6g}}$

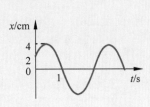
图 5-35　习题 5-13 用图

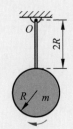
图 5-36　习题 5-15 用图

5-16 有两个弹簧振子,甲的固有频率是 100 Hz,乙的固有频率是 400 Hz,若它们均在频率为 300 Hz 的驱动力作用下作受迫振动,则[   ]。

    A. 甲的振幅较大,振动频率是 100 Hz   B. 乙的振幅较大,振动频率是 300 Hz

    C. 甲的振幅较大,振动频率是 300 Hz   D. 乙的振幅较大,振动频率是 400 Hz

5-17 若简谐振动方程为 $x=0.1\cos\left(20\pi t+\dfrac{\pi}{4}\right)$ m,求:(1)振幅、频率、角频率、周期和初相位;(2)$t=2$ s 时的位移、速度和加速度。

5-18 一质量为 1.0×10^{-2} kg 的物体作简谐振动,其振幅为 2.4×10^{-2} m,周期为 4.0 s,当 $t=0$ 时,位移为 2.4×10^{-2} m,求:(1)在 $t=0.5$ s 时,物体所在位置和物体所受的力;(2)由起始位置运动到 $x=-1.2\times10^{-2}$ m,所需要的最短时间。

5-19 假设地球的半径为 $R=6\,400$ km,地球内部的重力加速度 g' 值与距离地球中心的距离成反比,那么在地球表面以下的什么深度处,一个在地球表面的钟摆一天会慢 5 min?

5-20 劲度系数为 k_1 的轻弹簧与劲度系数为 k_2 的弹簧通过如图 5-37 所示的方式连接,在 k_2 的下端挂一质量为 m 的物体。

  (1)证明:当 m 在竖直方向发生微小位移后,系统作简谐振动。

  (2)将 m 从静止位置向上移动 a,然后释放任其运动,写出其振动方程(取物体开始运动为计时起点,x 轴向下为正方向)。

5-21 一个周期为 2π s、初相位为零、作简谐振动的粒子的总能量为 0.256 J。粒子在 $\dfrac{1}{4}\pi$ s 的位移为 $8\sqrt{2}$ cm。计算粒子的运动振幅和质量。

图 5-37 习题 5-20 用图

5-22 如图 5-38 所示,有一水平弹簧振子,弹簧的劲度系数 $k=24$ N/m,重物的质量 $m=6$ kg,重物静止在平衡位置上。设以一水平恒力 $F=10$ N 向左作用于物体(不计摩擦),使之由平衡位置向左运动了 $x_0=0.05$ m,此时撤去力 F。当重物运动到左方最远位置时开始计时,求物体的运动方程。

5-23 有一由质量为 M 的木块和劲度系数为 k 的轻质弹簧组成一个在光滑水平台上运动的谐振子,开始时木块静止在 O 点,一个质量为 m 的子弹以速率 v_0 沿水平方向射入木块并嵌在其中,然后木块(内有子弹)作简谐振动,取向右为 x 轴正方向,如图 5-39 所示。若以子弹射入木块并嵌在木块中时开始计时,试写出系统的振动方程。

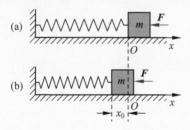

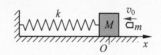

图 5-38 习题 5-22 用图   图 5-39 习题 5-23 用图

5-24 有一单摆,摆长 $l=1.0$ m,摆球质量 $m=1.0\times10^{-2}$ kg,当摆球处在平衡位置时,若给小球一个水平向右的冲量 $F\cdot\Delta t=1.0\times10^{-4}$ kg·m/s,取打击时刻为计时零点 ($t=0$),求振动的初相位和角振幅,并写出小球的振动方程。

5-25 在直立的 U 形管中装有质量为 $m=240$ g 的水银(密度为 $\rho=13.6\times10^3$ kg/m³),管的横截面积为 $S=0.30$ cm²。经初始扰动后,水银在管内作微小振动。不计各种阻力,试列出振动微分方程,并求出振动周期。

5-26 一圆锥体高度为 H,顶端系一重物,倒浮在水里,忽略重物的体积。平衡时水浸到 $H/2$ 处,如图 5-40 所示。不计摩擦,求将锥体轻轻往下一按后系统的振动周期。

图 5-40 习题 5-26 用图

5-27 一氢原子在分子中的振动可视为简谐运动,已知氢原子的质量 $m = 1.68 \times 10^{-27}$ kg,振动频率 $\nu = 1.0 \times 10^{14}$ Hz,振幅 $A = 1.0 \times 10^{-11}$ m,试计算:(1)此氢原子的最大速度;(2)与此振动相联系的能量。

5-28 一个物体质量为 $m = 0.25$ kg,在弹性力作用下作简谐振动,弹簧的劲度系数 $k = 25$ N/m,如果起始时刻物体的位置和速度均为正,且振动系统的初动能为 0.02 J,弹簧的势能为 0.06 J。求:(1)物体的振动方程;(2)动能恰等于势能时的位移;(3)经过平衡位置时物体的速度。

5-29 如图 5-41 所示,一个定滑轮的半径为 R,转动惯量为 J,其上挎有一细绳,绳的一端系有一质量为 m 的物体,另一端与一固定的轻弹簧相连,弹簧的劲度系数为 k,绳与滑轮间无相对滑动,也不计滑轮与轴间的摩擦。现将物体从平衡位置向下拉一微小距离后轻轻释放。(1)试证明系统的运动为简谐运动。(2)试求其角频率 ω 和周期 T。

5-30 将频率为 384 Hz 的标准音叉的振动和一待测频率的音叉的振动合成,测得拍频为 3.0 Hz,在待测音叉的一端加上一小块物体,则拍频将减小,求待测音叉的固有频率。

5-31 一个摆在空中作阻尼振动,某时刻振幅为 $A_0 = 3$ cm,经过 $t_1 = 10$ s 后,振幅变为 $A_1 = 1$ cm。问:由振幅为 A_0 时起,经多长时间其振幅减弱为 $A_2 = 0.3$ cm?

5-32 某弹簧振子在真空中自由振动的周期为 T_0,现将该弹簧振子浸入水中,由于受水的阻尼作用,经过每个周期,振幅降为原来的 90%,求:(1)振子在水中的振动周期 T。(2)如果开始时振幅 $A_0 = 10$ cm,水中弹簧振子从开始振动到振子静止时,振子经过的路程为多少?

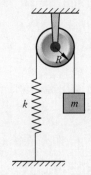

图 5-41 习题 5-29 用图

第 6 章 机械波

本章将讨论机械波中最基本、最重要的一种形式——简谐波。为什么讨论简谐波呢？因为一切复杂的波都可以分解成一系列不同频率的简谐波的合成，因此掌握简谐波的基本知识是处理复杂波的基础，也是进一步学习电磁学和光学等内容的基础。本章主要内容有机械波的形成和传播、描述简谐波的特征量及简谐波的波函数、波的能量和能流、惠更斯原理、波的干涉、驻波和机械波的多普勒效应。

6.1 机械波的产生和传播

6.1.1 机械波产生的条件

将石头投入平静的水池中，落石处的水质元会发生振动，振动向水面四周传播而泛起涟漪，形成水面波。音叉振动时，引起周围空气的振动，并在空气中传播形成声波。我们把机械振动在介质中的传播称为 机械波（mechanical wave）。大量实验表明，产生机械波必须具备两个条件：①波源：能产生机械振动的物体；②有传播机械振动的介质。

6.1.2 机械波的形成和传播

波动可以从不同的角度进行分类。如按性质来分，可分为机械波、电磁波、引力波等；如按传播方向与振动方向关系来分，可分为 横波（transverse waves）和 纵波（longitudinal waves）；如按波面形状来分，可分为平面波、球面波、柱面波等；如按复杂程度来分，可分为简谐波和复波；如按持续时间来分，可分为连续波和脉冲波；如按波形是否传播来分，可分为 行波（traveling wave）和 驻波（standing wave）等。下面介绍横波和纵波的形成和传播。

如果在波动中，质点的振动方向和波的传播方向相互垂直，则称这种波为横波。手拿弹簧的一端上、下抖动，就可以在弹簧形成横波（图 6-1）。下面分析横波的形成过程。

把弹簧分成许多小部分，每一小部分都看成一个质点，相邻两个质点间，有弹力作用。前一个质点的振动带动后一个质点的振动，依次下去，振动也就从发生处向远处传播，从而形成了横波（图 6-2）。如

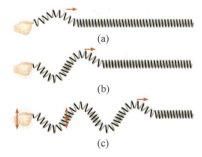

图 6-1 弹簧形成的横波

弹簧横波

果在弹簧上任取一点系上红布条,我们还可以发现,红布条只是在上下振动,并没有随波前进。波在传播过程中,质点的振动达到正向最大位移处称为波峰(wave crest);振动达到负向最大位移处称为波谷(wave trough)。

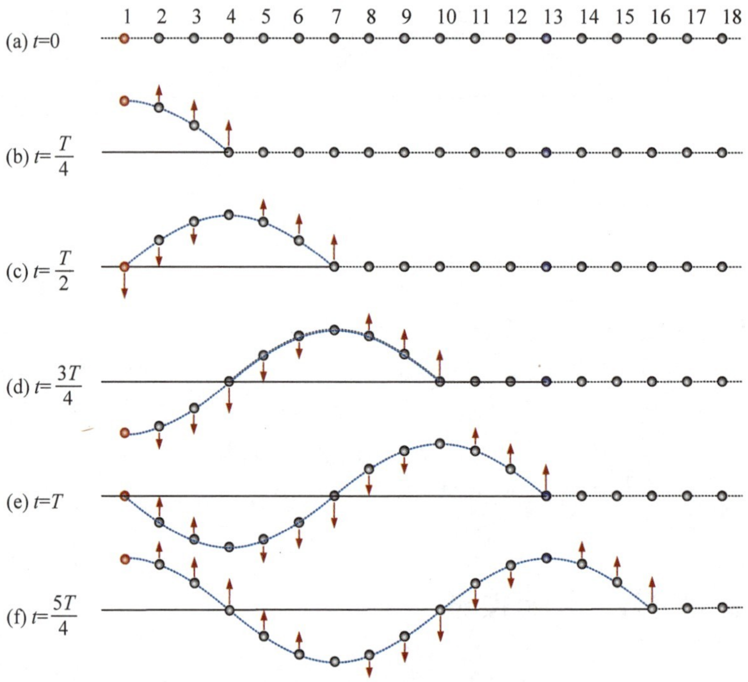

图 6-2 横波的形成

如果在波动中,质点的振动方向和波的传播方向相互平行,则称这种波为纵波,又称疏密波。手拿悬挂着的一根弹簧一端,将其左、右运动,在弹簧中就会形成纵波(图 6-3)。

纵波的形成和横波的形成相似,只是质点的振动在波的传播方向,仍是上一质点的振动带动下一质点的振动,下一质点的振动相位落后于上一质点的振动相位(图 6-4)。在纵波的传播过程中,介质中的质点会周期性地出现疏密变化,质点分布最疏的位置叫作疏部,质点分布最密的位置叫作密部。

弹簧纵波

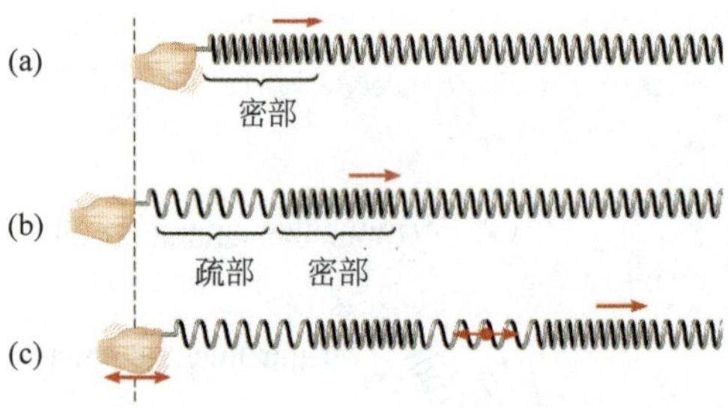

图 6-3 弹簧形成的纵波

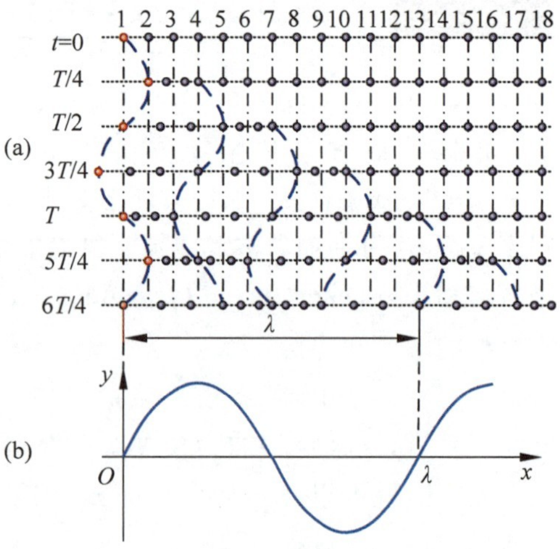

图 6-4 纵波的形成

由此,我们可以发现,无论是横波还是纵波,在波传播过程中,介质中各质点只在其平衡位置附近作振动,质点本身不会沿着波的传播方向移动。在波动的形成过程中是振动状态向前传播,各振动质点沿传播方向相位依次落后。波在传播过程中,如果波峰向传播方向移动,则称这种波为行波。

一般地,介质中各个质点的振动情况是很复杂的,由此产生的波动也很复杂。当波源作简谐振动,这时在介质中产生的波动称为简谐波(simple harmonic wave),它是一种最简单而重要的波。

6.1.3 波面与波线

在波的传播过程中,任何时刻由振动相位相同的点构成的面称为波阵面(wavefront),简称波面。其中,波的传播方向上最前面的一个波面称为波前。波面是波动的同相位面,波面有很多,形成波面族,波面上任意一点的振动都是波源发出的振动经过一定时间延迟后到达该点的结果。沿波的传播方向画出的一组射线叫作波线(wave line),又叫波射线。在各向同性介质(isotropic medium)中,波线与波阵面垂直,在各向异性介质(anisotropic medium)中,波线一般与波面不垂直。

按照波面的形状,波可分为球面波、平面波和柱面波等。波面为平面的波称为平面波(图6-5(a)),其波线是一系列的平行线,它是一个理想的波,但在实际中能得到局部的平面波。同样,波面为球面和柱面的波分别称为球面波和柱面波。当波源的几何线度比观察点到波源的距离小得多时,则称该波源为点波源。在各向同性的均匀介质中,点波源发出的是球面波,波面是以波源为中心的一系列同心球面,点波源位于球心处,如图6-5(b)所示。球面波的波线是以点波源为中心的一组径向直线,其波线与波面垂直。对于由点波源发出的球面波来说,在远离点波源的情况下,其波面的一小部分可近似地看作平面波。正是这个原因,我们常将从太阳射向地球的光波看成平面波。无限长的线波源发出的波是柱面波,其波线是一组垂直于线源的径向射线,如图6-5(c)所示。

波阵面——球面波

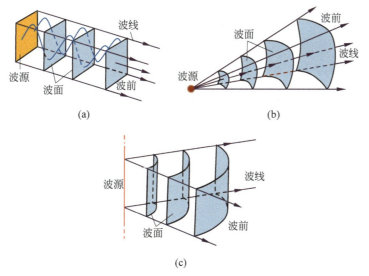

图 6-5 平面波、球面波与柱面波的波线与波面
(a) 平面波;(b) 球面波;(c) 柱面波

6.1.4 描述波的特征量

1. 波长

在同一波射线上两个相邻的、相位差为 2π 的振动质点之间的距离叫作波长(wave length),一般用 λ 表示。如果从波动的传播角度来定义波长,则它是指在一个周期内某

振动状态(相位)传播的距离。波长描述了波的空间周期性。

2. 周期和频率

波向前传播一个波长所需要的时间叫作波的周期，用 T 表示。在单位时间内通过波线上某点的完整波形的个数称为波的频率，一般用 ν 表示。一般情况下，振动在介质中传播时频率不变。所以，频率就等于波源的振动频率，波的周期也等于波源的振动周期，且其与频率满足如下的关系：

$$T = \frac{1}{\nu} \tag{6-1}$$

3. 波速

在波动过程中，某一振动状态在单位时间内所传播的距离叫作波速。故其定义式为

$$u = \frac{\lambda}{T} = \nu\lambda \tag{6-2}$$

由此可见，这里定义的波速是振动状态传播的速度，即相位传播的速度，因此也称为相速度(phase velocity)，简称相速。

这里要区别波的传播速度和介质质点的振动速度。后者是质点的振动位移对时间的导数，反映质点振动的快慢，它和波的传播快慢完全是两回事。

波速的大小由波的特性和传播波的介质的特性决定。固体中既能传播横波，也能传播纵波，但在液体和气体中只能传播纵波。在固体中横波的传播速度为

$$u = \sqrt{\frac{G}{\rho}} \tag{6-3}$$

式中，ρ 是介质的密度；G 为固体的切变模量(shear modulus)，单位为帕斯卡(Pa)。

切变模量是指材料在弹性变形内，剪切应力(shear stress)与对应的剪切应变(shear strain)的比值。设 F 是作用在切变物体表面的切向力，S 为力 F 作用处物体的表面积，则 $\frac{F}{S}$ 称为剪切应力。在此剪切应力的作用下，材料将发生偏斜，如图 6-6 所示。将偏斜角 θ 的正切定义为剪切应变 γ，即 $\gamma = \tan\theta$，当剪切应变足够小时，$\gamma \approx \theta$，因此切变模量的定义式为

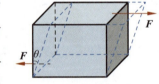

图 6-6 剪切应变

$$G = \frac{F/S}{\gamma} = \frac{F/S}{\tan\theta} \approx \frac{F/S}{\theta} \tag{6-4}$$

切变模量表征材料抵抗切应变的能力，切变模量越大，则材料的刚性越强。

在固体中纵波的传播速度为

$$u = \sqrt{\frac{Y}{\rho}} \tag{6-5}$$

式中，ρ 为介质的密度；Y 为固体的杨氏模量(Young's modulus)，单位为帕斯卡(Pa)。

杨氏模量是表征在弹性限度内物质材料抗拉或抗压的物理量，也称弹性模量，它是拉伸应力与对应的拉伸应变的比值。当一条长度为 l、截面积为 S 的金属丝在力 F 作用下伸长 Δl 时，则 $\frac{F}{S}$ 叫作拉伸应力(tensile stress)，其物理意义是金属丝单位横截面积所受的力；$\frac{\Delta l}{l}$ 叫作拉伸应变(tensile strain)，其物理意义是金属丝单位长度所对应的伸长量，如图 6-7 所示。因此，杨氏模量的定义式为

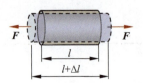

图 6-7 拉伸应变

$$Y = \frac{F/S}{\Delta l/l} \tag{6-6}$$

杨氏模量是衡量材料产生弹性变形难易程度的指标,其值越大,使材料发生一定弹性变形的拉伸应力也越大,即材料刚度越大,亦即在一定拉伸应力作用下,发生的弹性变形越小。

表 6-1 列出了部分材料的杨氏模量和切变模量以及声音在这些材料中的速度。

表 6-1 部分材料的杨氏模量和切变模量

材料名称	密度/ ($\times 10^3 \text{kg/m}^3$)	杨氏模量 Y/GPa	切变模量 G/GPa	声速/(km/s)	
				横波	纵波
金	19.3	79.5	27.8	1.2	3.24
银	10.5	73.2	23.6	1.5	3.6
铜	8.9	123	45.5	2.26	4.7
铁	7.7	206	80.3	3.23	5.85
铝	2.7	68.5	25.6	3.08	6.26
铅	11.4	16.4	5.86	0.7	2.17
镍	8.8	201	77.1	2.96	5.63
锡	7.3	54.4	20.4	1.67	3.32
钨	19.25	354	131	2.87	5.18
锌	7.1	103	41.2	2.41	4.17
铂	21.4	168	59.7	1.67	3.96
锰	8.4	123	46.4	2.35	4.66
铍	1.82	296.5	140.8	8.71	12.8
镁	1.74	45.7	16.1	3.09	5.77
铋	9.6	31.4	11.9	1.1	2.18
康铜	8.8	163	61.3	2.64	5.24
锰铜	8.4	123	46.4	2.35	4.6
镍铜锌合金	8.4	108	39.2	2.16	4.75
冰(0℃)	0.9	10.76	3.36	1.99	3.98
火石玻璃	3.6	57.6	23.6	2.56	4.26
石英玻璃	2.7	75	32.1	3.515	5.57
花岗岩	2.6~2.8	24~83	13~34	2.3~3.5	4.1~7.4
石灰岩	2.6~3.0	73~77	27~29	2.9~3.7	5.8~7.3
瓷	2.4	58.6	23.8	3.1	5.3

在液体和气体中纵波的传播速度为

$$u = \sqrt{\frac{B}{\rho}} \tag{6-7}$$

式中,ρ 为介质的密度;B 为介质的体积弹性模量(bulk modulus),简称为体弹模量,单位为帕斯卡(Pa)。

体积弹性模量是度量材料对于表面四周压强产生形变程度的物理量。它被定义为产生单位相对体积收缩所需的压强。设 $p = \dfrac{F}{S}$ 是作用于物体表面的压强,其中 F 是作用在物体表面的正压力,S 表示受力的面积,V 是物体原来的体积,ΔV 是物体体积的增量,$\dfrac{\Delta V}{V}$ 称为**体积应变**(volumetric strain),如图 6-8 所示,则

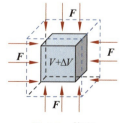

图 6-8 体变

体积弹性模量定义为

$$B = -\frac{p}{\Delta V/V} \tag{6-8}$$

表 6-2 列出了部分材料的体积弹性模量。

表 6-2 部分材料的体积弹性模量

材 料 名 称	体积模量/Pa	材 料 名 称	体积模量/Pa
金刚石	4.42×10^{11}	液状石蜡	1.66×10^9
钢	1.6×10^{11}	SAE 30 润滑油	1.5×10^9
玻璃	3.7×10^{10}	四氯化碳	1.32×10^9
固态氢	5×10^7（估计值）	汽油	1.3×10^9
水银	2.85×10^{10}	煤油	1.3×10^9
甘油	4.35×10^9	苯	1.05×10^9
水-乙二醇	3.4×10^9	丙酮	0.92×10^9
磷酸酯	3×10^9	甲醇	8.23×10^8（20℃,1 atm 下）
硫酸	3.0×10^9	乙醇	9.02×10^8（20℃,1 atm 下）
海水	2.34×10^9	空气	1.42×10^5（绝热体积模量）
纯水	2.2×10^9	空气	1.01×10^5（等温体积模量）

横波在弦线上的传播速度为

$$u = \sqrt{\frac{T}{\mu}} \tag{6-9}$$

式中，μ 为弦线的线密度；T 为弦线中的张力。

例 6-1

铁路沿线的 A 处在进行某项工程的施工爆破,其所产生的声波沿钢轨传到观测点 B 的仪器中,由仪器记录知,第二个波(横波)比第一个波(纵波)迟到 5 s。已知钢轨材料的杨氏模量 $Y = 1.96\times10^5$ N/mm^2,切变模量 $G = 7.35\times10^4$ N/mm^2,$\rho = 7.8\times10^3$ kg/m^3,试求:(1)横波与纵波在钢轨中的传播速度;(2)AB 两地间钢轨的长度。

解 (1) 钢轨中横波的传播速度为

$$u_t = \sqrt{\frac{G}{\rho}} = \sqrt{\frac{7.35\times10^4\times10^6}{7.8\times10^3}} \text{ m/s} = 3.07\times10^3 \text{ m/s}$$

钢轨中纵波的传播速度为

$$u_l = \sqrt{\frac{Y}{\rho}} = \sqrt{\frac{1.96\times10^5\times10^6}{7.8\times10^3}} \text{ m/s} = 5.01\times10^3 \text{ m/s}$$

(2) 由于纵波的速度比横波的速度大,故纵波比横波先到。设 A 与 B 之间的距离为 l_{AB},纵波从 A 传播到 B 所花的时间为 t_1,横波从 A 传播到 B 所花的时间为 t_2,由题意知 $t_2 - t_1 = 5$ s,且有

$$l_{AB} = u_l t_1, \quad l_{AB} = u_t t_2$$

所以

$$l_{AB} = \frac{u_t u_l}{u_l - u_t}(t_2 - t_1) = 3.96\times10^4 \text{ m}$$

> **思考题**
>
> 6-1　什么叫波动？具备哪些条件才能形成机械波？
>
> 6-2　什么叫波面、波线？波面与波前有什么异同？波面与波之间有什么联系？
>
> 6-3　有人说，因为波速 $u=\nu\lambda$，通过提高波的频率就可提高波速 u；又有人说，提高频率后，波长 λ 将会相应变短，因此，通过改变频率并不能影响波速，你的看法如何？
>
> 6-4　如果地震发生时，你站在地面上，先感受到哪种波引起的摇晃？

6.2　平面简谐波及其描述

下面将定量描述行波，即用数学函数式描述介质中各质点的位移是怎样随时间变化的。这样的函数式称为行波的波动方程，也称为波函数。

平面简谐波是最简单和最基本波动。我们将讨论平面余弦波在理想的无吸收的均匀无限大介质中传播时的波动方程。

6.2.1　平面简谐波的波动方程

若波源和介质中的质点都作简谐振动，这种振动在介质中形成的波称为<u>简谐波</u>。如果波的波面又为平面，则称这样的波为<u>平面简谐波</u>（plane simple harmonic wave）。

首先以沿 x 轴正向传播的波为例进行讨论。设一平面简谐波在无吸收的均匀无限大的介质中沿 x 轴正向传播，x 轴即为某一波线，在此波线上任取一点为坐标原点，为简单起见，假定原点 $O(x=0)$ 处振动相位为零时开始计时（即 $\varphi=0$），则原点 O 的振动方程为

$$y_O = A\cos\omega t \tag{6-10}$$

其中，y_O 表示原点处质点离开平衡位置的位移；ω 为质点振动的角频率。

设 P 为 x 轴上任一点，其坐标为 x，而用 y 表示该处质点偏离平衡位置的位移，如图 6-9 所示，现求 P 点的振动方程。

由于所讨论的是平面波，而且是在无吸收的均匀介质中传播，所以各质点的振幅相等，于是 P 点处的质点在 t 时刻的位移可这样计算：设波动在介质中的传播速度为 u，则原点的振动状态传播到 P 点所需要的时间为 $\Delta t=\dfrac{x}{u}$，因

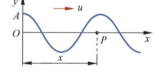

图 6-9　x 轴正向传播的波

x 轴正方向传播的波

此，P 点在 t 时刻将重复原点在 $\left(t-\dfrac{x}{u}\right)$ 时刻的振动状态，即 P 点在 t 时刻的振动方程为

$$y = A\cos\omega\left(t - \frac{x}{u}\right) \tag{6-11}$$

上式就是沿 x 轴正向传播的平面简谐波的波动方程。

如前所述，当一列波在介质中传播时，沿着波的传播方向向前看去，前方各质点的振动要依次落后于波源的振动。因此，式(6-11)中 $-\dfrac{x}{u}$ 也可理解为 P 点的振动落后于原点振动的时间，相位落后 $\omega\dfrac{x}{u}$。

若原点 O 的振动初相位为 φ，则原点 O 的振动方程为

$$y_O = A\cos(\omega t + \varphi) \tag{6-12}$$

由于波源的初相位对波传播过程的贡献是固定的,与波的传播方向、时间、距离无关,因此,按照上面的推导方法,易得向 x 轴正方向传播的平面简谐波的波动方程的一般形式为

$$y = A\cos\left[\omega\left(t - \frac{x}{u}\right) + \varphi\right] \tag{6-13}$$

利用 $\omega = \frac{2\pi}{T} = 2\pi\nu$ 和 $u = \frac{\lambda}{T} = \nu\lambda$,式(6-13)可以变形成

$$y = A\cos\left[2\pi\left(\frac{t}{T} - \frac{x}{\lambda}\right) + \varphi\right] \tag{6-14}$$

如取 $k = \frac{2\pi}{\lambda}$,k 称为角波数,则波函数又可写成

$$y = A\cos(\omega t - kx + \varphi) \tag{6-15}$$

x 轴负方向
传播的波

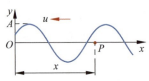

图 6-10 x 轴负向传播的波

显然,对于如图 6-10 所示的沿 x 轴负方向传播的平面简谐波,P 点的振动状态传播到原点所需要的时间为 $\Delta t = \frac{x}{u}$,则 P 点的振动超前于原点的振动,超前的时间为 $+\frac{x}{u}$,此时 P 点的振动方程为

$$y = A\cos\left[\omega\left(t + \frac{x}{u}\right) + \varphi\right] \tag{6-16}$$

或表示为

$$y = A\cos\left[2\pi\left(\frac{t}{T} + \frac{x}{\lambda}\right) + \varphi\right] \tag{6-17}$$

$$y = A\cos(\omega t + kx + \varphi) \tag{6-18}$$

这些就是沿 x 轴负方向传播的平面简谐波的波动方程。

6.2.2 波动方程的物理意义

为了深刻理解平面简谐波的波动方程的物理意义,下面以沿 x 轴正方向传播的波为例,分几种情况进行讨论。

(1) 如果 $x = x_0$ 为给定值,则位移 y 仅是时间 t 的函数:$y = y(t)$,波动方程化为

$$y(t) = A\cos\left(\omega t - \frac{\omega x_0}{u} + \varphi\right) = A\cos\left(\omega t - 2\pi\frac{x_0}{\lambda} + \varphi\right) \tag{6-19}$$

这就是波线上距原点为 x_0 处的质点在任意时刻离开自己平衡位置的位移。上式即为 x_0 处的质点的振动方程,它表明任意坐标 x_0 处的质点均在作周期为 T 的简谐振动。以 t 为横轴,y 为纵轴,可作出其相应的振动曲线,如图 6-11 所示。

表达式(6-19)还给出该点落后于波源 O 的相位。
由式(6-19)可知,x_0 处的质点在 $t=0$ 时刻的位移为

$$y(0, x_0) = A\cos\left(-\frac{\omega x_0}{u} + \varphi\right)$$

$$= A\cos\left(-2\pi\frac{x_0}{\lambda} + \varphi\right) \tag{6-20}$$

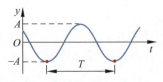

图 6-11 波线上任一振动质点的位移时间图像

该处的质点的振动初相位为 $\phi = -\frac{\omega x_0}{u} + \varphi = -2\pi\frac{x_0}{\lambda} + \varphi$,显然 x_0 处的质点的振动相位

比原点 O 处的质点的振动相位始终落后 $\dfrac{\omega x_0}{u}=2\pi\dfrac{x_0}{\lambda}$。$x_0$ 越大时,相位落后越多,因此,沿着波的传播方向,各质点的振动相位依次落后。当 $x_0=\lambda,2\lambda,3\lambda,\cdots$ 时,x_0 处的质点的振动相位比原点 O 处的质点的振动相位依次落后为 $2\pi,4\pi,6\pi,\cdots$,这正好表明波线上每隔一个波长的距离,质点的振动曲线就重复一次,波长代表了波的空间周期性。

(2) 如果 $t=t_0$ 为给定值,则位移 y 只是坐标 x 的函数:$y=y(x)$,波动方程变为

$$y=A\cos\left[\omega\left(t_0-\dfrac{x}{u}\right)+\varphi\right] \tag{6-21}$$

这时方程给出了在 t_0 时刻波线上各质点离开各自的平衡位置的位移分布情况,称为 t_0 时刻的波形方程。t_0 时刻的波形图如图 6-12 所示,它是一条简谐函数曲线,正好说明它是一列简谐波。应该注意的是,对于横波,t_0 时刻的 y-x 曲线实际上就是该时刻统观波线上所有质点的位移分布图形,而对于纵波,波形曲线并不反映真实的质点分布情况,y 轴所表示的位移实际上就是沿着 x 轴方向的各质点的位移,并且向左为负,向

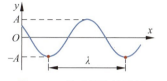

图 6-12 某时刻的波形图

右为正。把位移转到 y 轴方向标出,就连成了与横波波形相似的余弦曲线(见图 6-2)。

可以导出,同一质点在相邻两个时刻的振动相位差为

$$\Delta\varphi=\left[\omega\left(t_2-\dfrac{x}{u}\right)+\varphi\right]-\left[\omega\left(t_1-\dfrac{x}{u}\right)+\varphi\right]=\omega(t_2-t_1)=\dfrac{(t_2-t_1)}{T}2\pi=\dfrac{2\pi}{T}\Delta t \tag{6-22}$$

时间 Δt 相差一个 T,相位落后 2π,这表明波动周期反映了波动在时间上的周期性。

(3) 如果 t,x 都在变化,波动方程为

$$y=A\cos\left[\omega\left(t-\dfrac{x}{u}\right)+\varphi\right] \tag{6-23}$$

该方程给出了波线上各个不同质点在不同时刻的位移,或者说它包括了各个不同时刻的波形,也就是反映了波形不断向前推进的波动传播的全过程。为深入理解波的传播,可作如下的分析。

将 t 时刻的波形方程(6-23)改写为

$$y=A\cos\left[\omega\left(t+\Delta t-\Delta t-\dfrac{x}{u}\right)+\varphi\right]$$

由此可得

$$y=A\cos\left[\omega\left(t+\Delta t-\dfrac{x+\Delta x}{u}\right)+\varphi\right] \tag{6-24}$$

在上式的推导过程中,我们利用了 $\Delta x=u\Delta t$。比较式(6-24)与式(6-23),容易发现 $t+\Delta t$ 时刻位于 $x+\Delta x$ 处质点的振动状态与 t 时刻位于 x 处质点的振动状态相同,这一关系也可理解为 $t+\Delta t$ 的波形图只不过是将 t 时刻的波形图向波的传播方向平移了 Δx 的距离,如图 6-13 所示。故式(6-23)描述的波称为 行波。

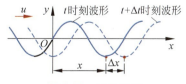

图 6-13 波的传播

任一质点的振动速度和加速度可通过将波动方程中的 x 看作定值,将 y 分别对 t 求一次导数和二次导数得到。这种导数称为偏导数,记作 $\dfrac{\partial y}{\partial t}$ 和 $\dfrac{\partial^2 y}{\partial t^2}$。以式(6-23)为例,可得质点的振动速度和加速度分别为

$$v = \frac{\partial y}{\partial t} = -A\omega \sin\left[\omega\left(t - \frac{x}{u}\right) + \varphi\right] \qquad (6\text{-}25)$$

$$a = \frac{\partial^2 y}{\partial t^2} = -A\omega^2 \cos\left[\omega\left(t - \frac{x}{u}\right) + \varphi\right] \qquad (6\text{-}26)$$

至此,我们讨论了波的形成与传播、平面简谐波的波动方程。为清楚理解简谐振动图像和平面简谐波图像的联系与区别,我们对简谐振动图像和平面简谐波波动图像进行了对比,如表 6-3 所示。

表 6-3 简谐振动图像与平面简谐波波动图像对比

项 目	振 动 图 像	波 动 图 像
研究对象	单一振动质点	沿波传播方向上的所有质点
研究内容	一质点的位移随时间的变化规律	某时刻所有质点的空间分布规律
图线	（x/m ~ t/s 正弦曲线图）	（y/m ~ x/m 正弦曲线图）
物理意义	表示一个质点在各时刻的位移	表示各质点在某时刻的位移
图线变化	随着时间推移,图像延伸,但已有的图像形状不变	随着时间推移,图像沿传播方向平移
形象记忆	比喻为一个质点运动的"录像"	比喻为某一时刻拍摄得到的无数个质点的"照片"
确定质点运动方向	根据下一时刻的位移来判断	根据上一质点振动带动下一质点的振动来判断

例 6-2

图 6-14 是一平面简谐波在 $t=0$ 时刻的波形图,求:(1)该波的波动方程;(2)P 处质点的振动方程。

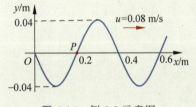

图 6-14 例 6-2 示意图

解 (1)由所给波形图可知波速 $u=0.08$ m/s,波长 $\lambda=0.4$ m,故角频率为

$$\omega = \frac{2\pi u}{\lambda} = \frac{2\pi \times 0.08}{0.4} \text{ rad/s} = 0.4\pi \text{ rad/s}$$

振幅 $A=0.04$ m。由旋转矢量法可以判断原点 O 处质点的振动初相位为 $-\frac{\pi}{2}$。波向 x 轴正方向传播,故得该波的波动方程为

$$y = 0.04\cos\left[0.4\pi\left(t - \frac{x}{0.08}\right) - \frac{\pi}{2}\right] \text{ m}$$

(2)将 P 点的位置 $x=0.2$ m 代入上面的波动方程,得 P 处质点的振动方程为

$$y = 0.04\cos\left[0.4\pi t - \frac{3\pi}{2}\right] \text{ m}$$

例 6-3

某潜水艇的声呐发出的超声波为平面简谐波,其振幅为 $A=1.2\times 10^{-3}$ m,频率 $\nu=5.0\times 10^4$ Hz,波长 $\lambda=2.85\times 10^{-2}$ m,波源振动的初相位 $\varphi=0$,求:(1)该超声波的波动方程;(2)距波源 2 m 处质点的振动方程;(3)距波源 8.00 m 与 8.05 m 的两质点振动的相位差。

解 (1)由题给条件知:振幅 $A=1.2\times 10^{-3}$ m,频率 $\nu=5.0\times 10^4$ Hz,波长 $\lambda=2.85\times 10^{-2}$ m,初相

位 $\varphi=0$,假设波沿 x 轴正方向传播,代入波动方程 $y=A\cos\left[2\pi\left(\nu t-\dfrac{x}{\lambda}\right)+\varphi\right]$,得

$$y=1.2\times10^{-3}\cos 2\pi\left(5\times10^{4}t-\dfrac{x}{2.85\times10^{-2}}\right)\ \text{m}$$

$$\approx 1.2\times10^{-3}\cos(10^{5}\pi t-220x)\ \text{m}$$

(2) 将 $x=2$ m 代入上面求得的波动方程,得到距波源 2 m 处质点的振动方程为

$$y=1.2\times10^{-3}\cos(10^{5}\pi t-440)\ \text{m}$$

(3) 由波动方程 $y=A\cos\left[2\pi\left(\nu t-\dfrac{x}{\lambda}\right)+\varphi\right]$ 可知,相邻两质点振动的相位差为

$$\Delta\phi=-\dfrac{2\pi x_{2}}{\lambda}+\dfrac{2\pi x_{1}}{\lambda}=-\dfrac{2\pi}{\lambda}(x_{2}-x_{1})=-\dfrac{2\pi}{2.85\times10^{-2}}(8.05-8.00)=-11\ \text{rad}$$

例 6-4

有一平面余弦波,波线上各质点振动的振幅和角频率分别为 A 和 ω,波沿 x 轴正向传播,波速为 u,设某一瞬时的波形如图 6-15 所示,并取图示瞬间为计时零点。

(1) 在 O 点和 P 点各有一观察者,试分别以两观察者所在地为坐标原点,写出该波的波动方程;

(2) 确定当 $t=0$ 时,距点 O 分别为 $x=\dfrac{\lambda}{8}$ 和 $x=\dfrac{3\lambda}{8}$ 两处质点振动的速度的大小和方向。

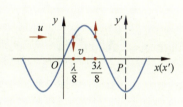

图 6-15 例 6-4 用图

解 (1) 欲求波函数,先求 O 点的振动方程 $y_{O}=A\cos(\omega t+\varphi)$,其中 A、ω 为已知量,φ 为初相位且由初始条件确定,由图 6-15 可知,$t=0$ 时

$$y_{O}=A\cos\varphi=0,\quad v=-A\omega\sin\varphi<0$$

由旋转矢量法或代数方法可得

$$\varphi=\dfrac{\pi}{2}$$

故 O 点的振动方程为

$$y_{O}=A\cos\left(\omega t+\dfrac{\pi}{2}\right)$$

则该波的波动方程为

$$y=A\cos\left[\omega\left(t-\dfrac{x}{u}\right)+\dfrac{\pi}{2}\right]$$

当选取 P 点为坐标原点时,设 P 点作简谐振动的方程为 $y'_{P}=A\cos(\omega t+\varphi')$,$t=0$ 时,$y'_{P}=A\cos\varphi'=-A$,$v'_{O}=-A\omega\sin\varphi'=0$,则 $\varphi'=\pi$,$y'_{P}=A\cos(\omega t+\pi)$,所以取 P 点为坐标原点时波动方程为

$$y'=A\cos\left[\omega\left(t-\dfrac{x'}{u}\right)+\pi\right]$$

(2) 由选取 O 点为坐标原点时得到的波动方程可得

$$v=\dfrac{\partial y}{\partial t}=-A\omega\sin\left[\omega\left(t-\dfrac{x}{u}\right)+\dfrac{\pi}{2}\right]=-A\omega\sin\left[\omega t-\dfrac{2\pi}{\lambda}x+\dfrac{\pi}{2}\right]$$

把 $t=0,x=\dfrac{\lambda}{8}$ 和 $t=0,x=\dfrac{3\lambda}{8}$ 代入上式可得

① $x=\dfrac{\lambda}{8}$ 处:$v_{1}=-\dfrac{\sqrt{2}}{2}A\omega$(方向为 y 轴负方向);

② $x=\dfrac{3\lambda}{8}$ 处:$v_{2}=\dfrac{\sqrt{2}}{2}A\omega$(方向为 y 轴正方向)。

思考题

6-5 平面波一定是简谐波吗?

6-6 振动和波动有什么区别和联系?平面简谐波动方程和简谐振动方程有什么不同?又有什么联系?振动曲线和波形曲线有什么不同?

6-7 一列简谐横波沿一直线在空间传播,某一时刻直线上相距为 d 的 A、B 两点均处在平衡位置,且 A、B 之间仅有一个波峰,若经过时间 t,质点 B 恰好到达波峰位置,则该波的波速的可能值是多少?

6-8 由已知原点处的简谐振动求平面简谐波波动方程时,原点处必须是波源吗?

6-9 图 6-16 中正弦曲线是一弦线上的波在时刻 t 的波形,其中 a 点向下运动,问:(1)波向哪个方向传播?(2)图中 b、c、d、e 各点分别向什么方向运动?(3)能否由此波形曲线确定波源振动的频率和初相位?

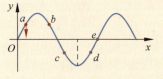

图 6-16 思考题 6-9 用图

6.3 波的能量和能流

在波的传播过程中,振源的能量通过弹性介质传播出去,介质中各质点在平衡位置附近振动,介质中各部分具有动能,同时介质因形变而具有势能。波动传播时,介质由近及远地开始振动,能量也源源不断地向外传播出去。因此,波动传播的过程也是能量传递的过程。

本节以平面简谐纵波在棒中传播的特殊情况为例,对波的能量及能量的传播过程作简要的说明。

6.3.1 波的能量和能量密度

1. 波的能量

设有一平面简谐纵波在密度为 ρ 的弹性介质中沿 x 轴正向传播,其波动方程为

$$y = A\cos\left[\omega\left(t - \frac{x}{u}\right) + \varphi\right]$$

如图 6-17 所示,在棒中坐标为 x 处取一质元,体积为 ΔV,其质量为 $\Delta m = \rho\Delta V = \rho S \Delta x$,其中 S 是棒的截面积,Δx 是质元的长度,当波传播到该质元时,其振动速度为

$$v = \frac{\partial y}{\partial t} = -A\omega\sin\left[\omega\left(t - \frac{x}{u}\right) + \varphi\right] \tag{6-27}$$

则该质元的动能为

$$E_k = \frac{1}{2}(\Delta m)v^2 = \frac{1}{2}\rho(\Delta V)A^2\omega^2\sin^2\left[\omega\left(t - \frac{x}{u}\right) + \varphi\right] \tag{6-28}$$

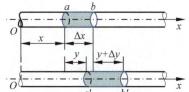

图 6-17 纵波在细长棒中的传播

同时,该质元因形变而具有弹性势能,其左端偏离平衡位置的位移为 y,右端偏离平衡位置的位移为 $(y + \Delta y)$,因此体积元的长度变化(绝对伸长量)为 Δy,质元的原长为 Δx,所以质元的相对伸长,即拉伸应变为 $\frac{\Delta y}{\Delta x}$,由 $Y = \frac{F/S}{\Delta l/l}$,得 $F = YS\frac{\Delta l}{l} = k\Delta y$,其中 $k = \frac{YS}{\Delta x}$。所以质元的弹性势能为

$$E_p = \frac{1}{2}k(\Delta y)^2 = \frac{1}{2}\frac{YS}{\Delta x}\frac{\Delta x}{\Delta x}(\Delta y)^2 = \frac{1}{2}Y\Delta V\left(\frac{\Delta y}{\Delta x}\right)^2 \tag{6-29}$$

由于应变为

$$\frac{\partial y}{\partial x} = \frac{A\omega}{u}\sin\left[\omega\left(t - \frac{x}{u}\right) + \varphi\right] \tag{6-30}$$

所以

$$E_p = \frac{1}{2}Y(\Delta V)\left(\frac{\Delta y}{\Delta x}\right)^2 = \frac{1}{2}Y(\Delta V)\frac{A^2\omega^2}{u^2}\sin^2\left[\omega\left(t - \frac{x}{u}\right) + \varphi\right] \tag{6-31}$$

因为

$$u = \sqrt{\frac{Y}{\rho}} \quad (\text{或 } Y = \rho u^2) \tag{6-32}$$

代入式(6-31)得质量为 Δm 体积为 ΔV 的介质质元的势能为

$$\begin{aligned}E_p &= \frac{1}{2}Y(\Delta V)\frac{A^2\omega^2}{u^2}\sin^2\left[\omega\left(t - \frac{x}{u}\right) + \varphi\right] \\ &= \frac{1}{2}\rho u^2(\Delta V)\frac{A^2\omega^2}{u^2}\sin^2\left[\omega\left(t - \frac{x}{u}\right) + \varphi\right] \\ &= \frac{1}{2}\rho(\Delta V)A^2\omega^2\sin^2\left[\omega\left(t - \frac{x}{u}\right) + \varphi\right]\end{aligned} \tag{6-33}$$

所以有

$$E_k = E_p = \frac{1}{2}\rho(\Delta V)A^2\omega^2\sin^2\left[\omega\left(t - \frac{x}{u}\right) + \varphi\right] \tag{6-34}$$

于是该体积元内总的波动能量(机械能)为

$$E = E_k + E_p = \rho(\Delta V)A^2\omega^2\sin^2\left[\omega\left(t - \frac{x}{u}\right) + \varphi\right] \tag{6-35}$$

讨论 (1) 在任意时刻,任意质元的动能与势能都相等,即动能与势能同时达到极大或极小,即同相的随时间变化。由此可见,体积元内总能量不守恒。

从波形图可知,当质元位于平衡位置时,速度最大,所以该质元此时的动能最大,在波动图线上该位置的斜率 $\dfrac{dy}{dx}$ 最大,即单位长度的形变量最大,故此时的势能最大,同理,当质元位于位移最大位置处时,动能和势能为零。

(2) 从总能量的角度来看,波动和振动是有区别的。介质中任一体积元的总机械能随时间在零和最大值之间周期地变化。对于某一体积元来说,总能量随 t 作周期性变化。这说明该体积元和相邻的介质之间有能量交换。当体积元的能量增加时,它从相邻介质中吸收能量,当体积元的能量减少时,它向相邻介质释放能量。这样,能量不断地从介质中的一部分传递到另一部分。所以,波动过程也就是能量传播的过程,而振动系统并不传播能量。

(3) 如果所考虑的是平面余弦弹性横波,那么只要把上述计算中的 $\dfrac{\Delta y}{\Delta x}$ 和 F 分别理解为体积元的剪切应变和剪切力,用切变模量 G 代替杨氏模量 Y,就可得到同样的结果,所以式(6-34)和式(6-35)对平面余弦弹性行波来说总是正确的。

2. 能量密度

单位体积内介质中所具有的波的能量(总机械能),称为能量密度(energy density),用 w 表示,由式(6-35)可得介质中 x 处在时刻 t 的能量密度为

$$w = \frac{\Delta E}{\Delta V} = \rho A^2\omega^2\sin^2\left[\omega\left(t - \frac{x}{u}\right) + \varphi\right] \tag{6-36}$$

可见,能量密度 w 随时间作周期性变化,实际应用中常取其时间平均值。能量密度 w 在一个周期内的平均值称为平均能量密度,用 $\bar{w}$ 表示,则对平面简谐波有

$$\bar{w} = \frac{1}{T}\int_0^T w\,dt = \frac{1}{T}\int_0^T \rho A^2 \omega^2 \sin^2\left[\omega\left(t-\frac{x}{u}\right)+\varphi\right]dt = \frac{1}{2}\rho A^2 \omega^2 \tag{6-37}$$

讨论 (1) 由式(6-36)知,一个体积元中的能量密度随时间周期性变化,其周期为波动周期的一半。体积元中的平均能量密度保持不变,即介质中并不积累能量。因而它是一个能量传递的过程,波动能量传递的方向沿波速方向。

(2) 平均能量密度与波振幅的平方(A^2)、角频率的平方(ω^2)及介质密度(ρ)成正比。此公式适用于各种弹性波。

6.3.2 波的能流和能流密度

1. 能流

为了描述波动过程中能量的传播,还需引入能流和能流密度的概念。

单位时间内垂直通过某一截面的能量称为波通过该截面的 **能流**(energy flux),如图 6-18 所示。设想在介质中作一个垂直于波速 u 的截面 ΔS,则在 Δt 时间内通过 ΔS 面的能量为

$$\Delta E = u\Delta t \Delta S w \tag{6-38}$$

因此通过面积 ΔS 的能流为

$$P = \frac{\Delta E}{\Delta t} = u\Delta S w$$

$$= u\Delta S \rho A^2 \omega^2 \sin^2\left[\omega\left(t-\frac{x}{u}\right)+\varphi\right] \tag{6-39}$$

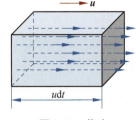

图 6-18 能流

显然,能流是随时间周期性变化的,但它总为正值。

2. 能流密度

在日常生活和实际应用中,常取其在一个周期内的平均值,即平均能流。由式(6-39)可知,其表达式为

$$\bar{P} = \frac{1}{T}\int_0^T P\,dt = \frac{1}{T}\int_0^T u\Delta S w\,dt = u\Delta S \bar{w} \tag{6-40}$$

通过垂直于波动传播方向的单位面积的平均能流称为平均能流密度,通常称为 **能流密度**(energy flux density)或波的强度(简称"波强"),用 I 表示。因此,其表达式为

$$I = \frac{\bar{P}}{\Delta S} = u\bar{w} = \frac{1}{2}\rho A^2 \omega^2 u = \frac{1}{2}z\omega^2 A^2 \tag{6-41}$$

其中

$$z = \rho u \tag{6-42}$$

是表征介质特征的一个常量,称为介质的 **特征阻抗**(intrinsic impedance)。式(6-41)表明,波强与波振幅的平方、角频率的平方成正比。式(6-41)只对弹性波成立。波强的单位是瓦特/米^2(W/m^2)。

思考题

6-10 波在传播过程中,体积元中的总能量随时间而改变,这与能量守恒定律是否矛盾?为什么?

6-11 一平面简谐波在弹性介质中传播,若介质中某质点正处于位移最大处,则此时其动能为零,势能最大,这种说法对吗?

6-12 当机械波在介质中传播时,一介质中的质点的最大变形量发生在何处?

6-13 一余弦横波以速度 u 沿 x 轴正向传播,t 时刻的波形曲线如图 6-19 所示。此时图中质点 A 的能量与质点 B 的能量哪个大?

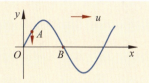

图 6-19 思考题 6-13 用图

6.4 声波及其应用

6.4.1 声速

发声体的振动在空气或其他物质中的传播称为声波。声波是一种机械波,由物体(声源)振动产生,声波传播的空间称为声场。在流体中传播的声波是纵波,但在固体介质中传播的声波可能混有横波。人耳能听到的声波的频率范围为 20~20 000 Hz,称为可闻声波,当然并非所有的人都能听到如此宽范围频率的声波。频率低于 20 Hz 的声波称为次声波,频率在 20 kHz~1 GHz 的声波称为超声波,频率大于 1 GHz 的声波称为特超声或微波超声。

声速习惯被称为音速。声速是介质中微弱压强扰动的传播速度,其大小因介质的性质和状态而异。空气中的声速在 1 个标准大气压和 15℃ 的条件下约为 340 m/s。一般来说,声速的数值在固体中比在液体中大,在液体中又比在气体中大。声速的大小还随大气温度的变化而变化,在对流层中,高度升高时,气温下降,声速减小。

6.4.2 声强与声强级

在物理学中,用声强和声强级来反映声音的客观强弱。声强为单位时间内通过垂直于声波传播方向的单位面积的声波能量,也称为声波的能流密度,单位为 W/m^2。图 6-20 给出了可闻声音的强度和频率范围。由于人能感受到的声强范围很大(10^{-12}~$1\ W/m^2$),因此声强这一物理量用起来很不方便,实验的研究表明,人对声音强弱的感觉并不是与声强成正比,而是与其对数成正比。于是,人们采用声强比的对数作为声音强弱的单位,称为贝尔(B)。又因为贝尔这个单位太大,故取贝尔的 $\frac{1}{10}$(称为分贝(dB))作为声强级的

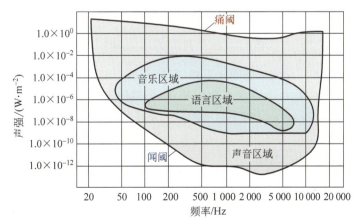

图 6-20 可闻声的强度和频率范围

单位，并规定以闻阈声强 $I_0 = 10^{-12}$ W/m² 为标准，任意声波的强度 I 与 I_0 的比值的常用对数为声波的声强级，如以分贝为单位，声强级定义为

$$L = 10\lg \frac{I}{I_0} \tag{6-43}$$

按上述定义，闻阈的声强级为 0 dB。声强为 1 W/m² 的声音，声强级为 120 dB，此声强级的声音会使人耳有痛感，称为痛阈声强，再强的声音将损伤人的听觉系统。图 6-21 给出了一些声音的近似声强级。

330 Hz 声音

330 Hz 与 331 Hz
声音叠加

330 Hz 与 340 Hz
声音叠加

图 6-21　一些声音的近似声强级

我国规定，各类工厂车间里的噪声不得超过 90 dB，噪声在 85～90 dB 的工厂每年要给工人做听力检查，对听力下降者采取保护措施；城市生活区、文教区白天不得超过 50 dB，夜间不得超过 40 dB；交通干线两侧白天不得超过 75 dB，夜间不得超过 55 dB。

6.4.3　声压和声压级

介质中有声场时的压强与没有声场时的压强之差称为声压。声压的单位是帕斯卡（Pa），其计算公式为

$$P = \sqrt{\rho I u} \tag{6-44}$$

式中,ρ 为介质的密度,单位为 kg/m^3;I 为声强,单位为 W/m^2;u 为声速,单位为 m/s。

表示声压大小的指标称为声压级(sound pressure level),常用某声音的声压 P 与基准声压值 P_0 之比的常用对数的 20 倍来表示,即声压级定义为

$$L_P = 20\lg \frac{P}{P_0} \tag{6-45}$$

式(6-45)中的声压级的单位为 dB。基准声压 P_0 在空气中为 2×10^{-5} Pa,在水中为 1×10^{-5} Pa。

6.4.4 声音的三要素

音调、响度和音色称为声音的三要素。

声音的高低称为音调。音调取决于声源振动的频率。

响度是人耳主观感觉的音量强度,即人在听觉上感觉声音轻和响的程度,它取决于声音频率、声强和声波的波形。响度是听觉的基础,正常人听觉的强度范围是 0~140 dB(也有些资料认为是 -5~130 dB)。超出人耳可闻频率范围的声音,即使响度再大,也听不见。按人耳对声音的感觉特性,依据声压和频率定出人对声音的主观音响感觉量,称为响度级,单位为方(phon)。

以频率为 1 kHz 的纯音作为基准音,其他频率的声音听起来与基准音一样响,该声音的响度级就等于基准音的声压级,即响度级与声压级是一个概念。例如,某噪声的频率为 100 Hz,强度为 50 dB,其响度与频率为 1 kHz,强度为 20 dB 的声音响度相同,则该噪声的响度级为 20 方。人耳对于高频(频率范围为 1 000~5 000 Hz)的声音敏感,对低频声音不敏感。例如,同样是 40 方的响度级,对于 1 kHz 声音来说,声压级是 40 dB;对于 4 kHz 的声音来说,声压级是 37 dB;对于 100 Hz 的声音来说,声压级是 52 dB;而对于 30 Hz 的声音来说,声压级是 78 dB。也就是说,低频的 80 dB 的声音,听起来和高频的 37 dB 的声音感觉是一样的。但是,声压级在 80 dB 以上时,各个频率的声压级与响度级的数值就比较接近了,这表明,当声压级较高时,人耳对各个频率的声音的感觉基本是一样的。描述响度、声压级和声源频率之间的关系曲线称为等响曲线,其基本规律是每条曲线上所代表的与声压级、频率相对应的声音,人耳听来都是同样的响,如图 6-22 所示。

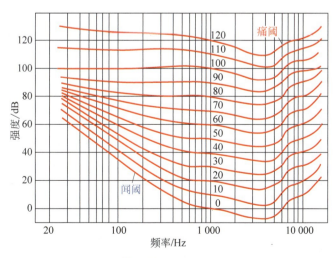

图 6-22 等响曲线

音色(musical quality)又称音品,是听觉感受到的声音的特色。纯音不存在音色问题,复音才有音色的不同。音色主要取决于声音的频谱,即基音和各次谐音的组成,也和波形、声压及声音的时间特性有关系,如果留声机的唱片反向转动,声音的频谱虽然未变,音色却显著改变了。这说明音色在很大程度上与各泛音在开始时和终了时振幅上升和下降的特点有关。

一般的声音都是由发音体发出的一系列频率、振幅各不相同的振动复合而成的。这些振动中有一个频率最低的振动,由它发出的音就是基音(fundamental tone),其余为泛音(overtone),泛音的频率是基音频率的整数倍。一件乐器的音色是由其泛音的比例决定的。例如,在利用一把小提琴和一支笛子都演奏 440 Hz 的 A 音时,大家都能辨认哪个是小提琴的声音,哪个是笛子的声音,这就是因为小提琴的泛音和笛子的泛音不一样。

6.4.5 声波的应用

声波中的超声波和次声波有很多应用。超声波方向性好、穿透能力强、易于获得较集中的声能、在水中传播距离远,可用于探伤、测厚、测距、测速、清洗、乳化、焊接、碎石、杀菌消毒等,因而在医学、军事、工业、农业上得到广泛的应用。超声波产品给人们带来福利的同时,也会产生一些危害。如果人们长期处于超声波环境之中,会出现耳鸣、心悸、头晕、恶心等症状,严重可致死。

次声波不容易衰减,不易被水和空气吸收。而次声波的波长往往很长,因此能绕开某些大型障碍物发生衍射,某些次声波甚至能绕地球 2~3 周。利用所接收到的被测声源产生的次声波,可以探测声源的位置、大小和研究其他特性;许多灾害性的自然现象,如火山爆发、龙卷风、雷暴、台风等,在发生之前可能会产生次声波,人们就有可能利用这些次声波来预测和预报这些灾害性自然事件的发生。某些频率的次声波由于和人体器官的振动频率相近甚至相同,可使人体器官产生共振,对人体有很强的伤害性,严重时可致人死亡,利用此特性可做成次声武器。

6.5 惠更斯原理 波的干涉

6.5.1 波的叠加原理

当几列波同时在同一空间传播时,每列波并不因其他波的存在而改变各自的特征(频率、振幅、波长、振动方向和传播方向等)。在几列波相遇的区域内,任意一点的振动是各列波单独传播时在该点激发的振动的合振动,如图 6-23 所示。这一规律称为波的叠加原理。

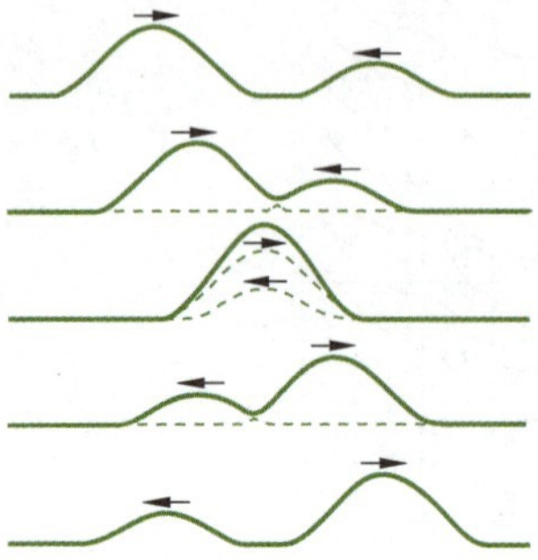

例如,几个人同时讲话时,空气中同时传播着几列声波,而我们仍能分辨出各人的声音;在演奏交响乐时,我们能从中分辨出不同乐器发出的声音。

波的叠加原理适用于线性波,其波动方程是线性微分方程。对于非线性波,叠加原理不再适用,例如,剧烈爆炸产生的冲击波,海中的大浪等均不满足叠加原理,因为这些波动是非线性的。

图 6-23 波的叠加

6.5.2　惠更斯原理

波在各向同性的均匀介质中传播时,波速、波面形状、波的传播方向等均保持不变。但是,如果波在传播过程中遇到障碍物或传播到不同介质的分界面时,则波速、波面形状以及波的传播方向等都要发生变化,从而产生反射、折射、衍射、散射等现象。在这种情况下,要通过求解波动方程来预言波的行为就比较复杂。图 6-24 分别是用水波演示仪拍摄的水波通过障碍物狭缝的照片与示意图,实验表明,水波在传播时,遇到障碍物狭缝,当障碍物狭缝的大小与波长相差不多时,就可看到穿过狭缝的波是圆形的,与原来的波的形状无关(好像狭缝是点波源一样)。这是因为波在传播过程中,波源的振动通过介质中质点依次传播出去,因此每个质点的振动都可看成新的波源。

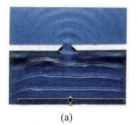
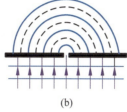

(a)　　　　　(b)

图 6-24　水波通过狭缝

荷兰物理学家克里斯蒂安·惠更斯在观察和研究类似的大量实验的基础上,在他 1690 年出版的《光论》一书中正式提出了光的波动说,建立了著名的惠更斯原理。

惠更斯原理指出:可以把介质中波动传到的各点,都看作是发射子波的波源,在其后的任一时刻,这些子波波面的包迹,就是新的波阵面。

根据惠更斯原理,知道某一时刻的波面,就可用几何方法求出下一时刻的波面。设平面波在某一时刻 t 的波面是 S_1,分别以 S_1 上各点为中心,以 $r=u\Delta t$(u 为波速)为半径,作出球形子波波面,这些波面在波前进方向上的包迹 S_2 就是 $t+\Delta t$ 时刻的波面(图 6-25(a))。对于平面波,S_2 是和 S_1 平行的平面。同样,可作出球面波的波面,是一系列以波源为中心的球面(图 6-25(b))。

波在传播过程中遇到障碍物时,能改变其直线传播方向,进入障碍物阴影区域中传播,这种现象称为波的衍射(diffraction)。常见的衍射现象有狭缝衍射、小孔衍射等。波的衍射现象可根据惠更斯原理解释。

如图 6-26 所示,当平面波遇到开有窄缝的屏时,波动可以扩展到按直线传播为阴影的区域。根据惠更斯原理,当波到达屏时,缝上各点都是发射子波的波源。以缝上各点为中心,在波前进方向做半径为 $r=u\Delta t$ 的半球面,这些半球面的包迹就是通过窄缝波

小孔衍射

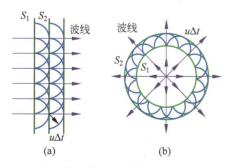
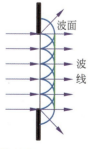

图 6-25　惠更斯原理
(a) 平面波;(b) 球面波

图 6-26　波的衍射

的波面。由于波面的正法向就是波传播方向,在窄缝的边缘区域,波的传播方向显著地偏离了原来的传播方向,弯向阴影区。图 6-27 是海浪形成的波通过岸边狭缝的衍射照片。

图 6-27　海浪通过狭缝的衍射

物理学家简介

惠 更 斯

图 6-28　惠更斯

惠更斯

惠更斯(Christian Haygens,1629—1695)(图 6-28)是荷兰物理学家、数学家和天文学家。1629 年出生于海牙,父亲是一位大臣、外交官和诗人。惠更斯自幼聪慧,体弱多病,一心致力于科学事业,终生未婚,1695 年 7 月 8 日逝世于荷兰海牙。16 岁时进入莱顿大学攻读法律和数学,两年后转入布雷达大学,1655 年获法学博士学位,随即访问巴黎,在那里开始了他重要的科学生涯。1663 年成为英国皇家学会的第一位外国会员。

惠更斯的主要贡献有:

(1) 建立了光的波动学说,打破了当时流行的光的微粒学说,提出了光波面在介质中传播的惠更斯原理。

(2) 1673 年解决了物理摆的摆动中心问题,测定了重力加速度的值,改进了摆钟,得出了离心力公式,还发明了测微计。

(3) 首先发现了双折射光束的偏振性,并用波动观点作了解释。

(4) 在天文学方面,1665 年,借助自己设计和制造的望远镜,发现了土卫六,且观察到了土星环。

(5) 概率论的创始人之一,并对各种平面曲线进行过大量的研究,发表了一系列的论著。

6.5.3　波的干涉

一般地说,频率、振幅、相位等都不相同的几列波叠加时,情况很复杂。实验发现,满足一定条件的两列波叠加时,会出现有的地方振动始终加强,有的地方振动始终减弱,从而形成强度在空间稳定分布的现象,这种现象称为波的干涉(interference)。

要产生干涉现象,两列波要满足频率相同、振动方向相同、相位相同或相位差恒定。这样的两列波称为相干波。产生相干波的波源称为相干波源。

下面我们从波的叠加原理出发,应用同方向、同频率振动的合成结论来分析干涉现象。

如图 6-29 所示,设有两个相距较近的相干波源 S_1 和 S_2,它们做简谐振动的运动方程分别为

$$y_1 = A_1\cos(\omega t + \varphi_1), \quad y_2 = A_2\cos(\omega t + \varphi_2)$$

当两列波在 P 点相遇时,考虑到振幅的衰减,设相遇时两波的振幅分别为 A_1' 和 A_2',则两波在 P 点产生的分振动的运动方程分别为

$$y_1 = A_1'\cos\left(\omega t + \varphi_1 - 2\pi\frac{r_1}{\lambda}\right) \quad (6\text{-}46)$$

$$y_2 = A_2'\cos\left(\omega t + \varphi_2 - 2\pi\frac{r_2}{\lambda}\right) \quad (6\text{-}47)$$

其中,$\varphi_1 - 2\pi\dfrac{r_1}{\lambda}$ 和 $\varphi_2 - 2\pi\dfrac{r_2}{\lambda}$ 分别为各两波在相遇点 P 的初相位。其合振动方程为

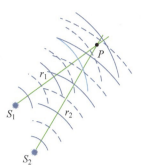

图 6-29 两相干光在空间相遇

$$y = y_1 + y_2 = A\cos(\omega t + \varphi) \quad (6\text{-}48)$$

其中,合振幅 A 和初相位 φ 分别为

$$A = \sqrt{A_1'^2 + A_2'^2 + 2A_1'A_2'\cos\left(\varphi_2 - \varphi_1 - 2\pi\frac{r_2 - r_1}{\lambda}\right)} \quad (6\text{-}49)$$

$$\varphi = \arctan\frac{A_1'\sin\left(\varphi_1 - \dfrac{2\pi r_1}{\lambda}\right) + A_2'\sin\left(\varphi_2 - \dfrac{2\pi r_2}{\lambda}\right)}{A_1'\cos\left(\varphi_1 - \dfrac{2\pi r_1}{\lambda}\right) + A_2'\cos\left(\varphi_2 - \dfrac{2\pi r_2}{\lambda}\right)} \quad (6\text{-}50)$$

则两列相干波在空间任一点 P 的合振动振幅 A 也不随时间变化,说明两列相干波在空间相遇时,空间各处的振动强度是稳定的。

令

$$\Delta\phi = \varphi_2 - \varphi_1 - 2\pi\frac{r_2 - r_1}{\lambda} \quad (6\text{-}51)$$

干涉加强的条件为

$$\Delta\phi = \pm 2k\pi, \quad k = 0, 1, 2, \cdots \quad (6\text{-}52)$$

此时 P 点的合振幅最大,$A = A_1' + A_2'$。

干涉减弱的条件为

$$\Delta\phi = \pm(2k+1)\pi, \quad k = 0, 1, 2, \cdots \quad (6\text{-}53)$$

此时 P 点的合振幅最小,$A = |A_1' - A_2'|$。

如果 $\varphi_1 = \varphi_2$,且由于波程差 $\delta = r_2 - r_1$,则干涉加强的条件为

$$\delta = r_2 - r_1 = \pm 2k\frac{\lambda}{2}, \quad k = 0, 1, 2, \cdots \quad (6\text{-}54)$$

干涉减弱的条件为

$$\delta = r_2 - r_1 = \pm(2k+1)\frac{\lambda}{2}, \quad k = 0, 1, 2, \cdots \quad (6\text{-}55)$$

图 6-30 水波的干涉现象

所以,当波程差为零或等于半波长的偶数倍时,两振动的相位相同,合振动的振幅最大;当波程差为半波长的奇数倍时,两振动的相位相反,合振动的振幅最小。

图 6-30 是同频率、振动方向相同、初相位相同的两个水面波在空间相遇产生的相干图样,由图可以看出,有些地方水面起伏得厉害(图中亮处),说明这些地方振动加强了;而有些地方水面只有微弱的起伏,甚至平静不动(图中暗处),说明这些地方振动

减弱了,在这两列水波相遇的区域内,振动的加强和减弱的分布是稳定的、有规律的,它的规律由前面谈到的振动加强和减弱的条件给出。

干涉现象是所有波动的重要特征之一,不但机械波有干涉现象,光波也有干涉现象,在本书光学部分我们将介绍光的干涉现象。波的干涉现象在光学、电磁学、声学等方面有着广泛的应用。

> **知识拓展**
>
> ### 相位干涉仪测向
>
> 在军事上常常需要确定雷达信号的来波方向,称为无源测向。相位干涉测向仪是一种常用的测向系统,其基本结构与工作原理如图 6-31 所示。两个天线单元 A 和 B 相隔一定距离 d,水平放置,当雷达电磁波平行传输过来时,到达 A 天线比到达 B 天线多经过的路程为
>
> $$a = d\sin\theta$$
>
> 式中,θ 是来波方向与天线轴线的夹角,也就是方位角,则两天线信号的相位差为
>
> $$\Delta\phi = \frac{2\pi}{\lambda}a = \frac{2\pi d}{\lambda}\sin\theta$$
>
> 式中,λ 是雷达信号的波长。相位干涉仪一般采用超外差接收机,首先确定信号波长 λ,然后根据测出的 A、B 天线信号的相位差 $\Delta\phi$,就可以利用上式计算出方位角 θ。
>
> 图 6-31 相位干涉测向原理图

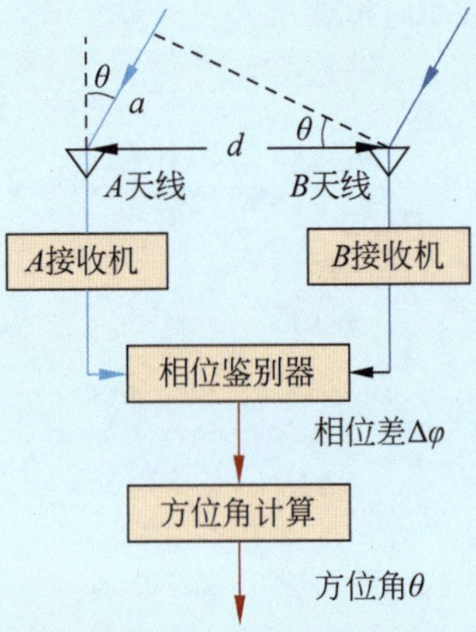

例 6-5

消声器是一种阻止声音传播而允许气流通过的器件,是降低空气动力性噪声的常用装置。消声器的类型很多,主要有阻性消声器、抗性消声器、阻抗复合型消声器以及喷注耗散型消声器等。图 6-32 是干涉式消声器的结构原理图,它是抗性消声器的一种。当发电机噪声经过排气管到达 A 点时,分成两路在 B 点相遇,声波干涉相消,若要消除频率 $\nu=300$ Hz 的发动机排气噪声,则弯管与直管的长度差至少应为多少?(设声波的速度 $u=340$ m/s。)

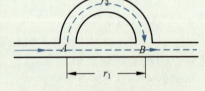

图 6-32 干涉式消声器的结构原理图

解 一列声波被分成两列后再相遇,将形成波的干涉现象,由干涉条件可确定所需波的波程差,即两管的长度差 Δr。

由分析可知,从 A 点分开到 B 点相遇,两列波的波程差为 $\Delta r = r_2 - r_1$,故它们的相位差为

$$\Delta\phi = 2\pi(r_2 - r_1)/\lambda = 2\pi\Delta r/\lambda$$

两声波干涉相消时有 $\Delta\phi = (2k+1)\pi, k=0,\pm 1,\pm 2,\cdots$,则得

$$\Delta r = (2k+1)\lambda/2$$

根据题中要求,令 $k=0$,则得 Δr 的最小值为

$$(\Delta r)_{\min} = \frac{\lambda}{2} = \frac{u}{2\nu} = 0.57 \text{ m}$$

实际应用时,由于发动机发出的声波有多种频率,因而常将具有不同 Δr 的消声单元串联起来使用,使每一单元的 Δr 不等,就可以对不同波长的噪声进行消除。例如,在摩托车的排气系统中,常安装如图 6-33 所示的干涉式消声器。同时,不同的发动机,其发声可能有一些差异,因而我们常常看到在不同品牌的汽车上使用的消声器一般也不同。

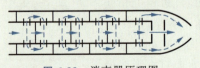

图 6-33 消声器原理图

> **思考题**
>
> 6-14 波的叠加原理描述了波的什么性质？
>
> 6-15 两列波不是相干波，则相遇时互相穿过互不影响；若两列波是相干波则发生影响，这种说法对吗？

6.6 驻波

前面我们讨论的波，其波峰随着时间的流逝向前传播，这样的波称为行波，本节将讨论一种波动，它的波峰位置不发生变化，这样的波称为驻波（standing wave）。

6.6.1 驻波的形成

如图 6-34 所示，一弦线的一端 A 与音叉一臂相连，另一端经支点 B 并跨过滑轮后与一重物相连。音叉振动后在弦线上产生一列自左向右传播的行波，传到支点 B 后发生反射，产生一列自右向左传播的反射波，这样向右传播的波和向左传播的波在弦上叠加。调节劈尖的位置，可以看到，A 和 B 之间的弦线被分成几个部分，并没有波形的传播。弦线上有些点的振幅始终为零，这些点称为**波节**（wave node），而另一些点作简谐振动，但不同点的振幅不同，振幅最大的点称为**波腹**（wave loop）。这就是驻波。

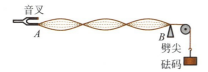

图 6-34 弦线驻波实验示意图

图 6-35 反映了驻波的形成过程。图中虚线和细实线分别表示向右和向左传播的简谐波，它们的周期和频率相同、振幅相同。粗实线表示两波叠加的结果。设 $t=0$ 时，入射波和反射波的波形刚好重合，其合成波形可以通过将两波形在各点相加得到，为一条余弦曲线（图 6-35(a)）。在 $t=T/8$ 时，两波分别向右和向左传播了 $\lambda/4$，两波叠加的结果仍为一条余弦曲线（图 6-35(b)）。当 $t=T/4$ 时，两波反相，合成波形为一合成振幅为零的直线（图 6-35(c)）。从图 6-35(d) 和 (e) 可以看出 $t=3T/8$ 和 $t=T/2$ 时的合成波形分别与 $t=0$ 和 $t=T/8$ 时的合成波形反相。这个过程周而复始地进行。

由此可见，驻波是由振幅、频率和波长均相同的两列波沿相反方向传播时叠加而成的一种特殊形式的干涉现象。

6.6.2 驻波方程

下面以图 6-35 所示的弦线驻波为例，建立弦线上驻波的波动方程。设两列相干波分别沿 x 轴正、负方向传播，其波函数分别为

$$y_1 = A\cos 2\pi\left(\nu t - \frac{x}{\lambda}\right)$$

$$y_2 = A\cos 2\pi\left(\nu t + \frac{x}{\lambda}\right)$$

式中，A 为波的振幅；ν 为频率；λ 为波长。两波叠加时，合成波的波函数为

$$y = y_1 + y_2 = A\left[\cos 2\pi\left(\nu t - \frac{x}{\lambda}\right) + \cos 2\pi\left(\nu t + \frac{x}{\lambda}\right)\right]$$

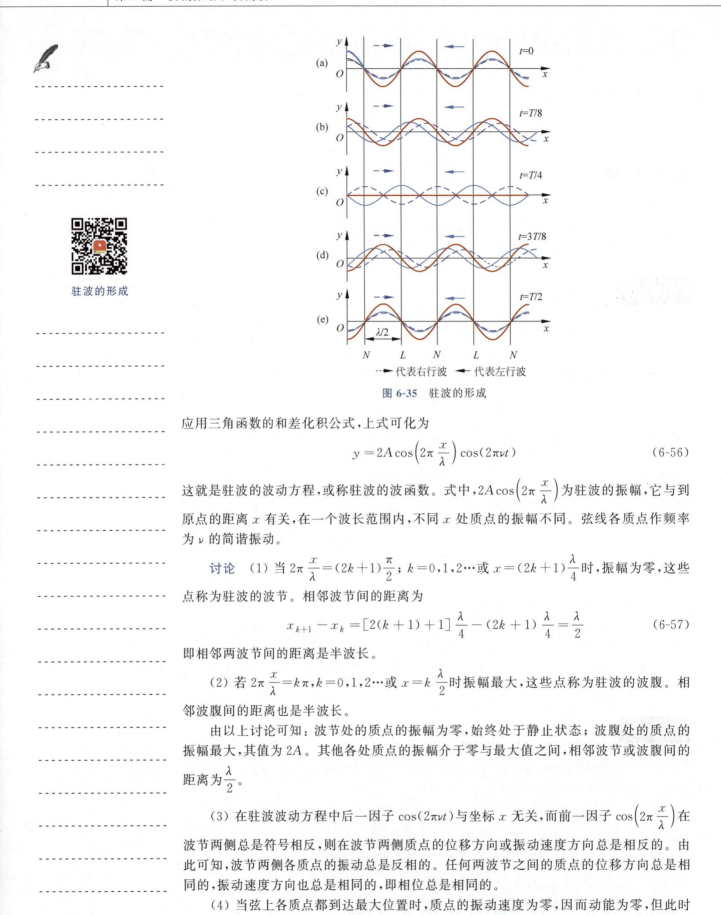

图 6-35 驻波的形成

应用三角函数的和差化积公式,上式可化为

$$y = 2A\cos\left(2\pi\frac{x}{\lambda}\right)\cos(2\pi\nu t) \tag{6-56}$$

这就是驻波的波动方程,或称驻波的波函数。式中,$2A\cos\left(2\pi\frac{x}{\lambda}\right)$ 为驻波的振幅,它与到原点的距离 x 有关,在一个波长范围内,不同 x 处质点的振幅不同。弦线各质点作频率为 ν 的简谐振动。

讨论 (1) 当 $2\pi\frac{x}{\lambda} = (2k+1)\frac{\pi}{2}$;$k = 0, 1, 2\cdots$ 或 $x = (2k+1)\frac{\lambda}{4}$ 时,振幅为零,这些点称为驻波的波节。相邻波节间的距离为

$$x_{k+1} - x_k = [2(k+1)+1]\frac{\lambda}{4} - (2k+1)\frac{\lambda}{4} = \frac{\lambda}{2} \tag{6-57}$$

即相邻两波节间的距离是半波长。

(2) 若 $2\pi\frac{x}{\lambda} = k\pi, k = 0, 1, 2\cdots$ 或 $x = k\frac{\lambda}{2}$ 时振幅最大,这些点称为驻波的波腹。相邻波腹间的距离也是半波长。

由以上讨论可知:波节处的质点的振幅为零,始终处于静止状态;波腹处的质点的振幅最大,其值为 $2A$。其他各处质点的振幅介于零与最大值之间,相邻波节或波腹间的距离为 $\frac{\lambda}{2}$。

(3) 在驻波波动方程中后一因子 $\cos(2\pi\nu t)$ 与坐标 x 无关,而前一因子 $\cos\left(2\pi\frac{x}{\lambda}\right)$ 在波节两侧总是符号相反,则在波节两侧质点的位移方向或振动速度方向总是相反的。由此可知,波节两侧各质点的振动总是反相的。任何两波节之间的质点的位移方向总是相同的,振动速度方向也总是相同的,即相位总是相同的。

(4) 当弦上各质点都到达最大位置时,质点的振动速度为零,因而动能为零,但此时越靠近波节处的形变越大,因而此时驻波的能量全部为势能。当所有质点到达平衡位置

时,质点的振动速度为最大,因而动能最大,而此时弦线的形变消失,势能为零,因此,此时驻波的势能又全部转化为动能。由此可见,在弦线上形成驻波时,动能和势能不断地互相转换,在波节和波腹之间来回运动,这说明驻波的能量并没有作定向传播,也就是说,驻波不能传播能量。这是行波与驻波的重要区别。

知识拓展

圜 丘

圜丘(图 6-36)位于北京天坛的最南端,始建于嘉靖九年(1530 年),坐北朝南,为皇帝冬至日祭天大典的场所,又称祭天台。

圜丘外面有二层圆形围墙,中间是三层圆形石坛,上层台面四周环砌台面石,中心一块圆形石板称为"天心石"。其外环砌石板 9 块,再外一圈为 18 块,依次往外每圈递增九块,直至"九九"八十一块,寓意"九重天"。

当人站在"天心石"上轻声说话时,自己听起来声音很宏大,有共鸣性回音之感。但站在第二、三环以外的人,则无此种感觉。为什么呢?原来,这也是一种声学现象:由于坛面十分光洁平滑,声波传到周围等距离的石栏围板后,能够迅速地被反射回来,在空间形成驻波,在"天心石"处刚

图 6-36 圜丘

好是这些驻波的波腹位置。据声学专家测验,从发音到声波再回到"天心石"的时间,总共仅 0.07 s。说话者根本无法分清他的原音和回音,所以站在"天心石"的人听起来,其共鸣性回音就格外响亮。

6.6.3 振动的简正模式

对于两端固定的弦线,并非任何波长(或频率)的波都能在弦线上形成驻波。只有当弦线长 l 等于半波长的整数倍,即当

$$l = n\frac{\lambda_n}{2}, \quad n=1,2,\cdots \tag{6-58}$$

时,才能形成驻波。式中,λ_n 表示与某一 n 值对应的驻波波长,如图 6-37 所示。

图 6-37 弦线上驻波

当弦线上张力 T 与波速 u 一定时,利用 $\lambda_n = \dfrac{u}{\nu_n}$ 可以求得与 λ_n 对应的可能频率为

$$\nu_n = n\frac{u}{2l}, \quad n=1,2,\cdots \tag{6-59}$$

上式表明,只有振动频率为 $\dfrac{u}{2l}$ 的整数倍的那些波,才能在弦上形成驻波。这些频率称为本征频率,由该式决定的振动方式称为弦线振动的简正模式。$n=1$ 对应的频率称为基频,$n=2,3,\cdots$ 的频率分别称为二次、三次、……谐频。对于声驻波,则称为基音和泛音。一个乐器在发音时,其基音决定乐器的音调,泛音的组合决定乐器的音色。

弦上驻波

对于声音在管内形成的驻波,其原理与弦上驻波的原理相同,只是如果声源在管的开口处,则开口处为驻波的波腹,如果另一端是闭口,则管中驻波如图 6-38 所示。很多管乐中的声波就是这种情况。

图 6-38 管中驻波

为更好地理解行波和驻波,我们把行波和驻波进行对比,如表 6-4 所示。

表 6-4 行波与驻波的对比

	行 波	驻 波
波动方程	$y=A\cos\left[\omega\left(t\mp\dfrac{x}{u}\right)+\varphi\right]$	$y=2A\cos\left(2\pi\dfrac{x}{\lambda}\right)\cos\omega t$
振幅	所有质点的振幅都为 A	$A'=\left\lvert 2A\cos\left(2\pi\dfrac{x}{\lambda}\right)\right\rvert$,各质点的振幅不同
相位	$\left[\omega\left(t\mp\dfrac{x}{u}\right)+\varphi\right]$,各处的相位不同	ωt 或 $\omega t+\pi$,同相位或反相位
能量	由近向远传播(沿波传播方向)	波节或波腹之间的能量交换和转移(没有定向的传播)

6.6.4 半波损失

当波在固定端反射时,反射点是波节,这表明反射处反射波与入射波相位反相,因此波在反射过程中有 π 的相位突变。因为相位差 π 对应的波程差为 $\lambda/2$,所以常将波在反射过程中产生的相位突变 π 的现象称为半波损失(half-wave loss)。波在自由端反射时,反射点是波腹,这表明在自由端反射波与入射波同相位,不存在半波损失。

波在两种介质的界面上反射时,反射波有无半波损失与介质的特性有关。

对弹性波而言,ρu 较大的介质为波密介质,ρu 较小的介质为波疏介质,其中 ρ 是介质的密度,u 是介质中的波速;对电磁波而言,折射率 n 较大的介质为波密介质,n 较小的介质为波疏介质。

当波由波密介质进入波疏介质时,在分界面处,反射波与入射波同相位,没有半波损失;当波由波疏介质进入波密介质时,在分界面处,反射波与入射波有 π 的相位突变,有半波损失。

无半波损失

半波损失

例 6-6

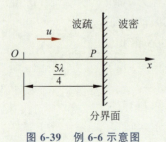

图 6-39 例 6-6 示意图

一平面简谐波沿 x 轴正方向传播,如图 6-39 所示,振幅为 A,频率为 ν,传播速率为 u。

(1) $t=0$ 时,原点 O 处的质点由平衡位置向 x 轴正方向运动,试写出此波的波函数;

(2) 若经分界面 P 反射的波的振幅和入射波的振幅相等,试写出反射波的波函数,并求在 x 轴的波节和波腹的位置。

解 (1) 原点 O 处的质点由平衡位置向 x 轴正方向运动,应用旋转矢量

法可以判断原点 O 处质点振动的初相位为 $-\pi/2$,故 O 处质点的振动表示式为
$$y_O = A\cos\left(2\pi\nu t - \frac{\pi}{2}\right)$$
则入射波的波函数为
$$y_i = A\cos\left[2\pi\nu\left(t - \frac{x}{u}\right) - \frac{\pi}{2}\right], \quad 0 \leqslant x \leqslant \frac{5}{4}\lambda$$

(2) 由于 O 与 P 之间的距离为 $\frac{5}{4}\lambda$,则入射波传到 P 点的相位相对于 O 点落后 $\frac{5\pi}{2}$。又由于反射时有 π 的相位突变,所以 P 点反射波的相位比 O 点入射波的相位落后 $\frac{5\pi}{2} + \pi$,在距 O 点 x 处反射波的振动相位比 O 点入射波的振动相位落后
$$\Delta\phi = \frac{5\pi}{2} + \pi + \frac{2\pi\nu}{u}\left(\frac{5}{4}\lambda - x\right) = 6\pi - \frac{2\pi\nu}{u}x$$
所以反射波波函数为
$$y_r = A\cos\left[2\pi\nu t - \frac{\pi}{2} - \Delta\phi\right] = A\cos\left[2\pi\nu\left(t + \frac{x}{u}\right) - \frac{\pi}{2}\right]$$
入射波与反射波叠加,当入射波与反射波的相位差为 $(2k+1)\pi$ 时,为波节位置,即
$$\frac{4\pi\nu}{u}x = \frac{4\pi}{\lambda}x = (2k+1)\pi$$
$$x = \frac{(2k+1)}{4}\lambda$$
故在 $x = \frac{1}{4}\lambda、\frac{3}{4}\lambda、\frac{5}{4}\lambda$ 处会出现波节。

当入射波与反射波的相位差为 $2k\pi$ 时,为波腹位置,即
$$\frac{4\pi\nu}{u}x = 2k\pi$$
$$x = \frac{k}{2}\lambda$$
故在 $x = 0, \frac{1}{2}\lambda, \lambda$ 处将出现波腹。

例 6-7

如图 6-40 所示,二胡的"千斤"(弦的上方固定点)和"码子"(弦的下方固定支撑点)之间的距离为 $l = 0.3$ m。其上一根弦的质量线密度为 $\rho = 3.8 \times 10^{-4}$ kg/m,拉紧它的张力为 $T = 9.4$ N,求弦所发的声音的基频和谐频。

图 6-40 二胡

解 由于波速为 $u = \sqrt{\frac{T}{\rho}}$,根据式(6-59)可得弦所发声音的频率为
$$\nu_n = \frac{u}{\lambda} = \frac{nu}{2l} = \frac{n}{2l}\sqrt{\frac{T}{\rho}}$$
因此,所发声音的基频($n=1$)为
$$\nu_1 = \frac{1}{2l}\sqrt{\frac{T}{\rho}} = \frac{1}{2 \times 0.3}\sqrt{\frac{9.4}{3.8 \times 10^{-4}}}\ \text{Hz} = 262\ \text{Hz}$$
所发声音的谐频($n > 1$)为
$$\nu_n = \frac{n}{2l}\sqrt{\frac{T}{\rho}} = n\nu_1 = 262n\ \text{Hz}$$

6.7 多普勒效应

由于波源与观测者(接收器)有相对运动使得观测者接收到的频率与波源的振动频率不同,这种现象称为多普勒效应(Doppler effect)。例如,当高速火车鸣笛而来时,站台上旅客听到火车汽笛的音调变高;火车鸣笛而去时,旅客听到汽笛的声调变低。

多普勒效应是为纪念奥地利物理学家及数学家克里斯琴·安德烈·多普勒(C. A. Doppler,1803—1853)(图 6-41)而命名的,他于 1842 年首先发现此效应。

为简单起见,下面只讨论波源与观测者在两者连线上有相对运动时机械波的多普勒效应。

多普勒效应

图 6-41 多普勒

6.7.1 波源不动,观察者运动

我们知道,当波源和观察者都静止时,观察者单位时间内接收到波的数目就是单位时间内从波源发出的波的数目,因此,观察者接收到的波的频率就是波源的频率。

如图 6-42 所示,假设波源 S 不动,波速为 u,观察者以速度 v_O 向着波源(或背离)波源运动。此时,波相对观察者的速度为 $u \pm v_O$,这可理解为观察者不动,而波的速度从原来的 u 变成了 $u \pm v_O$,如果规定观察者向着波源运动时 v_O 取正,观察者背离波源运动时 v_O 取负,则观察者接收到的频率为

$$\nu = \frac{u+v_O}{\lambda_0} = \frac{u}{\lambda_0}\left(1+\frac{v_O}{u}\right)$$
$$= \left(1+\frac{v_O}{u}\right)\nu_0 \qquad (6-60)$$

波源不动观察者运动

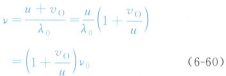

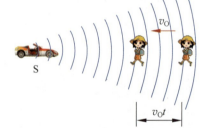

图 6-42 观察者向着波源运动

式中,λ_0 和 ν_0 分别是波源发出波的频率和波长。由此可见,当观察者向着静止的波源运动时,接收到的频率大于波源的频率;当观察者背离静止的波源运动时,接收到的频率小于波源的频率。

6.7.2 观察者不动,波源运动

在图 6-43 中,观察者不动,设波源相对于观察者的速度为 v_S,波相对于观察者的速度仍为 u,由于波源的运动,使介质中的波长发生变化。当波源静止时,介质中的波长为 λ_0,当波源运动时,在波源运动的方向上,第一个等相面自波源发出后,在介质中以速度 u 传播,波源发出第二个等相面时,波源向前移动了 $v_S T$ 的距离,第一个等相面向前推进了 λ_0 的距离,因此在波源移动的方向上两个等相面之间的距离变为 $\lambda_0 - v_S T$,这就是波在介质中的波长 λ,同样的分析可以得出,在背离波源移动的方向上,两个等相面之间的距离变为 $\lambda_0 + v_S T$。如果我们规定波源向观察者运动时,

波源运动观察者静止

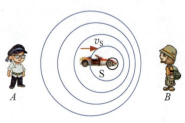

图 6-43 观察者不动,波源运动

v_S 取正值,波源背离观察者运动时,v_S 取负值,则观察者接收到的波长可一般地表示为

$$\lambda = \lambda_0 - v_S T = (u - v_S)T \tag{6-61}$$

故观察者接收到的波的频率为

$$\nu = \frac{u}{\lambda} = \frac{u}{(u - v_S)T} = \frac{u}{u - v_S}\nu_0 \tag{6-62}$$

由此可见,当波源移向观察者时,接收频率变高,而当波源远离观察者时,接收频率变低。

6.7.3 波源和观察者均运动

观察者以相对于介质为 v_O 的速度向着(或背离)波源运动,同时波源又以相对于介质为 v_S 的速度向着(或背离)观察者运动。由于波的运动,介质中的波长变为 $\lambda = \lambda_0 - v_S T$;由于观察者运动,单位时间内波相对于观察者行进的距离为 $u' = u + v_O$。综合上述两种情况,可得观察者接收到的频率为

$$\nu = \frac{u'}{\lambda} = \frac{u + v_O}{u - v_S}\nu_0 \tag{6-63}$$

式中,当波源或观察者相向运动时,v_S 和 v_O 均取正值;当波源或观察者相背运动时,v_S 和 v_O 均取负值。

如果波源和观察者的运动方向不在两者的连线上,式(6-63)中的 v_S 和 v_O 应为速度在连线上的分量。

当波源的运动速度 v_S 大于波在介质中传播速度 u 时,波源本身将超过它此前发出的波的波前,如图 6-44 所示,相继各波前形成了一个圆锥面,其轴是波源运动所沿的直线,其锥形顶角 θ 由 $\sin\theta = \dfrac{u}{v_S}$ 决定。该圆锥称为马赫(E. Mach,1838—1916,奥地利)锥,比值 $\dfrac{v_S}{u}$ 称为马赫数。该圆锥形波称为冲击波(shock wave),又称激波。

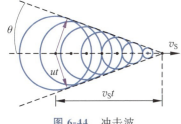

图 6-44 冲击波

超声速飞机(图 6-45)和炮弹掠空而过时都会在空气中激起冲击波,甚至运动速度很快的快艇也会在水面产生冲击波(图 6-46),原子弹爆炸时会激起更强烈的冲击波。冲击波达到某一区域时,会突然使该区域里的空气压强增大很多,产生巨大的破坏作用。而在马赫锥的外部,气体没有受到扰动,故在圆锥形波前两侧气体的压强、密度等状态参量发生突变。多普勒效应在科学技术上有广泛的应用。例如,利用声波的多普勒效应可以监测车速、跟踪人造卫星;利用超声波的多普勒效应可以检查心脏、血管的运动状态,了解血液流动速度;利用电磁波的多普勒效应可以测定星球相对于地球的运动速度。

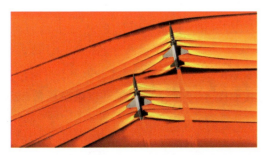

图 6-45 飞机产生的冲击波

图 6-46 快艇产生的冲击波

飞机冲击波

快艇冲击波

例 6-8

站在十字路口的一个观察者,当一辆救护车向他驶来时,测得救护车警报器发出的声音的频率为 560 Hz,而当救护车远离他驶去时,测得救护车警报器发出的声音的频率为 480 Hz。求救护车相对于观察者的速度。设声波的速度为 340 m/s。

解 设救护车相对于观察者静止时,警报器发出的声波的频率为 ν_0。声波的速度为 u,救护车的速度即声源的速度为 v_S,救护车向观察者驶来时,测得救护车警报器发出的声音的频率为 $\nu_1 = 560$ Hz,则有

$$\nu_1 = \frac{u}{u - v_S}\nu_0 \qquad (\text{I})$$

救护车向观察者驶来时,测得救护车警报器发出的声音的频率为 $\nu_2 = 480$ Hz,则有

$$\nu_2 = \frac{u}{u + v_S}\nu_0 \qquad (\text{II})$$

联立式(I)和式(II)得救护车相对于观察者的速度为

$$v_S = \frac{\nu_1 - \nu_2}{\nu_1 + \nu_2}u = 26 \text{ m/s}$$

思考题

6-16 波源向着观察者运动和观察者向着波源运动都会产生频率变高的多普勒效应,这两种情况有何区别?

6-17 如果观察者和波源保持静止,但正在刮风,说明机械波此时有无多普勒效应。

习题

6-1 夜晚蚊子以每秒 600 次的速率扇动翅膀而发出令人烦躁的声音。设声音在空气中的速度为 340 m/s,则蚊子发出的声音的波长为_____。

6-2 水银的密度为 13.6×10^3 kg/m³,体积弹性模量为 2.8×10^{10} N/m²,则声波在水银中的传播速度为_____。

6-3 在钢棒中声速为 5 100 m/s,则钢棒的杨氏模量为_____(钢的密度 $\rho = 7.8 \times 10^3$ kg/m³)。

6-4 一个平面简谐波沿着 x 轴正方向传播,已知其波函数为 $y = 0.04\cos\pi(50t - 0.10x)$ m,则该波的振幅为_____,波速为_____。

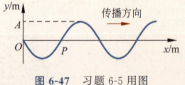

图 6-47 习题 6-5 用图

6-5 图 6-47 所示为一平面简谐波在 $t = 2$ s 时刻的波形图,波的振幅为 0.2 m,周期为 4 s,则图中 P 点处质点的振动方程为_____。

6-6 一个平面简谐机械波在介质中传播时,若一介质元在平衡位置处的动能为 100 J,则该介质质元在平衡位置处的振动势能为_____。

6-7 太平洋上一次形成的洋波速度为 740 km/h,波长为 300 km。横渡太平洋 8 000 km 的距离需要的时间为[ ]。

A. 10.8 s B. 10.8 h C. 26.7 h D. 26.7 s

6-8 一简谐波沿 x 轴正方向传播,$t = T/4$ 时的波形曲线如图 6-48 所示。若振动以余弦函数表示,且各点振动的初相位取 $-\pi \sim \pi$ 之间的值,则[ ]。

A. 0 点的初相位为 $\varphi_0 = 0$　　　　B. 1 点的初相位为 $\varphi_1 = -\pi/2$

C. 2 点的初相位为 $\varphi_2 = \pi$　　　　D. 3 点的初相位为 $\varphi_3 = -\pi/2$

6-9 一个平面简谐波沿 x 轴负方向传播,角频率为 ω,波速为 u,设 $t=\dfrac{T}{4}$ 时刻的波形如图 6-49 所示,则该波的表达式为[　　]。

A. $y=A\cos\omega\left(t-\dfrac{x}{u}\right)$
B. $y=A\cos\left[\omega\left(t-\dfrac{x}{u}\right)+\dfrac{\pi}{2}\right]$

C. $y=A\cos\omega\left(t+\dfrac{x}{u}\right)$
D. $y=A\cos\left[\omega\left(t+\dfrac{x}{u}\right)+\pi\right]$

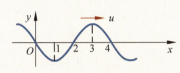

图 6-48　习题 6-8 用图

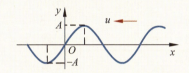

图 6-49　习题 6-9 用图

6-10 乐音音调的高低取决于此声音的[　　]。

A. 基音的频率　　B. 基音的波形　　C. 最强的泛音　　D. 声波的能量

6-11 如图 6-50 所示,从入口 S 处送入某一频率的声音。通过左右两条管道路径 SAT 和 SBT,声音传到了出口 T 处,并可以从 T 处监听声音。右侧的 B 管可以拉出或推入以改变 B 管的长度。开始时左右两侧管道关于 S、T 对称,从 S 处送入某一频率的声音后,将 B 管逐渐拉出,当拉出的长度为 l 时,第一次听到最低的声音。设声速为 v,则该声音的频率为[　　]。

A. $\dfrac{v}{8l}$　　B. $\dfrac{v}{4l}$　　C. $\dfrac{v}{2l}$　　D. $\dfrac{v}{l}$

6-12 某时刻的驻波波形曲线如图 6-51 所示,则 a、b 两点的相位差是[　　]。

A. π　　B. $\dfrac{\pi}{2}$　　C. $\dfrac{5\pi}{4}$　　D. 0

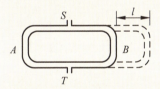

图 6-50　习题 6-11 用图

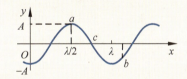

图 6-51　习题 6-12 用图

6-13 正在报警的警钟每隔 0.5 s 响一声,有一人在以 72 km/h 的速度向警钟所在地驶去的火车里,则这个人在 1 min 内听到的响声是(设声音在空气中的传播速度是 340 m/s)[　　]。

A. 113 次　　B. 120 次　　C. 127 次　　D. 128 次

6-14 一人在码头上钓鱼,在 12 s 内观察到 4 个横波波峰通过一固定位置。他估计出两波峰之间的距离为 3 m。试计算此波的周期、频率、波长和波速。

6-15 波源的振动方程为 $y=6.0\times10^{-2}\cos\dfrac{\pi}{5}t\,(\mathrm{m})$,它所激起的波以 2.0 m/s 的速度在一直线上传播,求:(1)距波源 6.0 m 处一点的振动方程;(2)该点与波源的相位差。

6-16 一个平面简谐波在 $t=0$ 时的波形曲线如图 6-52 所示。(1)已知 $u=0.08$ m/s,写出波函数;(2)画出 $t=T/8$ 时的波形曲线。

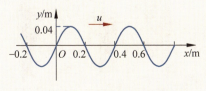

图 6-52　习题 6-16 用图

6-17 一质点在介质中作简谐振动,振幅为 0.2 m,周期为 4π s,取该质点过 $y_0=0.1$ m 处开始往 y 轴正向运动的瞬时为 $t=0$。已知由此质点的振动所激起的横波沿 x 轴正向传播,其波长为 $\lambda=2$ m。试求此波的波函数。

6-18 已知平面简谐波的波动方程为 $y=A\cos\pi(8t+x)$(SI)。(1)求该波的波速、波长、周期和频率以及它的传播方向。(2)写出 $t=2.2$ s 时各波峰位置的坐标式,并求此时离原点最近的一个波峰的位置,该波峰何时通过原点?

6-19 有一个平面简谐波,其频率为 300 Hz,波速为 340 m/s,在截面面积为 3.00×10^{-2} m^2 的管内空气中传播,若在 10 s 内通过截面的能量为 2.70×10^{-2} J,求:(1)通过截面的平均能流;(2)波的平均能流密度;(3)波的平均能量密度。

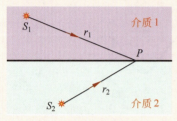

图 6-53 习题 6-20 用图

6-20 如图 6-53 所示,两列平面简谐相干横波,在两种不同的介质中传播,并在分界面上的 P 点相遇。已知两列波的频率 $\nu=100$ Hz,振幅 $A_1=A_2=1.00\times10^{-3}$ m,S_1 的相位比 S_2 的相位超前 $\pi/2$,在介质 1 中的波速 $u_1=400$ m/s,在介质 2 中的波速 $u_2=500$ m/s,$S_1P=r_1=4.00$ m,$S_2P=r_2=3.75$ m,求 P 点的合振幅。

6-21 如图 6-54 所示,一艘船平行于岸边航行,它到岸边的距离为 600 m。从岸上相距 800 m 的 A、B 两点同时发出的相同频率的电磁波信号,到达图中 C 点时产生干涉加强,C 点到 A、B 两点的距离相等。当船行驶到 D 点时,船上的接收器第一次出现极小的信号。求电磁波的波长。

6-22 图 6-55 中的 A、B 是两个相干的点波源,它们的振动相位差为 π(反相)。A、B 相距 30 cm,观察点 P 和 B 点相距 40 cm,且 $\overline{PB}\perp\overline{AB}$。若发自 A、B 的两波在 P 点处最大限度地互相削弱,求波长的最大值。

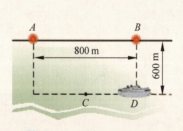

图 6-54 习题 6-21 用图

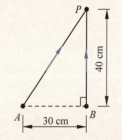

图 6-55 习题 6-22 用图

6-23 位于 A、B 两点的两个波源,发出振幅相等、频率均为 100 Hz、相位差为 π 的两列波。若 A,B 相距 30 m,两列波的波速为 400 m/s,求 AB 连线上由于两者叠加而静止的各点的位置。

6-24 设入射波的方程式为 $y_1=A\cos2\pi\left(\dfrac{x}{\lambda}+\dfrac{t}{T}\right)$,波在 $x=0$ 处发生反射,反射点为一固定端。设反射时无能量损失,求:(1)反射波的方程式;(2)合成的驻波的方程式;(3)波腹和波节的位置。

6-25 打开的风琴管突然关闭,结果发现关闭的风琴管的第二泛音在频率上比原始管的第一泛音高 100 Hz。开口管的基频是多少?

6-26 一只蝙蝠以 5.00 m/s 的速度追逐前方一只昆虫,当蝙蝠发出 40.0 kHz 的声波后,经昆虫反射,蝙蝠收到的回波频率为 40.4 kHz。求昆虫相对于地面的运动速度(已知声波在空气中的速度为 $u=340$ m/s)。昆虫是向着蝙蝠飞行还是背离蝙蝠飞行?

6-27 如图 6-56 所示,一喇叭固定在一木块上,它们的总质量为 $m=5.00$ kg。木块与一劲度系数为 $k=20.0$ N/m 的弹簧相连,弹簧再固定在竖直墙上,木块可在水平面上作振幅 $A=0.500$ m 的简谐振动。如果喇叭发出频率为 440 Hz 的声音,则站在喇叭右边的人听到声音的最高频

图 6-56 习题 6-27 用图

率和最低频率分别是多少？假设声音在空气中的速度为 343 m/s。

6-28 一架超声速飞机以 3.0 马赫的速度在离地 20 000 m 的高空水平飞行，如图 6-57 所示。当 $t=0$ 时，飞机在观察者的正上方。求：(1) 多少时间后，观察者才能接收到飞机在 $t=0$ 时刻发出的冲击波？(2) 观察者收到冲击波时飞机离 $t=0$ 时刻的位置多远？(设声波的速度为 335 m/s)

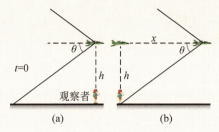

图 6-57　习题 6-28 用图

第 3 篇

相 对 论

相对论是关于时空和引力的理论,它主要由爱因斯坦创立,按其研究对象的不同可分为狭义相对论和广义相对论。目前一般认为,狭义相对论与广义相对论的区别在于所讨论的问题是否涉及引力(弯曲时空),狭义相对论只涉及那些没有引力作用或者引力作用可以忽略的物理现象,而广义相对论则是讨论有引力作用时的物理现象。相对论取代了主要由艾萨克·牛顿创立的力学理论,极大地改变了人类对宇宙和自然的"常识性"观念,改变了20世纪的理论物理学和天文学。不过近年来,人们对于物理理论的分类有了一种新的认识——以其理论是否是决定论来划分经典与非经典的物理学,即"非经典的等于量子的",在这个意义下,相对论仍然是一种经典的理论。

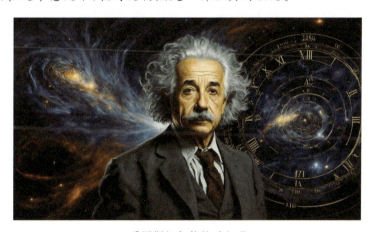

爱因斯坦与他的时空观

名人名言

幻想是诗人的翅膀,假设是科学的天梯。

——歌德(德国)

科学的每一项巨大成就,都是以大胆的幻想为出发点的。

——杜威(美国)

没有大胆的猜测就作不出伟大的发现。

——牛顿(英国)

提出一个问题往往比解决一个问题更重要,因为解决问题也许仅是一个数学上或实验上的技能而已。而提出新的问题、新的可能性,从新的角度去看旧的问题,却需要有创造性的想象力,而且标志着科学的真正进步。

——爱因斯坦(美国)

第7章

相对论基础

相对论是关于时空和引力的基本理论，主要由爱因斯坦创立，分为狭义相对论（special relativity）和广义相对论（general relativity）。狭义相对论和广义相对论的区别是，前者讨论的是惯性参考系之间的物理定律，后者则推广到非惯性参考系中，并在等效原理的假设下，广泛应用于引力场中。

7.1 狭义相对论产生的历史背景和实验基础

7.1.1 历史背景

在经典力学中，人们根据实践经验引入了惯性参考系，力学的基本运动定律对所有惯性参考系成立。那么，人们自然要问，对于反映电磁现象基本规律的麦克斯韦方程组究竟适用于什么参考系？

由于下述原因，参考系问题在电动力学中变得更为突出：从电磁现象总结出来的麦克斯韦方程组，可以得到波动方程，并由此波动方程得出电磁波在真空中的传播速度 c 为

$$c = \frac{1}{\sqrt{\varepsilon_0 \mu_0}}$$

其中，ε_0 和 μ_0 分别为真空中的电容率和磁导率。它们是与参考系无关的常量，因此，c 也应与参考系无关，即在任何参考系中测得光在真空中的速率都应该是同一数值 c。但按照旧的时空理论，如果物质相对于某一参考系的运动速度为 c，则变换到另一参考系时，其速度就不可能沿各个方向都为 c。从旧理论出发，电磁波只能够对一个特定参考系的传播速度为 c，因而麦克斯韦方程组也就只能对该特殊参考系成立。如果确实是这样，则经典力学中伽利略相对性原理在电磁现象中就不再成立，电磁现象的规律只在一个特殊的参考系中成立，因而由电磁现象可以确定一个特殊参考系，把相对于该特殊参考系的运动称为绝对运动。

另外，电磁波的传播是否也像机械波那样需要介质呢？人们曾设想电磁波的传播需要一种特殊的介质——"以太"（ether）。在与"以太"相对静止的一个特殊参考系中，电磁波的传播速度为 c。电磁波只在一个参考系的传播速度为 c，因此这个特殊参考系是唯一的，它应当能够利用电磁现象确定。我们将这个特殊参考系称为"以太"参考系。

为满足以上要求，"以太"必须具有一些令人难以捉摸的性质，如没有质量、完全透明、非常刚性、对运动的物体没有阻力等。

引入"以太"后,人们认为麦克斯韦方程组只在与"以太"固连的绝对参考系中成立,通过实验就可以确定一个惯性参考系相对"以太"的绝对速度。一般认为地球不是绝对参考系,可以假定"以太"与太阳固连,这样应当能在地球上进行实验来确定地球相对于"以太"的绝对速度,即地球相对于太阳的速度。19 世纪末,寻找"以太"和确定地球相对于"以太"参考系的绝对速度成为物理学的一个重要课题。为此,人们设计了许多精确的实验,其中最著名、最有意义的实验是迈克耳孙(A. A. Michelson,1852—1931,美国)-莫雷(E. W. Morley,1838—1923,美国)实验。

物理学家简介

阿尔伯特·爱因斯坦

阿尔伯特·爱因斯坦(A. Einstein,1879—1955)(图 7-1),现代物理学的开创者、集大成者和奠基人,同时也是一位著名的思想家和哲学家。爱因斯坦 1900 年毕业于苏黎世联邦理工大学,然而,毕业就失业,虽在 1901 年取得瑞士国籍,但对其就业仍无帮助。1902 年,在朋友的帮助下,被伯尔尼瑞士专利局录用为技术员,从事发明专利申请的技术鉴定工作。工作中,他仍坚持利用业余时间从事科学研究。

1905 年在物理学三个不同领域中取得了历史性成就,特别是狭义相对论的建立和光量子论的提出,推动了物理学理论的革命。同年,以论文《分子大小的新测定法》取得苏黎世大学的博士学位。1908 年兼任伯尔尼大学编外讲师,从此他才有缘进入学术机构工作。1909 年离开专利局任苏黎世大学理论物理学副教授。1911 年任布拉格德语大学理论物理学教授,1912 年任母校苏黎世联邦工业大学教授。1914 年,应 M. 普朗克和 W. 能斯脱的邀请,回德国任威廉皇帝物理研究所所长兼柏林大学教授,直到 1933 年。因发现光电效应规律获 1921 年诺贝尔物理学奖。

1933 年因受纳粹政权迫害,迁居美国,任普林斯顿高级研究所教授,从事理论物理研究,1940 年入美国国籍。1955 年 4 月 18 日因主动脉瘤破裂逝世于普林斯顿。遵照他的遗嘱,不举行任何丧礼,不筑坟墓,不立纪念碑,骨灰撒在永远对人保密的地方,为的是不使任何地方成为圣地。

图 7-1 爱因斯坦

爱因斯坦

7.1.2 迈克耳孙-莫雷实验

图 7-2 为迈克耳孙-莫雷实验装置图。其中,M 为半反、半透板,M' 为补偿板,$MM_1 = l_1, MM_2 = l_2$。设地球相对"以太"的相对速度为 v,方向如图 7-2 所示。设此方向为 x 方向,与 v 垂直的方向为 y 方向。按照经典理论,在地球上光沿 x 轴正向的速度为 $c+v$,光沿 x 轴负向的速度为 $c-v$,光沿 y 轴正、负方向的速度均为 $\sqrt{c^2-v^2}$。

因此,可得光沿 MM_1M 的传播时间为

$$t_1 = \frac{l_1}{c+v} + \frac{l_1}{c-v}$$

$$= \frac{2cl_1}{c^2-v^2} = \frac{2l_1/c}{1-v^2/c^2} \qquad (7-1)$$

迈克耳孙-莫雷实验

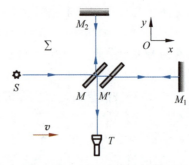

图 7-2 迈克耳孙-莫雷实验装置图

光沿 MM_2M 的传播时间为

$$t_2 = \frac{2l_2}{\sqrt{c^2-v^2}} = \frac{2l_2/c}{\sqrt{1-v^2/c^2}} \tag{7-2}$$

因此,两束光从干涉仪两臂返回到目镜 T 的光程差为

$$\Delta_1 = c(t_2 - t_1) = 2\left(\frac{l_2}{\sqrt{1-v^2/c^2}} - \frac{l_1}{1-v^2/c^2}\right) \tag{7-3}$$

从目镜 T 中可观察到两束光的干涉条纹。仪器转动 $90°$ 后,x 轴方向与 y 轴方向交换,两束光从干涉仪两臂返回到目镜 T 的光程差为(只需将式(7-3)中 l_1 和 l_2 交换)

$$\Delta_2 = 2\left(\frac{l_2}{1-v^2/c^2} - \frac{l_1}{\sqrt{1-v^2/c^2}}\right) \tag{7-4}$$

由于光程差不同,旋转后干涉条纹应当移动。仪器旋转前后移动的条纹数为

$$n = \frac{\Delta_2 - \Delta_1}{\lambda} \approx \frac{l_1 + l_2}{\lambda} \frac{v^2}{c^2}, \quad v \ll c \tag{7-5}$$

1887 年迈克耳孙和莫雷所用的实验仪器的参数为 $l_1 \approx l_2 \approx 11\text{ m}$,所用的实验光源为钠黄光,其波长为 $\lambda = 5.9 \times 10^{-7}\text{ m}$,若认为地球相对"以太"的速度为地球相对太阳速度 $v = 3 \times 10^4\text{ m/s}$,则移动的条纹数为 $n \approx 0.37$ 个,而实际上他们并没有观察到条纹的移动。

迈克耳孙-莫雷实验测量不到地球相对于"以太"参考系的运动速度。这一实验虽可用"以太"被地球拖曳而随地球一起运动来解释,但反过来,则"以太"相对于太阳是运动的,它不是绝对静止的,这无异于承认地心说,承认太阳和诸星围绕地球转动。同时如果认为地球拖曳"以太"一起运动,则又无法解释光行差实验。总之,所有实验表明不存在绝对静止的"以太","以太"学说被科学家抛弃。大量实验现象表明,光速不依赖于观察者所在的参考系,而且与光源的运动无关。

> **思考题**
>
> **7-1** 为什么仅从迈克耳孙-莫雷实验不能否定"以太"的存在?

7.2 狭义相对论的基本假设与洛伦兹变换

7.2.1 狭义相对论的两个基本假设

由于迈克耳孙-莫雷实验没有测量到地球相对于"以太"的速度,同时这一实验和其他一些实验不能自洽地得到解释,因此人们重新对光速、伽利略坐标变换和与之相对应的牛顿时空观以及麦克斯韦方程组的正确性进行思考。在这些经典物理理论中,麦克斯韦方程组是建立在大量的实验基础上的,它应当是正确的。在真空中,光在任何惯性参考系中的速度都应为 c,否则麦克斯韦方程组只相对于"以太"参考系成立,但如果认为光在真空中的速度不变,则伽利略坐标变换就不成立了,牛顿时空观也就不对了。所以伽利略坐标变换要修改,牛顿的时空观也要修改。1905 年,年仅 26 岁的爱因斯坦,在下面两个基本假设的基础上,创立了狭义相对论。

(1) **相对性原理**(principle of relativity):物理规律对于所有惯性系都具有完全相同的形式。也就是说:一切惯性参考系都是等价的,不存在绝对参考系。这一原理否定了

绝对参考系的存在,即否定了"以太"的存在。

(2) **光速不变原理**(principle of invariance of light speed):在任何惯性系中,光沿任何方向的速度大小恒为 c,且与光源的运动速度无关。

> **感悟·启迪**
>
> 突破原有的思维模式,转变观念,才有更好的创新。爱因斯坦说:"想象比知识更重要,因为知识是有限的,而想象力概括着世界上的一切,推动着进步,并且是知识进化的源泉。"

7.2.2 洛伦兹变换

洛伦兹

洛伦兹变换(Lorentz transformation)是观测者在不同惯性参考系之间对物理量进行测量时所进行的转换关系,在数学上表现为一组方程。洛伦兹变换因其创立者——荷兰物理学家亨德里克·洛伦兹(H. Lorentz,1853—1928)而得名。洛伦兹变换最初被用来调和 19 世纪建立起来的经典电动力学与牛顿力学之间的矛盾,后来成为狭义相对论中的基本方程组。

1904 年,洛伦兹为挽救"以太"学说,建立了以静止的"以太"坐标系到其他惯性参考系的变换式,即著名的洛伦兹变换式,不过他并没有意识到这个变换式的深刻意义,因而与狭义相对论的创立擦肩而过。1905 年,爱因斯坦以观察到的事实为依据,立足于相对性原理和光速不变原理这两条基本原理,着眼于修改运动、时间、空间等基本概念,重新导出洛伦兹变换,并赋予洛伦兹变换崭新的物理内容。在狭义相对论中,洛伦兹变换是最基本的关系式,狭义相对论的运动学结论和时空性质,如同时性的相对性、长度收缩、时间延缓、速度变换公式、相对论多普勒效应等都可以从洛伦兹变换中直接得出。利用狭义相对论,迈克耳孙-莫雷实验、光行差现象等都能得到合理的解释。下面推导洛伦兹变换。

设惯性参考系 Σ 相对于惯性参考系 Σ' 的运动速度大小为 u,相应地建立如图 7-3 所示的两个直角坐标系 $Oxyz$ 和 $O'x'y'z'$,并令其 $O'x'$ 轴与 Ox 轴均沿着 Σ' 相对于 Σ 的运动方向,且令两原点 O' 与 O 重合的瞬间为两惯性系的计时起点,即 $t=t'=0$。现由爱因斯坦狭义相对论的两条基本原理导出同一**事件**(事件是指发生在特定时间和地点的事情或情况)P 分别在 Σ 和 Σ' 中的两套时空坐标 (x,y,z) 和 (x',y',z') 间的关系式。

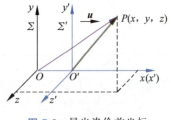

图 7-3 导出洛伦兹坐标变换用图

由"时空的均匀性",即在 Σ 作匀速直线运动的物体,在 Σ' 中也应作匀速直线运动,两惯性参考系之间的变换关系是线性的。由相对性原理,在垂直于相对运动的方向上的两套坐标总是相等的,即 $y=y'$,$z=z'$。此外由时空平移的对称性还可看出坐标 (x,t) 和 (x',t') 均与 y、y'、z、z' 无关,故应满足如下关系:

$$x' = a_{11}x + a_{12}t \quad (7\text{-}6)$$

$$t' = a_{21}x + a_{22}t \quad (7\text{-}7)$$

式中,a_{11}、a_{12}、a_{21} 和 a_{22} 均为与时空坐标无关的常数,但可能与速度 u 的大小和正负有关。下面确定四个常数的具体形式。

对于 Σ' 中的原点 O',在 Σ 中任一时刻 t',它的空间坐标都等于零,即 $x'=0$,而 O' 在 Σ 系中 t 时刻的空间坐标为 $x=ut$,将 $x'=0$,$x=ut$ 代入式(7-6)得 $a_{12}=-ua_{11}$,则式(7-6)简化为

$$x' = a_{11}(x - ut) \quad (7\text{-}8)$$

再设想在 $t=t'=0$ 时刻，自 O 与 O' 重合处发出一个光信号，此后这个光信号就在空间传播。按照光速不变原理，在所有惯性系中光沿各方向的传播速度都是 c，则 Σ 中的观测者测得，这个光波的波前是以 O 点为球心，以 ct 为半径的球面，而在 Σ' 中的观测者测得，这个光波的波前是以 O' 点为球心，以 ct' 为半径的球面。设事件 P 发生的时刻，光信号恰好传播到事件 P 发生的地点，则这个事件在 Σ 和 Σ' 中的两组时空坐标应满足如下关系：

$$x^2+y^2+z^2=c^2t^2$$
$$x'^2+y'^2+z'^2=c^2t'^2$$

因而有

$$x^2+y^2+z^2-c^2t^2=x'^2+y'^2+z'^2-c^2t'^2$$

注意到 $y=y'$，$z=z'$，上式可写为

$$x^2-c^2t^2=x'^2-c^2t'^2 \tag{7-9}$$

将式(7-7)和式(7-8)代入式(7-9)，可得

$$x^2-c^2t^2=a_{11}^2(x-ut)^2-c^2(a_{21}x+a_{22}t)^2$$

由于上式对所有 x,t 都成立，因此等式两边对应项的系数必须相等，由此可得关于 a_{11}、a_{21} 和 a_{22} 的一组联立方程：

$$\begin{cases} a_{11}^2-c^2a_{21}^2=1 \\ ua_{11}^2+c^2a_{21}a_{22}=0 \\ ua_{11}^2-c^2a_{22}^2=-c^2 \end{cases}$$

解上述方程组得

$$a_{11}=a_{22}=\frac{1}{\sqrt{1-u^2/c^2}}, \quad a_{21}=-\frac{u}{c^2\sqrt{1-u^2/c^2}}$$

将 a_{11}、a_{21} 和 a_{22} 的值代入式(7-7)和式(7-8)得

$$\begin{cases} x'=\dfrac{x-ut}{\sqrt{1-u^2/c^2}} \\ y'=y \\ z'=z \\ t'=\dfrac{t-\dfrac{u}{c^2}x}{\sqrt{1-u^2/c^2}} \end{cases} \tag{7-10}$$

由上式解出 x,y,z,t 可得逆变换式或由相对性原理可以更简单地导出逆变换。因为 Σ 和 Σ' 是等价的，所以从 Σ 到 Σ' 的变换应该与从 Σ' 到 Σ 的变换具有相同的形式。若 Σ' 相对于 Σ 的运动速度为 u（沿 x 轴方向），则 Σ 相对于 Σ' 的速度为 $-u$。因此只要把式(7-10)中的 u 改为 $-u$ 即得由 Σ' 系到 Σ 系的时空变换式为

$$\begin{cases} x=\dfrac{x'+ut'}{\sqrt{1-u^2/c^2}} \\ y=y' \\ z=z' \\ t=\dfrac{t'+\dfrac{u}{c^2}x'}{\sqrt{1-u^2/c^2}} \end{cases} \tag{7-11}$$

式(7-10)和式(7-11)都称为洛伦兹变换，它是同一事件在两个不同的惯性参考系上观察的时空坐标之间的关系。

例 7-1

设惯性参考系 Σ' 相对 Σ 以速率 $u=0.6c$ 运动,现有两个事件,在 Σ 中测量得:$x_1=0$ m,$t_1=0$ s; $x_2=3\,000$ m,$t_2=4\times 10^{-6}$ s,求 Σ' 中测得的相应时空坐标。

解 将已知量代入洛伦兹变换式,得

$$x'_1=\frac{x_1-ut_1}{\sqrt{1-u^2/c^2}}=0, \quad t'_1=\frac{t_1-ux_1/c^2}{\sqrt{1-u^2/c^2}}=0$$

$$x'_2=\frac{x_2-ut_2}{\sqrt{1-u^2/c^2}}=\frac{3\,000-0.6\times 3\times 10^8\times 4\times 10^{-6}}{\sqrt{1-0.6^2}}\text{ m}=2.85\times 10^3\text{ m}$$

$$t'_2=\frac{t_2-ux_2/c^2}{\sqrt{1-u^2/c^2}}=\frac{4\times 10^{-6}-0.6\times 3\,000/(3\times 10^8)}{\sqrt{1-0.6c^2}}\text{ s}=-2.5\times 10^{-6}\text{ s}$$

Σ' 中测量的时间 t'_2(负值)$<t'_1$(零),表明 Σ' 系中事件的时间顺序与 Σ 中相比发生了颠倒。

思考题

7-2 狭义相对论的基本假设是什么?哪一个假设是经典力学理论所没有的?

7-3 狭义相对性原理与经典相对性原理有何不同?

7.3 狭义相对论的时空观

7.3.1 相对论时空理论不破坏因果律

有因果关系、依赖关系和延续关系的事件称为因果事件。由洛伦兹变换可得,有因果关系的两事件,其因果关系是绝对的。下面用洛伦兹变换证明。

对于任意两事件 P_1 和 P_2,事件 P_1 在 Σ 和 Σ' 中发生的时空坐标分别为 (x_1,t_1) 和 (x'_1,t'_1),事件 P_2 在 Σ 和 Σ' 中发生的时空坐标别为 (x_2,t_2) 和 (x'_2,t'_2)。由洛伦兹变换得

$$t'_2-t'_1=\frac{(t_2-t_1)-u/c^2(x_2-x_1)}{\sqrt{1-u^2/c^2}} \tag{7-12}$$

式中,u 是 Σ' 相对于 Σ 的运动速度。假定 $t_2>t_1$,要保持因果关系,必须要求 $t'_2>t'_1$,因此有 $t_2-t_1>\frac{u}{c^2}(x_2-x_1)$,即

$$\frac{x_2-x_1}{t_2-t_1}<\frac{c^2}{u} \tag{7-13}$$

令 $v=\frac{x_2-x_1}{t_2-t_1}$,$v$ 为 P_1 对 P_2 作用的传播速度或认为是相互关系的传播速度(或物质、影响等传播速度)。要使式(7-13)成立,则要求 $uv<c^2$,因 $u<c$,所以,只要 $v\leqslant c$,则 $uv<c^2$ 总是成立的。因此可知,只要能量传输的速度不超过光速 c,则因果关系就不会倒置。就目前所知,$v\leqslant c$ 总是成立的。因此,有因果关系的两事件,其因果关系是绝对的。

7.3.2 同时的相对性

由洛伦兹变换,可得两事件时空坐标满足如下关系:

$$\begin{cases} x'_2 - x'_1 = \dfrac{(x_2 - x_1) - u(t_2 - t_1)}{\sqrt{1 - u^2/c^2}} \\ t'_2 - t'_1 = \dfrac{(t_2 - t_1) - \dfrac{u}{c^2}(x_2 - x_1)}{\sqrt{1 - u^2/c^2}} \end{cases} \quad (7\text{-}14)$$

下面由式(7-14)讨论同时的相对性。

1. 同时同地事件

在 Σ 中观测到的是同时同地发生的两事件,即 $t_1 = t_2$,$x_1 = x_2$,由式(7-14)得 $t'_1 = t'_2$,$x'_1 = x'_2$。即在 Σ 中为同时同地事件,在 Σ' 中也为同时同地事件。

2. 同地不同时事件

在 Σ 中观测到的是同地不同时两事件,即 $x_1 = x_2$,$t_1 \neq t_2$,则在 Σ' 观测两事件,有

$$t'_2 - t'_1 = \frac{t_2 - t_1}{\sqrt{1 - u^2/c^2}} > 0 \quad (7\text{-}15)$$

同时的相对性 1

如 $t_2 > t_1$,$\Delta t > 0$(事件 1 先发生,事件 2 后发生),则有 $t'_2 > t'_1$(事件 1 先发生,事件 2 后发生)。同样,如 $t_2 < t_1$,$\Delta t < 0$(事件 2 先发生,事件 1 后发生),则有 $t'_2 < t'_1$(事件 2 先发生,事件 1 后发生)。因此,同地不同时发生的事件,其因果律不会改变。而

$$x'_2 - x'_1 = -\frac{u(t_2 - t_1)}{\sqrt{1 - u^2/c^2}} < 0 \quad (7\text{-}16)$$

同时的相对性 2

上式说明,在 Σ 中为同地不同时发生的两事件在 Σ' 中变为不同地不同时发生的两事件。

3. 同时不同地事件

在 Σ 中观测到的是同时不同地的两事件,即有 $t_1 = t_2$,$x_1 \neq x_2$,则在 Σ' 中观测,有

$$t'_2 - t'_1 = \frac{-u/c^2(x_2 - x_1)}{\sqrt{1 - u^2/c^2}} \quad (7\text{-}17)$$

若 $x_2 > x_1$,则 $t'_2 - t'_1 < 0$,$t'_2 < t'_1$,它表示在 Σ' 中观测,P_2 事件先发生;若 $x_2 < x_1$,则 $t'_2 - t'_1 < 0$,$t'_2 > t'_1$,它表示在 Σ' 中观测,P_1 先发生。即在一个参考系中异地同时发生的两个事件,在另一个相对的参考系看来是不同时的,这就是同时的相对性。

例 7-2

在参考系 Σ 中观测到成都和北京同时放映一部相同的电影,设参考系 Σ' 相对于参考系 Σ 的运动速度为 u。问:(1)在 Σ' 中观测,两地是同时放映的吗?(2)在 Σ' 中观测,从放映开始到结束的持续时间是否相同?

解 (1)在 Σ 中观测到的是同时不同地的两事件,即有 $t_1 = t_2$,$x_1 \neq x_2$。在 Σ' 中观测,有

$$t'_2 - t'_1 = \frac{-u/c^2(x_2 - x_1)}{\sqrt{1 - u^2/c^2}}$$

当观测飞船从成都飞到北京,如图 7-4 所示,即 Σ' 相对于 Σ 的速度为 u,因 $x_2 > x_1$,$t_1 = t_2$,由上式知 $t'_2 < t'_1$,说明北京的电影先放映;当观测飞船从北京飞到成都,即 Σ' 相对于 Σ 的速度为 $-u$,因 $x_2 > x_1$,

由上式知 $t'_2 > t'_1$，说明北京的电影后放映。

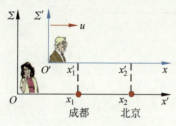

图 7-4 例 7-2 示意图

(2) 设放映开始时为 P_1 事件，放映结束时为 P_2 事件。以观测成都的放映持续时间为例，在 Σ 中观测，放映开始和放映结束是同地不同时发生事件，因 $t_2 > t_1$，则由式(7-14)可知在 Σ' 中观测时，有

$$t'_2 - t'_1 = \frac{t_2 - t_1}{\sqrt{1 - u^2/c^2}} > 0$$

由于 $\Delta t = t_2 - t_1 < \Delta t' = t'_2 - t'_1$，因此，在 Σ' 中观测放映持续的时间延长了，但总有放映结束事件在放映开始事件之后发生，即原有的因果关系不会倒置。

7.3.3 长度收缩

如图 7-5 所示，设一物体以相对于惯性参考系 Σ 的速度 u 沿 x 轴作匀速运动，而它相对于惯性参考系 Σ' 则是静止的。在 Σ 的同一时刻，测出它的前端 B 的坐标为 x_2，后端 A 的坐标为 x_1，则它在 Σ 的长度为

$$l = x_2 - x_1 \tag{7-18}$$

在 Σ' 测出 B 的坐标为 x'_2，A 的坐标为 x'_1，则它在 Σ' 的长度为

$$l_0 = x'_2 - x'_1 \tag{7-19}$$

由洛伦兹变换式(7-14)得出

$$l = l_0 \sqrt{1 - \frac{u^2}{c^2}} < l_0 \tag{7-20}$$

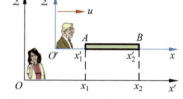

图 7-5 长度收缩

式中，l_0 是物体静止时测出的长度，叫作 固有长度(proper length)。上式表明，物体运动时，沿运动方向上的长度 l 要比静止时的长度 l_0 短。这种现象叫作 长度收缩(length contraction)，也有人将其称为洛伦兹收缩。

长度收缩效应不但导致物体之间位置和方向的非确定性，还导致物体体积和密度等物理量的可变性。物体在其运动方向上发生长度收缩是相对论时空观的必然结果，与物体的内部结构无关。所有相对于观察者运动的物体，在其运动方向上都要发生同等程度的收缩。

长度收缩已从实际现象中得到证实。我们平时看不到这种收缩现象，是由于在低速缓慢的运动中，这种现象是不显著的。例如，即使物体运动速度达到 3×10^7 m/s，长度的收缩也不过是千分之五。

例 7-3

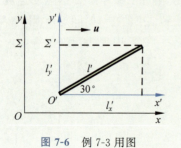

图 7-6 例 7-3 用图

一根米尺静止在惯性参考系 Σ' 中，与 $O'x'$ 轴成 $30°$，如果在惯性参考系 Σ 中测得该米尺与 Ox 轴成 $45°$，Σ' 相对 Σ 的速度是多少？在 Σ 中测得米尺长度是多少？

解 如图 7-6 所示，由题意知，在 Σ' 中，米尺在 $O'x'$ 及 $O'y'$ 方向上的投影的长度为

$$l'_x = l'\cos30°, \quad l'_y = l'\sin30°$$

其中 $l' = 1$ m。设在 Σ 系中测得米尺长度为 l，则米尺在 Ox、Oy 方向上的

投影长度为
$$l_x = l\cos45°, \quad l_y = l\sin45°$$
因为米尺在 Oy 轴方向上的投影长度不变,即 $l_y = l'_y$,于是有
$$l_x = l_y = l'_y = l'\sin30°$$
设 Σ' 相对 Σ 的速度为 u,在 Σ 中测得米尺在 Ox 轴方向的投影长度为
$$l_x = l'_x\sqrt{1-\left(\frac{u}{c}\right)^2}$$
即
$$l'\sin30° = l'\cos30°\sqrt{1-\left(\frac{u}{c}\right)^2}$$
所以
$$u = c\sqrt{1-\left(\frac{\sin30°}{\cos30°}\right)^2} = 0.816c$$
则在 Σ 中测得米尺的长度为
$$l = \frac{l_x}{\cos45°} = \frac{l'\sin30°}{\cos45°} = 0.707 \text{ m}$$

7.3.4 时间膨胀

如图 7-7 所示,设在惯性参考系 Σ' 的同一地点,t'_1 时刻发生一事件 A,t'_2 时刻发生另一事件 B,这两事件相隔的时间为
$$\Delta\tau = t'_2 - t'_1 \tag{7-21}$$
在 Σ 观测,事件 A 发生于 t_1 时刻,事件 B 发生于 t_2 时刻,这两事件相隔的时间为
$$\Delta t = t_2 - t_1 \tag{7-22}$$
它是不同地的两个时钟测得的发生在 Σ' 中两事件的时间,称为坐标时。

设 Σ' 以相对于 Σ 的速度 u 运动,由洛伦兹变换式(7-11)得出
$$\Delta t = \frac{\Delta\tau}{\sqrt{1-\frac{u^2}{c^2}}} > \Delta\tau \tag{7-23}$$

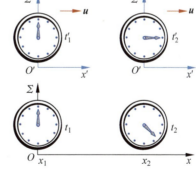

图 7-7 时间膨胀

其中,$\Delta\tau$ 是同一地点发生的两事件之间的时间间隔,也就是静止的钟所测出的时间,叫作原时或**固有时**(proper time)。式(7-23)表明,运动参考系(Σ')所经历的时间 $\Delta\tau$ 要比静止参考系(Σ)所经历的时间 Δt 短些。换句话说,运动系的时间要比静止系的慢些。这种现象叫作**时间膨胀**(time dilation)。中国古典神话小说《西游记》中描述的"天上一日,地上一年"这种看似不可思议的幻想,在爱因斯坦的相对论中,却变成了科学的真实!

上面的讨论表明,狭义相对论的时间和空间概念不再是绝对的,而是相对的,时间和空间与运动密切相关。如果运动速度比光速小得多,运动时间的膨胀和运动距离的缩短都可以忽略。在日常生活和大部分工程技术中,所涉及的物体的运动速度都远小于光速,经典时空的理论仍然适用。

例 7-4

一飞船以 $u=0.8c$ 的速度,从地球出沿直线飞向火星。地球与火星之间的距离为 $L_p=2.4\times10^{11}$ m。由于飞船从地球飞向火星的时间较短,忽略此期间太阳、地球和火星的运动。问:(1)地球上的观察者测量得飞船从地球到火星所用的时间为多少?(2)飞船上的观察者测量得从地球到火星的距离与从地球到火星所用的时间各为多少?

解 (1)地球上的观察者测量得飞船从地球到火星所用的时间为

$$\Delta t = \frac{L_p}{u} = \frac{2.4\times10^{11}}{0.8\times3\times10^8}\text{ s} = 1\,000\text{ s}$$

(2)飞船上的观察者测得的是在运动参考系中从地球到火星的距离,此距离为

$$L'_P = L_P\sqrt{1-\frac{u^2}{c^2}} = 2.4\times10^{11}\sqrt{1-\frac{(0.8\times3\times10^8)^2}{(3\times10^8)^2}}\text{ m} = 1.44\times10^{11}\text{ m}$$

飞船从地球到火星所用的时间为

$$\Delta\tau = \Delta t\sqrt{1-\frac{u^2}{c^2}} = 1\,000\times\sqrt{1-\frac{(0.8\times3\times10^8)^2}{(3\times10^8)^2}}\text{ s} = 600\text{ s}$$

例 7-5

在距地面 8.00 km 的高空,由 π 介子衰变产生出一个 μ 子,它相对地球以 $v=0.998c$ 的速度飞向地面,已知 μ 子的固有寿命平均值 $\tau_0=2.0\times10^{-9}$ s,试问该 μ 子能否到达地面?

解 在地面测得 μ 子的寿命为

$$\tau = \frac{\tau_0}{\sqrt{1-(v/c)^2}}$$

μ 子自产生到衰变的飞行距离为

$$L = v\tau = \frac{v\tau_0}{\sqrt{1-(v/c)^2}} = 9.47\text{ km}$$

可见 $L>8.00$ km,故 μ 子能到达地面。

思考题

7-4 什么是狭义相对论的同时性?什么是牛顿力学中的同时性?

7-5 相对论中运动物体的长度缩短与物体线度的热胀冷缩是一回事吗?

7-6 说明坐标时与固有时的差别。一只手表给出的时间是哪种时间?

7-7 牛顿力学的时空观与相对论的时空观的根本区别是什么?二者有何联系?

7.4 狭义相对论速度变换

设一质点以速度 $\boldsymbol{v}=(v_x,v_y,v_z)$ 相对于惯性参考系 Σ 运动,Σ' 系以相对于惯性参考系 Σ 的速度 u 沿 x 轴正方向运动。在 Σ 中质点的运动速度定义为 $v_x=\dfrac{\mathrm{d}x}{\mathrm{d}t}$,$v_y=\dfrac{\mathrm{d}y}{\mathrm{d}t}$,

$v_z = \dfrac{dz}{dt}$,在 Σ' 中质点的运动速度定义为 $v'_x = \dfrac{dx'}{dt'}, v'_y = \dfrac{dy'}{dt'}, v'_z = \dfrac{dz'}{dt'}$。由洛伦兹变换可推出该质点在 Σ' 中的速度 $\boldsymbol{v'}$ 的分量为

$$v'_x = \dfrac{v_x - u}{1 - \dfrac{uv_x}{c^2}}, \quad v'_y = \dfrac{v_y\sqrt{1-\dfrac{u^2}{c^2}}}{1-\dfrac{uv_x}{c^2}}, \quad v'_z = \dfrac{v_z\sqrt{1-\dfrac{u^2}{c^2}}}{1-\dfrac{uv_x}{c^2}} \tag{7-24}$$

这就是狭义相对论速度变换。将上式中的 u 以 $-u$ 替换,带撇量与不带撇量交换,得逆变换为

$$v_x = \dfrac{v'_x + u}{1 + \dfrac{uv'_x}{c^2}}, \quad v_y = \dfrac{v'_y\sqrt{1-\dfrac{u^2}{c^2}}}{1+\dfrac{uv'_x}{c^2}}, \quad v_z = \dfrac{v'_z\sqrt{1-\dfrac{u^2}{c^2}}}{1+\dfrac{uv'_x}{c^2}} \tag{7-25}$$

由上面的狭义相对论速度变换公式可以看出,当两惯性参考系的速度和质点的运动速度远小于光速时,狭义相对论速度变换公式就回到了伽利略速度变换公式。

例 7-6

如图 7-8 所示,飞船 A、B 相对于地面分别以 $0.6c$ 和 $0.8c$ 的速度相向而行。求:

(1) 飞船 A 上测得地球的速度;
(2) 飞船 A 上测得飞船 B 的速度;
(3) 地面上测得飞船 A 和飞船 B 的相对速度。

解 (1) 根据运动的相对性,飞船 A 上测得地球的速度为 $-0.6c$。

(2) 设地面为参考系 Σ,飞船 A 为参考系 Σ',Σ' 相对于 Σ 的速度为 $u = 0.6c$。依题意飞船 B 在 Σ 中的速度 $v = -0.8c$,由洛伦兹速度变换,在 Σ'(飞船 A)中测得飞船 B 的速度为

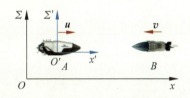

图 7-8 例 7-6 示意图

$$v' = \dfrac{v - u}{1 - vu/c^2} = \dfrac{-0.8c - 0.6c}{1 + 0.8 \times 0.6c/c^2} = -0.94c$$

(3) 地面上测得飞船 A 和飞船 B 的相对速度为:$0.6c + 0.8c = 1.4c$

在相对论中,物质的运动速度不会超过真空中的光速 c,是指某观察者看到的所有物体相对于它的速度不会超过 c。在地面上观测飞船 A 和飞船 B 的相对速度是地面看到的其他两物体的相对速度,它不是某一物体对地面的速度,因此不受极限速度的限制。

甲乙飞船

思考题

7-8 两飞船 A、B 均沿静止参考系的 x 轴方向运动,速度分别为 v_1 和 v_2。由飞船 A 向飞船 B 发射一束光,相对于飞船 A 的速度为 c,则该光束相对于飞船 B 的速度为多少?

7.5 狭义相对论动力学基础

狭义相对论采用了洛伦兹变换后,建立了新的时空观,同时也带来了新的问题,这就是经典力学不满足洛伦兹变换,自然也就不满足新变换下的相对性原理。爱因斯坦认

为，应该对经典力学进行改造或修正，使它满足洛伦兹变换和洛伦兹变换下的相对性原理。经这种改造后的力学就是相对论力学。

7.5.1 质量与速度的关系

如图 7-9 所示，设两参考系分别为 Σ 和 Σ'，x 轴和 x' 轴重合，Σ' 相对于 Σ 以速度 v_0 向右运动。在 Σ' 中有两个完全相同的固有质量为 m_0 的物体 A 和 B 相向运动。A 相对于 Σ' 的速度为 v_0，B 相对于 Σ' 的速度为 $-v_0$，两物体接触时发生完全非弹性碰撞后粘在一起。根据动量守恒定律，碰撞后两物体静止。

在 Σ 中，由洛伦兹速度变换知，碰撞前 B 的速度为零，A 的速度为

$$v = \frac{2v_0}{1 + v_0^2/c^2} \tag{7-26}$$

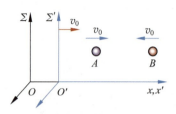

图 7-9 导出质量-速度关系图

这时，B 是静止的，故 B 的质量就是其固有质量 m_0；而 A 是运动的，速度为 v，把其质量记为 m。碰撞后，A 和 B 黏在一起，在 Σ 系中观测其速度为 v_0。由动量守恒定律，有

$$mv + m_0 \times 0 = (m + m_0)v_0 \tag{7-27}$$

由式(7-27)得

$$m = \frac{m_0 v_0}{v - v_0} \tag{7-28}$$

由式(7-26)得

$$v_0 = [1 - (1 - v^2/c^2)^{1/2}]c^2/v \tag{7-29}$$

把式(7-29)代入式(7-28)，就得到

$$m = \frac{m_0}{\sqrt{1 - v^2/c^2}} \tag{7-30}$$

这个重要结论就是**相对论质量与速度关系**，这个关系改变了人们在经典力学中认为质量是不变量的观念。

静质量 m_0 是物体静止时测得的相对论质量，它在洛伦兹变换下是不变的。相对论质量 m 是运动速率的函数，在不同的惯性系中有不同的值，是在相对论中物体惯性的量度，简称质量。从式(7-30)可以看出，当物体的运动速率无限接近光速时，其相对论质量将无限增大，其惯性也将无限增大。所以，施以任何有限大的力都不可能将静质量不为零的物体加速到光速。可见，用任何动力学手段都无法获得超光速运动。这就从另一个角度说明了在相对论中光速是物体运动的极限速度。

1966 年在美国斯坦福投入运行的电子直线加速器，全长 3×10^3 m，加速电场为 7×10^6 V/m，可将电子加速到 $0.999\,999\,999\,7c$，电子的速度接近光速，但不可能超过光速。这有力地证明了相对论质量与速度的关系的正确性。

7.5.2 相对论质点动力学方程

根据相对论质量与速度的关系，相对论动量应定义为

$$\boldsymbol{p} = m\boldsymbol{v} = \frac{m_0 \boldsymbol{v}}{\sqrt{1 - v^2/c^2}} \tag{7-31}$$

由上面的定义式(7-31)可见,在相对论中动量并不正比于速度 v,而是正比于 $\dfrac{v}{\sqrt{1-v^2/c^2}}$。可以证明,在洛伦兹变换下,动量的这种形式使动量守恒定律的数学形式保持不变。同时,在物体运动速率远小于光速的情况下,动量将过渡到经典力学中的形式。

在经典力学中,质点动量的时间变化率等于作用于质点的合力。在相对论中这一关系仍然成立,不过应将动量写为式(7-31)的形式,于是就有

$$F = \frac{\mathrm{d}p}{\mathrm{d}t} = \frac{\mathrm{d}}{\mathrm{d}t}\left(\frac{m_0 v}{\sqrt{1-v^2/c^2}}\right) \tag{7-32}$$

这就是**相对论动力学基本方程**。显然,当质点的运动速率 $v \ll c$ 时,上式将回到牛顿第二定律。可以说,牛顿第二定律是物体在低速运动情况下对相对论动力学方程的近似。

7.5.3 质能关系

根据相对论动力学基本方程可以得到

$$F = \frac{\mathrm{d}p}{\mathrm{d}t} = m\frac{\mathrm{d}v}{\mathrm{d}t} + v\frac{\mathrm{d}m}{\mathrm{d}t} \tag{7-33}$$

在经典力学中,质点动能的增量等于合外力做的功,现在我们将这一规律应用于相对论力学中。设质点在外力 F 的作用下,从静止开始运动,外力做功,使质点的动能增加,其速度增大为 v,考虑到式(7-33),于是有

$$E_k = \int F \cdot \mathrm{d}r = \int \left(m\frac{\mathrm{d}v}{\mathrm{d}t} + v\frac{\mathrm{d}m}{\mathrm{d}t}\right) \cdot \mathrm{d}r = \int (mv\mathrm{d}v + v^2 \mathrm{d}m) \tag{7-34}$$

对质速关系式(7-30)求微分,得

$$\mathrm{d}m = \frac{m_0 v \mathrm{d}v}{c^2 (1-v^2/c^2)^{3/2}}$$

将上式代入式(7-34),得

$$E_k = \int \left[\frac{m_0 v \mathrm{d}v}{(1-v^2/c^2)^{1/2}} + \frac{m_0 v^3 \mathrm{d}v}{c^2(1-v^2/c^2)^{3/2}}\right]$$

$$= mc^2 + C = \frac{m_0 c^2}{\sqrt{1-v^2/c^2}} + C \tag{7-35}$$

式中,C 是积分常量,当 $v=0$ 时,质点的动能 $E_k=0$,即可求得 $C=m_0 c^2$。将 C 的值代入式(7-35),得

$$E_k = mc^2 - m_0 c^2 = m_0 c^2 \left(\frac{1}{\sqrt{1-v^2/c^2}} - 1\right) \tag{7-36}$$

这就是相对论中质点动能的表达式。

显然,当 $v \ll c$ 时,将 $(1-v^2/c^2)^{-1/2}$ 作泰勒级数展开,得

$$(1-v^2/c^2)^{-1/2} = 1 + \frac{1}{2}\frac{v^2}{c^2} + \frac{3}{2}\frac{v^4}{c^4} + \cdots$$

取上式的前两项,代入式(7-36),得

$$E_k = m_0 c^2 \left(1 + \frac{v^2}{2c^2} - 1\right) = \frac{1}{2} m_0 v^2$$

这正是经典力学中动能的表达式。式(7-36)可以改写为

$$mc^2 = E_k + m_0 c^2 \tag{7-37}$$

爱因斯坦认为,上式中的 $m_0 c^2$ 是物体静止时的能量,称为物体的**静能**,而 mc^2 是物体的

总能量,它等于静能与动能之和。物体的总能量若用 E 表示,则可写为

$$E = mc^2 = \frac{m_0 c^2}{\sqrt{1 - v^2/c^2}} \tag{7-38}$$

这就是著名的 **相对论质能关系**。爱因斯坦建立的相对论推出了"$E=mc^2$"这样一个简洁的公式,为开创原子能时代提供了理论基础。所以人们常把此式看作一个具有划时代意义的理论公式,在各种场合印在宣传品上,作为纪念爱因斯坦伟大功绩的标志。

在相对论建立以前,人们将质量守恒定律与能量守恒定律看作两个互相独立的定律。质能关系把它们统一起来了,认为质量的变化必定伴随着能量的变化,而能量的变化同样伴随着质量的变化,质量守恒定律和能量守恒定律就是一个不可分割的定律了。

关于静能,在上面的讨论中是作为一个积分常量引入的,实际上它代表了物体静止时内部一切能量的总和。粒子的碰撞、不稳定粒子的衰变以及粒子的湮灭或产生等各种高能物理过程都证明了静能的存在。

无论在重核裂变反应还是在轻核聚变反应中,总伴随着巨大能量的释放。实验表明,在这些反应前粒子系统的总质量一定大于反应后粒子系统的总质量,质量的减少量 Δm 称为质量亏损,反应中释放的能量 ΔE 与质量的减少量 Δm 满足如下关系:

$$\Delta E = (\Delta m) c^2$$

7.5.4 能量和动量关系

由动量的表示式(7-31)解出 v^2 来,得

$$v^2 = \frac{p^2 c^2}{p^2 + m_0^2 c^2}$$

将上式代入质能关系式(7-38),经整理可以得到

$$E^2 = p^2 c^2 + m_0^2 c^4 = p^2 c^2 + E_0^2 \tag{7-39}$$

这就是 **相对论能量-动量关系**。

对于静止质量为零的粒子,如光子,相对论能量-动量关系变为下面的形式:

$$E = pc \tag{7-40}$$

或者进一步化为

$$p = \frac{E}{c} = \frac{mc^2}{c} = mc \tag{7-41}$$

将式(7-41)与动量表示式 $P = mv$ 相比较,立即可以得到一个重要结论,即静止质量为零的粒子总是以光速 c 运动。

例 7-7

设有一 π^+ 介子,在静止下来后衰变为 μ^+ 子和中微子 ν,三者的静止质量分别为 m_π、m_μ 和零。求 μ^+ 子和中微子 ν 的动能。

解 衰变前 π^+ 介子是静止的,故总能量为 $m_\pi c^2$,衰变后成为 μ^+ 子和中微子,衰变过程能量守恒,故有

$$m_\pi c^2 = E_\mu + E_\nu \tag{Ⅰ}$$

式中,E_μ 为 μ^+ 子的总能量;E_ν 为中微子 ν 的总能量。对于 μ^+ 子,有

$$E_\mu^2 = (m_\mu c^2)^2 + p_\mu^2 c^2 \tag{Ⅱ}$$

对于中微子,有

$$E_\nu^2 = p_\nu^2 c^2 \tag{Ⅲ}$$

在衰变过程中动量守恒,故有

$$\boldsymbol{p}_\mu = \boldsymbol{p}_\nu, \quad \boldsymbol{p}_\mu^2 = \boldsymbol{p}_\nu^2 \tag{Ⅳ}$$

联立式(Ⅰ)~式(Ⅳ)解得

$$E_\mu = \frac{(m_\pi^2 + m_\mu^2)c^2}{2m_\pi}$$

$$E_\nu = \frac{(m_\pi^2 - m_\mu^2)c^2}{2m_\pi}$$

而它们对应的动能是

$$E_{\mu k} = E_\mu - m_\mu c^2 = \frac{(m_\pi - m_\mu)^2 c^2}{2m_\pi}$$

$$E_{\nu k} = E_\nu - 0 = \frac{(m_\pi^2 - m_\mu^2)c^2}{2m_\pi}$$

思考题

7-9 谈谈你对质能关系的理解。

7-10 你是否认为在相对论中,一切都是相对的?有没有绝对性的方面?有哪些方面?举例说明。

7.6 广义相对论简介

爱因斯坦于1905年建立狭义相对论,开创了物理学的新纪元,但爱因斯坦对狭义相对论并不完全满意,因为狭义相对论仍有一些缺陷:它仅适用于惯性参考系;它没有处理引力问题的适当方法,已有的牛顿引力理论由于不满足狭义相对性原理而不能使用;它涉及的时空没有与物质相联系。1907—1915年,爱因斯坦历时8年终于确立了广义相对论(general relativity)。他把相对性原理推广到任意参考系,建立了时间、空间、引力的理论。近年来,广义相对论迅速发展,在空间物理、天体物理、宇宙学等方面取得了巨大成功。

7.6.1 广义相对论的两个基本原理

(1) **等效原理**:分为弱等效原理和强等效原理。弱等效原理认为引力质量和惯性质量是等同的。强等效原理认为,两个空间分别受到引力和与之等大的惯性力的作用,在这两个空间中进行一切实验,都将得出同样的物理规律。现在有不少学者在从事等效原理的论证研究,从目前能够做到的精度来看,未曾从实验上证明等效原理是破缺的。

(2) **广义相对性原理**:物理定律的形式在一切参考系都是不变的,或者说物理规律的表述都相同,即它们在任意坐标变换下都具有协变性。这样物理规律对一切参考系都平等,彻底消除了惯性系的特殊地位。

7.6.2 惯性质量和引力质量

为了理解广义相对论,必须明确质量在经典力学中是如何定义的。

首先,思考一下质量在日常生活中代表什么。"它是重量"? 不是! 事实上,我们认为质量是某种可称量的东西,利用天平可称量其大小。这样做是利用了质量的什么性质呢? 是利用了地球和被测物体相互吸引的性质。根据万有引力定律可知,物体受到的地球引力的大小与物体的质量成正比。质量越大,物体所含的物质越多,受到的地球引力就越大。因此,在万有引力定律公式 $\boldsymbol{F}=-G\dfrac{m_1 m_2}{r^2}\boldsymbol{e}_r$ 中所出现的物体质量,叫作"引力质量"。我们称它为"引力的"是因为它决定了宇宙中所有星体的运行。

现在,试着在一个平面上推汽车,你会发现你的汽车很难推动,这是因为汽车有一个非常大的质量。在相同的力作用下,质量越大的物体的加速度越小。这表明质量具有阻碍运动状态改变的一种属性,质量越大,物体的运动状态越不容易改变,所以质量是物体惯性大小的量度,物体的这一性质跟物体是否受到重力作用完全无关。因此,牛顿第二定律公式 $\boldsymbol{F}=m\boldsymbol{a}$ 中所出现的质量 m,叫作"惯性质量"。

惯性质量和引力质量从不同的侧面描述了物质的属性,它们之间存在怎样的关系呢?

设有 A、B 两个物体,它们的惯性质量分别为 m_A 和 m_B,引力质量分别为 m'_A 和 m'_B。把 A、B 这两个物体放在地球(质量为 M,半径为 R)上的同一地点,则它们所受到的地球引力大小分别为

$$F_A = G\frac{Mm'_A}{R^2} = W_A, \quad F_B = G\frac{Mm'_B}{R^2} = W_B$$

若将以上两式进行对比,则得

$$\frac{W_A}{W_B} = \frac{m'_A}{m'_B} \tag{7-42}$$

这表明了 A、B 两物体所受重力的比等于它们的引力质量的比。

如果使 A、B 两物体在重力的作用下自由下落,根据牛顿第二定律可知,$W_A = m_A g_A$,$W_B = m_B g_B$。由于在同一地点,重力加速度相等,即 $g_A = g_B = g$。于是,有

$$\frac{W_A}{W_B} = \frac{m_A}{m_B} \tag{7-43}$$

这表明了在地球上同一地点,物体的重量之比等于它们的惯性质量之比。比较式(7-42)和式(7-43),可见物体的惯性质量 m 和引力质量 m' 是一致的。

对单摆的振动加以讨论,也可以得出惯性质量和引力质量等效的结论。单摆振动在摆角很小的情况下,可看作简谐振动。对于简谐振动来说,它的周期 $T = 2\pi\sqrt{m/k}$,式中 m 是振动系统的惯性质量,k 是由振动系统决定的一个常数。在单摆这一振动系统中,$k = m'g/l$,式中 m' 是摆球的引力质量。将其代入简谐振动的周期公式,得单摆振动的周期公式为

$$T = 2\pi\sqrt{\frac{ml}{m'g}}$$

实验证明,当摆角很小时,单摆的振动周期与摆长 l 的平方根成正比,与所在地点的重力加速度 g 的平方根成反比,而与物体质量无关,即 $T = 2\pi\sqrt{l/g}$,这只有在认为 $m = m'$ 的情况下才是可能的。因此,物体的惯性质量和引力质量是等效的。

7.6.3 惯性力与引力的等效

在牛顿力学中,由于惯性力正比于惯性质量,引力正比于引力质量,可引出两力之间的等价性或等效性。

如图7-10所示,设想在一个密闭的飞船中做自由落体实验,测出落体的加速度为重力加速度 g。根据牛顿力学有两种可能:①飞船静止在地面,地球引力产生 g;②飞船在自由空间相对惯性系以 $-g$ 加速运动,惯性力产生 g。飞船内的人无法确定是哪一种情况,也就是说无法区别作用在落体上的是引力还是惯性力。另一方面,在地球上自由下落的电梯内做力学实验,观测不到地球引力的影响,即引力被惯性力抵消了,由此我们认识到引力与惯性力在力学实验上等效。由于真实的引力场是不均

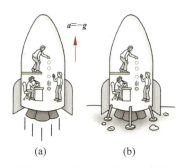

图7-10 惯性力与引力的等效

匀的,平动加速参考系的惯性力是均匀的,如果电梯较大而实验精度很高,比较电梯内不同点所做的实验,还是可以分辨出是引力还是惯性力。所以严格地讲,只是在时空某一点的微小局域上引力与惯性力在力学实验上等效。因此,自由下落的电梯成为一个惯性参考系,称为局域惯性参考系(local inertial system)。由于有限区域内引力不能与惯性力完全抵消,所以不存在有限区域的严格的惯性系。在局域惯性系中,不受力(包括惯性力)的物体将保持静止或匀速直线运动状态,如自由飞行的飞船中物体可以在其空中保持静止,这可以理解为广义相对论的惯性定律,它与牛顿力学中惯性定律的不同在于,前者的力包括惯性力(与引力等价),后者的力只包括真实力。

7.6.4 广义相对论的实验检验

广义相对论通过描述物质在引力场中的运动轨迹,解释了引力的本质,改变了我们对宇宙的认识。但广义相对论理论具有非常高的复杂性,因此需要通过实验来验证其正确性。下面介绍广义相对论的检验实验。

1. 引力波

1916年,爱因斯坦基于广义相对论预言了引力波的存在。引力波的存在是广义相对论洛伦兹不变性的结果。相比之下,引力波不存在于牛顿的经典引力理论当中,因为牛顿的经典理论假设物质的相互作用的传播速度是无限的。

引力波,在物理学中是指时空弯曲中的涟漪,通过波的形式从辐射源向外传播,这种波以引力辐射的形式传输能量。换句话说,引力波是物质和能量的剧烈运动和变化所产生的一种物质波。2016年2月11日美国"激光干涉仪引力波天文台"(LIGO)宣布,位于美国华盛顿汉福德区和路易斯安那州的利文斯顿的两台引力波探测器于2015年9月14日探测到了来自双黑洞合并的引力波信号。雷纳·韦斯(Rainer Weiss)、巴里·巴里什(Barry C. Barish)和基普·索恩(Kip S. Thorne)因"在LIGO探测器和引力波观测方面做出的决定性贡献"而获得2017年诺贝尔物理学奖。

2. 水星近日点进动

水星是距太阳最近的一颗行星。按照牛顿的引力理论,如只在太阳的引力作用下,水星的运动轨道将是一个封闭的椭圆形。但实际上,由于还受其他行星的引力,水星的

轨道并不是严格的椭圆,而是每转一圈它的长轴略有转动。长轴的转动,就称为进动,如图 7-11 所示。

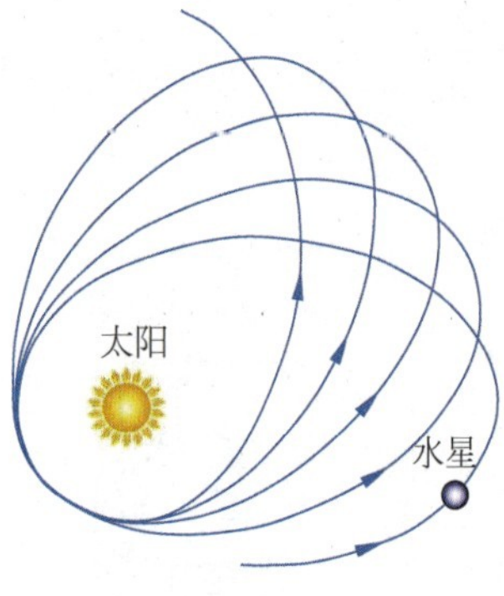

1859 年,法国天文学家勒维利埃(Urbain Le Verrier,1811—1877)发现水星近日点进动的观测值,比根据牛顿定律计算的理论值每百年快 38″。他猜想可能在水星以内还有一颗小行星,这颗小行星对水星的引力导致两者的偏差。可是经过多年的搜索,始终没有找到这颗小行星。1882 年,美国天文学家纽康姆(S. Newcomb,1835—1909)经过重新计算,得出水星近日点的多余进动值为每百年 43″。他提出,有可能是水星因发出黄道光的弥漫物质使水星的运动受到阻尼。但这又不能解释为什么其他几颗行星也有类似的多余进动。纽康姆于是怀疑引力是否服从平方反比定律。19 世纪末,韦伯、黎曼等用电磁理论来解释水星近日点进动的反常现象,也都未获成功。

图 7-11 水星进动

1915 年,爱因斯坦根据广义相对论把行星的绕日运动看成它在太阳引力场中的运动,由于太阳的质量造成周围空间发生弯曲,计算得出行星每公转一周近日点进动为 43″/百年,正好与纽康姆的结果相符,一举解决了牛顿引力理论多年未解决的悬案。

3. 光线在引力场中的弯曲

由等效原理,引力场中自由下落的电梯为局域惯性参考系。在此参考系中狭义相对论成立,光线沿直线传播。现在如果有一艘在自由空间中飞行的飞船,则光线将向加速度的反方向偏折,这个以一定加速度运动的参考系中的惯性力等效为重力,因此,光线在引力场中同样向引力方向偏折,如图 7-12 所示。

1911 年爱因斯坦在《引力对光传播的影响》一文中讨论了光线经过太阳附近时由于太阳引力的作用会产生弯曲。他推算出偏角为 0.83″,并且指出这一现象可以在日全食进行观测。1914 年德国天文学家弗劳德(E. F. Freundlich,1885—1964)领队去克里木半岛准备对当年八月间的日全食进行观测,正遇上第一次世界大战爆发,观测未能进行。幸好如此,因为爱因斯坦当时只考虑到等效原理,计算结果小了一半。1916 年爱因斯坦根据完整的广义相对论对光线在引力场中的弯曲重新作了计算。他不仅考虑到太阳引力的作用,还考虑到太阳质量导致空间几何形变,计算出光线的偏角为 $\alpha=1.75''R_0/r$,其中 R_0 为太阳半径,r 为光线到太阳中心的距离。

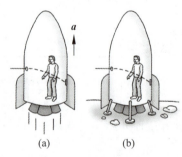

图 7-12 光线弯曲

1919 年日全食期间,英国皇家学会和英国皇家天文学会派出了由爱丁顿(A. S. Eddington,1882—1944)等率领的两支观测队分赴西非几内亚湾的普林西比岛和巴西的索布拉尔两地观测。经过比较,两地的观测结果分别为 1.61″±0.30″ 和 1.98″±0.12″。把当时测到的偏角数据与爱因斯坦的理论预期比较,发现二者基本相符。但由于这种观测精度太低,而且还会受到其他因素的干扰,人们一直在找日全食以外的验证广义相对论的可能方法。20 世纪 60 年代发展起来的射电天文学为更好地验证广义相对论带来了希望。1974 年和 1975 年人们通过利用射电望远镜对类星体观测,发现理论和观测值的偏差不超过 1%,这进一步证明广义相对论的正确性。

当光通过大质量的星体时,由于引力对光的偏折作用,星体的作用和一个透镜的作用一样,这种作用称为引力透镜(gravitational lens),如图 7-13 所示。

4. 光谱线的引力红移

广义相对论指出,在强引力场中时钟要走得慢些,因此从巨大质量的星体表面发射到地球上的光线,会向光谱的红端移动,称为引力红移(gravitational redshift)。

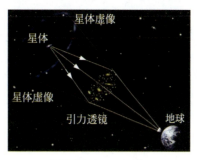

图 7-13 引力透镜

1925 年,美国威尔逊山天文台的亚当斯(W. S. Adams)观测了天狼星的伴星天狼 A。这颗伴星是所谓的白矮星,其密度比铂大 2 000 倍。观测它发出的谱线,得到的频移与广义相对论的预期基本相符。

1959 年,美国的庞德(R. V. Pound)和雷布卡(G. Rebka)首先提出了运用穆斯堡尔效应检测引力红移的方案。接着,他们成功地进行了实验,得到的结果与理论值相差约 5%。

用原子钟测量引力频移也能得到很好的结果。1971 年,海菲勒(J. C. Hafele)和凯丁(R. E. Keating)用几台铯原子钟比较不同高度的计时率,其中有一台置于地面作为参考钟,另外几台由民航飞机携带登空,在 10 000 m 高空沿赤道环绕地球飞行。得到的实验结果与理论预期值的偏差不超过 10%。1980 年魏索特(R. F. C. Vessot)等用氢原子钟做实验。他们把氢原子钟用火箭发射至一万公里太空,得到的结果与理论值相差只有 $\pm 7 \times 10^{-5}$ s。

> **感悟·启迪**
>
> 爱因斯坦的成功,在于他能对别人习以为常现的现象进行独立、深入的思考,不断追求真理的探索精神。时间、空间是物理学的基础概念,人们对其习以为常,但时间、空间是如何定义的,它们之间有没有联系?当旧概念和理论与新的现象和理论产生矛盾时,他没有像众人一样热衷于对新现象的质疑或对旧理论的修补,而是独立分析和判断,从本质上找到问题所在。这也是他能够创立相对论的重要原因。

习题

7-1 一辆静长为 5 m 的小车通过一个静长为 4 m 的车库。由于洛伦兹收缩效应,当小车通过车库时,在相对于车库静止的参考系看来,小车的长度为 3 m。在车库的两端有两个门,当小车前端到达车前时会自动打开,小车后端通过时会自动关闭,打开或关闭每个门所花的时间忽略不计。则在相对于车库静止的参考系看来,小车通过车库时的速度为_____。在运动的小车上看,车库的长度为_____。

7-2 一个人在火箭中生活了 50 年,他在出生时和死亡时分别向地面发出信号,若 $u=0.999\,8c$,则地面上的人测得他活了_____年。

7-3 一艘以 $0.9c$ 的速率离开地球的宇宙飞船,以相对于自己 $0.9c$ 的速率向前发射一枚导弹,则该导弹相对于地球的速率为_____。

7-4 一个 K^+ 介子的静止质量为 494 MeV/c^2,而一个质子的静止质量为 938 MeV/c^2。如果 K^+ 介子的总能量等于质子的静能,则 K^+ 介子的速度为_____。

7-5 已知一静止质量为 m_0 的粒子,其固有寿命为实验室测量到的寿命的 $1/n$,则粒子的动能是_____。

7-6 迈克耳孙和莫雷利用干涉仪,试图用光学方法测定[ ]。
  A. 地球的相对运动   B. 地球的绝对运动
  C. 太阳的相对运动   D. 太阳的绝对运动

7-7 一尺子沿长度方向运动,参考系 Σ' 随尺子一起运动,参考系 Σ 静止,在不同参考系中测量尺子的长度时必须注意[ ]。
  A. Σ' 与 Σ 中的观察者可以不同时地去测量尺子两端的坐标
  B. Σ' 中的观察者可以不同时,但 Σ 中的观察者必须同时去测量尺子两端的坐标
  C. Σ' 中的观察者必须同时,但 Σ 中的观察者可以不同时去测量尺子两端的坐标
  D. Σ' 与 Σ 中的观察者都必须同时去测量尺子两端的坐标

7-8 有两只校准的钟,一只留在地面上,另一只带到以速率 v 作匀速直线飞行的飞船上,则下列说法正确的是[ ]。
  A. 飞船上人看到自己的钟比地面上的钟慢
  B. 地面上人看到自己的钟比飞船上的钟慢
  C. 飞船上人觉得自己的钟比原来慢了
  D. 地面上人看到自己的钟比飞船上的钟快

7-9 若一个电子的速度为 v,则电子的动能 T 与 v/c 满足怎样的关系?试从下列各图中选出一个正确的图像。[ ]。

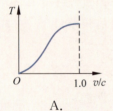 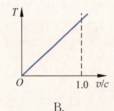 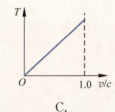 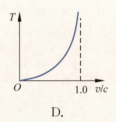

 A.   B.   C.   D.

7-10 宇宙飞船相对地球以 $0.8c$ 的速度匀速直线飞行,一光脉冲从船尾传到船头。若飞船上的观察者测得飞船长度为 90 m,则地球上的观察者测得光脉冲从船尾出发传到船头的空间间隔为多少?时间间隔为多少?

7-11 跨栏选手刘翔,在地球上以 12.88 s 的时间跑完 110 m 栏,若在飞行速度为 $0.98c$ 的飞船中观察,(1)刘翔跑了多少时间?(2)刘翔跑了多长距离?

7-12 一艘宇宙飞船的船身固有长度为 $L_0 = 90$ m,相对于地面以 $u = 0.8c$ (c 为真空中光速)的匀速度在地面观测站的上空飞过。(1)观测站测得飞船的船身通过观测站的时间间隔是多少?(2)宇航员测得船身通过观测站的时间间隔是多少?

7-13 若一对夫妻同龄,并在 30 岁时生一子。儿子出生时,丈夫要乘坐速率为 $0.86c$ 的飞船去半人马座 α 星,并且立即返回。已知地球到半人马座 α 星的距离是 4.3 光年,并假设飞船一去一回都相对地球作匀速直线运动。问当丈夫返回地球时,妻子、儿子和丈夫的年龄各是多大?

7-14 一列固有长度为 L_0 的火车,以 $\frac{5}{13}c$ 的速度相对于地面运动,一个小球从火车尾运动到火车头,相对于火车的速度为 $\frac{1}{3}c$。对于地面上的观察者来说,小球从火车尾运动到火车头所经历的时间为多少?相对于地面小球运动的距离为多少?

7-15 以 $0.80c$ 的速率相对于地球飞行的火箭,向正前方发射一束光子,试分别按照经典理论和狭义相对论计算光子相对于地球的运动速率。

7-16 在地面上有一铁轨长 1000 m,一列车从起点运动到终点用了 50 s,现从以 $0.6c$ 的速率沿铁轨

方向向前匀速飞行的飞船中观察。问：(1)铁轨有多长？(2)列车的行驶距离和所用时间为多少？(3)列车的平均速率为多少？

7-17 如图 7-14 所示，甲、乙两摩托车手以互相垂直的方向高速驾驶摩托车，甲以 $0.75c$ 的速度相对于静止的警察向东行驶，乙以 $0.90c$ 的速度相对于静止的警察向南行驶。在甲看来，乙相对于甲的速度为多少？

7-18 已知一粒子的动能等于其静止能量的 n 倍。求：(1)粒子的速率；(2)粒子的动量。

7-19 一个静止的、质量为 M_1 的 Σ^0 粒子，在实验室坐标系中衰变成一个质量为 M_2 的 Λ^0 粒子和一个质量为零的光子。试计算 Λ^0 粒子的总能量。

7-20 有两个中子 A 和 B，沿同一直线相向运动，在实验室中测得每个中子的速率为 βc。试证明在相对于中子 A 静止的参考系中测得的中子 B 的总能量为 $E = \dfrac{1+\beta^2}{1-\beta^2} m_0 c^2$，其中，$m_0$ 为中子的静质量。

7-21 一电子在电场中从静止开始加速，电子的静止质量为 9.11×10^{-31} kg。问：(1)电子应通过多大的电势差才能使其质量增加 0.4%？(2)此时电子的速率是多少？

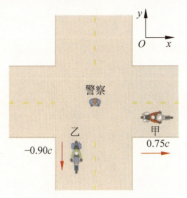

图 7-14　习题 7-17 用图

第 4 篇

热　学

宏观物体系统是由大量微观粒子组成的。大量微观粒子的无规则混乱运动导致了物质热运动(热现象)的产生。热学(thermology)就是研究热现象、热运动规律以及热运动与其他运动形式之间相互转化规律的一门学科。

蒸汽火车

与其他学科(如力学、电磁学等)比较,热学有一鲜明的特点:它的研究方法同时运用宏观的方法和微观的方法。

所谓宏观的方法,是指在实验观测基础上,建立理论体系,完全不涉及物质结构的方法。

所谓微观的方法,是指在一定的物质结构假说基础上,建立理论体系的方法。

热学包括分子动理论和热力学两部分。分子动理论从物质的微观结构出发,采用一定的模型,运用力学理论和统计方法来研究描述系统的整体状态和性质的宏观物理量(如压强、温度等)与描述系统微观粒子运动的微观物理量(如微观粒子的速度、动能等)平均值之间的关系,由此揭示热现象的本质。

热力学不涉及物质的微观结构,只是根据由大量观察和实验所总结出来的宏观规律为基础,从能量转化和守恒的观点出发,采用严密的逻辑推理方法,研究物质状态变化过程中一些宏观量之间的关系。由于热力学是总结物质的宏观现象而得到的,因此它是一种唯象的宏观理论,具有高度的可靠性和普遍性。

无论是热力学还是分子动理论,它们的研究对象都是物质热运动的性质和规律,热力学所研究的物体中热运动的性质和规律,经分子动理论分析将更深刻揭示其本质,分子动理论所建立的理论和结果因与热力学结论一致而得到验证。两者相辅相成。

本篇所论及的热学思路是:首先,研究热运动系统处于平衡态时的宏观量(p、V、T)以及它们之间的关系——理想气体的状态方程;其次,研究理想气体的压强公式以及内能的微观本质;再次研究热力学系统平衡态发生变化时状态参量之间的关系;最后,从本质上说明热力学系统变化的方向和原因。

名人名言

　　科学决不能不劳而获，除了汗流满面而外，没有其他获得的方法。热情、幻想、以整个身心去渴望，都不能代替劳动，世界上没有一种"轻易的科学"。

——赫尔岑（俄罗斯）

　　你要知道科学方法的实质，不要去听一个科学家对你说些什么，而要仔细看他在做些什么。

——爱因斯坦（美国）

　　把简单的事情考虑得很复杂，可以发现新领域；把复杂的现象看得很简单，可以发现新定律。

——牛顿（英国）

第 8 章

气体动理论

8.1 气体动理论的基本观点

气体动理论(kinetic theory of gases)是 19 世纪中叶建立的以气体热现象为主要研究对象的经典微观统计理论,它揭示了气体的压强、温度、内能等宏观量的微观本质,并给出了它们与相应的微观量平均值之间的关系。其基本观点有以下 3 点。

(1) 宏观体系由大量的分子(原子)组成。

一定质量的宏观体系包含的分子数目是很多的。实验表明:1 mol 的任何物质中所包含的分子(原子)数目为 $N_A = 6.0225 \times 10^{23}$ 个/mol。N_A 称为阿伏伽德罗(Ameldeo Avogadro,1776—1856,意大利)常量。由于每个分子(原子)的直径大约只有 10^{-10} m,因此宏观体系中分子间(原子间)有很大的距离。

(2) 一切宏观体系内的分子(原子)都在作永不停息的无规则运动,其剧烈程度与物体的温度有关。

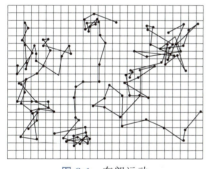

图 8-1 布朗运动

气体、液体和固体分子的扩散现象,清楚地表明它们的分子在作永不停息的无规则运动。通过观察扩散现象还发现,随着温度的升高,扩散速度加快,这表明随着温度的升高,扩散物质的微粒的运动剧烈程度不断加剧。因此,温度越高,体系内微粒的运动越剧烈。

布朗运动(Brownian motion)实验(图 8-1)有力地说明微观粒子的无规则运动以及微观粒子的无规则运动的剧烈程度与温度的关系。

气体的扩散

(3) 分子间存在相互作用力。

在一定条件下,气体可以凝聚为液体和固体,这说明分子之间有相互吸引力;液体和固体很难压缩,这说明分子间有斥力。因此,分子间存在相互作用,既有吸引力,也有斥力。分子间的相互作用力 F,随分子间的距离而变化。当分子间的间距大于平衡距离 r_0 时,分子间的引力起主要作用,并随距离的增大而迅速减小。当分子间的间距很大时,引力可忽略,这时分子可视为自由运动。当分子间的间距小于平衡距离 r_0 时,分子间的斥力起主要作用,随距离的减小而急剧增大,如图 8-2 所示。

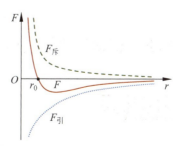

图 8-2 分子间的作用力与距离的关系

知识拓展

中国古代的热学知识

"竹外桃花三两枝,春江水暖鸭先知。蒌蒿满地芦芽短,正是河豚欲上时。"由苏轼的《惠崇春江晓景》这首诗可见,古人对于冷暖的概念大都来自于感官信息。

事实上,中国古代人民在生产和生活中总结了许多有关热学的知识。有的在一些古籍中已有记载,有的通过出土文物的分析和研究得到。下面就一些重要的知识作简要介绍。

我国山西省芮城西侯度旧石器的遗址,说明大约180万年前人类已经开始使用火。在两周初期,人们开始掌握降温术和高温术。江苏省曾出土春秋晚期的一块铁,说明在那时的高温技术已达到一定水平。

中国古代人已能通过观察火候和火色来判别温度的高低。成书于春秋时期的《考工记》对此也有所记载,这项技术被用于金属冶炼和陶瓷生产中,铸造和烧制出了许多精美的青铜器和陶器,成为一件件中国宝贵的文化遗产。

热胀冷缩是重要的热现象之一,在我国古代对它已有所研究和利用。汉代《淮南万毕术》记述了这样一个现象:把盛水铜瓮加热,直到水沸腾时密闭其口,急沉入井中,铜瓮发出雷鸣般响声。这现象的原因可能是发热物体在急速冷却时发生了内破裂,破裂声由井内传出,这是一个典型的热胀冷缩现象。元代陶宗仪曾亲自做热胀冷缩实验,他把带孔的物体加热以后,使另一个物体进入孔洞,从而使这两个物体如"辘轳旋转,无分毫缝罅"。他明确指出,这是前一物体"煮之胖胀"的缘故。据《华阳国志》记载,李冰父子在修建都江堰时,发现用火烧巨石,然后浇水其上,就容易凿开山石。这种利用岩石热胀冷缩不均从而易于崩裂的施工经验,在我国历代水利工程中不断为人们采用。

对水的物态变化,在我国古代也早有认识,例如对雨和雪形成的探讨,认为是由于"积水上腾"而造成。东汉王充所作《论衡》中对此有明确的表述:"云雾,雨之微也,夏则为露,冬则为霜,温则为雨,寒则为雪。雨露冰凝者,皆由地发,不从天降也。"这段文字说明露、霜、雨、雪是因为不同的温度由水冻凝而成,它们都是水由地面蒸发而产生的。汉代以后的古籍中,对雨、露、雪、霜成因的讨论更多,说明当时对物态变化的知识有了新的认识。汉代董仲舒从"气"的观念出发,解释雨、露、雪、霜的成因是:水受日光照射,蒸发成水汽,再在不同条件下形成雨、霞、雪等。从现在来看,这些分析也基本上是正确的。

我国古代,在生产和生活实践中,创制了利用热的各种器具。如宋代曾发明一种"省油灯",据说这种灯能"省油几半";西汉刘安所著《淮南子》记载关于"热气球"的最早设想。"孔明灯"也是应用"热气球"的原理制成的。关于走马灯我国古代有较多记载,有的古籍把它称作"马骑灯""影灯"。宋代《武林旧事》在记述各种元宵彩灯时写道:"若沙戏影灯、马骑人物、旋转如飞……",这表明当时的人们已利用冷热空气的对流制造出各种各样的走马灯。

在我国古代,很早就出现了对热动力的认识和利用,唐代出现了烟火玩物,宋代制成了用火药的火箭、火球、火蒺藜,明代制成了"火龙出水"的火箭,这些都是利用燃烧时向后喷射产生反作用力使火箭前进的原理,属热动力的应用。中国古代的火箭是近代火箭的始祖,被世界所公认。

8.2 状态 状态参量 理想气体的状态方程

8.2.1 热力学系统

由大量微观粒子(分子、原子……)所组成的宏观体系,称为**热力学系统**。我们主要考虑由大量气体分子(原子)作无规则运动所构成的热力学系统(thermodynamics system)。一般把系统的周围环境称为系统的外界,简称外界。

根据系统与外界相互作用的情况可对系统进行分类。与外界没有任何相互作用的热力学系统称为<u>孤立系统</u>(isolated system);与外界有能量交换但没有物质交换的热力学系统称为<u>封闭系统</u>(closed system),简称闭系;与外界既有能量交换又有物质交换的热力学系统称为<u>开放系统</u>(opened system),简称开系。

由于不可能将系统与环境完全隔离开,而隔离的材料不可能是绝对不传热、不导电、不透光的,因此不存在绝对的孤立系统。在处理具体热力学问题时,为了使问题简化,可忽略一些不重要的因素而近似地把系统视为孤立系统。严格意义上的封闭系统、孤立系统在自然界是不存在的,它们作为特定的分析对象而被引用只是一种近似,其目的是使问题在研究时得以简化。

8.2.2 平衡态

一般来说,热学系统内各处性质、状态是变化的。实验表明,任何与外界没有能量和物质交换的系统,经过一定时间后,其各种宏观性质将不随时间变化。这时描述该系统宏观性质的物理量具有确定的值。在与外界无能量和物质交换的条件下,系统内部没有化学反应,系统的宏观性质不随时间变化的状态,称为<u>热力学平衡态</u>(thermal equilibrium state),简称<u>平衡态</u>。热力学平衡态又称"热动平衡态"。它是一种宏观上的"静寂状态",而组成该系统的大量分子仍在不停地作无规则的热运动,只不过分子热运动总的平衡效果不随时间变化而已。一根金属棍,原来各处温度不同,在与外界无能量交换的条件下,经过一定时间后,达到一个各处温度一致的状态,而且只要继续保持与外界不发生能量交换,金属棍将始终保持这一宏观状态不变,即处于热力学平衡态。在一个密闭的容器内装一定量的水,水不断蒸发,一段时间后,水蒸气达到饱和,蒸发现象停止,形成水和蒸汽共存的状态,此时,水与蒸汽的温度和压强不再变化,如继续保持与外界不发生能量物质交换,它们将始终保持这一宏观状态不变,即处于热力学平衡态。

因此,一个系统处于热力学平衡态,必须同时满足两个条件:系统与外界无能量交换;系统宏观状态不随时间变化。

自然界中,完全与外界无能量和物质交换的系统是不存在的,因此热力学平衡态只是一个理想状态。

8.2.3 描述气体系统的状态参量

系统处于热力学平衡态时,定量描述热力学系统性质的独立宏观物理量,称为<u>状态参量</u>(state variables)。系统的其他宏观参量可以表达为状态参量的函数,称为<u>状态函数</u>。一般来说,处于平衡态的热力学系统,其状态的性质可由下面四类状态参量来描述:几何参量(用以描述系统的大小、形状、体积等几何性质);力学参量(用以描述系统的压强、应力、表面张力等力学性质);化学参量(用来描述组成系统的各种化学组分的数量等化学性质,如组分的摩尔数);电磁参量(用来描述系统处在电、磁场作用下的性质,如电场强度、电极化强度、磁场强度、磁化强度等)。

如果所研究的问题既不涉及电磁性质又无须考虑与化学成分有关的性质,系统中又不发生化学反应,则不必引入电磁参量和化学参量。此时只需体积、压强和温度就可确定系统的状态。

(1) <u>体积</u>。系统的体积是指系统的分子(原子)所能到达的总空间大小,而不是气体分子本身体积的总和。体积用 V 表示,国际单位为立方米(m^3),日常生活中常用"升"表示体积或容积的单位,升的符号为 L。升与立方米的换算关系为

$$1\ m^3 = 10^3\ L$$

(2) **压强**。压强是指气体作用在容器壁单位面积上的指向器壁的垂直作用力,是气体分子对容器壁碰撞的宏观表现。压强用 P 表示,国际单位为帕斯卡,符号为 Pa,$1\ Pa = 1\ N/m^2$。日常生活中常用大气压表示压强。1 个标准大气压(单位符号为 atm)等于 $1.013\ 25 \times 10^5$ Pa。

(3) **温度**。温度表示物体的冷热程度,本质上与系统微粒运动密切相关。温度的高低反映系统内部微粒运动的剧烈程度。温度的数值表示法称为温标。在热学中常用热力学温标来描述热学系统的温度。热力学温度的单位为开尔文,简称开,用符号 K 表示。规定水的三相点温度为 273.16 K,则 1 K 定义为水的三相点温度的 1/273.16。水的三相点温度是水的固、液、汽三相平衡共存时的温度。在日常生活中常用摄氏温度,它是以其发明者安德斯·摄尔修斯(Anders Celsius,1701—1744,瑞典)的名字命名的。1740 年,摄尔修斯把在标准大气压下冰水混合物的温度规定为 0 度,沸水的温度规定为 100 度,根据这两个固定温度点对玻璃水银温度计作 100 等分,每一份称为 1 摄氏度,记作 1℃。热力学温度 T 与摄氏温度 t 之间的关系为

$$T = 273.15 + t \tag{8-1}$$

在日常生活中,还常用另一种温度,称为华氏温度,它是以其发明者——华伦海特(Gabriel D. Fahrenheit,1681—1736,德国)的名字命名的。1714 年,华伦海特以水银为测温介质,发明了玻璃水银温度计。最初,他将氯化铵和冰水混合物的温度设为零度,而将人体温度设为 96 度,后来为了严谨,又将冰水混合物的温度定为 32 度,而将一个大气压下水的沸点温度定为 212 度,并根据这两个固定温度点对玻璃水银温度计作 180 等分,每一份代表 1 华氏度,记作 1℉。华氏温度 F 与摄氏温度 t 之间的关系为

$$F = 32 + \frac{9}{5}t \tag{8-2}$$

8.2.4　理想气体的三大实验定律

理想气体是指在任何温度、任何压强下都严格遵从气体实验定律的气体。理想气体是人们为研究方便而假想的一种气体,实际中并不存在,但对理想气体的研究得出的规律,在很大的温度和压强范围内都能适用于实际气体,因此理想气体是实际气体在一定程度的近似。在常温常压下,实际气体均可看成理想气体。理想气体遵从下面的三大实验定律。

(1) **玻意耳-马略特定律**:在等温过程中,一定质量的气体的压强与其体积成反比。它也可表述为:温度不变时任一状态下压强与体积的乘积是一常量,即

$$P_1 V_1 = P_2 V_2 \tag{8-3}$$

(2) **查理定律**:一定质量的气体,当其体积一定时,它的压强与热力学温度成正比。即

$$\frac{P_1}{T_1} = \frac{P_2}{T_2} \tag{8-4}$$

(3) **盖·吕萨克定律**:一定质量的气体,当其压强保持不变时,它的体积与热力学温度成正比,即

$$\frac{V_1}{T_1} = \frac{V_2}{T_2} \tag{8-5}$$

8.2.5 理想气体的状态方程

设有一定质量的某理想气体,由平衡状态 $1(P_1, V_1, T_1)$ 经某一过程变化到平衡状态 $2(P_2, V_2, T_2)$,下面寻找该理想气体处于平衡态 1 和 2 时,状态参量之间的关系。

假定该理想气体首先经过一个等温过程(isothermal process),温度 T_1 保持不变,体积从 V_1 变为 V_2,压强从 P_1 变为 P_C;然后再经过一个等容过程(isometric process),体积 V_2 保持不变,温度从 T_1 变为 T_2,压强从 P_C 变为 P_2。

在第一个变化过程中,根据玻意耳-马略特定律,有

$$P_1 V_1 = P_C V_2 \tag{8-6}$$

在第二个变化过程中,根据查理定律,有

$$\frac{P_C}{P_2} = \frac{T_1}{T_2} \tag{8-7}$$

将式(8-6)代入式(8-7)得

$$\frac{P_1 V_1}{T_1} = \frac{P_2 V_2}{T_2}$$

该式说明,对于给定质量的某种化学成分理想气体,它的各个平衡态的 $\frac{PV}{T}$ 值是个恒量,即

$$\frac{PV}{T} = C \tag{8-8}$$

式中,C 为恒量,可以根据气体在标准状态下的 P_0、V_0 和 T_0 值来确定。

在标准状态下,即在 $P_0 = 1$ atm,$T_0 = 273.15$ K 的条件下,1 mol 理想气体所占的体积 V_0 均为 22.4×10^{-3} m^3。对于质量为 M、摩尔质量为 M_{mol} 的某种理想气体,其物质的量为 $\nu = \frac{M}{M_{mol}}$,所以在标准状态下的体积为 $V_0' = \nu V_0$,将其代入式(8-8),则得

$$C = \frac{P_0 V_0'}{T_0} = \nu \frac{P_0 V_0}{T_0} \tag{8-9}$$

将式(8-9)代入式(8-8)得

$$PV = \nu \frac{P_0 V_0}{T_0} T \tag{8-10}$$

令

$$R = \frac{P_0 V_0}{T_0} \tag{8-11}$$

由于 P_0、V_0 和 T_0 均为常量,因此可知 R 是一个普遍适用于任何气体的恒量,称为**普适气体常量**(或称为摩尔气体常量),在国际单位制中,$R = 8.314\,9$ J/(mol·K)。于是,式(8-10)可改写为

$$PV = \nu RT = \frac{M}{M_{mol}} RT \tag{8-12}$$

这就是**理想气体的状态方程**(equation of state of an ideal gas),也称为克拉珀珑(B. P. E. Clapeyron,1799—1864,法国)方程。它反映一定质量的某种化学成分的理想气体,在任一平衡态下宏观状态参量 P、V、T 之间的关系。

例 8-1

一氧气瓶的容积为 30 L,其中氧气的压强为 120 atm,规定瓶内的氧气压强降到 10 atm 就要充气,以免混入其他气体而要重新洗瓶。今有一工厂,每天要用 1.0 atm 的氧气 350 L,问一瓶氧气能用几天(设使用过程中,温度不变)?

解 先求用掉的氧气的总质量,再求每天用掉的氧气的质量,最后将二者相除,即可得一瓶氧气使用的天数。

(1) 求用掉的氧气的总质量。以瓶中氧气为研究对象,使用过程的初末平衡态分别为 P_1、V_1、T_1 和 P_2、V_2、T_2。设使用前和需要充气时瓶内的氧气质量分别为 M_1 和 M_2,气体的摩尔质量为 M_{mol}。根据理想气体的状态方程,有

$$P_1 V_1 = \frac{M_1}{M_{\text{mol}}} R T_1 \qquad （Ⅰ）$$

$$P_2 V_2 = \frac{M_2}{M_{\text{mol}}} R T_2 \qquad （Ⅱ）$$

又由于

$$V_1 = V_2 = V \qquad （Ⅲ）$$

$$T_1 = T_2 = T \qquad （Ⅳ）$$

因此联立式(Ⅰ)～式(Ⅳ),可求得用掉的氧气的总质量为

$$M = M_1 - M_2 = \frac{M_{\text{mol}} V}{RT}(P_1 - P_2) \qquad （Ⅴ）$$

(2) 求每天用掉的氧气的质量。以每天用掉的氧气为研究对象,其平衡态为 P_3、V_3、T_3,设每天用掉的氧气质量为 M_3,根据理想气体的状态方程,有

$$P_3 V_3 = \frac{M_3}{M_{\text{mol}}} R T_3 \qquad （Ⅵ）$$

又由于

$$T_3 = T \qquad （Ⅶ）$$

因此联立式(Ⅵ)和式(Ⅶ)可得

$$M_3 = \frac{M_{\text{mol}} P_3 V_3}{RT} \qquad （Ⅷ）$$

(3) 将用掉的氧气的总质量 M 除以每天用掉的氧气的质量 M_3,即可得一瓶氧气使用的天数 n,即

$$n = \frac{M}{M_3} = \frac{V(P_1 - P_2)}{P_3 V_3} = 9.4 \text{ d}$$

思考题

8-1 平衡状态与稳定状态有何区别?热力学中为什么要引入平衡态的概念?

8-2 气体在平衡状态时有何特征?气体的平衡态与力学中所讲的平衡有什么不同?

8-3 一根金属杆一端置于沸水中,另一端和冰接触,当沸水和冰的温度维持不变时,则金属杆上各点的温度将不随时间变化。试问:这时金属杆是否处于平衡态?为什么?

8-4 有人认为:"对于一定量的某种气体,如果同时符合三个气体实验定律(玻意耳-马略特定律、查理定律、盖·吕萨克定律)中的任意两个,那么它就必然符合第三个定律。"这种说法对吗?为什么?

8-5 同一地方一年四季的大气压强一般差别不大,为什么在冬天空气的密度比较大?

8.3 理想气体的压强

8.3.1 理想气体的微观模型

为了研究大量分子运动的规律性,还需要在气体动理论基础上,建立**理想气体的微观模型**。考虑到宏观系统是由大量微粒——分子(或原子)组成的,微粒间有一定的间距;微粒处在永不停息的无规则运动中,这种运动的剧烈程度与系统的温度有关;分子间有相互作用力。于是理想气体的微观模型抽象成以下三点内容。

(1) 组成理想气体的分子(原子)本身的线度比分子(原子)间的平均距离小得多(至少小 10 倍),即分子的大小可忽略不计,分子可被视为质点,单个分子的运动遵从牛顿运动定律。

(2) 由于分子(原子)间的相互作用力随分子间距离的增大而迅速减小,当分子间的距离远大于分子本身的线度时,分子间的作用力(除碰撞外)可忽略。于是,除碰撞的一瞬间外,分子间以及分子与容器壁间都无相互作用力。由于在容器中气体分子的动能的平均改变比分子重力势能的平均改变大得多,因此也不考虑重力对分子的作用。

(3) 分子与分子之间、分子与容器壁之间的碰撞为完全弹性碰撞。分子的运动遵从动量守恒定律和动能守恒定律。

在分子动理论基本观点的基础上,以处于平衡态的稀薄气体为研究对象,所建立的理想气体微观模型的正确性只能由建立的理论是否与实验检测的结果相符合来验证。实验表明了理想气体的微观模型的正确性。

8.3.2 统计假设

气体的压强是气体的基本性质之一,是大量气体分子对器壁不断碰撞的平均结果。因此需要研究大量气体分子运动的规律性。

由于大量气体分子的运动是无规则的热运动,我们只能对其作**统计假设**,设系统处于平衡态,统计假设要点为:

(1) 容器中任意单位体积内的分子数不比其他位置占优势。

(2) 分子沿任一方向的运动不比其他方向的运动占优势。由此可知,分子的速度在各方向分量的各种平均值是相等的,因此,$\bar{v}_x = \bar{v}_y = \bar{v}_z$,$\overline{v_x^2} = \overline{v_y^2} = \overline{v_z^2}$。应当注意的是 $v_x \neq v_y \neq v_z$,$v_x^2 \neq v_y^2 \neq v_z^2$。

由此有以下结论:容器中任意单位体积内的分子数相同;沿各个方向运动的分子数目相同;分子速度在各个方向上分量的各种平均值相等。以上结论,只有在大数量分子和统计平均的意义上才是正确的,且气体分子的数目越多,准确度就越高。

8.3.3 理想气体的压强公式

容器中气体在宏观上施于器壁的压强,是大量气体分子对容器器壁不断碰撞的结果。对某一分子来说,它对器壁的碰撞是间断的,它每次给器壁多大的冲量 I_i,碰在什么地方都是偶然的,但对大量分子整体来说,每一时刻都有许多分子与器壁相碰,所以在宏观上就表现出一个恒定的、持续的压力。正如雨打在伞上,大量雨滴会对伞产生一个持续的作用力。

设在任意形状的容器中存有一定量的理想气体,体积为 V,共含有 N 个分子,每个分子的质量为 m,则单位体积内的分子数为 $n=\dfrac{N}{V}$,称为分子数密度。由于分子具有各种可能的速度,因此我们将分子分成若干组,每组内的分子具有大小相等、方向一致的速度,于是在单位体积内各组的分子数 $n_1,n_2,\cdots,n_i,\cdots$,将满足 $n=\sum_i n_i$。

在平衡态下,器壁上各处的压强相等。下面我们计算在图 8-3 中垂直于 x 轴的器壁上任取一小块面积 $\mathrm{d}A$ 的压强。

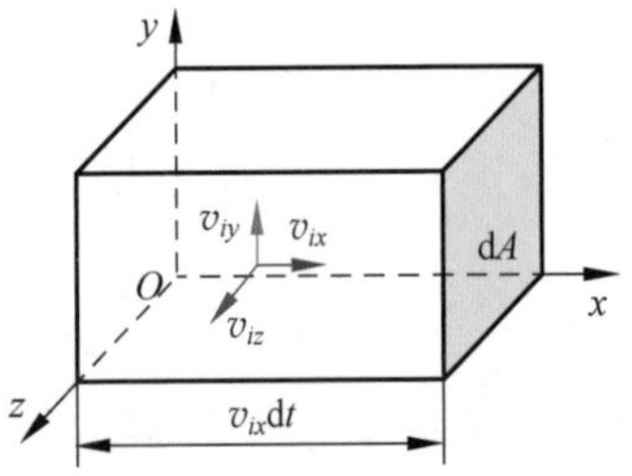

首先考虑单个分子在一次碰撞中对 $\mathrm{d}A$ 的作用。设某一分子与 $\mathrm{d}A$ 相碰,其速度为 $\boldsymbol{v}_i$,速度的三个分量为 v_{ix},v_{iy},v_{iz},由于碰撞是完全弹性的,所以碰撞前后分子在 y,z 方向上的速度分量不变,在 x 轴方向上的速度分量由 v_{ix} 变为 $-v_{ix}$,即大小不变,方向反向,则分子在碰撞过程中的动量的改变为 $(-mv_{ix})-(mv_{ix})=-2mv_{ix}$。由动量定理可知,分子动量的改变等于 $\mathrm{d}A$ 施于分子的冲量,再由牛顿第三定律可知,分子施于 $\mathrm{d}A$ 的冲量为 $2mv_{ix}$。

图 8-3 分子对器壁的作用

其次,确定在一段时间 $\mathrm{d}t$ 内所有分子施于 $\mathrm{d}A$ 的总冲量。在全部速度为 $\boldsymbol{v}_i$ 的分子中,在 $\mathrm{d}t$ 时间内能与 $\mathrm{d}A$ 相碰的分子只是位于以 $\mathrm{d}A$ 为底,$v_{ix}\mathrm{d}t$ 为高,以 $\boldsymbol{v}_i$ 为轴线的柱体内的那部分分子。若设速度为 $\boldsymbol{v}_i$ 的分子数密度为 n_i,则在 $\mathrm{d}t$ 时间内能与 $\mathrm{d}A$ 相碰的分子数为 $n_i v_{ix}\mathrm{d}t\mathrm{d}A$。所以,速度为 $\boldsymbol{v}_i$ 的一组分子在 $\mathrm{d}t$ 时间内施于 $\mathrm{d}A$ 的总冲量为

$$\mathrm{d}I_i = 2n_i m v_{ix}^2 \mathrm{d}t\mathrm{d}A$$

将上式对所有可能的速度求和,就得到所有分子施于 $\mathrm{d}A$ 的总冲量 $\mathrm{d}I$。在求和时必须限制在 $v_{ix}>0$ 的范围内,因为 $v_{ix}<0$ 的分子是不会与 $\mathrm{d}A$ 相碰的,因此有

$$\mathrm{d}I = \sum_{i(v_{ix}>0)} 2n_i m v_{ix}^2 \mathrm{d}t\mathrm{d}A$$

平均地讲,$v_{ix}>0$ 和 $v_{ix}<0$ 的分子数各占总分子数的一半,那么在求和时不受 $v_{ix}>0$ 的限制,则上式变为(除以 2)

$$\mathrm{d}I = \sum_i n_i m v_{ix}^2 \mathrm{d}t\mathrm{d}A$$

由于

$$F = \frac{\mathrm{d}I}{\mathrm{d}t} = p\cdot S$$

则

$$P = \frac{F}{S} = \frac{\mathrm{d}I}{\mathrm{d}t\mathrm{d}A} = \sum_i n_i m v_{ix}^2 = m\sum_i n_i v_{ix}^2$$

又因为所有分子在 x 方向的速率平方的平均值为

$$\overline{v_x^2} = \frac{n_1 v_{1x}^2 + n_2 v_{2x}^2 + \cdots}{n_1 + n_2 + \cdots} = \frac{\sum n_i v_{ix}^2}{\sum n_i} = \frac{\sum n_i v_{ix}^2}{n}$$

则有

$$P = nm\overline{v_x^2}$$

由于 $\overline{v_x^2}=\overline{v_y^2}=\overline{v_z^2}$,且 $v^2 = v_x^2 + v_y^2 + v_z^2$,$\overline{v^2}=\overline{v_x^2}+\overline{v_y^2}+\overline{v_z^2}$,则 $\overline{v_x^2}=\dfrac{1}{3}\overline{v^2}$,由此得

$$P = \frac{1}{3}nm\overline{v^2} = \frac{2}{3}n\left(\frac{1}{2}m\overline{v^2}\right) = \frac{2}{3}n\bar{\varepsilon}_k \qquad (8\text{-}13)$$

式中，$\bar{\varepsilon}_k = \frac{1}{2}m\overline{v^2}$ 表示气体分子平动动能的平均值，称为**平均平动动能**。

根据理想气体的微观模型和统计假设以及力学规律，运用求统计平均值的方法，得到的理想气体的压强公式包含以下物理内容：

(1) 容器中的气体在宏观上对器壁所产生的压强，是大量作无规则运动的分子对器壁不断碰撞的平均结果。因而气体的压强是一个具有统计平均意义的物理量，离开大量和平均，压强的概念将失去意义，这也表明，对个别分子或少数分子讲压强，那是无意义的。

(2) 理想气体的压强由单位体积内的分子数 n 和分子的平均平动动能 $\bar{\varepsilon}_k$ 决定，并与两者的乘积成正比，因此压强与容器的形状无关。n 和 $\bar{\varepsilon}_k$ 本身是大量分子的统计平均值。在 $\bar{\varepsilon}_k$ 一定时，n 越大，单位时间内与器壁上单位面积发生碰撞的分子数越多，给器壁的平均冲量越大，压强也就越大；在 n 一定时，$\bar{\varepsilon}_k$ 越大，分子速度平方的平均值就越大，分子速率越大，一方面，单位时间内分子碰撞的次数越多，另一方面，每次碰撞时分子施于器壁的冲量越大，压强也就越大。

(3) 理想气体的压强公式给出了宏观量压强与微观量 $\bar{\varepsilon}_k$ 的统计平均值之间的关系。因压强可直接测量，而 $\bar{\varepsilon}_k$ 不能直接测量，因此这个关系不能由实验直接验证，但从这个关系出发，能够满意地解释并推证许多实验定律。

> **感悟·启迪**
>
> 理想气体的压强公式的推导，是利用微观统计得到宏观物理量。在日常生活中，处理问题时也应该从多方面考虑，一种方法行不通，可以换一种方法，转换思维方式，开拓思路，这样目标才可能达到。

思考题

8-6 理想气体的微观模型认为，气体分子间的距离应当在分子线度的 10 倍以上，这是怎样得来的？

8-7 在推导理想气体压强公式的过程中，什么地方用到了理想气体的分子模型？什么地方用到了平衡态的概念？什么地方用到了统计平均的概念？压强的微观统计意义是什么？

8.4 能量均分定理 理想气体的内能

8.4.1 温度的本质和统计意义

由于理想气体的压强公式反映了压强与平均平动动能 $\bar{\varepsilon}_k$ 的关系，而理想气体的状态方程又包含压强与温度的关系，因此，可研究气体分子的平均平动动能与温度的关系。

理想气体的压强公式为

$$P = \frac{2}{3}n\bar{\varepsilon}_k$$

此式中含有单位体积内的分子数 n，因此，将理想气体的状态方程 $PV = \frac{M}{M_{mol}}RT$ 进行如下变形。令 m 表示每个分子的质量，N 为系统的总分子数，N_A 表示 1 mol 气体所包含的分子数，称为阿伏伽德罗常量，则有 $M = Nm$，$M_{mol} = N_A m$，将其代入上式得

$$P = \frac{N}{V} \frac{R}{N_A} T \tag{8-14}$$

式中，N/V 为单位体积内的分子数，记作 n；R/N_A 为玻耳兹曼(L. Boltzmann，1844—1906，奥地利)常量，用 k 表示，即 $k = R/N_A = 1.38 \times 10^{-23}$ J/K，于是有

$$P = nkT \tag{8-15}$$

将式(8-15)代入压强公式得理想气体分子的平均平动动能为

$$\bar{\varepsilon}_k = \frac{3}{2} kT \tag{8-16}$$

上式称为理想气体的温度公式，简称温度公式。

理想气体的温度公式所包含的物理内容如下。

(1) 理想气体分子的平均平动动能只与热力学温度 T 有关，而且与热力学温度 T 成正比，与气体的其他性质无关。

(2) 温度是气体分子平均平动动能的量度，表征分子无规则运动的剧烈程度，温度越高，说明分子无规则运动越剧烈，这就是温度的微观本质。

(3) 理想气体的温度公式给出了宏观量 T 与微观量 $\bar{\varepsilon}_k$ 的统计平均值关系，因此，温度具有统计意义，对于单个分子或少数分子谈温度是无意义的。

8.4.2 分子的自由度

确定一个物体在空间的位置所需要的独立坐标数称为该物体的自由度(degree of freedom)。在讨论分子的自由度与分子能量的自由度之前，先来讨论质点和刚体的自由度。

一般地，确定一个质点的空间位置需要 3 个独立坐标，所以在空间自由运动的质点有 3 个自由度，这是 3 个平动自由度(t)。如果一个质点被限制在一条曲线上运动，则自由度为 1；若它被限制在一个平面上运动，则自由度为 2。

下面我们来确定一个可自由运动的刚体的自由度。如图 8-4 所示，要确定刚体中 O' 点的位置，需要 3 个独立坐标 x, y, z，对应 3 个平动自由度。O' 点的位置确定后，还要确定转轴 $O'A$ 的方位，$O'A$ 的位置可用方位角 α, β 和 γ 确定，但这 3 个角度只有 2 个是独立的，如可选 α, β 确定转轴 $O'A$ 的位置，转轴 $O'A$ 的方位确定后，整个刚体仍可绕 $O'A$ 轴转动，所以还需要用 1 个角坐标 φ 来确定刚体绕 $O'A$ 轴转动的角位置，上述 3 个独立的角坐标对应 3 个转动自由度(r)。因此，一般情况下刚体有 3 个平动自由度和 3 个转动自由度。如刚体的运动受到一些限制，则其自由度就会减小。如果刚体由一根刚性轻杆连结的两个质点组成，如图 8-5 所示，对应双原子分子微观模型，确定该刚体的位置只需

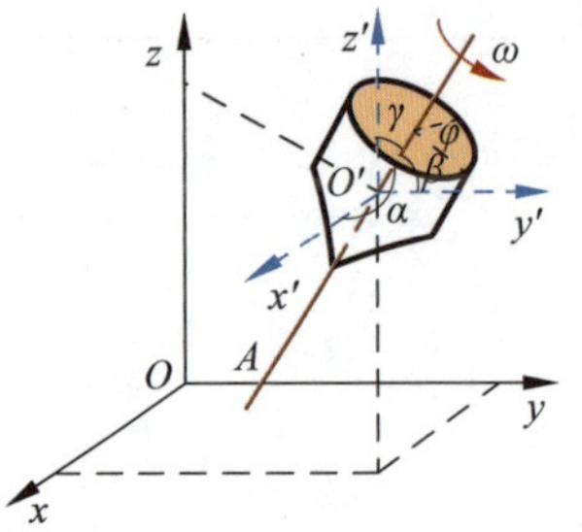

图 8-4 刚体的自由度 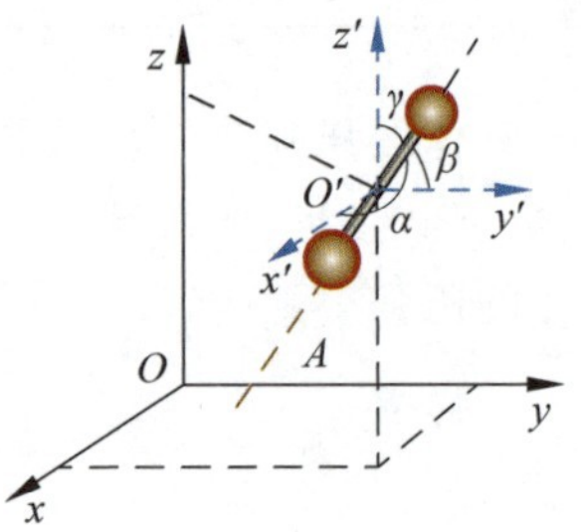　　　　图 8-5 双原子刚性分子的自由度

5个独立坐标 x,y,z,α,β，对应5个自由度，其中3个为平动自由度，2个为转动自由度。

知道了刚体自由度的概念后，我们来讨论**分子的自由度**（i）。前面讨论分子的热运动时，只考虑了分子的平动。实际上，除单原子分子外，一般分子的运动并不限于平动，还有转动和分子内原子间的振动。

在热力学中，一般不涉及原子内部的运动，一般将原子当作质点而将分子当作是由原子质点构成的。要确定一个自由运动质点的空间位置需要3个独立坐标，因此单原子分子的自由度是3，即它有3个平动自由度。对于双原子刚性分子气体，其分子可看作是由一条几何线连接的两个原子（质点）组成的，需要用3个坐标确定，其中一个原子的位置，再用2个坐标确定两原子间的相对方位，因此双原子刚性分子的自由度为5。如果涉及更高的能量，则分子的振动自由度也可以激发，这时原子间能发生相对振动，双原子刚性分子将变成非刚性的。对于双原子非刚性分子，要加上一个坐标来确定两原子间的距离，即增加1个**振动自由度**（s），故双原子非刚性分子的总自由度为6。

多原子分子的自由度需根据其结构情况进行分析而确定。对于刚性多原子分子，具有3个平动自由度和3个转动自由度，总自由度为6。一般地，若某一分子由 n 个原子组成，则这个分子最多有 $3n$ 个自由度，其中3个是平动自由度，3个是转动自由度，其余 $3n-6$ 个是振动自由度。在温度不高时，一般不考虑气体分子的振动自由度，即将气体分子看成是刚性分子。上述关于分子的自由度数的讨论可总结于表8-1中。

表 8-1 分子的自由度数

分子种类		自由度数			
		t	r	s	$i=t+r+s$
单原子分子		3	0	0	3
双原子分子	刚性	3	2	0	5
	非刚性	3	2	1	6
多原子分子	刚性	3	3	0	6
	非刚性	3	3	$3n-6$	$3n$

8.4.3 能量均分定理

由式(8-16)可知，理想气体分子的平均平动动能为

$$\bar{\varepsilon}_k = \frac{1}{2}m\overline{v^2} = \frac{3}{2}kT$$

由于分子有3个平动自由度，故将分子的平动动能表示为

$$\frac{1}{2}mv^2 = \frac{1}{2}mv_x^2 + \frac{1}{2}mv_y^2 + \frac{1}{2}mv_z^2$$

将上式两边同时求平均值，得

$$\frac{1}{2}m\overline{v^2} = \frac{1}{2}m\overline{v_x^2} + \frac{1}{2}m\overline{v_y^2} + \frac{1}{2}m\overline{v_z^2}$$

由于 $\overline{v_x^2} = \overline{v_y^2} = \overline{v_z^2} = \frac{1}{3}\overline{v^2}$，则有

$$\frac{1}{2}m\overline{v_x^2} = \frac{1}{2}m\overline{v_y^2} = \frac{1}{2}m\overline{v_z^2} = \frac{1}{2}kT$$

即分子在每一个平动自由度上具有相同的平均动能，大小等于 $\frac{1}{2}kT$。可见，分子的平均

平动动能 $\frac{3}{2}kT$ 是均匀地分配于每一个平动自由度上的。

这个结论可推广到分子的转动和振动自由度上。综上所述,我们可以得到如下结论:在温度为 T 的平衡态下,物质(气体、液体和固体)分子的每一个自由度都具有相同的平均动能,其大小都等于 $\frac{1}{2}kT$。这一结论称为能量均分定理。

对于能量均分定理,需要注意的是:能量均分定理只适用于平衡态系统;能量均分定理本质上是关于热运动的统计规律,是对大量统计平均所得结果,它是联系系统温度及其平均能量的基本公式,可以利用统计物理严格证明;对于气体,能量按自由度均分是依靠分子间的大量的无规碰撞来实现的;能量均分定理不仅适用于气体,一般也适用于液体和固体;经典统计的能量均分定理得到了一些与实验相符的结果,但当量子效应变得显著时它就不再成立,这些问题在量子理论中将得到解决。

设某种气体分子有 t 个平动自由度,r 个转动自由度,s 个振动自由度,则分子的自由度 $i=t+r+s$。分子的平均平动动能、平均转动动能、平均振动动能分别为 $\frac{t}{2}kT$、$\frac{r}{2}kT$、$\frac{s}{2}kT$,分子的平均总动能为 $\frac{1}{2}(t+r+s)kT=\frac{i}{2}kT$。

由振动学可知,简谐振动在一个周期内的平均动能和平均势能是相等的。由于分子内原子的微振动可近似地看作简谐振动,所以对于每一个振动自由度,分子除了具有 $\frac{1}{2}kT$ 的平均动能外,还具有 $\frac{1}{2}kT$ 的平均势能,所以,一个分子的平均振动能量为 $\frac{s}{2}kT$ 的 2 倍,于是一个分子的平均总能量为

$$\bar{\varepsilon}=\frac{1}{2}(t+r+2s)kT \tag{8-17}$$

将表 8-1 中 t,r,s 值代入,可得几种气体分子的平均总能量如下:

(1) 对于单原子分子气体,$t=3,r=s=0$,则 $\bar{\varepsilon}=\frac{3}{2}kT$;

(2) 对于刚性双原子分子气体,$t=3,r=2,s=0$,则 $\bar{\varepsilon}=\frac{5}{2}kT$;

(3) 对于非刚性双原子分子气体,$t=3,r=2,s=1$,则 $\bar{\varepsilon}=\frac{7}{2}kT$;

(4) 对于刚性多原子分子气体,$t=3,r=3,s=0$,则 $\bar{\varepsilon}=3kT$。

8.4.4 理想气体的内能

从微观上说,系统内能(internal energy)是构成系统的所有分子无规则运动的动能、分子间的相互作用势能、分子内部以及原子核内部各种形式能量的总和。后两项在大多物理过程中不变,因此一般只需要考虑前两项,二者的总和就是通常所指的内能。但在涉及电子的激发、电离或发生化学反应时,分子内部(不包括原子核内部)的能量将大幅变化,此时内能中必须考虑分子内部的能量。核内部能量仅在核物理过程中才会变化,因此在绝大多数情形下,都不需要考虑这一部分的能量。

内能是物体或系统的一种固有属性,即一切物体或系统都具有内能。内能是系统的一种状态函数(简称态函数),即内能可以表示为系统的某些状态参量的某种特定的函数,函数的具体形式取决于具体的物质系统,但当不考虑分子内部以及原子核内部各种形式能量时,内能是温度和体积的函数。当系统处于某一平衡态时,系统的一切状态参

量将取得定值,内能作为这些状态参量的特定函数也将取得定值。

由于理想气体的分子之间没有相互作用,不存在分子间相互作用的势能,并且理想气体系统在变化过程中,分子内的原子间的距离不发生变化,分子内的势能也不发生变化,这部分能量也不需要考虑。所以,理想气体的内能就是气体所有分子热运动动能的总和。那么,1 mol 理想气体的内能为

$$u = N_A \cdot \frac{i}{2}kT = \frac{i}{2}RT, \quad i = t+r+s, s=0 \tag{8-18}$$

ν mol 理想气体的内能为

$$U = \frac{i}{2}\nu RT \tag{8-19}$$

从式(8-19)可以看出:理想气体的内能只与自由度和温度 T 有关,与气体的体积和压强无关。理想气体的内能不包括气体整体宏观定向运动的机械能。

当温度增加 ΔT 时,物质的量为 ν 的理想气体内能的增量为

$$\Delta U = \frac{i}{2}\nu R \Delta T \tag{8-20}$$

综上可知,对一定量的某种理想气体的内能只是热力学温度的单值函数,而与气体的体积及压强无关。只要理想气体温度的改变量相等,则它的内能变化量也相等,而与经历的过程无关,因此理想气体的内能是状态量。

注意,内能与力学中的机械能有明显的区别,静止在地球表面上的物体的机械能可以等于零,但物体内部的分子、原子仍然在运动着和相互作用着,因此,内能永远不会等于零。

例 8-2

当温度为 0℃时,1 mol 氦气、氢气、氧气和氯气等气体的内能分别是多少?当它们的温度升高 1 K 时,内能各增加多少?

解 氦气为单原子气体,氢气、氧气、氯气为双原子气体。因此,对 1 mol 的氦气,其内能为

$$u = \frac{3}{2}RT = \frac{3}{2} \times 8.31 \times 273 = 3.41 \times 10^3 \text{ J}$$

对于 1 mol 的氢气、氧气、氯气,其内能都为

$$u = \frac{5}{2}RT = \frac{5}{2} \times 8.31 \times 273 = 5.68 \times 10^3 \text{ J}$$

当气温升高 1 K 时,1 mol 的氦气内能增加

$$\Delta u = \frac{3}{2}R\Delta T = \frac{3}{2} \times 8.31 \times 1 = 12.5 \text{ J}$$

而 1 mol 氢气、氧气、氯气内能各增加

$$\Delta u = \frac{5}{2}R\Delta T = \frac{3}{2} \times 8.31 \times 1 = 20.8 \text{ J}$$

思考题

8-8 如果盛有气体的容器相对于某坐标系匀速运动,容器内分子相对于坐标系的速度也增大了。气体温度是否因此而升高?

8-9 为什么温度对大量分子的整体才有意义?

8-10 两瓶不同种类的气体,其分子的平均平动动能相同,但密度不同,它们的温度是否相同?压强是否相同?

8-11 试说明下列物体各有几个自由度：(1)在一平面上滑动的粒子；(2)可在一平面上滑动并绕垂直于该平面的轴转动的硬币；(3)在空间自由运动的三角形金属架。

8-12 为什么理想气体的内能只与温度有关，而与气体的体积无关。试用理想气体的微观模型解释。

8.5 气体分子的速率分布

气体中每个分子的热运动速率都是千变万化的，分子之间的频繁碰撞更使得分子速率不断发生变化，对某个分子来说，在某一特定时刻具有多大的速率，完全是偶然的。但是，对大量分子的整体来说，在一定条件下，分子数按速率分布服从确定的统计规律。平衡态下，理想气体分子数按速率分布的规律称为<u>麦克斯韦速率分布律</u>。为理解分子的速率分布规律，下面我们先从大量随机事件的统计规律性谈起。

8.5.1 大量随机事件的统计规律性

我们知道，在地球上，太阳每天都从东方升起，这是一定会发生的事件。而在温度为 0℃、压强为一个标准大气压的条件下，雪融化了或煮熟的鸭子飞了，这些是一定不会发生的事件。我们把在一定条件下必然发生的事件称为<u>必然事件</u>，而把在一定条件下，不可能发生的事件称为<u>不可能事件</u>。但是我们发现有些事件在一定条件下可能发生也可能不发生，这样的事件称为<u>随机事件</u>(random event)。如：掷出去的硬币，出现正面朝上；从标有 1~10 的 10 张号签中任取一张，抽到 4 号签；明天，你买一注彩票，中了 500 万大奖。这些事件有可能发生，也可能不发生。

由于随机事件具有偶然性，因而从表面上看来似乎是偶然性起支配作用，没有什么必然性。但是，人们经过长期的实践和深入研究后，发现随机事件虽然就每次试验结果来说具有不确定性，然而在大量重复实验中，它却呈现出一种完全确定的规律性，这种规律性称为统计规律性。如历史上有人曾作过抛掷硬币的大量重复实验，结果如表 8-2 所示。实验结果发现，将硬币多次抛掷后，其正面朝上的频率约为 0.5。

表 8-2 抛掷硬币实验

抛掷次数(n)	2 048	4 040	12 000	24 000	30 000
正面朝上次数(m)	1 061	2 048	6 019	12 012	14 984
频率(m/n)	0.518	0.506	0.501	0.500 5	0.499 6

我们再来看一个名为<u>伽耳顿板的实验</u>。如图 8-6 所示，在一块竖直的平板的上部钉上一排排等间距的铁钉，下部用竖直隔板隔成等宽的狭槽，然后用透明板封盖，在顶端装

伽耳顿板

(a)   (b)   (c)

图 8-6 伽耳顿板实验

一漏斗形入口。此装置称为伽耳顿板。取一小球从入口投入,小球在下落的过程中将与一些铁钉碰撞,最后落入某一槽中,再投入另一小球,它下落在哪个狭槽与前者可能完全不同,这说明单个小球下落时与一些铁钉碰撞,最后落入哪个狭槽完全是无法预测的随机事件。但是如果把大量小球从入口徐徐倒入,实验发现总体上按狭槽的分布有确定的规律性:落入中央狭槽的小球较多,而落入两端狭槽的小球较少,离中央越远的狭槽落入的小球越少;重复几次同样的实验,得到的结果都近似相同。

上述实例表明,在大量重复进行同一试验时,随机事件 A 发生的频率总是在某一个常数附近摆动,且随着试验次数的增多,摆动的幅度会减小,这种规律称为频率的稳定性,即之前提到的统计规律性。统计规律性是随机事件本身固有的、不随人们意志而改变的客观属性,因此可以对其度量。为此,我们引入 概率 (probability) 这一概念来描述统计规律性,它反映了随机事件发生的可能性的大小。

在前文所提的伽耳顿板实验中,当落入的小球总数 N 足够大时,小球在隔板中的分布具有规律性。设小球掉入到第 i 个隔板中的小球数为 N_i,则小球掉入第 i 个隔板中的概率为

$$P_i = \lim_{N \to \infty} \frac{N_i}{N}$$

小球掉入到所有隔板中的概率加起来应当是 1,即

$$\sum_i P_i = \sum_i \frac{N_i}{N} = 1$$

这称为 归一化条件 (normalizing condition)。

物理学家简介

麦 克 斯 韦

麦克斯韦 (James Clerk Maxwell, 1831—1879)(图 8-7),英国著名物理学家和数学家,1831 年诞生于苏格兰的爱丁堡。他的父亲是一名机械设计师。他的智力发育格外早,年仅 15 岁时,就在《爱丁堡皇家学会学报》发表了一篇关于二次曲线的论文。1854 年毕业于英国剑桥大学,1871 年领导建立卡文迪许实验室,1874 年兼任第一任主任。

麦克斯韦主要从事电磁理论、分子物理学、统计物理学、光学、力学、弹性理论方面的研究。他是气体动理论的创始人之一。1859 年他首次用统计规律描述麦克斯韦速度分布律,从而找到了由微观量求统计平均值的更确切的途径。麦克斯韦对物理学的最重要贡献是他在电磁学方面所做的工作,1864 年,他的名著《电磁场动力论》出版,建立了经典电磁理论的麦克斯韦方程组,将电学、磁学、光学统一起来,是 19 世纪物理学发展的最光辉的成果,是科学史上最伟大的综合之一。

麦克斯韦

图 8-7 麦克斯韦

8.5.2 速率分布函数

由于气体分子杂乱无章的运动和频繁的碰撞,某时刻某个分子运动速度的大小是随机的,但对大数气体分子而言,分子速率的分布会呈现一定的规律性。下面介绍气体分子速率分布函数的概念。

令 N 表示一定量气体的总分子数,dN 表示速率分布在某一区间 $v \sim (v+dv)$ 内的分子数,则 $\dfrac{dN}{N}$ 就表示分布在这一速率区间内的分子数占总分子数的比率。在不同的速

率 v 附近取相等的速率间隔 $\mathrm{d}v$，比率 $\dfrac{\mathrm{d}N}{N}$ 的数值一般是不同的，也就是说，比率 $\dfrac{\mathrm{d}N}{N}$ 与速率 v 有关，另外，在给定的速率 v 附近，如果所取的间隔 $\mathrm{d}v$ 越大，则分布在这一区间的分子数越多，比率 $\dfrac{\mathrm{d}N}{N}$ 也越大，当 $\mathrm{d}v$ 足够小时，总可以认为 $\dfrac{\mathrm{d}N}{N}$ 与 $\mathrm{d}v$ 成正比。因此，可得

$$\frac{\mathrm{d}N}{N} = f(v)\mathrm{d}v \tag{8-21}$$

将上式变形可得

$$f(v) = \frac{\mathrm{d}N}{N\mathrm{d}v}$$

它表示分布在速率 v 附近单位速率间隔内的分子数占总分子数的比率。对于处在一定温度下的气体，它只是速率 v 的函数，称为气体分子的 速率分布函数（function of speed distribution）。

若确定了 $f(v)$，就可以用积分的方法求出分布在任一有限速率范围内（$v_1 \sim v_2$）的分子数占总分子数的比率，即

$$\frac{\Delta N}{N} = \int_{v_1}^{v_2} f(v)\mathrm{d}v \tag{8-22}$$

由于全部分子百分之百地分布在 $0 \sim \infty$ 的这个速率范围内，所以，如果上式中取 $v_1 = 0$，$v_2 \to \infty$，则结果显然为 1，即

$$\int_0^\infty f(v)\mathrm{d}v = 1 \tag{8-23}$$

这是 $f(v)$ 所必须满足的条件，称为速率分布函数的 归一化条件。

8.5.3 麦克斯韦速率分布律

在平衡态下，当气体分子间的相互作用可以忽略时，分布在任一速率区间 $v \sim (v+\mathrm{d}v)$ 内的分子的比率为

$$\frac{\mathrm{d}N}{N} = 4\pi \left(\frac{m}{2\pi kT}\right)^{\frac{3}{2}} \mathrm{e}^{-\frac{mv^2}{2kT}} v^2 \mathrm{d}v \tag{8-24}$$

此即为 麦克斯韦速率分布律。由上式得 麦克斯韦速率分布函数 为

$$f(v) = 4\pi \left(\frac{m}{2\pi kT}\right)^{\frac{3}{2}} \mathrm{e}^{-\frac{mv^2}{2kT}} v^2 \tag{8-25}$$

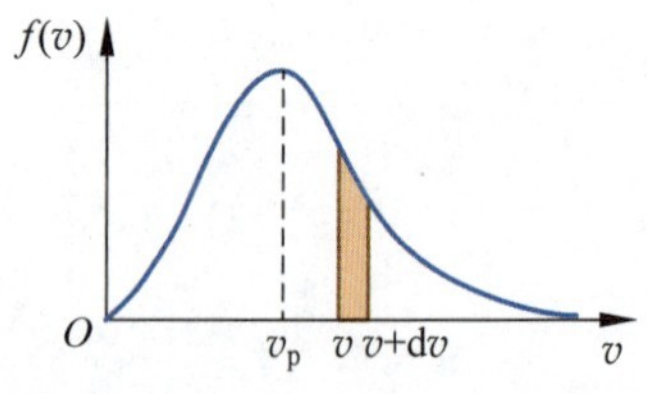

式中，T 是气体的热力学温度，m 是气体分子的质量，k 是玻耳兹曼常量（Boltzmann's constant）。麦克斯韦速率分布函数是麦克斯韦于 1859 年从理论上导出的。

由式（8-25）可作出麦克斯韦速率分布函数图，如图 8-8 所示。图中阴影部分的面积代表在速率区间 $v \sim (v+\mathrm{d}v)$ 内的分子数占总分子数的比率。

图 8-8 麦克斯韦速率分布函数

8.5.4 三种统计速率

1. 最概然速率

由图 8-8 可以看出，麦克斯韦速率分布函数曲线有一个最大值，与这个极大值对应的速率叫作气体分子的 最概然速率（most probable speed），常用 v_p 表示。

最概然速率 v_p 的物理意义是：对所有的相同速率区间而言，速率在含有 v_p 的那个区间内的分子数占总分子数的百分比最大。也就是说，对所有的相同速率区间而言，某一分子的速率取含有 v_p 的那个区间内的值的概率最大。由极值条件

$$\frac{\mathrm{d}}{\mathrm{d}v}f(v)\Big|_{v=v_p}=0$$

可求得在满足麦克斯韦速率分布规律的平衡态下气体分子的最概然速率为

$$v_p=\sqrt{\frac{2kT}{m}}=\sqrt{\frac{2RT}{M_{\mathrm{mol}}}} \tag{8-26}$$

2. 平均速率

平均速率（mean speed）$\bar{v}$ 定义为大量分子的速率的算术平均值。由于 $f(v)=\dfrac{\mathrm{d}N}{N\mathrm{d}v}$，有 $\mathrm{d}N=Nf(v)\mathrm{d}v$。又由于 $\mathrm{d}v$ 很小，可认为 $\mathrm{d}N$ 个分子的速率是相同的，都等于 v，则 $\mathrm{d}N$ 个分子的速率总和为 $v\mathrm{d}N=vNf(v)\mathrm{d}v$。把这个结果对所有可能的速率间隔求和就得到全部分子的速率的总和，再除以总分子数 N，即可求出分子平均速率。由于分子的速率是连续分布的，应用积分代替求和，则有

$$\bar{v}=\frac{1}{N}\int_0^\infty vNf(v)\mathrm{d}v=\int_0^\infty vf(v)\mathrm{d}v \tag{8-27}$$

代入 $f(v)$ 的表达式(8-25)，可计算得

$$\bar{v}=4\pi\left(\frac{m}{2\pi kT}\right)^{\frac{3}{2}}\int_0^\infty \mathrm{e}^{-\frac{mv^2}{2kT}}v^3\mathrm{d}v=\sqrt{\frac{8kT}{\pi m}}=\sqrt{\frac{8RT}{\pi M_{\mathrm{mol}}}} \tag{8-28}$$

3. 方均根速率

方均根速率（root-mean-square speed）$\sqrt{\overline{v^2}}$ 定义为大量分子速率的平方平均值的平方根。按照计算分子平均速率的方法，可求得分子速率平方的平均值为

$$\overline{v^2}=\int_0^\infty v^2f(v)\mathrm{d}v \tag{8-29}$$

代入 $f(v)$ 的表达式(8-25)，得

$$\overline{v^2}=4\pi\left(\frac{m}{2\pi kT}\right)^{\frac{3}{2}}\int_0^\infty \mathrm{e}^{-\frac{mv^2}{2kT}}v^4\mathrm{d}v=\frac{3kT}{m}=\frac{3RT}{M_{\mathrm{mol}}}$$

因此，方均根速率为

$$\sqrt{\overline{v^2}}=\sqrt{\frac{3kT}{m}}=\sqrt{\frac{3RT}{M_{\mathrm{mol}}}} \tag{8-30}$$

以上 3 种速率各有不同的含义，也各有不同的用处。最概然速率 v_p 表征了气体分子按速率分布的特征；平均速率 $\bar{v}$ 用于研究气体分子的碰撞；方均根速率 $\sqrt{\overline{v^2}}$ 用于计算分子的平均平动动能。

8.5.5 麦克斯韦速率分布曲线的性质

1. 温度与分子速率

当温度升高时，气体分子的速率普遍增大，速率分布曲线中的最概然速率 v_p 向量值增大的方向迁移，但归一化条件要求曲线下总面积不变，因此，分布曲线宽度增大，高度降低，整个曲线变得较平坦些，如图 8-9 所示。

2. 质量与分子速率

在相同温度下,对于不同种类的气体,当气体分子质量增大时,速率分布曲线中的最概然速率 v_p 向量值减小的方向迁移,但归一化条件要求曲线下总面积不变,因此,分布曲线宽度变窄,高度增大,整个曲线比分子质量小的气体的速率分布曲线更陡些,即曲线峰值随分子质量变大而左移,如图 8-10 所示。

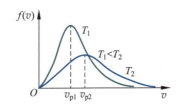

图 8-9　曲线峰值与温度的关系

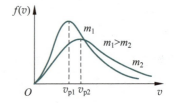

图 8-10　曲线峰值与分子质量的关系

> **感悟·启迪**
> 麦克斯韦速度分布律是大量随机事件的统计规律。每个个体有自己的特性,但大量个体组成的系统又有整体规律。社会生活中,我们应该处理好个体与整体的关系,个人服从集体,才能培养出社会主义集体荣誉观。

例 8-3

有一个由 N 个粒子组成的系统,其速率分布函数为

$$f(v) = \begin{cases} \dfrac{av}{v_0}, & 0 \leqslant v \leqslant v_0 \\ a, & v_0 \leqslant v \leqslant 2v_0 \\ 0, & v > 2v_0 \end{cases}$$

(1) 求 a 并作出速率分布函数图。
(2) 计算所有粒子的平均速率和方均根速率。
(3) 速率小于 v_0 和速率大于 v_0 的分子数。

解 (1) 由归一化条件,有

$$\int_0^{v_0} \frac{av}{v_0} dv + \int_{v_0}^{2v_0} a\, dv = 1$$

得

$$a = \frac{2}{3v_0}$$

速率分布函数图如图 8-11 所示。

(2) 所有粒子的平均速率为

$$\bar{v} = \int_0^\infty v f(v) dv = \int_0^{v_0} \frac{av^2}{v_0} dv + \int_{v_0}^{2v_0} av\, dv = \frac{11}{6} a v_0^2 = \frac{11}{9} v_0$$

所有粒子的速率平方的平均值为

$$\overline{v^2} = \int_0^\infty v^2 f(v) dv = \int_0^{v_0} \frac{av^3}{v_0} dv + \int_{v_0}^{2v_0} av^2 dv = \frac{31}{12} a v_0^3 = \frac{31}{18} v_0^2$$

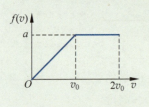

图 8-11　例 8-3 用图

所有粒子的方均根速率为

$$\sqrt{\overline{v^2}} = \sqrt{\frac{31}{18}} v_0$$

(3) 因为速率分布曲线下的面积代表一定速率区间内的粒子数与总粒子数的比率,所以 $v < v_0$ 的粒子数为 $\frac{1}{3} N$,$v > v_0$ 的粒子数为 $\frac{2}{3} N$。

8.5.6 麦克斯韦速率分布律的实验验证

由于技术条件的限制,测定气体分子速率分布的实验,直到 20 世纪 20 年代才实现。1920 年法国的物理学家斯特恩(O. Stern,1888—1969)首先测出银蒸气分子的速率分布;1934 年,我国物理学家葛正权(1896—1988)(图 8-12)测出铋蒸气分子的速率分布;1955 年美国哥伦比亚大学的密勒(R. C. Miller)和库什(P. Kusch,1911—1993)以更高的分辨率、更强的分子射束通过螺旋槽速度选择器测量了钾和铊蒸气分子的速率分布。

下面介绍我国物理学家葛正权测量铋蒸气分子的速率的方法。

如图 8-13 所示,金属铋在小炉 O 中蒸发,小孔 S_1、S_2、S_3 在一条直线上,铋原子经 S_1、S_2、S_3 进入圆筒,圆筒可绕 A 点以角速率 ω 旋转。

图 8-12　葛正权

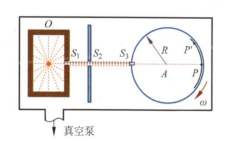

图 8-13　分子速率测量实验装置

葛正权

如果圆筒不转,则铋原子以速度 v 落在 P 点,但因圆筒转动,铋原子的落点会发生变化。设铋原子落在 P' 点,令 $PP' = l$,则分子由 S_3 到达 P' 点处所需的时间为

$$t = \frac{2R}{v}$$

式中,R 为圆筒的半径。

在 t 时间内圆筒的转角为

$$\Delta \theta = \omega t$$

故

$$l = R \Delta \theta = R \omega \frac{2R}{v}$$

所以

$$v = \frac{2 \omega R^2}{l}$$

这样只要测出分子落到圆筒壁上 P' 点的位置,即可测出 l 的大小,如果又已知圆筒的半径和圆筒转动的角速度,就可计算出分子的速率。实验时,用光度学方法测量在胶片上所沉积的金属层的厚度,就可以比较分布在不同间隔内的分子数相对比值。

> **思考题**
>
> 8-13 说明下列各式的物理意义。式中 $f(v)$ 为麦克斯韦速率分布函数,N 为分子总数,n 为分子数密度。
> (1) $f(v)\mathrm{d}v$,$Nf(v)\mathrm{d}v$,$nf(v)\mathrm{d}v$;
> (2) $\int_{v_1}^{v_2}f(v)\mathrm{d}v$,$\int_0^\infty f(v)\mathrm{d}v$,$\int_0^{v_0}Nf(v)\mathrm{d}v$;
> (3) $\int_0^\infty v^2 f(v)\mathrm{d}v$,$\int_{v_1}^{v_2}Nvf(v)\mathrm{d}v$。
>
> 8-14 试用气体的分子热运动理论说明为什么大气中氢的含量极少?

8.6 气体分子的平均自由程和碰撞频率

系统由非平衡态向平衡态的转变是通过碰撞实现的;能量按自由度均分,也是分子通过碰撞不断调整各种形式的能量和各自由度上的能量分配,使之达到均匀的。通过碰撞,在平衡态下,气体分子速率有一稳定的分布。

系统由非平衡态向平衡态的变化过程称为输运过程。输运过程包括扩散过程、热传导过程和黏滞现象。这些过程是通过分子碰撞实现的,下面研究有关分子碰撞的问题。

8.6.1 分子的平均自由程和平均碰撞频率的含义

在室温下,气体分子的平均运动速率为几百米每秒,当气体由某一处移动至另一处时,将不断地与其他分子碰撞,结果只能沿着迂回的折线前进,如图 8-14 所示。

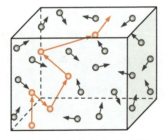

图 8-14 气体分子的碰撞

气体的扩散、热传导等过程进行的快慢取决于分子间相互碰撞的频繁程度。为了研究气体分子间的碰撞问题,我们引入两个重要的概念——平均自由程和平均碰撞频率。

(1) 平均自由程。分子相继两次碰撞间所走的路程称为分子的自由程。分子在连续两次碰撞之间所通过的自由程的平均值称为平均自由程(mean free path),用 $\bar{\lambda}$ 表示。

(2) 平均碰撞频率。每个分子在单位时间与其他分子相碰的平均次数称为平均碰撞频率,用 $\bar{z}$ 表示。在分子的平均速率一定的情况下,分子间的碰撞越频繁,$\bar{z}$ 就越大,$\bar{\lambda}$ 就越小。

8.6.2 平均自由程与平均碰撞频率之间的关系

研究碰撞问题时,常把分子看作具有一定体积的刚性球,把分子间的相互作用过程看作刚性球的弹性碰撞。两分子质心间最小距离的平均值被认为是刚性球的直径,叫作分子的有效直径。应当注意的是,分子并不是真正的球体,它是由电子和原子核组成的复杂系统,分子间的相互作用力也是相当复杂的,这里建立这样的简化模型,只是为研究问题的方便。

若用 $\bar{v}$ 表示分子的平均速率,则在任一时间 t 内,分子所通过的路程为 $\bar{v}t$,而分子

分子的碰撞

的碰撞次数,也就是整个路程被折成的段数为 $\bar{z}t$,那么平均自由程与平均碰撞频率之间的关系为

$$\bar{\lambda}=\frac{\bar{v}t}{\bar{z}t}=\frac{\bar{v}}{\bar{z}} \tag{8-31}$$

下面确定 $\bar{\lambda}$ 和 $\bar{z}$ 是由哪些因素决定的。如图 8-15 所示,假设分子 A 以平均相对速率 $\bar{u}$ 运动,其他分子都静止不动。在 A 的运动过程中,显然,只有中心与 A 的中心之间的距离小于或等于分子有效直径的那些分子才可能与 A 相撞。为了确定在时间 t 内 A 与多少数量的分子相碰,可设想以 A 为中心的运动轨迹为轴线,以分子的有效直径 d 为半径作一个曲折的圆柱体,则凡是中心在此圆柱体内的分子都会与 A 相撞。圆柱体的截面积 $\sigma=\pi d^2$,称为分子的碰撞截面。

在时间 t 内, A 所走过的路程为 $\bar{u}t$,则相应的圆柱体的体积为 $\sigma\bar{u}t=\pi d^2\bar{u}t$,若以 n 表示气体分子数密度,则在此圆柱体内的总分子数,也就是 A 与其他分子的碰撞次数为 $n\sigma\bar{u}t=n\pi d^2\bar{u}t$,则平均碰撞频率为

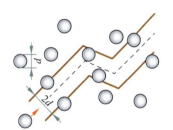

图 8-15 $\bar{z}$ 和 $\bar{\lambda}$ 的计算

$$\bar{z}=\frac{n\pi d^2\bar{u}t}{t}=n\pi d^2\bar{u}$$

用麦克斯韦分布律可以证明,气体的平均相对速率 $\bar{u}$ 与平均速率 $\bar{v}$ 之间的关系为 $\bar{u}=\sqrt{2}\,\bar{v}$,则气体分子的平均碰撞频率为

$$\bar{z}=\sqrt{2}\,\pi d^2\bar{v}n \tag{8-32}$$

所以气体分子的平均自由程为

$$\bar{\lambda}=\frac{\bar{v}}{\bar{z}}=\frac{1}{\sqrt{2}\,\pi d^2 n} \tag{8-33}$$

这说明气体分子的平均自由程与分子直径的平方和分子数密度成反比。

因为 $P=nkT$,则式(8-33)又可写为

$$\bar{\lambda}=\frac{kT}{\sqrt{2}\,\pi d^2 P} \tag{8-34}$$

由此可见,当温度 T 一定时,对于确定的某种气体分子, $\bar{\lambda}$ 与 P 成反比。

例 8-4

计算空气分子在标准状态下的平均自由程和平均碰撞频率。设分子的有效直径 $d=3.5\times10^{-10}$ m(已知空气的平均分子量为 29)。

解 已知 $T=273$ K, $P=1.0$ atm $=1.013\times10^5$ Pa, $d=3.5\times10^{-10}$ m,则空气分子的平均自由程为

$$\bar{\lambda}=\frac{kT}{\sqrt{2}\,\pi d^2 P}=\frac{1.38\times10^{-23}\times273}{1.41\times3.14\times(3.5\times10^{-10})\times1.01\times10^5}\text{ m}=6.9\times10^{-8}\text{ m}$$

由于空气的摩尔质量为 29×10^{-3} kg/mol,则空气分子在标准状态下的平均速率为

$$\bar{v}=\sqrt{\frac{8RT}{\pi M_{\text{mol}}}}=448\text{ m/s}$$

因此,空气分子在标准状态下的平均碰撞频率为

$$\bar{z}=\frac{\bar{v}}{\bar{\lambda}}=\frac{448}{6.9\times10^{-8}}\text{ s}^{-1}=6.5\times10^9\text{ s}^{-1}$$

思考题

8-15 在常温下,气体分子的平均速率可达几百米每秒,为什么气味的传播速率远比此小?

8-16 一定质量的气体,保持体积不变,当温度升高时,分子的无序运动更加剧烈,平均碰撞频率增大,因此,平均自由程减小,这种说法对吗?

习题

8-1 分子动理论的基本观点是_____;_____;_____。

8-2 若一个系统与外界没有物质的交换,但有能量的交换,则这个系统被称为_____。若一个系统与外界既没有物质交换,也没有能量交换,则这个系统被称为_____。若一个系统与外界既有物质的交换、也有能量的交换,则这个系统被称为_____。

8-3 一个热力学系统在不受外界影响的条件下,宏观性质不随时间变化的状态,就叫作_____。从宏观描述热力学系统状态的四种状态参量是_____、_____、_____和_____。

8-4 对于一定量的理想气体,在保持温度 T 不变的情况下,使压强由 P_1 增大到 P_2,则单位体积内分子数的增量为_____。

8-5 一个具有活塞的圆柱形容器中贮有一定量的理想气体,压强为 P,温度为 T,若将活塞压缩并加热气体,使气体的体积减小一半,温度升高到 $2T$,则气体压强增量为_____,分子平均平动动能增量为_____。

8-6 气体压强的微观意义是_____。温度的微观实质是_____。

8-7 从分子动理论导出的压强公式来看,气体作用在器壁上的压强,取决于_____和_____。

8-8 当温度为 T 时,气体分子每一个自由度上的平均能量为_____;一个气体分子的平均平动动能为_____;自由度为 i 的一个气体分子的平均总动能为_____;ν mol 理想气体的内能为_____。

8-9 两种质量相等的理想气体——氧气和氦气,分别装在两个容积相等的容器内,在温度相同的情况下,氧气和氦气的压强之比为_____;氧分子和氦分子的平均平动动能之比为_____。

8-10 若某容器内温度为 300 K 的二氧化碳气体(视为刚性分子理想气体)的内能为 3.74×10^3 J,则该容器中气体分子总数为_____。(玻耳兹曼常量 $k = 1.38 \times 10^{-23}$ J/K)。

8-11 图 8-16 所示的曲线为处于同一温度 T 时氦气(原子量 4)、氖气(相对原子质量 20)和氩气(相对原子质量 40)三种气体分子的速率分布曲线,其中

曲线(a)是_____气分子的速率分布曲线;

曲线(c)是_____气分子的速率分布曲线。

8-12 某种气体分子在温度为 T_1 时的最概然速率等于在温度为 T_2 时的方均根速率,则 T_2 与 T_1 的比值是_____。

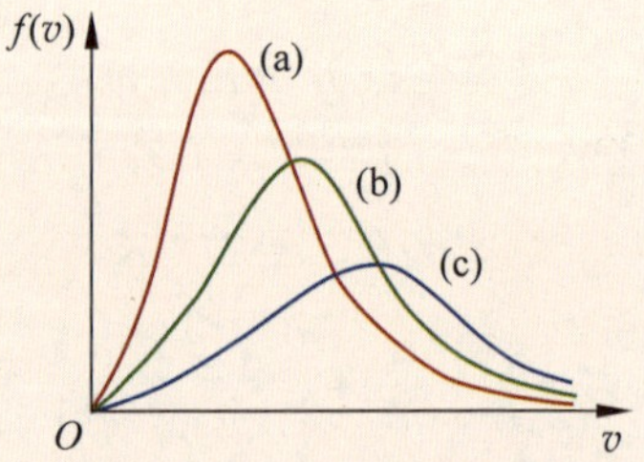

图 8-16 习题 8-11 用图

8-13 若声波在理想气体中传播的速率正比于气体分子的方均根速率,则声波通过氧气的速率与通过氢气的速率之比为_____。设这两种气体都为理想气体并具有相同的温度。

8-14 有一截面均匀的封闭圆筒,中间被一光滑的活塞分隔成两边,如果其中的一边装有 0.1 kg 某一温度的氢气,为了使活塞停留在圆筒的正中央,则另一边应装入同一温度的氧气的质量为[   ]。

A. 1/6 kg　　　　B. 0.8 kg　　　　C. 1.6 kg　　　　D. 3.2 kg

8-15 关于温度的意义,有下列几种说法,不正确的是[ ]。
  A. 气体的温度是分子平均平动动能的量度
  B. 气体的温度是大量气体分子热运动的集体表现,具有统计意义
  C. 温度的高低反映物质内部分子运动剧烈程度的不同
  D. 从微观上看,气体的温度表示每个气体分子的冷热程度

8-16 理想气体的内能是状态的单值函数,下面对理想气体内能的理解错误的是[ ]。
  A. 气体处于一定状态,就具有一定的内能
  B. 对应于某一状态的内能是可以直接测量的
  C. 当理想气体的状态发生变化时,内能不一定随之变化
  D. 只有当伴随着温度变化的状态变化时,内能才发生变化

8-17 水蒸气分解成同温度的氢气和氧气,内能增加了[ ]。(不计振动自由度)
  A. 66.7% B. 50% C. 25% D. 0

8-18 已知分子总数为 N,它们的速率分布函数为 $f(v)$,则速率分布在 $v_1 \sim v_2$ 区间内的分子的平均速率为[ ]。

  A. $\int_{v_1}^{v_2} v f(v) dv$
  B. $\dfrac{\int_{v_1}^{v_2} v f(v) dv}{\int_{v_1}^{v_2} f(v) dv}$
  C. $\int_{v_1}^{v_2} N v f(v) dv$
  D. $\dfrac{\int_{v_1}^{v_2} v f(v) dv}{N}$

8-19 容积恒定的容器内盛有一定量某种理想气体,其分子热运动的平均自由程为 $\bar{\lambda}_0$,平均碰撞频率为 $\bar{Z}_0$,若气体的热力学温度降低为原来的 1/4 倍,则此时分子平均自由程 $\bar{\lambda}$ 和平均碰撞频率 $\bar{Z}$ 分别为[ ]。

  A. $\bar{\lambda} = \bar{\lambda}_0, \bar{Z} = \bar{Z}_0$
  B. $\bar{\lambda} = \bar{\lambda}_0, \bar{Z} = \dfrac{1}{2}\bar{Z}_0$
  C. $\bar{\lambda} = 2\bar{\lambda}_0, \bar{Z} = 2\bar{Z}_0$
  D. $\bar{\lambda} = \sqrt{2}\bar{\lambda}_0, \bar{Z} = \dfrac{1}{2}\bar{Z}_0$

8-20 一滴露水的体积大约是 6.0×10^{-7} cm³,它含有多少个水分子?如果一只极小的虫子,每秒喝进 1.0×10^7 个水分子,需要多少时间才能喝完这滴露水?

8-21 设想太阳是由氢原子组成的理想气体,其密度可认为是均匀的。若此理想气体的压强为 1.35×10^{14} Pa。试估计太阳的温度。(已知氢原子的质量 $m_H = 1.67 \times 10^{-27}$ kg,太阳半径 $R_s = 6.96 \times 10^8$ m,太阳质量 $M_s = 1.99 \times 10^{30}$ kg)

8-22 一密闭的汽缸被活塞分成体积相等的左、右两室,汽缸壁与活塞是不导热的,它们之间没有摩擦,两室的温度相等,如图 8-17 所示。用右室中的电热丝对右室中的气体加热一段时间,达到平衡后,左室的体积变为原来的 3/4,气体的温度为 $T_1 = 300$ K,求右室气体的温度。

图 8-17 习题 8-22 用图

8-23 活塞把密闭汽缸分成左、右两个气室,每室各与 U 形管压强计的一臂相连。压强计的两臂截面处处相同,U 形管内盛有密度为 $\rho = 7.5 \times 10^2$ kg/m³ 的液体。开始时左、右两气室的体积都为 $V_0 = 1.2 \times 10^{-2}$ m³,气压都为 $P_0 = 4.0 \times 10^3$ Pa,且液体的液面处在同一高度,如图 8-18 所示。现缓缓向左推进活塞,直到液体在 U 形管中的高度差为 $h = 40$ cm。求此时左、右气室的体积 V_1, V_2。假定两气室的温度保持不变,计算时可以不计 U 形管和连接管道中气体的体积,取 $g = 10$ m/s²。

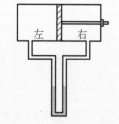

图 8-18 习题 8-23 用图

8-24 如图 8-19 所示,圆筒固定在水平地面上,内壁光滑,筒内的横截面积为 S,轻质活塞系于劲度系数为 k 的轻弹簧下端,弹簧的上端固定。开始时刻,活塞下方的密闭气柱高为 h,温度为 T_0,压强等于外界大气压强 P_0。若使气体的温度缓慢升高,求气体温度增加到多大时,其压强为 $2P_0$。

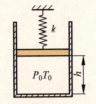

图 8-19 习题 8-24 用图

8-25 容积为 20.0 L 的瓶子以速率 $u=200$ m/s 匀速运动,瓶中充有质量为 100 g 的氦气。设瓶子突然停止,且气体分子全部定向运动的动能都变为热运动动能。瓶子与外界没有热量交换,求热平衡后氦气的温度、压强、内能及氦气分子的平均动能各增加多少?

8-26 容器内盛有密度为 ρ 的单原子理想气体,其压强为 P,此气体分子的方均根速率为多少?单位体积内气体的内能为多少?

8-27 假设一球形容器(半径为 R)内装有理想气体分子,试推导出其压强公式为 $P=\frac{1}{3}nm\overline{v^2}$。其中 n 为分子数密度,m 为分子质量。

8-28 一个贮有氮气的容器以速率 $V_0=200$ m/s 运动,若该容器突然停止运动,试求容器中的氮气的温度和速率平方的平均值的变化(设容器绝热)。

8-29 试从温度公式(即分子热运动平均平动动能和温度的关系式)和压强公式推导出理想气体的状态方程。

8-30 设分子速率的分布函数 $f(v)$ 为

$$f(v)=\begin{cases}Av(100-v), & v\leqslant 100\\ 0, & v>100\end{cases} \quad (\text{SI})$$

求归一化常数 A 的值及分子的方均根速率。

8-31 大量粒子($N_0=7.2\times 10^{10}$ 个)的速率分布函数图像如图 8-20 所示,试求:

(1) 速率小于 30 m/s 的分子数约为多少?
(2) 速率处在 99~101 m/s 之间的分子数约为多少?
(3) 所有 N_0 个粒子的平均速率为多少?
(4) 速率大于 60 m/s 的那些分子的平均速率为多少?

8-32 已知某粒子系统中粒子的速率分布函数为

$$f(v)=\begin{cases}Kv^3, & 0\leqslant v\leqslant v_0\\ 0, & v_0<v<\infty\end{cases}$$

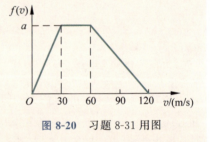

图 8-20 习题 8-31 用图

求:(1) 比例常数 K;(2) 粒子的平均速率 $\bar{v}$;(3) 速率为 0~v_1 的粒子占总粒子数的 $\frac{1}{16}$ 时的 v_1 值。(答案均以 v_0 表示)

8-33 处理理想气体分子速率分布的统计方法可用于金属中自由电子("电子气"模型),设导体中自由电子数为 N,电子速率最大值为费米速率 v_F,且已知电子速率在 $v\sim v+dv$ 区间概率为(A 为常数)

$$\frac{dN}{N}=\begin{cases}Av^2 dv, & v_F>v>0\\ 0, & v>v_F\end{cases}$$

(1) 画出电子气速率分布曲线。
(2) 由 v_F 定出常数 A。
(3) 求电子气的最概然速率 v_p、平均速率 $\bar{v}$ 和方均根速率 $\sqrt{\overline{v^2}}$。

8-34 证明:不管气体分子的速率分布为何种形式,它的 $\sqrt{\overline{v^2}}$ 不会比 $\bar{v}$ 小。

8-35 在压强为 1.01×10^5 Pa 下,氮气分子的平均自由程为 6.0×10^{-6} cm,当温度不变时,要使其平均自由程变为 1.0 mm,需要多大的压强?

第 9 章 热力学基础

气体动理论从微观角度出发研究了气体的热现象,热力学则从宏观角度出发用能量的观点来研究热现象——物态变化过程中功、吸热和能量变化的关系。

9.1 功 热量和系统内能的改变

9.1.1 准静态过程的功

1. 准静态过程

热力学系统的状态随时间的变化叫作**热力学过程**。热力学系统由一平衡态变化到另一平衡态,要经历若干中间状态,若该过程经历的所有中间状态都是平衡态,则称该过程为**准静态过程**(quasistatic process),否则为非准静态过程。

由于我们讨论的是平衡态的热力学,因此,在研究热力学系统由某一平衡态变化到另一平衡态的规律时,必须要求过程经历的所有中间状态为平衡态,即准静态过程。准静态过程是一种理想过程。

若一个平衡态在 P-V 图上为一点,则准静态过程在 P-V 图上是一条连续曲线。即 P-V 图上一条连续曲线代表系统的一准静态过程,而非准静态过程在 P-V 图上得不到一条连续的曲线。图 9-1 是两种过程在 P-V 图的比较。

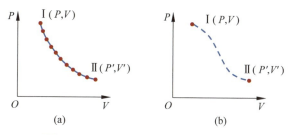

图 9-1 准静态过程与非准静态过程比较
(a) 准静态过程;(b) 非准静态过程

2. 准静态过程的功

下面研究一热力学系统在准静态过程中由于体积变化所做的功。

设一汽缸内,装有一定量的气体,活塞面积为 S,如图 9-2 所示。当汽缸中的气体体积由 V_1 经准静态过程膨胀到 V_2 时,要推动活塞对外做功。由于整个过程中气体的压强是变化的,因此,只能先求出活塞移动距离 Δl 的过程中,气体对外做的元功 ΔW。因

为气体由 V_1 变化到 V_2 的膨胀过程是准静态过程,所以在移动距离 Δl 的过程中气体对外做的元功为

$$\Delta W = PS\Delta l = P\Delta V \qquad (9\text{-}1)$$

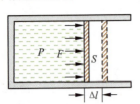

图 9-2 气体膨胀做功

则该准静态过程气体对外做的总功为

$$W = \sum P\Delta V$$

对上式取极限得

$$W = \lim_{\Delta V \to 0}\sum P\Delta V = \int_{V_1}^{V_2} P\,dV \qquad (9\text{-}2)$$

一般来说,上式中的 P 是体积 V 和温度 T 的函数,对于理想气体,它们的关系则由理想气体状态方程给出,这样,可用描述系统平衡态的状态参量来表示气体对外做的功。若气体被压缩,外界对气体所做的功仍可用式(9-2)表示,只是 $dV<0$。气体对外界做功,$W>0$;外界对气体做功,$W<0$。

由于准静态过程在 P-V 图中为一曲线,由准静态过程功的表达式可知,P-V 图上,过程曲线下曲边梯形状的面积表示准静态过程的功,如图 9-3 所示。系统由一平衡态经不同的过程变到另一平衡态所做的功是不相同的,因此,功是过程量。

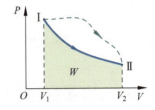

图 9-3 气体膨胀做功的几何意义

例 9-1

有一定量的理想气体,其压强按 $P = \dfrac{C}{V^2}$ 的规律变化,C 是常量。求气体从体积 V_1 增加到 V_2 所做的功。该理想气体的温度是升高还是降低?

解 由功的计算公式(9-2)可得,气体从体积 V_1 增加到 V_2 对外所做的功为

$$W = \int_{V_1}^{V_2} P\,dV = \int_{V_1}^{V_2}\frac{C}{V^2}dV = C\left(\frac{1}{V_1} - \frac{1}{V_2}\right)$$

设气体的摩尔数为 ν,由理想气体的状态方程可得气体的体积为 V_1 和 V_2 时,气体的温度分别为

$$T_1 = \frac{P_1 V_1}{\nu R} = \frac{C}{\nu R V_1}, \quad T_2 = \frac{P_2 V_2}{\nu R} = \frac{C}{\nu R V_2}$$

将上面两温度进行对比,得

$$T_2 = \frac{V_1}{V_2}T_1 < T_1$$

由此可判断气体的温度是降低的。

9.1.2 热量

人从诞生以后,就能感受到春温、夏暑、秋凉和冬寒这一气候变化的影响。温、暑、凉、寒都与热有关,热是什么?这是人们很早就开始探讨的一个问题。自古以来,对于热就有不同的看法。在科学史上,关于热的本性的问题,曾有热动说与热质说的长期争论。争论的中心问题是:热是一种运动,还是某种具体物质?今天,人们对此已有定论,热是一种运动。但是得到这一明确的结论,却经历了一个曲折的历程。

热质说认为，热是一种称为"热质"的物质，是一种无色、无质量的气体；物体吸收热质后温度会升高，热质可以由温度高的物体流向温度低的物体，也可以穿过固体或液体的孔隙。直到 18 世纪，热质说在物理学界一直占据统治地位。虽然热质说可以成功地解释许多物理现象，却无法解释一些只要持续做功就可以持续产生热的现象（如摩擦生热）。

1798 年，英籍物理学家伦福德（C. Rumford，1753—1814）在一篇题为《摩擦产生热的来源的调研》中介绍了他的机械功生热的实验。他认为炮弹钻出炮膛时产生了大量的热，因而提出，热是由机械功产生的。1850 年，克劳修斯（R. J. E. Clausius，1822—1888，德国）指出热质说中提出的热质守恒可以用能量守恒取代，热可以等效为物质中粒子的动能。1860 年，能量守恒和相互转化定律的建立，确认热是物质运动的一种形式，热质说被彻底否定。随着人们对物质微观结构认识的逐步深入，最终形成了对热的正确的认识：热是由大量物质分子的无规则运动产生的。

如果一个物体在温度变化过程中不存在物态变化，当物体的温度从 T_1 变到 T_2 时，则物体吸收（或放出）的热量为

$$Q = cm(T_2 - T_1) \tag{9-3}$$

式中，m 为物体的质量；c 为比热容（specific heat capacity），它表示 1 kg 物体温度升高（或降低）1 K 时所吸收（或放出）的热量。比热容是物质的一种特性，它反映了物质容热本领的大小。物质的比热容与它的质量的大小、温度的高低、是否吸热或放热以及吸收或放出的热量的多少都无关。比热容只与物质的种类和状态有关。

热量的国际单位是焦耳，与能量和功的单位相同，然而由于沿袭传统，热量的国际单位还有一个常用单位卡路里，简称卡，符号为 cal。1 cal 定义为在 1 个标准大气压下，1 g 水温度升 1℃ 所吸收的热量。

热量的值有正、负之分，通常规定，外界向系统传递的热量为正，系统向外界放出的热量为负。热力学系统从初态到末态，如果经历不同的过程，所吸收或放出的热量也不同。热量是过程量。

9.1.3 系统内能的改变

热量与内能之间的关系就好比是做功与机械能之间的关系一样。热量是物体内能改变的一种量度。若两区域之间尚未达到热平衡，那么热量便会从温度高的区域向温度低的区域传递。任何物质都有一定的内能，这和组成物质的原子、分子的无序运动有关。当两个不同温度的物质处于热接触时，它们便交换内能，直至双方温度一致，达到热平衡。

热力学系统状态的变化可以通过热量传递的方式进行，也可以通过对系统做功的方式进行。焦耳（J. P. Joule，1818—1889，英国）通过实验从数量上确定了热、功转换的关系，即热功当量为 1 cal＝4.186 J。

大量实验表明，当通过做功和热量传递的方式，使热力学系统由某一确定的平衡态变化到另一确定的平衡态时，无论中间经历怎样的过程，每一个过程中外界对系统所做的功和传递的热量的总和总是相同的。虽然由于过程不同，每一个过程中功和热量的数值会各不相同，但功和热量的总和永远只决定于初、末平衡态，而与其间所经历的过程无关。

上面的结论说明，任一系统处在平衡态时都存在一个仅由系统平衡态决定的函数，

当系统由一个平衡态转变到另一个平衡时,此函数的变化可用这两个平衡态任一过程中外界对系统所做的功和传递的热量的总和来度量,由于对系统做功将使系统的某种能量改变,又根据热功的等效性,传递热量也使系统的某种能量改变。所以这个仅由系统平衡态决定的函数具有能量的性质,将其定义为系统的内能。这里,内能的定义是用热力学的方式引入的,并不涉及物质内部的微观情况。

9.2 热力学第一定律及其应用

9.2.1 热力学第一定律

如果对热力学系统做功和传递热量,可使热力学系统的状态发生变化。系统在状态变化的过程中,若从外界吸收热量 Q,内能从初状态的 U_1 变化到末状态的 U_2,同时对外界做功 W,大量的实验事实表明,系统从外界吸收的热量 Q 与内能的增量 $\Delta U = U_2 - U_1$ 及系统对外界的做功 W 之间满足如下关系:

$$Q = \Delta U + W \tag{9-4}$$

这就是**热力学第一定律**(first law of thermodynamics)。

考察系统状态变化的微小过程,则式(9-4)变为

$$dQ = dU + dW \tag{9-5}$$

式中,dQ 为微小过程中系统从外界吸收的热量;dU 为微小过程中系统内能的增量;dW 为微小过程中系统对外界做功。

式(9-4)和式(9-5)表明,系统由一平衡态经历任一过程到达另一平衡态,在此过程中,系统从外界吸收的热量等于系统内能的增量与系统对外做功之和。

式(9-4)和式(9-5)中的 Q、dQ、U、dU、W 和 dW 都是代数量,其正负规定为:系统从外界吸热时,Q、dQ 为正;系统向外界放热时,Q、dQ 为负。系统内能增加时,U、dU 为正;系统内能减少时,U、dU 为负。系统对外界做功时,W、dW 为正;外界对系统做功时,W、dW 为负。

热力学第一定律反映了热力学过程中系统的内能与其他形式能量的转换关系,它是普遍的能量转换和守恒定律在热现象领域的特殊形式。

热力学第一定律直接否定了制造一切形式的不需要消耗任何燃料和动力的机械的可能性。人们将不需要消耗任何燃料和动力而又能不断地对外做功的机器称为**第一类永动机**。从这一意义上,**热力学第一定律也可表述为"第一类永动机不可能制成"**。

> **感悟·启迪**
>
> 第一类永动机不可能制成不仅告诫我们不劳而获是空想,还指导我们如何去获得。能量是守恒的,每个人都想让自己的能量增加,但想要收获必须付出与之对等的代价或成本。习近平总书记在全国教育大会上指出,培养人要在坚定理想信念上下功夫、要在厚值爱国主义情怀上下功夫、要在加强品德修养上下功夫、要在增长知识见识上下功夫、要在培养奋斗精神上下功夫、要在增长综合素质上下功夫。青年学生要想对社会做出贡献,现在必须努力学习,增长学识,磨炼意志。

9.2.2 等体过程

1. 等体过程的概念及特征

当系统状态变化时,其体积始终保持不变的过程叫作 等体(定体)过程(isochoric process),即系统在变化过程中 V 为恒量或 $dV=0$。

系统从某一平衡态经准静态过程到达另一平衡态,过程中状态参量之间的关系叫作过程方程。根据理想气体的状态方程和等体过程的特征,可得等体过程的过程方程为

$$\frac{P}{T}=C_1 \qquad (9\text{-}6)$$

式中,C_1 为常量。由此可知,等体过程的过程曲线在 $P\text{-}V$ 图上为一条与 P 轴平行的线段,如图 9-4 所示。

在等体过程中,系统对外界不做功或外界对系统不做功,即 $W=0$。根据热力学第一定律,有

$$Q=\Delta U$$

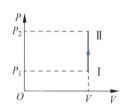

图 9-4 等体过程

该式表明,在等体过程中,系统从外界吸收的热量,全部用来增加系统的内能,或系统减少的内能等于系统向外界传递的热量。这就是等体过程中的能量转化关系。

2. 气体的等体摩尔热容

<u>在等体过程中,1 mol 气体吸收(或放出)的热量 $(\Delta Q)_V$ 与其升高(或降低)的温度 ΔT 之比的极限称为气体的等体摩尔热容</u>(molar heat capacity at constant volume),用 $C_{V,m}$ 表示,即

$$C_{V,m}=\lim_{\Delta T \to 0}\frac{(\Delta Q)_V}{\Delta T}=\left(\frac{dQ}{dT}\right)_V \qquad (9\text{-}7)$$

在等体过程中,由于体积不变,所以外界对系统所做的功为零,即

$$W=\int_{V_1}^{V_2}P\,dV=0$$

因此

$$dW=0$$

由热力学第一定律,可得

$$dQ=dU+dW=dU$$

则式(9-7)可改写为

$$C_{V,m}=\left(\frac{dU}{dT}\right)_V \qquad (9\text{-}8)$$

又由于 1 mol 理想气体的内能为

$$U=\frac{i}{2}RT$$

则理想气体的等体摩尔热容为

$$C_{V,m}=\left(\frac{dU}{dT}\right)_V=\frac{i}{2}R \qquad (9\text{-}9)$$

利用式(9-7)得,物质的量为 ν 的理想气体在等体过程中温度升高 dT 吸收的热量为

$$(dQ)_V=\nu C_{V,m}dT \qquad (9\text{-}10)$$

当理想气体由状态 1 变化到状态 2 时 V 不变,则内能的改变量为

$$\Delta U = U_2 - U_1 = \nu C_{V,m}(T_2 - T_1) \tag{9-11}$$

在等体过程中,由于外界所做的功为零,即 $W = \int_{V_1}^{V_2} P\,dV = 0$,因此根据热力学第一定律,在等体过程中吸收的热量为

$$Q_V = U_2 - U_1 = \nu C_{V,m}(T_2 - T_1) \tag{9-12}$$

它表示在等体过程中,系统所吸收的热量全部用于增加系统的内能,对理想气体,其内能的增量由温度的变化决定。

9.2.3 等压过程

1. 等压过程的概念及特征

当系统状态变化时,其压强始终保持不变的过程称为<u>等压(定压)过程</u>(isobaric process),即系统在变化过程中 P 为恒量或 $dP = 0$。

根据理想气体的状态方程和等压过程的特征,可得等压过程的过程方程为

$$\frac{V}{T} = C_2 \tag{9-13}$$

等压过程

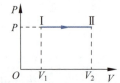

图 9-5 等压过程

式中,C_2 为常量。由此可知,等压过程的过程曲线在 P-V 图上是一条与 V 轴平行的线段,如图 9-5 所示。在等压过程中,气体对外界所做的功为

$$W = \int_{V_1}^{V_2} P\,dV = P(V_2 - V_1) \tag{9-14}$$

利用理想气体状态方程(8-12),可得

$$W = \nu R(T_2 - T_1) \tag{9-15}$$

由热力学第一定律,可得

$$Q = \Delta U + W = \Delta U + P(V_2 - V_1)$$

由此可见,系统在等压膨胀过程中,从外界吸收的热量,一部分转换为系统内能的增量 ΔU,一部分转换为系统对外界所做的功。系统在等压压缩过程中,向外界放出的热量,一部分来源于系统自身内能的减少,一部分来源于外界对系统所做的功。

2. 气体等压摩尔热容

<u>在等压过程中,1 mol 气体吸收(或放出)的热量 $(\Delta Q)_P$ 与其升高(或降低)的温度 ΔT 比的极限称为气体等压摩尔热容</u>(molar heat capacity at constant pressure),用 $C_{P,m}$ 表示,即

$$C_{P,m} = \lim_{\Delta T \to 0} \frac{(\Delta Q)_P}{\Delta T} = \left(\frac{dQ}{dT}\right)_P \tag{9-16}$$

由 1 mol 理想气体的物态方程 $PV = RT$,有

$$P\,dV + V\,dP = R\,dT$$

在等压过程中,$dP = 0$,故上式变为

$$P\,dV = R\,dT$$

由热力学第一定律,对于等压过程有

$$(dQ)_P = dU + dW = dU + P\,dV = dU + R\,dT$$

又由于 $dU = C_{V,m} dT$,则上式变为

$$(dQ)_P = C_{V,m} dT + R\,dT = (C_{V,m} + R)dT$$

将上式代入式(9-16)得

$$C_{P,m} = \left(\frac{dQ}{dT}\right)_P = C_{V,m} + R = \frac{i+2}{2}R \tag{9-17}$$

上式即为迈耶(Julius Robert Mayer,1814—1878,德国)公式,它表示出了理想气体的等压摩尔热容与等体摩尔热容之间的关系。它说明理想气体的 $C_{P,\mathrm{m}}$ 比 $C_{V,\mathrm{m}}$ 大 R。

以 γ 表示等压摩尔热容与等体摩尔热容之比,对于理想气体,由式(9-9)和式(9-17)得

$$\gamma = C_{P,\mathrm{m}}/C_{V,\mathrm{m}} = \frac{i+2}{i}$$

式中,比值 γ 称为气体的**比热容比**(或摩尔热容比、绝热指数、泊松比)。表 9-1 列出了一些气体的 $C_{V,\mathrm{m}}$、$C_{P,\mathrm{m}}$ 和 γ 值。从表中可以看出:①对各种气体来说,两种摩尔热容之差 $C_{P,\mathrm{m}} - C_{V,\mathrm{m}}$ 都接近于 R;②对单原子及双原子气体来说,$C_{P,\mathrm{m}}$、$C_{V,\mathrm{m}}$ 和 γ 的实验值与理论值符合较好,这说明经典的热容理论近似地反映了客观事实。但是,对于分子结构复杂的气体,即三原子以上的气体,理论值与实验值显然不符,说明这些量和气体的性质有关。不仅如此,实验还表明,这些量与温度也有关系,因而上述理论是个近似理论,只有用量子理论才能较好地解决它们的热容问题。

迈耶

表 9-1 一些气体的 $C_{V,\mathrm{m}}$、$C_{P,\mathrm{m}}$ 和 γ 值

气体	理 论 值			实 验 值		
	$C_{V,\mathrm{m}}/$ $(\mathrm{J}\cdot\mathrm{mol}^{-1}\cdot\mathrm{K}^{-1})$	$C_{P,\mathrm{m}}/$ $(\mathrm{J}\cdot\mathrm{mol}^{-1}\cdot\mathrm{K}^{-1})$	γ	$C_{V,\mathrm{m}}/$ $(\mathrm{J}\cdot\mathrm{mol}^{-1}\cdot\mathrm{K}^{-1})$	$C_{P,\mathrm{m}}/$ $(\mathrm{J}\cdot\mathrm{mol}^{-1}\cdot\mathrm{K}^{-1})$	γ
He	12.47	20.78	1.67	12.61	20.95	1.66
Ne				12.53	20.90	1.67
H_2	20.78	29.09	1.40	20.47	28.83	1.41
N_2				20.56	28.88	1.40
O_2				21.16	29.61	1.40
H_2O	24.93	33.24	1.33	27.8	36.2	1.31
CH_4				27.2	35.2	1.30
$CHCl_3$				63.7	72.0	1.13

利用式(9-16)得,摩尔数为 ν 的理想气体在等压过程中温度升高 $\mathrm{d}T$ 吸收的热量为

$$(\mathrm{d}Q)_P = \nu C_{P,\mathrm{m}} \mathrm{d}T \tag{9-18}$$

对上式积分得该理想气体由状态 1 经等压过程变化到状态 2 吸收的热量为

$$Q_P = \int_{T_1}^{T_2} \nu C_{P,\mathrm{m}} \mathrm{d}T = \nu C_{P,\mathrm{m}}(T_2 - T_1) \tag{9-19}$$

例 9-2

一汽缸中储有质量为 1.25 kg 的氮气。在标准大气压下对其缓慢地加热,使温度升高 1 K。试求气体膨胀时所做的功 W、气体内能的增量 ΔU 以及气体所吸收的热量 Q_P。活塞的质量以及它与汽缸壁的摩擦均可略去。

解 因过程是等压的,由式(9-15)可得气体对外界所做的功为

$$W = \nu R(T_2 - T_1) = \frac{M}{M_{\mathrm{mol}}} R(T_2 - T_1)$$

则得气体膨胀时所做的功为

$$W = \frac{M}{M_{\mathrm{mol}}} R \Delta T = \frac{1.25}{0.028} \times 8.31 \times 1 \ \mathrm{J} = 371 \ \mathrm{J}$$

因为 $i=5$，所以 $C_{V,m}=\dfrac{i}{2}R=20.8\ \text{J/(mol·K)}$。由式 $\text{d}U=\dfrac{M}{M_{mol}}C_{V,m}\text{d}T$ 可得

$$\Delta U=\dfrac{M}{M_{mol}}C_{V,m}\Delta T=\dfrac{1.25}{0.028}\times 20.8\times 1\ \text{J}=929\ \text{J}$$

所以，气体在这一过程中所吸收的热量为

$$Q_P=\Delta U+W=1\ 300\ \text{J}$$

9.2.4　等温过程

当系统状态变化时，其温度始终保持不变的过程，称为 等温过程（isothermal process），即系统在变化过程中 T 为恒量或 $\text{d}T=0$。根据理想气体的状态方程及等温过程的特征，可得等温过程的过程方程为

$$PV=C_3$$

式中，C_3 为常量。由此可知，等温过程的过程曲线在 $P\text{-}V$ 图上为一条双曲线，称为 等温线，如图 9-6 所示。对于不同的温度有不同的等温线，越向上方的等温线所对应的温度越高。

准静态等温过程

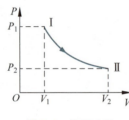

图 9-6　等温过程

在等温过程中，因为温度不变，而理想气体的内能只与温度有关，所以理想气体在等温过程中内能不变，根据热力学第一定律，有 $Q=W$。可见，在等温膨胀过程中，理想气体所吸取的热量全部转化为对外界做的功，在等温压缩时，外界对理想气体所做的功，全部转化为传递给外界的热量。

由理想气体状态方程，得

$$P=\nu\dfrac{RT}{V}$$

将上式代入式（9-2）得等温过程中，气体对外界所做的功为

$$W=\int_{V_1}^{V_2}P\text{d}V=\int_{V_1}^{V_2}\nu RT\dfrac{1}{V}\text{d}V=\nu RT\ln\dfrac{V_2}{V_1} \tag{9-20}$$

吸收的热量为

$$Q=W=P_1V_1\ln\dfrac{V_2}{V_1}=\nu RT\ln\dfrac{V_2}{V_1} \tag{9-21}$$

由此可见，在等温过程中，气体吸收的热量全部用于对外界做功。

9.2.5　绝热过程

1. 绝热过程方程

如果在整个过程中，系统始终不与外界交换热量，则称这个过程为 绝热过程（adiabatic process），这个过程的特征是 $\text{d}Q=0$。由热力学第一定律，可得

$$\text{d}U=-\text{d}W$$

或

$$\text{d}U=-P\text{d}V \tag{9-22}$$

上式表明，在绝热压缩过程中，外界对系统所做的功全部转化为系统的内能，或在绝热膨胀过程中，系统对外界所做的功是以减少系统本身的内能为代价的。

在绝热过程中,当系统的温度由 T_1 升高到 T_2 时,系统内能的改变为

$$U_2 - U_1 = \nu C_{V,m}(T_2 - T_1) \quad (9\text{-}23)$$

因而系统对外做功为

$$W = -\nu C_{V,m}(T_2 - T_1) \quad (9\text{-}24)$$

如果系统在绝热过程中,温度升高 $\mathrm{d}T$,则根据绝热过程的特征由热力学第一定律得

$$\mathrm{d}W = P\mathrm{d}V = -\nu C_{V,m}\mathrm{d}T \quad (9\text{-}25)$$

对理想气体的状态方程 $PV=\nu RT$ 微分得

$$P\mathrm{d}V + V\mathrm{d}P = \nu R\mathrm{d}T \quad (9\text{-}26)$$

联立式(9-25)和式(9-26)消去 $\mathrm{d}T$,可得

$$(C_{V,m} + R)P\mathrm{d}V + C_{V,m}V\mathrm{d}P = 0$$

因为 $C_{V,m} + R = C_{P,m}$,$\gamma = \dfrac{C_{P,m}}{C_{V,m}}$,因此上式可变为

$$\frac{\mathrm{d}P}{P} + \gamma \frac{\mathrm{d}V}{V} = 0$$

将上式积分,得

$$PV^{\gamma} = C_4 \quad (9\text{-}27)$$

式中,C_4 为常量。式(9-27)称为 泊松公式,它是绝热过程中 P 与 V 的关系式。应用理想气体状态方程 $PV=\nu RT$ 和式(9-27),消去 P 或者 V,即可得

$$TV^{\gamma-1} = C_5 \quad (9\text{-}28)$$

$$P^{\gamma-1}T^{-\gamma} = C_6 \quad (9\text{-}29)$$

式中,C_5、C_6 为常量。式(9-27)~式(9-29)称为 绝热过程方程。

2. 绝热线与等温线比较

将泊松公式中的 P 与 V 的关系在 $P\text{-}V$ 图画出即可得到一条双曲线,这条曲线称为绝热线。图 9-7 中红色线表示绝热线,蓝色线表示等温线。由图可以看出,绝热线比等温线陡,这可由两者的过程方程得到证明。设绝热线与等温线交于一点 A,该点的压强和体积分别为 P_A 和 V_A。由等温过程方程 $PV=C_3$(常量),可得等温线在 A 点的斜率为 $\left(\dfrac{\mathrm{d}P}{\mathrm{d}V}\right)_T = -\dfrac{P_A}{V_A}$;由 $PV^{\gamma} = C_4$(常量),得绝热线在 A 点的斜率为 $\left(\dfrac{\mathrm{d}P}{\mathrm{d}V}\right)_Q = -\gamma\dfrac{P_A}{V_A}$ ($\gamma>1$)。所以在两线的交点处,绝热线的斜率的绝对值比等温线的斜率的绝对值大。

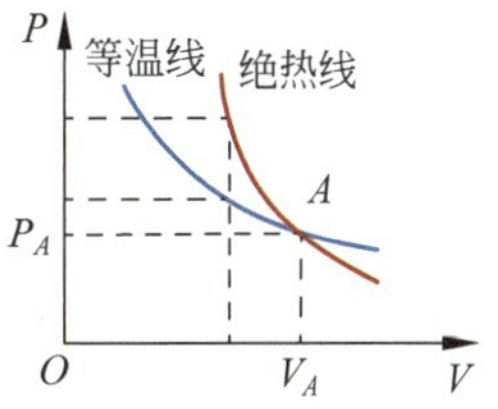

图 9-7 绝热线与等温线比较

至此,我们已经讨论了理想气体在等体、等压、等温和绝热过程中的特征、做功、吸热和内能的变化。表 9-2 列出了上述各过程中的一些重要公式,以便掌握。

表 9-2 理想气体的特殊过程有关公式对照表

过程	特征	过程方程	对外做功 W	吸收热量 Q	内能增量 ΔU
等体	V 为恒量	$\dfrac{P}{T}=C_1$	0	$\dfrac{M}{M_{\mathrm{mol}}}C_{V,m}(T_2-T_1)$	$\dfrac{M}{M_{\mathrm{mol}}}C_{V,m}(T_2-T_1)$
等压	P 为恒量	$\dfrac{V}{T}=C_2$	$P(V_2-V_1)$ $\dfrac{M}{M_{\mathrm{mol}}}R(T_2-T_1)$	$\dfrac{M}{M_{\mathrm{mol}}}C_{P,m}(T_2-T_1)$	$\dfrac{M}{M_{\mathrm{mol}}}C_{V,m}(T_2-T_1)$

续表

过程	特征	过程方程	对外做功 W	吸收热量 Q	内能增量 ΔU
等温	T 为恒量	$PV = C_3$	$P_1 V_1 \ln \dfrac{V_2}{V_1}$ $\dfrac{M}{M_{\text{mol}}} RT_1 \ln \dfrac{V_2}{V_1}$	$Q = W$	0
绝热	$Q = 0$	$PV^\gamma = C_4$ $TV^{\gamma-1} = C_5$ $P^{\gamma-1} T^{-\gamma} = C_6$	$-\dfrac{M}{M_{\text{mol}}} C_{V,\text{m}} (T_2 - T_1)$ $-\dfrac{1}{\gamma-1} (P_2 V_2 - P_1 V_1)$ $-\dfrac{P_1 V_1}{\gamma-1} \left[\left(\dfrac{V_1}{V_2} \right)^{\gamma-1} - 1 \right]$	0	$\dfrac{M}{M_{\text{mol}}} C_{V,\text{m}} (T_2 - T_1)$

注 C_1、C_2、C_3、C_4、C_5、C_6 表示常量。

例 9-3

图 9-8 是一种测定 $\gamma = \dfrac{C_{P,\text{m}}}{C_{V,\text{m}}}$ 的装置。经活塞 B 将气体压入容器 A 中，使压强略高于大气压（设为 P_1），然后迅速开启再关闭活塞 C，此时气体膨胀到大气压强 P_0，经过一段时间，容器中气体温度又恢复到与室温相同，压强变为 P_2，假设开启 C 后和关闭 C 前气体经历的是准静态绝热过程，试定出求 γ 的表达式。

解 定出求 γ 的表达式，就是用已知的 P_0、P_1、P_2 将 γ 表示出来。

选取打开并关闭 C 后留在容器 A 中的那部分气体作为系统，这部分气体在压强 P_1、温度 T_0 时的体积 V_1 要小于容器的容积 V_0，即 V_0 应是 V_1 与打开 C 后跑出容器的那一部分气体在 P_1、T_0 时的体积之和。系统在这里经历了两个过程：绝热膨胀过程和等体升温过程，如图 9-9 所示。对绝热过程 I→II，根据绝热过程的过程方程有

$$\frac{T_0}{T} = \left(\frac{P_1}{P_0} \right)^{\frac{\gamma-1}{\gamma}}$$

对等体过程 II→III，根据查理定律有

$$\frac{P_2}{P_0} = \frac{T_0}{T}$$

联立上述两式可得

$$\frac{P_2}{P_0} = \left(\frac{P_1}{P_0} \right)^{\frac{\gamma-1}{\gamma}}$$

对上式两边同取对数，经整理得

$$\gamma = \frac{\ln P_1 - \ln P_0}{\ln P_1 - \ln P_2}$$

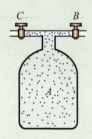

图 9-8 例 9-3 示意图一

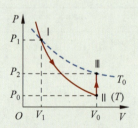

图 9-9 例 9-3 示意图二

思考题

9-1 系统由某一状态经历不同的过程变化到另一状态,问在下列两种情况中,各过程所引起的内能变化是否相同?

（1）各过程所做的功相同。

（2）各过程所做的功相同,并且与外界交换的热量也相同。

9-2 由绝热材料包裹着的容器内部被一隔板分为两半,如图 9-10 所示。设两边的温度相同,左边充满理想气体,右边是真空的。当把隔板抽出时,左边的气体对真空作自由膨胀。请问：达到平衡后,气体的温度怎样改变?

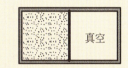

图 9-10 思考题 9-2 示意图

9-3 两条等温线能否相交? 能否相切?

9-4 两种理想气体的摩尔数相同但分子的自由度数不同,从相同的体积以及相同的温度下作等温膨胀,且膨胀后的体积相同。气体对外做功是否相同? 向外吸热是否相同?

如果是从同一初状态开始作等压膨胀到同一末状态,对外做功是否相同? 向外吸热是否相同?

9-5 气体由一定的初状态绝热压缩至一定体积,一次缓慢压缩,另一次很快地压缩,如果其他条件都相同,问温度变化是否相同?

9-6 试指出图 9-11 中 P-T 图和 U-T 图中的各线段表示什么过程?

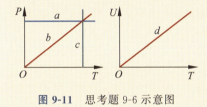

图 9-11 思考题 9-6 示意图

9.3 循环过程 卡诺循环

9.3.1 循环过程

一个热力学系统由某一平衡态出发,经过任意过程又回到初态,这样的过程称为循环过程,简称循环(cyclic process)。循环所包括的每一个过程叫作分过程。循环工作的物质称为**工作物质**,简称**工质**。如果循环是准静态过程,在 p-V 图上就构成一闭合曲线。箭头表示过程进行的方向,如图 9-12 所示。

在 p-V 图中循环过程按顺时针方向进行称为**正循环**,循环过程按逆时针方向进行称为**逆循环**。循环的特征是系统经一个循环后,回到初始状态时,系统的内能的增量为零,即 $\Delta U=0$。

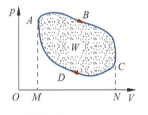

图 9-12 循环过程

下面以如图 9-12 所示的正循环为例说明系统经过一个循环后的能量转化情况。在 p-V 图中,由系统对外界所做正功的几何意义可知,在 ABC 过程中,系统对外做功为 $W_1=S_{ABCNMA}$；在 CDA 过程中,系统对外做功为 $W_2=-S_{CNMADC}$。由此可得,系统经一个循环后,回到初始状态时,系统对外界所做的净功为 $W=W_1+W_2=S_{ABCDA}$。由循环过程的特征可得,系统吸收的净热量(所有分过程中吸收的热量与放出的热量之差)为 $Q=W_1+W_2=S_{ABCDA}$。

由此可得,工质在整个循环过程中对外做的净功等于闭合曲线所包围的面积。系统经历一个循环后,回到初始状态时,系统吸收的净热量等于系统对外所做的净功,即 $W=$

Q_1-Q_2,其中 Q_1 表示循环过程中吸收的热量,Q_2 表示循环过程中放出的热量。容易证明,这一结论对逆循环也是成立的。

9.3.2 热机及其效率

在实践中,往往需要利用工作物质连续不断地把热量转化为功,能够实现这种需求的装置称为**热机**(heat engine)。**热机中进行的循环是正循环**。如果一定质量的工质在一次正循环过程中所有分过程吸收的热量为 Q_1,向外界放出的热量为 Q_2,对外做的净功为 W,则 $W=Q_1-Q_2$,而工质回到初态,内能不变。若 Q_1、Q_2 和 W 均表示数值大小,则**循环过程的热效率** η 为

$$\eta=\frac{W}{Q_1}=\frac{Q_1-Q_2}{Q_1}=1-\frac{Q_2}{Q_1} \tag{9-30}$$

这就是计算热机效率的一般公式。

热机在人类生活中发挥着重要的作用。现代化的交通运输工具都靠它提供动力。热机的应用和发展推动了社会的快速发展,也不可避免地损失部分能量,并对环境造成一定程度的污染。

例 9-4

计算汽油机的效率。汽油机是内燃机的一种。内燃机是燃料在汽缸内燃烧,产生高温高压气体,推动活塞并输出动力的机械,其结构如图 9-13 所示。1872 年,德国工程师奥托(N. A. Otto,1832—1891)研制成功了第一台四冲程活塞式煤气内燃机。1883 年,德国人戴姆勒(G. Daimler,1834—1900)成功地制造出了第一台汽油内燃机。

奥托循环由吸气过程、压缩过程、膨胀做功过程和排气过程这四个冲程构成,它可以简化为如图 9-14 的循环过程。首先活塞向下运动使燃料与空气的混合体通过一个或者多个气门进入汽缸(图中 ab 过程),关闭进气门,活塞向上运动压缩混合气体,这一过程可看作绝热过程(图中 bc 过程),然后在接近压缩冲程顶点时由火花塞点燃混合气体,气体压强骤增,由于爆炸时间极短,活塞在这一瞬间移动的距离极小,这一过程可近似看成等体过程(图中 cd 过程),燃烧空气爆炸所产生的推力迫使活塞向下运动,完成做功冲程,这一过程可看成绝热过程(图中 de 过程),最后将燃烧过的气体通过排气门排出汽缸(图中 eb、ba 过程)。为理论分析和计算,认为奥托循环由 bc、cd、de 和 eb 过程组成。

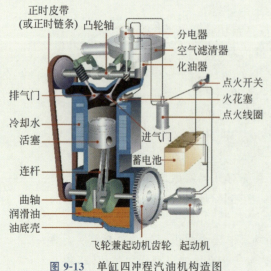

图 9-13 单缸四冲程汽油机构造图

奥托机

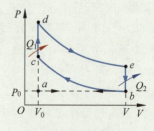

图 9-14 奥托循环

解 设气体的质量为 M，摩尔质量为 M_{mol}，摩尔等体热容为 $C_{V,m}$，则在等体过程 cd 中气体吸热为

$$Q_1 = \frac{M}{M_{mol}} C_{V,m}(T_d - T_c)$$

在等体过程 eb 中放热为

$$Q_2 = \frac{M}{M_{mol}} C_{V,m}(T_e - T_b)$$

所以，奥托循环效率为

$$\eta = 1 - \frac{Q_2}{Q_1} = 1 - \frac{T_e - T_b}{T_d - T_c} \tag{Ⅰ}$$

对于绝热过程 de 和 bc，又有如下关系：

$$T_e V_1^{\gamma-1} = T_d V_0^{\gamma-1}$$
$$T_b V_1^{\gamma-1} = T_c V_0^{\gamma-1}$$

两式相减得

$$(T_e - T_b) V_1^{\gamma-1} = (T_d - T_c) V_0^{\gamma-1}$$

亦即

$$\frac{T_e - T_b}{T_d - T_c} = \left(\frac{V_0}{V_1}\right)^{\gamma-1} \tag{Ⅱ}$$

将式（Ⅱ）代入式（Ⅰ）得

$$\eta = 1 - \frac{1}{\left(\dfrac{V_1}{V_0}\right)^{\gamma-1}} = 1 - \frac{1}{r^{\gamma-1}}$$

式中，$r = \dfrac{V_1}{V_0}$ 称为压缩比。计算结果表明，压缩比越大，效率越高。但我们不可能无限增大压缩比，一是因为当压缩比达到一定时，发动机就会出现爆震现象。所谓爆震，是指在火花塞还没正常点火之前，油与空气混合物就会在压缩行程还未结束时就达到了油的燃点而自燃，造成发动机突发的非长时间持续的震动。二是汽缸所能承受的压力也有一定的限度。正是如此，不同压缩比的汽油机，应选用不同标号的汽油。通常，压缩比在 8.0~8.5 的汽油机应选用 92 号汽油；压缩比在 8.5~9.0 的汽油机应选用 95 号汽油；压缩比在 9.0 以上的汽油机应选用 98 号汽油。

以 $r=10$、$\gamma=1.4$ 为例计算，可得汽油机的理论效率为

$$\eta = 1 - \frac{1}{10^{0.4}} = 60.2\%$$

实际上，目前的汽油机的效率只有 26%~40%。

9.3.3 制冷机

如图 9-15 所示，**制冷机**是利用热力学系统的**逆循环**的机器，外界对系统做功，系统不断地从低温热源吸收热量。从能量的观点看，在一个循环中外界对系统做功为 W，设系统从低温热源吸收热量为 Q_2，向高温热源放出热量为 Q_1，则制冷机的**制冷系数**(coefficient of performance) ω 可定义为

$$\omega = \frac{Q_2}{W} = \frac{Q_2}{Q_1 - Q_2} \tag{9-31}$$

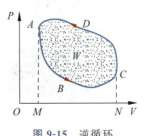

图 9-15 逆循环

图 9-16 是压缩式家用电冰箱的工作原理图。压缩式电冰箱主要有以下三个构成部分：箱体、制冷系统与控制系统。而其中最关键的是制冷系统。现在就来看看制冷系统是如何工作的。它是利用物态变化过程中的吸热现象，使气液循环，从而不断地吸热和放热，以达到制冷的目的。其具体过程是：通电后压缩机工作，将蒸发器内已吸热的低压、低温气态制冷剂吸入，经压缩后，形成高压、高温蒸气，进入冷凝器。由于毛细管的节流，使压力急剧降低。因蒸发器内压力低于冷凝器压力，液态制冷剂就立即沸腾蒸发，吸收箱内的热量变成低压、低温的蒸气，然后再次被压缩机吸入。如此不断循环，将冰箱内部热量不断地转移到箱外。正是因为这样，所以夏天用冰箱来冷却房间，不但是不可能的，反而会使房间温度升高。通过以上分析，我们知道只要压缩机一开始工作，其机体内就有高压存在，并且在断电后，要一段时间才能消失。如果立即起动压缩机，压缩机活塞压力加大，电机的动力矩不能克服这样的压力差，因而电机不能起动，处于堵转状态，这就使得旋转磁场相对于转子的转速加快，磁通量的变化率增大了，从而导致电机绕组的电流剧增，温度升高，如果持续时间较长，很有可能烧毁电机。这就是冰箱为什么不能在关机后立即开机的原因所在。

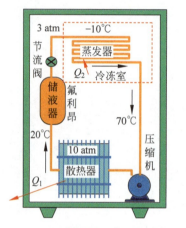
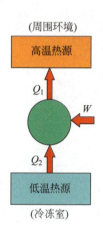

图 9-16 家用电冰箱工作原理图

9.3.4 卡诺循环

为了提高热机的效率，1824 年法国工程师卡诺（N. L. S. Carnot，1796—1832）（图 9-17）提出了一个能体现热机循环基本特征的理想循环，即**卡诺循环**（Carnot cycle）。**卡诺循环由两个绝热、两个等温过程组成，由卡诺循环组成的热机叫作卡诺热机**。卡诺循环中系统仅与两个恒温热源交换热量，即从高温热源吸收热量 Q_1，一部分用来对外做功 W，一部分热量 Q_2 向低温热源放出，循环过程中无散热、漏气等因素存在，如图 9-18 所示。

卡诺

卡诺热机

图 9-17 卡诺

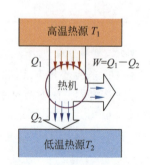

图 9-18 卡诺热机工作示意图

下面研究工作物质是理想气体的一个卡诺循环的效率。如图 9-19 所示，ab、cd 过程是等温过程，温度分别为 T_1 和 T_2。bc 和 da 过程是绝热过程。

由状态 a 到状态 b 的过程是等温膨胀，对外做功。在此过程中，系统由高温热源吸收的热量为

$$Q_1 = \frac{M}{M_{mol}} R T_1 \ln \frac{V_2}{V_1}$$

由状态 b 到状态 c，工作物质和高温热源分开，经过绝热膨胀，温度降到 T_2，在此过程中，系统没有和外界交换热量，但对外界做功。

由状态 c 到状态 d，气体和低温热源接触并经过一等温压缩过程。在此过程中，外界对系统做功，系统向低温热源放出热量，其数值为

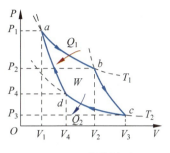

图 9-19 卡诺循环

$$Q_2 = \frac{M}{M_{mol}} R T_2 \ln \frac{V_3}{V_4}$$

由状态 d 到状态 a，气体和低温热源分开，经过一绝热压缩过程回到原来的状态，完成全部循环过程。在此过程中，系统没有和外界交换热量，而外界对系统做功。

于是，在整个循环过程中，系统吸收的总热量为 Q_1，放出的总热量为 Q_2，内能不变，由热力学第一定律，系统对外所做的总功为

$$W = Q_1 - Q_2 = \frac{M}{M_{mol}} R T_1 \ln \frac{V_2}{V_1} - \frac{M}{M_{mol}} R T_2 \ln \frac{V_3}{V_4}$$

则卡诺循环的效率为

$$\eta = \frac{W}{Q_1} = \frac{T_1 \ln \frac{V_2}{V_1} - T_2 \ln \frac{V_3}{V_4}}{T_1 \ln \frac{V_2}{V_1}}$$

由于状态 a、d 和状态 b、c 分别在两条绝热线上，则有

$$T_1 V_1^{\nu-1} = T_2 V_4^{\nu-1}$$
$$T_1 V_2^{\nu-1} = T_2 V_3^{\nu-1}$$

由此得

$$\frac{V_2}{V_1} = \frac{V_3}{V_4}$$

则卡诺循环的效率为

$$\eta = \frac{T_1 - T_2}{T_1} = 1 - \frac{T_2}{T_1} \tag{9-32}$$

可见，卡诺热机工作于两个恒定的热源之间，卡诺循环的效率只由高温热源和低温热源的温度决定，与工作物质无关；高温热源的温度 T_1 越高，低温热源的温度 T_2 越低，则卡诺循环的效率越高；因为不能获得 $T_1 \to \infty$ 的高温热源或 $T_2 = 0$ K 的低温热源，所以，卡诺循环的效率必定小于 1。

利用类似的方法，可推导出在进行准静态卡诺逆循环时，**卡诺制冷机**（Carnot refrigerator）的制冷系数为

$$\omega = \frac{Q_2}{W} = \frac{Q_2}{Q_1 - Q_2} = \frac{T_2}{T_1 - T_2} \tag{9-33}$$

式中，W 为外界对系统做的功；Q_2 是系统从低温热源吸收的热量。$Q_1 = W + Q_2$ 是系统传至高温热源的热量，如图 9-20 所示。由式(9-33)可见，T_2 越小，ω 越小，说明要从温度越低的低温热源中吸收热量，就必须消耗更多的外功。

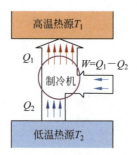

图 9-20　卡诺制冷机工作示意图

卡诺制冷机

例 9-5

一电冰箱在气温为 40℃ 的房间内工作，保持结冰室内的温度为 −10℃，由于冰箱壁的绝热层不是理想的，结冰室每小时从房间内吸收热量 3×10^5 J，假设冷冻装置是卡诺制冷机，问冷冻机的电动机每小时消耗多少能量？

解　为了保持结冰室内温度，必须将结水室自房间内吸收的热量及时放出。已知 $T_1 = 273 + 40 = 313$ K，$T_2 = 273 - 10 = 263$ K，$Q_2 = 3 \times 10^5$ J，根据制冷系数公式(9-33)得电动机每小时消耗的能量为

$$W = \frac{Q_2(T_1 - T_2)}{T_2} = \frac{3 \times 10^5 \times (313 - 263)}{263} \text{ J} = 5.7 \times 10^4 \text{ J}$$

思考题

9-7　循环的热效率公式 $\eta = 1 - \dfrac{Q_2}{Q_1}$ 和 $\eta = 1 - \dfrac{T_2}{T_1}$ 有何区别？各适用什么场合？

9-8　下列这些说法是否正确？为什么？
(1) 循环输出净功越大，则热效率越高；
(2) 可逆循环的热效率都相等；
(3) 不可逆循环的热效率一定小于可逆循环的热效率。

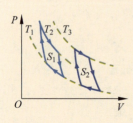

图 9-21　$P\text{-}V$ 图

9-9　有两个热机分别使用不同的热源作卡诺循环，在 $P\text{-}V$ 图上它们的循环曲线所包围的面积相等，但形状不同，如图 9-21 所示。
(1) 它们吸热和放热差值是否相同？
(2) 对外所做的净功是否相同？
(3) 效率是否相同？

9-10　有一个卡诺机，将它作热机使用时，如果两热库温差越大，对做功越有利；将它作制冷机使用时，如果两热库温差越大，对于制冷机是否越有利？为什么？

9-11　若分别以某种服从 $P(V-b) = RT$ 的气体(其中 b 为物性常数)和理想气体为工质的系统在两个恒温热源之间进行卡诺循环，试比较哪个循环的热效率大一些，为什么？

9.4 热力学第二定律 卡诺定理

在某种意义上,每个人都知道热力学第二定律。可以毫不夸张地说,一个人在他生命的任意 5 min 内,不可能看不到热力学第二定律的作用。生命过程、花开花落、果实成熟、能量的利用,无不受到热力学第二定律的制约。

本节将介绍关于在有限空间和时间内,一切与热运动有关的物理、化学过程具有不可逆性的热力学第二定律和有关热机效率极限问题的卡诺定理。

9.4.1 热力学第二定律

热力学第二定律(second law of thermodynamics)是关于内能与其他形式能量相互转化的独立于热力学第一定律的另一基本规律。热力学第二定律解决与热现象有关过程进行的方向问题。它和热力学第一定律一起,构成了热力学的主要理论基础。热力学第二定律有两种典型的表述。

1. 开尔文表述

开尔文表述为:不可制成一种循环动作的热机,它只从单一热源吸取热量,使之完全变为有用功而不产生其他影响。

在开尔文(Lord Kelvin,1824—1907,英国)(图 9-22)表述中的"单一热源"是指温度均匀并且恒定不变的热源。若热源不是单一热源,则工作物质就可以由热源中温度较高的部分吸热而往热源中温度较低的另一部分放热,这样实际上就相当于两个热源了。

图 9-22 开尔文

开尔文

"其他影响"是指除了由单一热源吸热,把所吸收的热用来做功以外的任何其他变化,当有其他影响变化产生时,把由单一热源吸来的热量全部用来对外做功是可能的。例如,理想气体的等温膨胀就是这样。理想气体和单一热源接触作等温膨胀时,内能不变(因理想气体内能仅由温度决定),即 $\Delta U=0$,由热力学第一定律,有 $Q=W$,即吸收的热量全部用来对外做功了。但这时却产生了其他影响,即理想气体的体积膨胀了,同时它不是一个循环动作的热机。

人们曾设想制造一种能从单一热源取热,使之完全变为有用功而不产生其他影响的机器,这种空想出来的热机叫作第二类永动机。这种机器并不违反能量转化和守恒定律,但这种机器违反了热力学第二定律。有人曾计算过,地球表面有 10 亿立方千米的海水,以海水作为单一热源,若把海水的温度只降低 0.25℃,放出的热量就能变成一千万亿度的电能,足够全世界使用一千年。如果真能这样,在大海上航行的船,也不需要燃料了,只需吸收海水的热量变为有用的功,船也就能在大海上任意航行了。但只用海洋作为单一热源的热机违反热力学第二定律的开尔文表述,因此要想制造出热效率为百分之百的热机是绝对不可能的。

因此,热力学第二定律的开尔文表述的另一种说法为:第二类永动机是不可能造成的。

2. 克劳修斯表述

克劳修斯表述为:不可能把热量从低温物体传递到高温物体而不引起其他变化。这里的"其他变化"是指高温物体吸收热量和低温物体放出热量以外的任何变化,例如消耗外功。

因此,克劳修斯表述的另一种说法为:热量不可能自动地从低温物体传向高温物体。其中,"自动地"是指不需要消耗外界能量。

热力学第二定律是总结概括了大量事实而提出的,由热力学第二定律作出的推论都与实践结果相符合,从而证明了这一定律的正确性。

热力学第二定律的适用范围和条件是:

(1) 对有限范围内的宏观过程是成立的;

(2) 不适用于少量分子的微观体系;

(3) 也不能把它推广到无限的宇宙。

实际经验告诉我们,功可以完全变为热(如摩擦生热),热量可以由高温物体自动向低温物体传递,这些结论不违反热力学第一定律。而热力学第二定律指出,要把热量全部转化为功而不产生其他影响是不可能的,热量不可能自发地由低温处向高温处传递,由此可以看出热力学第二定律是独立于热力学第一定律的新规律,是大量实验和经验的总结。可以证明,热力学第二定律的开尔文表述与克劳修斯表述具有等效性,并且热力学第二定律还可有多种说法,每一种说法都反映了自然界过程进行的方向。

物理学家简介

克劳修斯

鲁道夫·朱利叶斯·埃曼努埃尔·克劳修斯(Rudolf Julius Emanuel Clausius,1822—1888)(图 9-23),德国数学家和物理学家。1822 年 1 月 2 日生于普鲁士的克斯林(今波兰科沙林)的一个知识分子家庭。曾就学于柏林大学。1847 年在哈雷大学主修数学和物理学并获哲学博士学位。

克劳修斯主要从事分子物理、热力学、蒸汽机理论、理论力学、数学等方面的研究,特别是在热力学理论、气体动理论方面建树卓著。他是分子动理念和热力学的奠基人之一。1850 年提出了热力学第二定律,1855 年首先引入(后来称为)"熵"的概念。1858 年从分析气体分子间的相互碰撞入手,引入单位时间内所发生的碰撞次数和气体分子的平均自由程的重要概念,解决了根据理论计算气体分子运动速度很大而气体扩散的传播速度很慢的矛盾,开辟了研究气体的输运过程的道路。

图 9-23 克劳修斯

9.4.2 可逆过程和不可逆过程

设一个系统由某一状态 a 出发,经过一过程 L 到达了另一状态 b,如果系统从状态 b 出发,沿过程 L 的相反方向经过和原来一样的那些中间状态,重新回到状态 a,并且消除了过程 L 中外界所引起的一切影响,则称过程 L 为可逆过程(reversible process);反之,如果沿过程 L 的相反方向进行,不能使系统和外界完全复原,则称过程 L 为不可逆过程(irreversible process)。

根据上述定义可知,无摩擦的准静态过程是可逆过程。例如,一定量的理想气体从平衡态 a 出发,经过一无摩擦的准静态膨胀过程变化到平衡态 b,中间状态都是平衡态,系统的内能由 U_a 变为 U_b,体积由 V_a 变为 V_b,对外做功为 $W = \int_{V_a}^{V_b} P dV$,吸收热量为 $Q = U_b - U_a + W$;如果该气体从末态 b 出发,沿原过程的反方向回到初态 a,则其经历原过程中所有的中间平衡态,系统的内能由 U_b 变为 U_a,体积由 V_b 变为 V_a,对外做功为

$\int_{V_b}^{V_a} P\mathrm{d}V=-W$，吸收热量为 $U_a-U_b-W=-Q$，消除了原过程中外界所引起的一切影响，系统和外界完全复原。因为准静态过程和完全无摩擦都是理想情况，所以可逆过程是一种理想过程。

理想气体的自由膨胀是不可逆过程。中间有一隔板的一个容器，左室盛有理想气体，右室为真空。当容器中间的隔板被抽去的瞬间，气体都聚集在容器的左室。此后气体向真空自发地迅速膨胀，充满整个容器，最后达到平衡态。这一过程称为理想气体的自由膨胀。

因为理想气体向真空膨胀不需要克服外力做功，所以理想气体自由膨胀过程不做功，即 $W=0$；因膨胀迅速，来不及与外界交换热量，可看成是绝热过程，有 $Q=0$；根据热力学第一定律，理想气体的内能不变，即 $\Delta U=0$，有 $\Delta T=0$。可见，理想气体的自由膨胀过程不受外界影响，气体的内能不变，但是体积增大。

相反的过程即充满整个容器的气体自动地收缩到左半部分，而右半部分为真空的过程是不可能实现的。或者说，相反的过程可以发生，但必须存在外界的影响。如外力做功将气体等温压缩到左半部分，这时气体状态复原了，但外界对系统做了功，系统向外界放出了热量。或者，外力做功将气体绝热压缩至左半部分，这时气体体积复原了，但内能和温度增加了，再令气体作等体降压过程，气体放出热量，温度降至 T，这时气体状态复原了，但是，外界对系统做了功，系统向外界放出了热量。

有摩擦的准静态过程是不可逆过程，因为逆过程中摩擦力做功不能抵消原过程中摩擦力做的功，当系统复原时，外界无法复原。通常我们都略去摩擦，称准静态过程为可逆过程。非静态过程一定是不可逆过程。

9.4.3 卡诺定理

1. 定理内容

在所有工作于相同高温热源与低温热源之间的热机中，可逆热机的效率为最高。这一结论称为卡诺定理。

2. 卡诺定理说明

由卡诺定理可得以下推论：

（1）在相同的高温热源和相同的低温热源间工作的一切可逆热机，无论采用哪种工作物质，其效率都相等，即 $\eta_{可逆}=1-\dfrac{Q_2}{Q_1}=1-\dfrac{T_2}{T_1}$。

（2）在相同的高温热源和相同的低温热源间工作的一切不可逆热机，其效率都一定小于可逆热机的效率，即 $\eta_{不可逆}<1-\dfrac{T_2}{T_1}$。卡诺定理在原则上解决了热机效率的极限值问题。

注意 热源指的是温度均匀的恒温热源；在两热源间工作的可逆机只能是卡诺热机；卡诺在 1824 年提出此定理，当时热力学第一、第二定律均未建立。他是在热质说的基础上推导出这个定理的，虽然推导的方法是错误的，但结果却是正确的。

3. 制冷机的卡诺定理

对制冷机，我们可引入类似的卡诺定理，即可得出如下结论。

（1）在相同的高温热源和相同的低温热源间工作的一切可逆制冷机，无论采用哪种工作物质，其制冷系数都相等，即与工作物质无关。

（2）在相同的高温热源和相同的低温热源间工作的一切不可逆制冷机,其制冷系数都一定小于可逆制冷机的制冷系数。

> **感悟·启迪**
>
> 做任何事都有一个极限。利用适合的方法,可以有好的结果,甚至达到接近极限的结果。规划好自己的人生,超越自己,才能达到巅峰。

思考题

9-12 一条等温线与一条绝热线能否相交两次？两条等温线和一条绝热线是否可以构成一个循环？为什么？

9-13 根据热力学第二定律判定下面两种说法是否正确？
(1) 功可以全部转化为热,但热不能全部转化为功。
(2) 热量能够从高温物体传到低温物体,但不能从低温物体传到高温物体。

9-14 不可逆过程是无法回复到初态的过程,这种说法是否正确？

9-15 下列过程是可逆的？还是不可逆的？
(1) 由汽缸与活塞组成的装置内装有气体,当活塞上没有外加压力且活塞与汽缸间没有摩擦(不计活塞的质量)时,使气体自由膨胀。
(2) 对于上述装置,当活塞上没有外加压力且活塞与汽缸间摩擦很大时,使气体缓慢地膨胀。
(3) 对于上述装置,当活塞与汽缸间没有摩擦,但调整活塞的外加压力时,使气体能缓慢地膨胀。
(4) 在一绝热容器内盛有液体,不停地搅动它,使它的温度升高。
(5) 一传热的容器内盛有液体,容器放在一恒温的大水池内,液体被不停地搅动,可保持温度不变。
(6) 在一绝热容器内,不同温度的液体进行混合。

9.5 熵和熵增加原理

对于不可逆过程,不但在直接反向进行时不能消除外界的所有影响,而且无论用任何曲折复杂的方法,也不可能使系统和外界完全恢复原状。这不仅表明不可逆过程的不可逆性是过程本身的性质,还指出不可逆过程的初态和末态之间存在着较大的差异。正是这种差异决定了自发过程进行的方向。因此,要判断某一过程是不是可逆过程,可以不研究这一过程的详细情况,只研究初态和末态的差异就够了。克劳修斯首先引入了态函数"熵"(entropy),用初态和末态熵的差异来判断过程是否可逆,从而判断自发过程进行的方向。

9.5.1 克劳修斯等式

1824 年卡诺证明了,一切可逆卡诺热机无论采用何种工作物质,其效率都相等。因此对可逆卡诺循环有

$$\eta = 1 - \frac{Q_2}{Q_1} = 1 - \frac{T_2}{T_1}$$

于是

$$\frac{Q_1}{T_1} - \frac{Q_2}{T_2} = 0$$

式中，T_1 和 T_2 分别是高温热源和低温热源的温度；Q_1 和 Q_2 分别是系统吸收的热量和放出的热量，Q_1 和 Q_2 都取正值。如果仍采用热力学第一定律中的规定，将热量 Q 作为代数量，并且规定系统吸热时 Q 为正，系统放热时 Q 为负，则上式改写为

$$\frac{Q_1}{T_1} + \frac{Q_2}{T_2} = 0$$

于是

$$\sum \frac{Q}{T} = 0$$

这是一切可逆卡诺循环都满足的关系。

如图 9-24 所示，任意可逆循环过程可看作是由许多可逆卡诺循环组成的。用一系列绝热线和等温线将可逆循环分割成许多小可逆卡诺循环，由于任意两个相邻的小可逆卡诺循环的绝热线的绝大部分都是共同的，但过程进行的方向相反，所以效果互相抵消。因此，所有小可逆卡诺循环的总效果就是任意可逆循环过程。当小可逆卡诺循环越多时，这样的等效越准确。

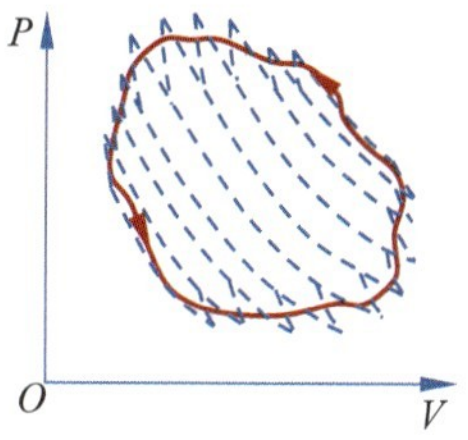

对于每一个小可逆卡诺循环都有

$$\sum \frac{Q}{T} = 0$$

因此，对 n 个小可逆卡诺循环有

$$\sum_{i=1}^{n} \frac{Q_i}{T_i} = 0$$

当 $n \to \infty$ 时，求和号变为积分号，则对任意可逆循环有

$$\oint \left(\frac{\mathrm{d}Q}{T}\right)_{可逆} = 0$$

上式称为<u>克劳修斯等式</u>。它表示在可逆循环过程中，系统在各温度所吸收的热量 $\mathrm{d}Q$ 与该温度 T 的比值之和为零。

图 9-24 任意循环分割成许多卡诺循环

9.5.2 熵增加原理

1. 用克劳修斯等式定义熵

根据克劳修斯等式，可以证明系统存在一个态函数。设有两个平衡态 A、B，如图 9-25 所示，ACB 和 ADB 是两个从状态 A 变化到状态 B 的可逆过程。根据克劳修斯等式，对可逆循环 $ACBDA$ 有

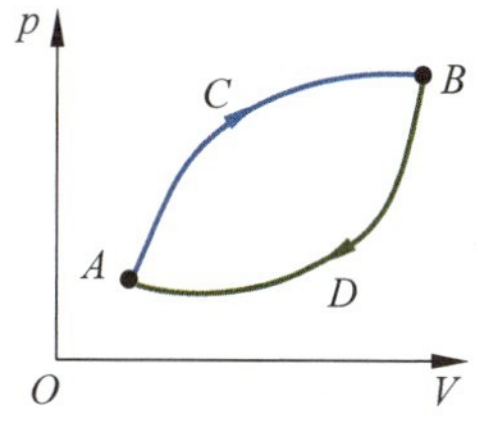

$$\int_{ACBDA} \frac{\mathrm{d}Q}{T} = 0$$

即

$$\int_{ACB} \frac{\mathrm{d}Q}{T} + \int_{BDA} \frac{\mathrm{d}Q}{T} = 0$$

因为过程是可逆的，故有

$$\int_{ACB} \frac{\mathrm{d}Q}{T} = \int_{ADB} \frac{\mathrm{d}Q}{T}$$

图 9-25 熵的引入

上式指出，当系统从平衡态 A 沿可逆过程变化到平衡态 B 的过程中，<u>积分 $\int_A^B \left(\frac{\mathrm{d}Q}{T}\right)_{可逆}$ 只取决于始末两平衡态，而与从状态 A 到状态 B 的可逆过程如何选择无关。</u>

因此，利用该积分式可定义一个状态函数，称为"熵"，用符号 S 表示，即

$$S_B - S_A = \int_A^B \left(\frac{dQ}{T}\right)_{可逆} \tag{9-34}$$

上式定义了始末两平衡态的熵变。可逆元过程的熵变为

$$dS = \frac{dQ}{T} \tag{9-35}$$

式中，dQ 表示可逆过程中吸热。因此 $dQ = TdS$，根据热力学第一定律，对于理想气体的可逆元过程，有

$$TdS = dU + pdV \tag{9-36}$$

这是理想气体的热力学基本关系式，但它不适用于开放系统。

若要确定某一平衡态的熵值，需规定一个基准状态的熵值，例如，在热力学工程中计算水和水汽的熵时取 0℃ 时纯水的熵值为零，并把其他温度时熵值计算出来列成数值表备用。熵的单位是焦耳/开(J/K)。

2. 熵是系统的状态函数

规定了基准状态及其熵值后，系统的每一平衡态都有一确定的熵值。熵是系统状态的单值函数。始末状态的熵变只取决于始态和末态，而与过程无关，无论过程是可逆的还是不可逆的。于是，有两种计算熵变的方法：一是先把熵变作为状态参量的函数求出来，然后代入状态参量计算熵变，如理想气体的熵变；二是利用式(9-34)计算熵变，要注意的是，积分路径必须是连接始、末两态的任一可逆过程，如果系统实际经历的是不可逆过程，那么必须设计一个连接同样始、末两态的可逆过程来计算。

3. 熵具有可加性

熵的可加性是指系统的总熵等于系统中各部分的熵的总和。根据熵的可加性，可定义非平衡态的熵。当系统处在非平衡态时，可把系统分成许多小部分，并认为每一小部分都处于平衡态，称为局域平衡，在这种局域平衡近似适用的条件下，各小部分的熵之和定义为非平衡态的熵。

4. 熵增加原理

可以证明，对于任意过程有

$$S_B - S_A \geq \int_A^B \left(\frac{dQ}{T}\right), \quad dS \geq \frac{dQ}{T}$$

式中，等号适用于可逆过程，不等号适用不可逆过程。

当系统经历绝热过程时，$dQ = 0$，于是

$$dS \geq 0 \tag{9-37}$$

式中，"="适用于可逆绝热过程；">"适用于不可逆绝热过程。上式可以表述为：绝热过程中系统的熵永不减少；可逆绝热过程熵不变，不可逆绝热过程熵增加。这就是熵增加原理。孤立系统与外界不发生任何相互作用，因此在孤立系统中进行的过程都是绝热过程，所以熵增加原理又可表述为：一个孤立系统的熵永不会减少。如果孤立系统原来处于平衡态，则它将一直处在该平衡态；如果孤立系统原来处于非平衡态，则它将自发地从非平衡态变化到平衡态，这是不可逆过程，所以孤立系统总是向熵增加的方向发展，达到平衡态时，熵增加到最大值。对于非孤立系统和非绝热系统，熵增加原理不再适用。对此，我们可将该系统与外界合起来当作一个更大的孤立系统或绝热系统，再应用熵增加原理判断过程是否可逆和过程进行的方向。熵增加原理指出了自发过程进行的方向可用熵变来判断(熵增加的方向)。当熵增加到最大值时，孤立系统到达平衡状态，这是过程进行的限度。

熵增加原理是热力学第二定律的数学表述。

5. 理想气体熵变的计算公式

因为理想气体元过程的熵变为 $T\mathrm{d}S = \mathrm{d}U + P\mathrm{d}V$，所以

$$\mathrm{d}S = (\mathrm{d}U + P\mathrm{d}V)/T \tag{9-38}$$

由理想气体的内能公式得

$$\mathrm{d}U = \frac{M}{M_{\mathrm{mol}}} C_{V,\mathrm{m}} \mathrm{d}T$$

又由理想气体状态方程得

$$\frac{P}{T} = \frac{M}{M_{\mathrm{mol}}} \frac{R}{V}$$

将上述两式代入式(9-38)得

$$\mathrm{d}S = \frac{M}{M_{\mathrm{mol}}} C_{V,\mathrm{m}} \frac{\mathrm{d}T}{T} + \frac{M}{M_{\mathrm{mol}}} R \frac{\mathrm{d}V}{V}$$

对上式积分，得理想气体的熵变公式为

$$S_B - S_A = \int_A^B \mathrm{d}S = \frac{M}{M_{\mathrm{mol}}} C_{V,\mathrm{m}} \ln\frac{T_B}{T_A} + \frac{M}{M_{\mathrm{mol}}} R \ln\frac{V_B}{V_A} \tag{9-39}$$

因此，只要知道理想气体初态的状态参量 T_A、V_A 和末态的状态参量 T_B、V_B，无论过程是可逆还是不可逆，都可代入上式计算熵变 $S_B - S_A$。

例 9-6

现有 1 mol 双原子分子理想气体，初态体积为 V_1，经自由膨胀后，末态体积 $V_2 = 2V_1$，求该过程的熵变。

解 下面用两种方法求解。

方法一 用理想气体熵变公式(9-39)计算。

如图 9-26 所示，理想气体自由膨胀过程中的初末态温度相等，即 $T_2 = T_1$。将初、末态状态参量 T_1、V_1、T_2、V_2 代入理想气体熵变公式(9-39)得所求过程的熵变为

$$S_2 - S_1 = \int_1^2 \mathrm{d}S = \frac{M}{M_{\mathrm{mol}}} C_{V,\mathrm{m}} \ln\frac{T_2}{T_1} + \frac{M}{M_{\mathrm{mol}}} R \ln\frac{V_2}{V_1}$$

$$= \frac{M}{M_{\mathrm{mol}}} R \ln\frac{V_2}{V_1} = 1 \times 8.31 \times \ln2 \ \mathrm{J/K} = 5.76 \ \mathrm{J/K}$$

方法二 用式(9-34)计算。

理想气体的自由膨胀是不可逆过程，故不能将 $\mathrm{d}Q_\mathrm{i} = 0$（$Q_\mathrm{i}$ 表示不可逆过程气体吸收的热量），代入上式得出熵变为零。为此，应该设计一个连接初末两态的可逆过程，再用上式计算熵变。

因理想气体自由膨胀过程初末两平衡态的温度相同，而末态体积 V_2 比初态体积 V_1 大，故可用一个可逆等温膨胀过程连接初末两态。在可逆等温元过程中，气体吸收的热量为

$$\mathrm{d}Q = P\mathrm{d}V = \frac{M}{M_{\mathrm{mol}}} RT \frac{\mathrm{d}V}{V}$$

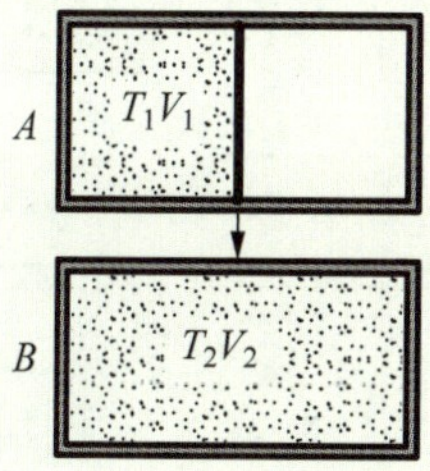

图 9-26 理想气体自由膨胀

所以过程的熵变为

$$S_2 - S_1 = \int_1^2 \frac{\mathrm{d}Q}{T} = \int_{V_1}^{V_2} \frac{M}{M_{\mathrm{mol}}} R \frac{\mathrm{d}V}{V} = \frac{M}{M_{\mathrm{mol}}} R \ln\frac{V_2}{V_1} = 1 \times 8.31 \times \ln2 \ \mathrm{J/K} = 5.76 \ \mathrm{J/K}$$

该例说明熵是状态量，只要初末状态确定，连接这两状态的任何过程，无论可逆与否，其熵变都相同。

9.5.3 热力学第二定律的统计意义

1. 系统的热力学概率

热力学第二定律的实质是指出自然界中一切与热现象有关的实际宏观过程都是不可逆过程。现以理想气体的自由膨胀为例,从微观上说明热力学第二定律的统计意义。

首先,假设气体中只有 4 个分子 a、b、c、d,如图 9-27 所示。打开隔板前这些分子只能在 A 室运动。隔板被抽掉后,分子将在整个容器中无规则地运动,一会儿在 A 室,一会儿在 B 室,由于 A、B 两室容积相等,一个分子在 A、B 两室出现的概率相等,都是 1/2。因此,就单个分子来说,它回到 A 室的概率是很大的。然而对于气体中所有 4 个分子,它们都回到 A 室的概率就小了。若按 A、B 两室来说明容器中分子位置的分布,则 1 个分子在容器中的分布方式有 2 种,4 个分子在容器中的分布方式有 $2^4=16$ 种,如表 9-3 所示。因此,4 个分子全部回到 A 室的概率是 $1/2^4=1/16$。

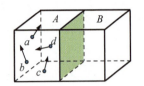

图 9-27 4 个分子在 A、B 两室示意图

总的来说,4 个分子自由膨胀后有 16 个微观态,5 个宏观态。其中,宏观态是分子分布的宏观情况,在本例中是指 A、B 两室的分子分布情况;而微观态是分子分布的微观情况,在本例中是指 4 个分子在 A、B 两室的具体分布情况。统计物理学假设,对于孤立系统,各微观态出现的概率相同。对应于给定宏观态的等概率微观态数目称为该宏观态的热力学概率,用 W 表示。表 9-3 中序号为 1、2、3、4、5 的宏观态的热力学概率分别为 1、4、6、4、1。系统可取的微观态总数称为系统的热力学概率,用 Ω 表示。显然,系统的热力学概率等于其各宏观态的热力学概率之和,即 $\Omega = \sum_i W_i$。

表 9-3 4 个分子在容器 A、B 两室的分布情况

序号	微观态 A	微观态 B	宏观态 A	宏观态 B	宏观态的热力学概率
1	a b c d	0	4	0	1
2	a b c a b d a c d b c d	d c b a	3	1	4
3	a b c d a c b d a d b c	c d a b b d a c b c a d	2	2	6
4	d c b a	a b c a b d a c d b c d	1	3	4
5	0	a b c d	0	4	1

注 系统的热力学概率:$\Omega=16$

当气体中有 N 个分子时,这些分子在 A、B 两室的分布方式有 2^N 种。N 个分子同时回到 A 室的概率是 $1/2^N$,而气体中分子总数 N 很大,所以这个概率非常小,实际上,这种情况不会发生。由此可见,理想气体的自由膨胀的不可逆性具有统计意义,即只适用于大量分子的集体。

若按 A、B 两室来区别分子状态,含 N 个分子的理想气体在自由膨胀过程中,初态位于 A 室,系统的热力学概率 $\Omega_1 = 1$,经自由膨胀后,气体充满整个容器,系统的热力学概率 $\Omega_2 = 2^N$。由此可见,理想气体的自由膨胀过程是由热力学概率小的状态向热力学概率大的状态方向进行的。相反的方向,在外界不产生任何影响的条件下,实际上是不可能发生的。

系统处于平衡态时,分子在容器内均匀分布,所以平衡态对应热力学概率最大的宏观态,该宏观态称为最概然宏观态。实际上,由于存在涨落,平衡态应看成对应容器内 A、B 两室分子数相等(或差不多相等)的那些宏观态。计算结果表明,分子总数越多,A、B 两室分子数相等(或差不多相等)的那些宏观态对应的微观态数占系统微观态总数的比例越大。对于分子总数 $N = 33$ 的系统,分子数按 A、B 两室分布的宏观态共有 34 种,表 9-4 列出了其中 A 室分子数 $n \approx N/2$ 的 6 种宏观态的微观态数,它们所包含的微观态数是系统的微观态总数的 70%。由于实际系统 N 很大,这一比例几乎是 100%。**系统由非平衡态向平衡态变化,是由热力学概率小的宏观态向热力学概率大的宏观态变化的。**

表 9-4 33 个分子的位置分布

			系统的热力学概率 $\Omega = 2^{33} = 8\,589\,934\,592$	
宏观状态			宏观态的热力学概率	W/Ω
序号	$A(n)$	$B(N-n)$	$W = \dfrac{N!}{n!(N-n)!}$	
1	14	19	818 809 200	0.095 3
2	15	18	1 037 158 320	0.120 7
3	16	17	1 166 803 110	0.135 8
4	17	16	1 166 803 110	0.135 8
5	18	15	1 037 158 320	0.120 7
6	19	14	818 809 200	0.095 3
			$\sum_{i=1}^{6} W_i = 6\,045\,541\,260$	$\dfrac{\sum_{i=1}^{6} W_i}{\Omega} = 0.703\,8$

一个不受外界影响的封闭系统,其内部发生的过程总是由概率小的宏观状态向概率大的宏观状态进行,由包含微观状态数目少的宏观状态向包含微观状态数目多的宏观状态进行。这就是热力学第二定律的统计意义。

2. 玻耳兹曼关系

根据熵增加原理,理想气体在自由膨胀过程系统的熵增加。本节指出,理想气体在自由膨胀过程中系统的热力学概率增大。由此可见,系统的熵和热力学概率之间必然存在联系。

熵具有可加性,熵分别为 S_1 和 S_2 的两个独立系统组成的合系统的熵为 $S = S_1 + S_2$。

热力学概率具有相乘性,热力学概率分别为 Ω_1 和 Ω_2 的两个独立系统组成的合系

统的热力学概率为

$$\Omega = \Omega_1 \cdot \Omega_2$$

例如，理想气体在自由膨胀过程中，4个分子组成的系统的热力学概率为 $\Omega_1 = 2^4$，5个分子组成的系统的热力学概率为 $\Omega_2 = 2^5$，这两个系统组成的合系统有9个分子，其热力学概率为 $\Omega = 2^9$。显然热力学概率具有相乘性：$2^9 = 2^4 \times 2^5$。

由熵的可加性和热力学概率的相乘性可以证明，熵与热力学概率的函数形式是自然对数，即

$$S = C \ln \Omega$$

式中，C 为常量。下面通过理想气体的自由膨胀，确定上式中常量 C。

因为理想气体在自由膨胀过程中的熵变为

$$S_2 - S_1 = \frac{M}{M_{mol}} R \ln \frac{V_2}{V_1}$$

于是

$$S_2 - S_1 = C(\ln \Omega_2 - \ln \Omega_1) = C \ln \frac{\Omega_2}{\Omega_1}$$

联立上述两式得

$$S_2 - S_1 = \frac{M}{M_{mol}} R \ln \frac{V_2}{V_1} = C \ln \frac{\Omega_2}{\Omega_1}$$

将 $V_2/V_1 = 2$，$\Omega_2/\Omega_1 = 2^N$，代入上式得

$$C = \frac{M}{M_{mol}} \frac{R}{N} = \frac{R}{N_A} = k$$

即该常量等于玻耳兹曼常量。所以熵与热力学概率的关系式为

$$S = k \ln \Omega \tag{9-40}$$

上式称为**玻耳兹曼关系**。上式表明，系统的熵正比于系统的热力学概率的自然对数。这个公式反映了熵函数的统计学意义，它将系统的宏观物理量 S 与微观物理量 Ω 联系起来，成为联系宏观与微观的重要桥梁之一。系统的熵值直接反映了它所处状态的均匀程度，系统的熵值越小，它所处的状态越有序，越不均匀；系统的熵值越大，它所处的状态越无序，越均匀。

玻耳兹曼(L. E. Boltzmann，1844—1906，奥地利)(图9-28)的卓越贡献标志着分子动理论的成熟和完善。然而，在当时玻耳兹曼的工作遭到了以马赫(E. Mach，1838—1916，奥地利)为代表的经验主义和以奥斯特瓦尔德(F. W. Ostwald，1853—1932，德国)为代表的唯能论者的强烈批评及指责。或许是由于毕生的学术成就和执着追求多次被学术团体摒弃，加上令人厌倦的长期论战以及疾病的折磨，使感情丰富的玻耳兹曼心灰意冷，陷入了孤独、忧郁和绝望的境地。1906年玻耳兹曼在意大利特里亚斯特附近的杜伊诺度假时自杀身亡。在他去世后，后人在他的墓碑上铭刻着他的著名公式"$S = k \ln \Omega$"(图9-29)，以寄托人们对他永久的纪念。

玻耳兹曼

图9-28 玻耳兹曼

图9-29 玻耳兹曼墓碑

3. 从有序到无序

如果系统只有一个微观态,即 $\Omega=1$,根据玻耳兹曼关系,系统的熵 $S=0$,这种系统是完全有序的,每个分子的状态能被唯一地确定。当系统变化到包含多个微观态时,其 $\Omega>1,S>0$,系统中每个分子的状态不可能唯一地确定,这时系统由有序变化到无序。系统所包含的微观状态数越多,系统就越无序,系统的热力学概率和熵也越大。故系统的熵是系统无序性的量度,这就是熵的统计意义。所有从有序到无序的变化过程,随着无序程度的增加,系统的熵值也随之增加。例如功变为热的过程是大量分子的定向有序运动转变为无序的热运动,系统的无序性增加了,熵也增加了。

由玻耳兹曼关系得熵变公式为

$$S_2 - S_1 = k \ln \frac{\Omega_2}{\Omega_1}$$

将上式与式(9-39)联立得

$$\ln \frac{\Omega_2}{\Omega_1} = \frac{M}{M_{mol}} \frac{R}{k} \left(\frac{i}{2} \ln \frac{T_2}{T_1} + \ln \frac{V_2}{V_1} \right) = N \ln \frac{V_2 (T_2)^{i/2}}{V_1 (T_1)^{i/2}}$$

所以

$$\frac{\Omega_2}{\Omega_1} = \left(\frac{V_2 (T_2)^{i/2}}{V_1 (T_1)^{i/2}} \right)^N$$

上式表明,系统的体积或温度增加都能使系统的热力学概率增大,因而系统的无序性增大。当初态和末态的温度相同时,由上式得

$$\frac{\Omega_2}{\Omega_1} = \left(\frac{V_2}{V_1} \right)^N$$

这正是理想气体在自由膨胀过程因体积增大而使系统所包含的微观态总数增大的定量关系。

思考题

9-16 "若系统从某一初态经不可逆与可逆两条途径到达同一终态,则不可逆途径的 $\Delta S'$ 必大于可逆途径的 $\Delta S''$。"这个说法是否正确,为什么?

9-17 工质由初态经过一不可逆绝热过程膨胀到终态,问能否通过一个绝热过程使工质回到初态?

9-18 冰融化成水需要吸热,因而其熵是增加的,但水结成冰,这时要放热,即 dQ 为负,其熵是减少的。这是否违背了熵增加原理?试解释之。

知识拓展

文学作品中描写的熵变

在中外文学作品中有不少反映事物由有序向无序的发展、熵增加的过程。下面以诗人李白的《将进酒》为例,分析其中描写的熵变。

《将进酒》
唐 李白

君不见,黄河之水天上来,
奔流到海不复回。(大自然的势差衰竭,熵增大。)
君不见,高堂明镜悲白发,
朝如青丝暮成雪。(生命衰老,熵增大。)

人生得意须尽欢,
莫使金樽空对月。(不必刻意去抑止熵增大,而应及时、尽情地顺应它,享受它。)
天生我材必有用,
千金散尽还复来。(开放的我有能力获取负熵流,让散尽的千金[无序]再还复来[变有序]。)
烹羊宰牛且为乐,
会须一饮三百杯。
岑夫子,丹丘生,
将进酒,杯莫停。
与君歌一曲,
请君为我倾耳听。
钟鼓馔玉不足贵,
但愿长醉不复醒。
古来圣贤皆寂寞,(刻苦阻挠熵增大者,力所不能及。)
惟有饮者留其名。(伴随熵增大者,顺势而留芳。)
陈王昔时宴平乐,
斗酒十千恣欢谑。
主人何为言少钱,
径须沽取对君酌。
五花马,千金裘,
呼儿将出换美酒,(经济上的熵增大:酒换不回同样的马和裘。)
与尔同销万古愁。(消除悲伤,远离平衡态。)

知识拓展

信 息 与 熵

自从克劳修斯提出熵概念以来,人们对熵的认识在不断深化,熵概念已经超出热力学和统计物理学范畴,在自然科学和社会科学的许多领域得到广泛应用,如它已在信息论和耗散结构理论中得到成功应用。

1948 年,数学家、信息论的创始人香农(C. E. Shannon,1916—2001,美国)把玻耳兹曼熵的概念引入信息论,把熵作为一个随机事件的不确定性的量度,将信息量与负熵联系起来,促进了信息论的发展。

1. 信息与信息量

一张朝下放着的桥牌让你猜,具有 52 个可能的解答。若提示你是一张 A,则可能是 4 张 A 中的一张,可见得到一定的信息,不确定性就减少。若再提示你是一张梅花,则肯定是一张梅花 A。可见,所谓信息是用以消除随机不确定性的因素。系统获得信息后,其不确定性就减少,最终导致消除。因此,系统获得的信息量是系统收到信息后,其不确定性减少的量度。

2. 信息熵

投掷骰子的结局有 6 种:a_1(1 点),a_2(2 点),a_3(3 点),a_4(4 点),a_5(5 点),a_6(6 点)。它们出现的概率皆为

$$P_1 = P_2 = P_3 = P_4 = P_5 = P_6 = 1/6$$

如果骰子各面重量不同,其中一面特别重,使其出现状态 a_1 的概率 $P_1 = 0.9$,出现其余各状态

的概率相等,皆为

$$P_2 = P_3 = P_4 = P_5 = P_6 = (1-0.9)/5 = 0.02$$

如果投掷硬币,则结局有 2 种,每个状态出现的概率皆为 0.5。

由以上例子可以看出,某状态 a_i 的信息量 I_i 是该状态发生概率 P_i 的函数,即

$$I_i = f(P_i)$$

由 I_i 具有可加性和 P_i 具有相乘性可以证明该函数形式是自然对数,即

$$I_i = -C\ln P_i$$

式中,C 是一个大于零的比例系数,因 $P_i \leqslant 1$,故 $I_i \geqslant 0$。C 的取值决定信息量的单位:若取 $C = 1/\ln 2$,上式化为 $I_i = -\log_2 P_i$,则信息量的单位为比特(bit),如 $P_i = 1/2$ 时,$I_i = 1$ bit;若令 C 等于玻耳兹曼常量 k,则信息量的单位是熵的单位 J/K。

如果投掷骰子 n 次,当 n 足够大时,出现状态 a_i 的次数为 nP_i,平均地说,投掷一次骰子所获得的信息量为

$$H_n = \frac{\sum_{i=1}^{n} nP_i I_i}{n} = -C\sum_{i=1}^{n} P_i \ln P_i$$

称为信息源的信息熵。信息的来源称为信息源。C 的取值决定信息熵的单位,当 C 取玻耳兹曼常量时,信息熵的单位与热力学熵的单位相同。信息熵是信息源的不确定性的量度,表示信息源发出信息的能力。

根据微观状态的等概率假设,当系统包含的微观态数为 Ω 时,每个微观态出现的概率皆为 $P = 1/\Omega$。玻耳兹曼关系 $S = k\ln\Omega$ 可改写作

$$S = -k\sum_i P_i \ln P_i$$

式中求和遍及系统的所有微观状态。由此可见,信息熵与玻耳兹曼熵有相似的表达式。

3. 负熵

由玻耳兹曼关系得

$$-S = k\ln\frac{1}{\Omega}$$

其中,$-S$ 称为负熵,是系统有序性的量度。

系统从外界获取信息,系统的不确定性减少,即无序性减少,有序性增加。因此,系统所含的信息量是系统有序性的量度,可以用负熵来描述系统所含的信息量。

信息和熵首先在通信工程中得到成功的应用,目前它已经应用到经济决策、机器学习、气象预报预测等诸多领域。

习题

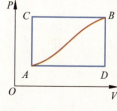

图 9-30 习题 9-1 用图

9-1 如图 9-30 所示,已知系统从状态 A 沿路径 ACB 变化到状态 B 时,吸收的热量为 8.4×10^4 J,对外做功为 3.2×10^4 J。问:

(1) 系统从 A 沿路径 ADB 变化到 B,若对外做功 1.0×10^4 J,则吸收热量 $Q_{ADB} = $ _____。

(2) 系统从 B 经任意过程返回 A,若外界对系统做功 2.0×10^4 J,则 $Q_{BA} = $ _____,其方向为_____。

(3) 设 $U_A=0$, $U_D=4.2\times 10^4$ J，则 $Q_{AD}=$ _____，$Q_{DB}=$ _____。

9-2 对于压强、体积和温度都相同的氢气和氦气(均视为刚性分子的理想气体)，如果它们分别在等压过程中吸收了相同的热量，则它们对外做功之比为 $W_1:W_2=$ _____。(各量下角标 1 表示氢气，2 表示氦气。)

9-3 若某一给定的理想气体(比热容比 γ 为已知)，从标准状态 (P_0、V_0、T_0) 开始，作绝热膨胀，体积增大到原来的三倍，膨胀后的温度 $T=$ _____，压强 $P=$ _____。

9-4 一定量的理想气体分别经历三个准静态膨胀(定压过程、绝热过程和等温过程)；若这三个过程的初态相同，末态的体积也相同，则对外做功最少的过程是 _____ 过程；吸热最多的是 _____ 过程；内能不变的是 _____ 过程。

9-5 对于某一可逆卡诺热机，低温热源的温度为 27℃，热机效率为 40%，则其高温热源的温度为 _____ K。今欲将该热机效率提高到 50%，若低温热源的温度保持不变，则高温热源的温度应增加 _____ K。

9-6 卡诺定理的推论为：在相同的高温热源 T_1 和相同的低温热源 T_2 之间工作的一切可逆热机，其循环效率为 _____，与采用的工作物质无关；在相同的高温热源和相同的低温热源之间工作的一切不可逆热机，其循环效率不可能 _____(填"大于"或"小于")可逆热机的循环效率。

9-7 熵是 _____ 的定量量度。若一定量的理想气体经历一个等温膨胀过程，它的熵将 _____。(填"增加""减少""不变")

9-8 在一个孤立系统内，一切实际过程都向着 _____ 的方向进行。这就是热力学第二定律的统计意义。从宏观上说，一切与热现象有关的实际的过程都是 _____。

9-9 一定量的理想气体，从 a 态出发经过①或②过程到达 b 态，acb 为等温线(见图 9-31)，则在①、②两过程中外界对系统传递的热量 Q_1、Q_2 满足[_____]。

A. $Q_1>0, Q_2>0$ B. $Q_1<0, Q_2<0$ C. $Q_1>0, Q_2<0$ D. $Q_1<0, Q_2>0$

9-10 如图 9-32 所示，一定量的理想气体，由平衡态 A 变化到平衡态 B，则无论经过什么过程，系统必然[_____]。

A. 对外做正功   B. 内能增加   C. 从外界吸热   D. 向外界放热

9-11 如图 9-33 所示，一定量的某种理想气体起始温度为 T，体积为 V，该气体在下面循环过程中经过三个平衡过程：①绝热膨胀到体积为 $2V$；②等体变化使温度恢复为 T；③等温压缩到原来体积 V，则在整个循环过程中，该气体[_____]。

A. 向外界放热   B. 对外界做正功
C. 内能增加   D. 内能减少

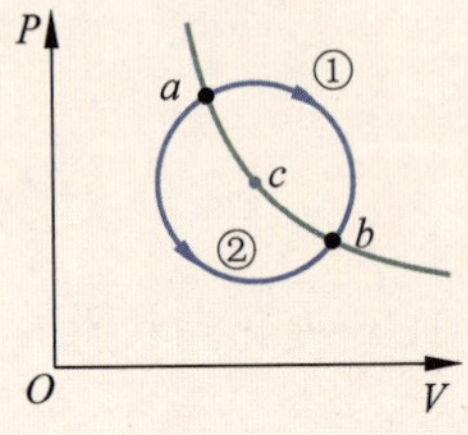

图 9-31　习题 9-9 用图 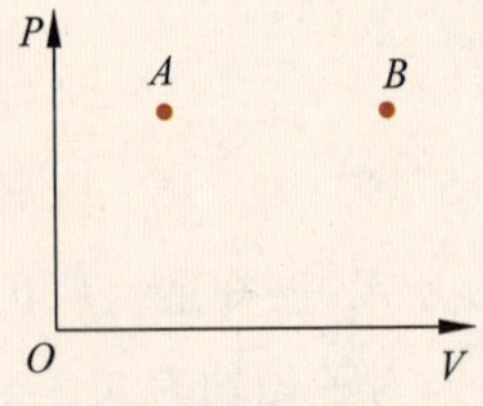　　图 9-32　习题 9-10 用图 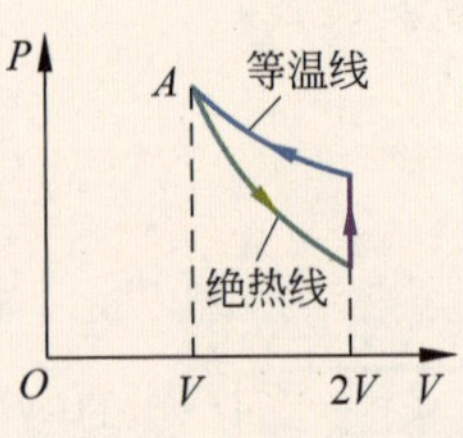　　图 9-33　习题 9-11 用图

9-12 设高温热源的热力学温度是低温热源的热力学温度的 n 倍，则理想气体在一次卡诺循环中，传给低温热源的热量是从高温热源吸取热量的[_____]。

A. n 倍   B. $n-1$ 倍   C. $\dfrac{1}{n}$ 倍   D. $\dfrac{n+1}{n}$ 倍

9-13 根据热力学第二定律判断下列说法,正确的是[   ]。

A. 热量能从高温物体传到低温物体,但不能从低温物体传到高温物体

B. 功可以全部变为热,但热不能全部变为功

C. 气体能够自由膨胀,但不能自动收缩

D. 有规则运动的能量能够变为无规则运动的能量,但无规则运动的能量不能变为有规则运动的能量

9-14 设有以下一些过程:

(1) 两种不同气体在等温下互相混合　　(2) 理想气体在定容下降温

(3) 液体在等温下汽化　　(4) 理想气体在等温下压缩

(5) 理想气体绝热自由膨胀

在这些过程中,使系统的熵增加的过程是[   ]。

A. (1)、(2)、(3)　　　　　　　　B. (2)、(3)、(4)

C. (3)、(4)、(5)　　　　　　　　D. (1)、(3)、(5)

9-15 如图 9-34 所示,两个截面相同的圆柱形容器,右边容器高为 H,上端封闭,左边容器上端是一个可以在容器内无摩擦滑动的活塞。两容器由装有阀门的极细管道相连通,容器、活塞和细管都是绝热的。开始时,阀门关闭,左边容器中装有热力学温度为 T_0 的单原子理想气体,平衡时活塞到容器底的距离为 H,右边容器内为真空。现将阀门缓慢打开,活塞便缓慢下降,直至系统达到平衡。求此时左边容器中活塞的高度和缸内气体的温度。

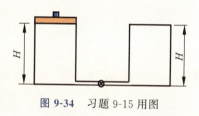

图 9-34　习题 9-15 用图

9-16 2 mol 氢气(视为理想气体)开始时处于标准状态,经等温过程从外界吸取了 400 J 的热量后达到末态,求末态的压强。(普适气体常量 $R=8.31$ J/(mol·K))

9-17 有一定质量的氮气,其初始状态的压强为 1.5 atm,体积为 5×10^{-3} m³,它先等温膨胀到 1 atm,然后再等压冷却恢复到原来的体积。试计算氮气在该过程中所做的功。

9-18 气体的 $\gamma(\gamma=C_{P,m}/C_{V,m})$ 值有时可通过下列方法进行测定:设有一定量的气体,其初始温度、体积和压强为 T_0、V_0 和 P_0,用一根电炉丝对它缓慢加热。两次加热的电流强度和时间相同,第一次保持体积 V_0 不变,而温度和压强变为 T_1 和 P_1。第二次保持压强 P_0 不变,而温度和体积变为 T_2 和 V_1。试证明 $\gamma=\dfrac{(P_1-P_0)V_0}{(V_1-V_0)P_0}$。

9-19 1 mol 理想气体初始时压强为 P_1、温度为 T_1,然后绝热膨胀到温度为 T_2,之后再等温膨胀到压强为 P_2。试证明气体在等温膨胀过程中所吸收的热量为

$$Q=RT_2\left(\dfrac{C_{P,m}}{R}\ln\dfrac{T_2}{T_1}+\ln\dfrac{P_1}{P_2}\right)$$

式中,$C_{P,m}$ 是该气体的定压摩尔热容量;R 是摩尔气体常量。

9-20 有单原子理想气体,若绝热压缩使其容积减半,问气体分子的平均速率变为原来的速率的几倍?若为双原子理想气体,又为几倍?

9-21 如图 9-35 所示,在体积为 V 的密闭大瓶口上插一根截面积为 S 的竖直玻璃管,质量为 m 的光滑小球置于玻璃管中作气密接触,形成一个小活塞。给小球一个上下的小扰动,求它振动的周期 T。

图 9-35　习题 9-21 用图

9-22 如图 9-36 所示,$abcda$ 为 1 mol 单原子分子理想气体的循环过程,求:(1)气体循环一次,在吸热过程中从外界共吸收的热量;(2)气体循环一次对外做的净功;(3)工作于此循环的热机效率;(4)证明在 a、b、c、d 四态,

气体的温度满足 $T_a T_c = T_b T_d$。

9-23 如图 9-37 所示，一金属圆筒中盛有 1 mol 刚性双原子分子的理想气体，并用可动活塞封住，圆筒浸在冰水混合物中。迅速推动活塞，使气体从标准状态(活塞位置Ⅰ)压缩到体积为原来一半的状态(活塞位置Ⅱ)，然后维持活塞不动，待气体温度下降至 0℃时，再让活塞缓慢上升到位置Ⅰ，完成一次循环。(1)试在 P-V 图上画出相应的理想循环曲线；(2)若作 100 次循环放出的总热量全部用来熔解冰，则有多少冰被熔化？(已知冰的熔解热 $\lambda = 3.35 \times 10^5$ J/kg，摩尔气体常量 $R = 8.31$ J/(mol·K)。)

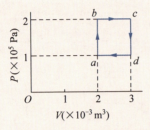

图 9-36 习题 9-22 用图

图 9-37 习题 9-23 用图

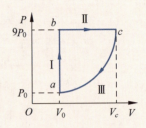

图 9-38 习题 9-24 用图

9-24 1 mol 单原子分子的理想气体，经历如图 9-38 所示的可逆循环，联结 ac 两点的曲线Ⅲ的方程为 $P = P_0 V^2 / V_0^2$，a 点的温度为 T_0。(1)试以 T_0、普适气体常量 R 表示Ⅰ、Ⅱ、Ⅲ过程中气体吸收的热量；(2)求此循环的效率。

9-25 已知某空调器的制冷系数为 4.2，输入电功率为 900 W，现用该空调器为室内加热，试求在室内单位时间内获得的热量。

9-26 某发明家研制了一种可作制冷兼制热的机器，声称若环境温度 $T_0 = 283$ K，压强 $P_b = 1.013 \times 10^5$ Pa，该装置耗电功率 0.75 kW，每小时可将 100 kg、0℃ 的水制成 0℃ 的冰，同时使散热率为 5×10^8 J/h 的房间保持恒温 $T_1 = 298$ K，请评价其发明的可能性。(设水在 0℃ 时凝固热为 335×10^3 J/kg)

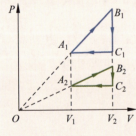

图 9-39 习题 9-27 用图

9-27 某理想气体经历如图 9-39 所示的两个循环过程 $A_1 B_1 C_1 A_1$ 和 $A_2 B_2 C_2 A_2$，相应的效率分别为 η_1 和 η_2，试证明：η_1 与 η_2 相等。(已知该气体的等体摩尔热容量 $C_{V,m}$ 为常量)

9-28 将热机与热泵组合在一起的暖气设备称为动力暖气设备，其中带动热泵的动力由热机燃烧燃料对外界做功来提供。热泵从天然蓄水池或从地下水取出热量，向温度较高的暖气系统的水供热。同时，暖气系统的水又作为热机的冷却水。若燃烧 1 kg 燃料，锅炉能获得的热量为 H，锅炉、地下水、暖气系统的水的温度分别为 210℃，15℃，60℃。设热机及热泵均是可逆卡诺机。试问每燃烧 1 kg 燃料，暖气系统所获得热量的理想数值(不考虑各种实际损失)是多少？

9-29 在 $P = 1.013 \times 10^5$ Pa 下，将 1 kg、0℃ 的水变为 100℃ 的水蒸气，求此过程的熵变。(已知水的比热容 $c = 4.18 \times 10^3$ J/(kg·K)，汽化热 $\lambda = 2.25 \times 10^6$ J/kg)

习 题 答 案

第 1 章　质点运动学

1-1　速度；参考系

1-2　匀速率；直线；匀速直线或静止；匀速圆周

1-3　3　　1-4　$45\sqrt{3}\,m$　　1-5　$(2\boldsymbol{i}+7\boldsymbol{j})\,\text{m}$；$(2\boldsymbol{i}-8\boldsymbol{j})\,\text{m/s}$；$-4\boldsymbol{j}\,\text{m/s}^2$；$y=9-\dfrac{1}{2}x^2$

1-6　7.81 m/s　　1-7　$a=\alpha^2 x$；$a=\alpha^2 x_0 e^{\alpha t}$　　1-8　4.5 m/s^2；0.6 m/s^2

1-9　22 rad；27 rad/s；24 rad/s^2；24 m/s；729 m/s^2

1-10　B　　1-11　B　　1-12　C　　1-13　B　　1-14　B　　1-15　B

1-16　B　　1-17　B　　1-18　证明略

1-19　$v_0\left(t-\sqrt{\dfrac{2v_0 t}{g}}\right)$

1-20　$\dfrac{1}{2}n(n+2)a_0\tau$；$\dfrac{1}{6}n^2(n+3)a_0\tau^2$

1-21　$\dfrac{1}{g}\sqrt{u_1 u_2}$，$\dfrac{u_1+u_2}{g}\sqrt{u_1 u_2}$

1-22　$L=\dfrac{v^2\sin\alpha\cos\alpha+v\cos\alpha\sqrt{v^2\sin^2\alpha+2gH}}{g}$

1-23　(1) 18.1 m/s；(2) 1.13 m；(3) 2.79 m

1-24　$15.9\,\text{m/s} \leqslant v_0 \leqslant 17.1\,\text{m/s}$

1-25　(1) -0.5 m/s；(2) -6 m/s；(3) 2.25 m

1-26　证明略

1-27　$\dfrac{\sqrt{l^2-x^2}}{x}v$，$-\dfrac{l^2}{x^3}v^2$

1-28　速度：$\dfrac{\sqrt{x^2+h^2}}{x}v_0$；加速度：$-\dfrac{h^2}{x^3}v_0^2$

1-29　$-s\omega\sec^2\theta$

1-30　$x_B = r\cos(\varphi_0+\omega t)+l$；$v_B=-r\omega\sin(\varphi_0+\omega t)$；$a_B=-r\omega^2\cos(\varphi_0+\omega t)$

1-31　(1) 速度 $v=3$ m/s，加速度 $a=3\sqrt{1+t^4}$；(2) 4.5 m

1-32　证明略

1-33　$\dfrac{3k^2 T}{4}$

1-34　证明略

1-35　轨迹(航线)方程：$y=x-\dfrac{2\sqrt{2}\,u_0}{lv_0}x^2+\dfrac{4\sqrt{2}\,u_0}{3l^2 v_0}x^3$；到达东岸的地点为：$\left[l,\,l\left(1-\dfrac{2\sqrt{2}\,u_0}{3v_0}\right)\right]$

第 2 章　牛顿运动定律

2-1　0；$2g$

2-2　$mg+ma\sin\theta$；$ma\cos\theta$

2-3　2%

2-4　(1) 1.67；(2) $\dfrac{3\pi}{GT^2}$

2-5　D　　2-6　D　　2-7　A　　2-8　D　　2-9　B

2-10　$G\dfrac{16\pi^2 R^6 \rho(\rho-\rho_0)}{9d^2}$

2-11 $\dfrac{2}{3}\pi G\rho^2 R^2$

2-12 证明略

2-13 $M=\dfrac{2\sqrt{3}LR^2}{3Gt^2}$

2-14 $\sqrt{\dfrac{2L}{(g+a)(\sin\theta-\mu\cos\theta)}}$

2-15 $y=\dfrac{1}{2}\dfrac{\omega^2}{g}x^2$

2-16 (1) $\dfrac{m^2\omega^2(l_1+l_2)}{k}$, $m_1\omega^2 l_1+m_2\omega^2(l_1+l_2)$;

(2) $a_1=\dfrac{m^2\omega^2(l_1+l_2)}{m^1}$, $a_2=\omega^2(l_1+l_2)$

2-17 $\sqrt{gR}$

2-18 速度：$\dfrac{1}{2}\sqrt{3gl_2}=1.21$ m/s，加速度：$\dfrac{1}{2}g=4.9$ m/s^2

2-19 $a=\left(1-\dfrac{v^2}{v_{\max}^2}\right)g=3.6$ m/s

2-20 (1) $\dfrac{m}{k}\ln\dfrac{mg+kv_0}{mg}=6.11$ s; (2) 182 m

2-21 $v=\dfrac{F_0}{m}t-\dfrac{k}{2m}t^2$, $x=\dfrac{F_0}{2m}t^2-\dfrac{k}{6m}t^3$

2-22 $x=\dfrac{F_0}{6mv_0^3}y^3$

2-23 $v=\sqrt{v_0^2+2gl(\cos\theta-1)}$, $T=m\left[\dfrac{v_0^2}{l}+(3\cos\theta-2)g\right]$

2-24 221 m

2-25 (1) $\dfrac{mg}{k}(1-e^{-kt/m})$; (2) mg/k

2-26 证明略

第 3 章　能量与动量

3-1 20 m/s

3-2 48 J；沿 x 轴正方向

3-3 $20j$ N·s; 40 J

3-4 $\dfrac{2}{k}(F-\mu mg)^2$

3-5 25 N

3-6 4 m/s

3-7 C　3-8 B　3-9 D　3-10 D　3-11 D　3-12 A　3-13 C　3-14 D

3-15 $\dfrac{1}{4}Mgl$

3-16 4.23×10^6 J

3-17 (1) 2.7 m/s, 1.5 m/s^2; (2) 2.3 m/s, 1.5 m/s^2

3-18 $\dfrac{1}{4}mv_B^2+mg(\sqrt{2}-1)H$

3-19 1.89×10^{-15} N

3-20 (1) 2.0×10^{16} J/kg; (2) $\dfrac{1}{31}$; (3) 4.4×10^{-4} s

3-21 (1) $F(x)=-\dfrac{dU}{dx}=12x^2-10x$; (2) $x=0$ 处是平衡位置，$x=\dfrac{5}{6}$ m 处是非平衡位置

3-22 (1) -80 kg·m/s；(2) 800 N

3-23 6 000 N

3-24 (1) $\dfrac{Mg}{2r}\sqrt{\dfrac{Mg}{\pi\rho}}$；(2) $(\sqrt[3]{4}-1)g=5.76$ m/s^2

3-25 (1) $\dfrac{2F_0^2\tau^2}{m\pi^2}$；(2) $\dfrac{F_0\tau}{m\pi}\left(1-\cos\dfrac{\pi}{\tau}t\right)$

3-26 39 N

3-27 双方说的都不对

3-28 $v_1=\dfrac{Im_2\cos\alpha}{m_2(m_1+m_2+m_3)+m_1m_3\sin^2\alpha}$

3-29 $v=-gt+u\ln\dfrac{m_0}{m_0-qt}$；$v_{\max}=-\dfrac{m'}{q}g+u\ln\dfrac{m_0}{m_0-m'}$

3-30 $\dfrac{FT}{m_0}\ln\left(\dfrac{M}{M-m_0}\right)-gT$

3-31 5.2 m/s

3-32 $9h$，12

3-33 $\dfrac{u^2}{6}(2+e^2)$；$\dfrac{u^2}{6}(1-e^2)$

3-34 $\dfrac{7}{6}R$

3-35 $\dfrac{2R\sin\theta_0}{3\theta_0}$

3-36 质点速度 $V_x=13\dfrac{1}{3}$ m/s，$V_y=10$ m/s；质心动量：$p_x=200$ m/s，$p_y=150$ m/s

3-37 $\dfrac{(\sqrt{3}-1)mL}{2(M+m)}=0.27$ m，向右移动

第4章 刚体力学基础

4-1 20

4-2 -0.05 rad/s^2，250 rad

4-3 转动惯性大小；刚体的质量、质量分布及转轴的位置

4-4 $11mb^2$

4-5 $\dfrac{14}{5}mR^2+2mRl+\dfrac{1}{2}ml^2$

4-6 $\dfrac{1}{4}mR^2$

4-7 -50π N·m

4-8 150 rad/s^2，225 rad/s

4-9 C   4-10 D   4-11 B   4-12 C   4-13 C   4-14 D   4-15 A   4-16 C

4-17 (1) $\dfrac{2}{3}L$；(2) $\dfrac{1}{2}ML^2$

4-18 $-9\boldsymbol{i}+12\boldsymbol{j}-5\boldsymbol{k}$，$-18\boldsymbol{i}+12\boldsymbol{j}-2\boldsymbol{k}$

4-19 (1) $M=6t$；(2) $\omega=\dfrac{3}{50}t^2$

4-20 (1) -0.5 rad/s^2；(2) -0.25 N·m；(3) 75 rad

4-21 1 s；-0.1 N·m

4-22 (1) $\sqrt{\dfrac{P}{k}(1-e^{-\frac{2k}{J}t})}$；(2) $\sqrt{P/k}$；(3) $\dfrac{J}{k}\sqrt{\dfrac{P}{k}}$

4-23 (1) 10 rad/s^2；(2) 6.0 N；(3) 4.0 N

4-24 $\sqrt{\dfrac{8Rg}{5}}$

4-25 $f = \dfrac{1}{4}mg$

4-26 (1) 10.3 rad/s^2；(2) 9.08 rad/s

4-27 加速度 $a = \dfrac{m_1 g}{m_1 + m_2 + M/2}$，$T_1 = \dfrac{m_1(m_2 + M/2)g}{m_1 + m_2 + M/2}$，$T_2 = \dfrac{m_1 m_2 g}{m_1 + m_2 + M/2}$

4-28 $\dfrac{3R\omega_0}{4\mu g}$，$-\dfrac{1}{4}mR^2\omega_0^2$

4-29 (1) $n = 200$ r/min；(2) -4.19×10^2 N·m·s，4.19×10^2 N·m·s

4-30 $\dfrac{M\omega_0}{M + 2m}$

4-31 (1) $\omega = \dfrac{2mv_0}{(M+2m)R}$；(2) $\dfrac{Mmv_0^2}{2(M+2m)}$

4-32 (1) $\omega = \dfrac{J_1\omega_1 + J_2\omega_2}{J_1 + J_2}$；(2) $-\dfrac{J_1 J_2}{2(J_1+J_2)}(\omega_1 - \omega_2)^2$

4-33 $L + 3\mu s - \sqrt{6\mu s L}$

4-34 $\omega = \dfrac{6mv_0}{(3M+4m)l}$

4-35 (1) $\omega_0 = \dfrac{\sqrt{2gh}}{4R}$；(2) $\omega = \dfrac{1}{2R}\sqrt{\dfrac{g}{2}(h + 4\sqrt{3}R)}$，$\alpha = \dfrac{g}{2R}$

4-36 证明略

4-37 $R = R_0\left(1 + \dfrac{\Delta M}{M_0}\right)$，$\omega = \omega_0\left(1 + \dfrac{\Delta M}{M_0}\right)^{-2} \approx \omega_0\left(1 - 2\dfrac{\Delta M}{M_0}\right)$

第 5 章　机 械 振 动

5-1 2∶1

5-2 $\dfrac{q}{\sqrt{p}}T$

5-3 $\dfrac{7}{2\pi}$

5-4 $-\dfrac{\pi}{2}$

5-5 5×10^{-2} m，$-36.9°$

5-6 $\dfrac{\pi}{4}$，$x = 2 \times 10^{-2}\cos\left(\pi t + \dfrac{\pi}{4}\right)$ m

5-7 0.25 s，$\dfrac{2\pi}{3}$，0.8π m/s，$6.4\pi^2$ m/s^2

5-8 1×10^{-2} m，$\dfrac{\pi}{6}$

5-9 D   5-10 B   5-11 D   5-12 D   5-13 B   5-14 D

5-15 D   5-16 B

5-17 (1) 振幅：$A = 0.1$ m，角频率：$\omega = 20\pi$ rad/s，频率：$f = \dfrac{\omega}{2\pi} = 10$ Hz，周期：$T = \dfrac{1}{\nu} = 0.1$ s，初相：$\varphi = \dfrac{\pi}{4}$；
(2) 7.07×10^{-2} m，-4.44 m/s，-279 m/s^2

5-18 (1) 1.7×10^{-2} m，-4.2×10^{-4} N；(2) $\dfrac{4}{3}$ s $= 1.33$ s

5-19 44 600 m

5-20 (1) 略；(2) $x = a\cos\left[\sqrt{\dfrac{2k_1 k_2}{m(2k_1 + k_2)}}\, t + \pi\right]$

5-21 0.16 cm；20.0 kg

5-22 $x = 0.204\cos(2t + \pi)$ (SI)

5-23 $x = mv_0\sqrt{\dfrac{1}{k(M+m)}}\cos\left(\sqrt{\dfrac{k}{M+m}}\,t + \dfrac{\pi}{2}\right)$

5-24　初相位：$-\frac{1}{2}\pi$，角振幅：3.2×10^{-3} rad，$\theta=3.2\times10^{-3}\cos\left(3.13t-\frac{1}{2}\pi\right)$ rad

5-25　$m\dfrac{\mathrm{d}x^2}{\mathrm{d}t^2}+2\rho gSx=0$，1.09 s

5-26　$2\pi\sqrt{\dfrac{H}{6g}}$

5-27　(1) 6.28×10^3 m/s；(2) 3.32×10^{-20} J

5-28　(1) $x=0.08\cos\left(10t-\dfrac{\pi}{6}\right)$(SI)；(2) $\pm\dfrac{\sqrt{2}}{25}$ m；(3) ±0.8 m/s

5-29　(1) 证明略；(2) $\omega=\sqrt{\dfrac{kR^2}{J+mR^2}}$，$T=2\pi\sqrt{\dfrac{J+mR^2}{kR^2}}$

5-30　387 Hz

5-31　21 s

5-32　(1) $T=1.00014T_0$；(2) 400 cm

第6章　机　械　波

6-1　0.57 m

6-2　1.43×10^3 m/s

6-3　2.03×10^{11} N/m^2

6-4　0.04 m，500 m/s

6-5　$y_P=0.2\cos\left(\dfrac{\pi}{2}t-\dfrac{\pi}{2}\right)$(SI)

6-6　100 J

6-7　B　　6-8　D　　6-9　D　　6-10　A　　6-11　B　　6-12　A　　6-13　C

6-14　4 s，0.25 Hz，3 m，0.75 m

6-15　(1) $y=6.0\times10^{-2}\cos\dfrac{\pi}{5}(t-3.0)$(SI)；(2) $-\dfrac{3}{5}\pi$

6-16　(1) $y=0.04\cos\left(0.4\pi t-5\pi x+\dfrac{\pi}{2}\right)$(SI)；(2) 略

6-17　$y=0.2\cos\left[0.5(t-2\pi x)-\dfrac{\pi}{3}\right]$

6-18　(1) 波速：$u=8$ m/s，波长：2 m，周期：0.25 s，频率：4 Hz；
　　　(2) $x=2k-8t=2k-17.6$ m，$(k=0,\pm1,\pm2,\cdots)$，0.4 m，2.25 s

6-19　(1) 2.70×10^{-3} J/s；(2) 9.00×10^{-2} J/(s·m^2)；(3) 2.65×10^{-4} J/m^3

6-20　2×10^{-3} m

6-21　800 m

6-22　10 cm

6-23　$x=1,3,5,\cdots,29$ m

6-24　(1) $y_2=A\cos\left[2\pi\left(\dfrac{x}{\lambda}-\dfrac{t}{T}\right)+\pi\right]$
　　　(2) $y=2A\cos\left(2\pi\dfrac{x}{\lambda}+\dfrac{\pi}{2}\right)\cos\left(2\pi\dfrac{t}{T}-\dfrac{\pi}{2}\right)$
　　　(3) 波腹位置：$x=\dfrac{1}{2}\left(n-\dfrac{1}{2}\right)\lambda,n=1,2,3,\cdots$。波节位置：$x=\dfrac{1}{2}n\lambda,n=0,1,2,\cdots$

6-25　200 Hz

6-26　1.6 m/s，昆虫是背离蝙蝠飞行

6-27　$\nu_{\max}=441.3$ Hz，$\nu_{\min}=438.7$ Hz

6-28　(1) 59.7 s；(2) 6.0×10^4 m

第7章　相对论基础

7-1　$0.8c$，2.4 m

7-2　2 500

7-3 $0.994c$

7-4 $0.85c$

7-5 $m_0 c^2 (n-1)$

7-6 B   7-7 B   7-8 D   7-9 D

7-10 270 m, 9×10^{-7} s

7-11 (1) 64.72 s; (2) 1.90×10^{10} m

7-12 (1) 2.25×10^{-7} s; (2) 3.75×10^{-7} s

7-13 妻子 40 岁, 儿子 10 岁, 丈夫 35.1 岁

7-14 $\dfrac{11}{3c} L_0, \dfrac{7}{3} L_0$

7-15 $1.8c, c$

7-16 (1) 800 m; (2) 62.5 s; (3) 1.8×10^8 m/s

7-17 $0.96c$

7-18 (1) $\dfrac{c\sqrt{n(n+2)}}{n+1}$; (2) $m_0 c \sqrt{n(n+2)}$

7-19 $\dfrac{M_1^2 + M_2^2}{2M_1} c^2$

7-20 略

7-21 (1) 2.05×10^3 V; (2) 2.7×10^7 m/s

第 8 章 气体动理论

8-1 宏观物质是由大量组成; 分子都在不停地作运动; 分子间同时存在相互的力和相互的力

8-2 封闭系统, 孤立系统, 开放系统

8-3 平衡态, 几何参量、力学参量、化学参量、电磁参量

8-4 $\dfrac{P_2 - P_1}{kT}$

8-5 $3P, \dfrac{3}{2} kT$

8-6 大量气体分子对器壁碰撞的统计平均结果。气体内部作无规则运动的大量分子平均平动动能的量度。

8-7 单位体积内的分子数 n, 分子的平均平动动能 $\bar{\varepsilon}_k$

8-8 $\dfrac{1}{2} kT, \dfrac{3}{2} kT, \dfrac{i}{2} kT, \nu \dfrac{i}{2} RT$

8-9 $1:8, 1:1$

8-10 3.01×10^{23}

8-11 氩; 氦

8-12 $2:3$ 8-13 $1:4$ 8-14 C   8-15 D   8-16 B   8-17 C   8-18 B   8-19 B

8-20 2.0×10^9 s 或 63.4 a

8-21 1.16×10^7 K

8-22 500 K

8-23 $V_1 = 8.0 \times 10^{-3}$ m³, $V_2 = 1.6 \times 10^{-2}$ m³

8-24 $\dfrac{2T_0}{h} \left(h + \dfrac{P_0 S}{k} \right)$

8-25 $\Delta T = 6.42$ K, $\Delta P = 6.67 \times 10^4$ Pa, $\Delta U = 2\,000$ J, $\Delta \bar{\varepsilon}_k = 1.33 \times 10^{-22}$ J

8-26 $\sqrt{\dfrac{3P}{\rho}}, \dfrac{3}{2} P$

8-27 证明略

8-28 27 K, 2.4×10^4 m²/s²

8-29 略

8-30 $A = \dfrac{3}{5 \times 10^5}, \sqrt{\overline{v^2}} = 54.8$ m/s

8-31 (1) 1.44×10^{10} 个; (2) 6.4×10^8 个; (3) 54 m/s; (4) 80 m/s

8-32 (1) $K = 4/v_0^4$; (2) $\bar{v} = \dfrac{4}{5}v_0$; (3) $v_1 = v_0/2$

8-33 (1) 略；(2) $A = \dfrac{3}{v_F^3}$; (3) $\bar{v} = 0.75 v_F$, $\sqrt{\overline{v^2}} = \sqrt{0.6}\, v_F \approx 0.77 v_F$

8-34 证明略

8-35 6.06 Pa

第 9 章 热力学基础

9-1 (1) 6.2×10^4 J; (2) -7.2×10^4 J，向外放热; (3) 5.2×10^4 J, 1.0×10^4 J

9-2 $\dfrac{5}{7}$

9-3 $\left(\dfrac{1}{3}\right)^{\gamma-1} T_0$, $\left(\dfrac{1}{3}\right)^{\gamma} P_0$

9-4 Ⅲ，Ⅰ，Ⅱ

9-5 500 K，100 K

9-6 $\eta = 1 - \dfrac{T_2}{T_1}$，大于

9-7 大量微观粒子热运动所引起的无序性（或热力学系统的无序性）；增加

9-8 状态概率增大；不可逆的

9-9 A   9-10 B   9-11 A   9-12 C   9-13 C   9-14 D

9-15 $\dfrac{2}{5}H$, $\dfrac{7}{5}T_0$

9-16 0.92 atm

9-17 55 J

9-18 证明略

9-19 证明略

9-20 $\sqrt[3]{2} \approx 1.26$, $\sqrt[5]{2} \approx 1.15$

9-21 $T = 2\pi\sqrt{\dfrac{mV}{\gamma P S^2}}$

9-22 (1) 800 J; (2) 100 J; (3) 12.5%; (4) 证明略

9-23 (1) 作图略; (2) 7.16×10^{-2} kg

9-24 (1) $12RT_0$, $45RT_0$, $-47.7RT_0$; (2) 16.3%

9-25 4 680 J

9-26 每小时能够将 100 kg、0℃ 的水制成 0℃ 的冰。但是，即使工作于水和房间的制冷机是卡诺制冷机，它向每小时向房间放热小于房间向环境的每小时散热量。因此这点是不能实现的。所以，这位发明家声称的发明是不可能的。

9-27 证明略

9-28 约 3H

9-29 7.3×10^3 J/K

附 录

附表 1-1　国际单位制(SI)基本单位

物理量	单位	单位符号	定　义
长度	米	m	1960 年国际计量大会定义 1 m 是光在真空中(1/299 792 458) s 的时间间隔内所经路径的长度
质量	千克	kg	国际千克原器的质量为 1 kg。国际千克原器是 1889 年第一届国际权度大会批准制造的。它是一个高度和直径均为 39 mm 的,用铂铱合金制成的圆柱体。原型保存在巴黎国际计量局
时间	秒	s	1967 年第十三届国际计量大会上确认了上述定义：铯 133 原子基态的两个超精细能级之间跃迁所对应的辐射的 9 192 631 770 个周期的持续时间为 1 s
电流	安[培]	A	1960 年 10 月,第十一届国际权度大会上确认：在两条置于真空中的,相互平行,相距 1 m 的无限长而圆截面可以忽略的导线中,通以强度相同的恒定电流,若导线每米长所受的力为 2×10^{-7} N,则导线中的电流强度为 1 A
热力学温度	开[尔文]	K	1968 年国际计量大会决定：水的三相点的热力学温度为 273.16 K, 1 K 等于水三相点温度的 1/273.16
物质的量	摩[尔]	mol	摩尔是一系统的物质的量,该系统中所包含的基本单元数与 0.012 kg 碳 12 的原子数目相等 使用摩尔时,基本单元应予指明,可以是原子、分子、离子、电子及其他粒子,或这些粒子的特定组合
发光强度	坎[德拉]	cd	表征一个光源在给定方向上的发光强度。该光源发出的频率为 540×10^{12} Hz 的单色辐射,且在此方向上的辐射强度为(1/683)w/sr

附表 1-2　国际单位制的辅助单位

物理量	单位名称	单位符号	定　义
[平面]角	弧度	rad	弧长等于圆半径的弧所对的圆心角为 1 rad
立体角	球面度	sr	立体角是以锥的顶点为心,半径为 1 的球面被锥面所截得的面积来度量的。定义立体角为曲面上面积微元 dS 与其矢量半径的二次方的比值；此面微元对应的立体角,记作 $d\theta=\dfrac{dS}{r^2}$

附表 1-3　常用导出单位

物理量的名称	国际单位的导出单位			
	名称	符号	表示式	
			用 SI 单位	用 SI 基本单位
频率	赫[兹]	Hz	—	s^{-1}
力、重力	牛[顿]	N	—	$m\cdot kg\cdot s^{-2}$
压力、压强、应力	帕[斯卡]	Pa	$N\cdot m^{-2}$	$m^{-1}\cdot kg\cdot s^{-2}$
能[量]、功、能量	焦[耳]	J	$N\cdot m$	$m^2\cdot kg\cdot s^{-2}$
功率、辐[射能]、通量	瓦[特]	W	$J\cdot s^{-1}$	$m^2\cdot kg\cdot s^{-3}$

续表

物理量的名称	国际单位的导出单位			
	名称	符号	表示式	
			用 SI 单位	用 SI 基本单位
电荷[量]	库[仑]	C	—	$s \cdot A$
电压、电动势、电势[位]	伏[特]	V	$W \cdot A^{-1}$	$m^2 \cdot kg \cdot s^{-3} \cdot A^{-1}$
电容	法[拉]	F		$m^{-2} \cdot kg^{-1} \cdot s^4 \cdot A^2$
电阻	欧[姆]	W	$V \cdot A^{-1}$	$m^2 \cdot kg \cdot s^{-3} \cdot A^2$
电导	西[门子]	s	$A \cdot V^{-1}$	$m^{-2} \cdot kg^{-1} \cdot s^3 \cdot A^2$
磁通[量]	韦[伯]	Wb	$V \cdot s$	$m^2 \cdot kg \cdot s^{-2} \cdot A^{-1}$
磁通[量]密度、磁感应强度	特[斯拉]	T	$Wb \cdot m^{-2}$	$kg \cdot s^{-2} \cdot A^{-1}$
电感	亨[利]	H	$Wb \cdot A^{-1}$	$m^2 \cdot kg \cdot s^{-2} \cdot A^{-2}$
温度	摄氏度	℃	—	K
光通量	流[明]	lm	—	$cd \cdot sr$
[光]照度	勒[克斯]	lx	$lm \cdot m^{-2}$	$m^{-2} \cdot cd \cdot sr$

附表 1-4 国际单位制词头

因数	词头名称	国际符号	中文符号	因数	词头名称	国际符号	中文符号
10^{24}	尧[它]yotta	Y	尧	10^{-1}	分 deci	d	分
10^{21}	泽[它]zetta	Z	泽	10^{-2}	厘 centi	c	厘
10^{18}	艾[可萨]exa	E	艾	10^{-3}	毫 milli	m	毫
10^{15}	拍[它]peta	P	拍	10^{-6}	微 micro	μ	微
10^{12}	太[拉]tera	T	太	10^{-9}	纳[诺]nano	n	纳
10^{9}	吉[咖]giga	G	吉	10^{-12}	皮[可]pico	p	皮
10^{6}	兆 mega	M	兆	10^{-15}	飞[母托]femto	f	飞
10^{3}	千 kilo	K	千	10^{-18}	阿[托]atto	a	阿
10^{2}	百 hecto	h	百	10^{-21}	仄[普托]zepto	z	仄
10^{1}	十 deca	da	十	10^{-24}	幺[科托]yocto	y	幺

附表 1-5 基本物理常数

物理量的名称	符号	数值
真空中光速	c	$2.997\,924\,58 \times 10^8$ m/s
真空磁导率	μ_0	$4\pi \times 10^{-7}$ H/m
真空电容率	ε_0	$8.854\,187\,81 \times 10^{-12}$ F/m
普朗克常量	h	$6.626\,176 \times 10^{-34}$ J·s
	$\hbar$	$1.054\,589 \times 10^{-34}$ J·s
万有引力常量	G	6.672×10^{-11} N·m^2/kg^2
重力加速度	g	$9.806\,65$ m/s^2
基本电荷	e	$1.602\,176\,565(35) \times 10^{-19}$ C
电子的荷质比	e/m_e	$1.758\,804\,710^{11}$ C/kg
磁通量子	$\phi_0 = \dfrac{h}{2e}$	$2.067\,851 \times 10^{-15}$ Wb
玻尔磁子	μ_B	$9.274\,078 \times 10^{-24}$ J/T
核磁子	μ_N	$5.050\,824 \times 10^{-27}$ J/T
斯特藩—玻耳兹曼常量	σ	$5.670\,54 \times 10^{-8}$ W/(m^2·K^4)
精细结构常数	α	$7.297\,351 \times 10^{-3}$
里德伯常量	R_∞	$1.097\,373\,18 \times 10^7$ /m

续表

物理量的名称	符号	数值
玻尔半径	a_0	$0.529\,177\,249\times10^{-10}$ m
哈特利能量	E_h	27.211 6 eV
电子半径	r_e	$2.817\,938\,010\times10^{-15}$ m
环流量子	h/m_e	$7.273\,89\times10^{-4}$ J·s/kg
电子质量	m_e	$9.109\,534\times10^{-31}$ kg
质子质量	m_p	$1.672\,649\times10^{-27}$ kg
中子质量	m_n	$1.674\,954\times10^{-27}$ kg
电子的康普顿波长	$\lambda_c=h/(m_e c)$	$2.426\,308\,9\times10^{-12}$ m
质子的康普顿波长	$\lambda_{cp}=h/(m_p c)$	$1.321\,409\,9\times10^{-15}$ m
中子的康普顿波长	$\lambda_{cn}=h/(m_n c)$	$1.319\,590\,9\times10^{-15}$ m
μ子质量	m_μ	$1.883\,532\,7\times10^{-28}$ kg
氘核质量	m_d	$3.343\,586\,0\times10^{-27}$ kg
阿伏伽德罗常量	N_A	$6.022\,045\times10^{23}$ /mol
原子质量单位	m_u	$1.660\,566\times10^{-27}$ kg
法拉第常量	$F=N_A e$	$9.648\,456\times10^{4}$ C/mol
摩尔气体常量	R	8.314 41 J/(K·mol)
玻耳兹曼常量	k	$1.380\,662\times10^{-23}$ J/K
理想气体在标准状态下的摩尔体积	V_m	$2.241\,383\times10^{-2}$ m³/mol
标准大气压	—	$1.013\,25\times10^{5}$ Pa

附表 1-6 空气和水的一些性质(在 20℃、一个标准大气压时)

物理量	空气	水
密度	1.2 kg/m³	1.00×10^{3} kg/m³
比热容(c_p)	1.00×10^{3} J/(kg·K)	4.18×10^{3} J/(kg·K)
声速	343 m/s	1.26×10^{3} m/s

附表 1-7 有关地球的一些常用数据

物理量	数据
密度	5.49×10^{3} kg/m³
半径	6.37×10^{6} m
质量	5.98×10^{24} kg
大气压强(地球表面)	1.013×10^{5} Pa
地球与太阳平均距离	1.5×10^{11} m

附表 1-8 太阳系八大行星基本数据

星球	距离	与地球的相对半径	与地球的相对质量	轨道倾角/(°)	轨道偏心率	倾斜度/(°)	密度/(g/cm³)
太阳	0	109	332 800	—	—	—	1.41
水星	0.39	0.38	0.05	7	0.205 6	1	5.43
金星	0.72	0.95	0.89	3.394	0.006 8	177.4	5.25
地球	1.0	1.00	1.00	0.000	0.016 7	23.45	5.52
火星	1.5	0.53	0.11	1.850	0.093 4	25.19	3.95
木星	5.2	11.0	318	1.308	0.048 3	3.12	1.33
土星	9.5	9.5	95	2.488	0.056 0	26.73	0.69
天王星	19.2	4.0	17	0.774	0.046 1	97.86	1.29
海王星	30.1	3.9	17	1.774	0.009 7	29.56	1.64

附表 1-9　希腊字母表

小写	大写	英文名称	小写	大写	英文名称	小写	大写	英文名称
α	A	Alpha	ι	I	Iota	ρ	P	Rho
β	B	Beta	κ	K	Kappa	σ	Σ	Sigma
γ	Γ	Gamma	λ	Λ	Lambda	τ	T	Tau
δ	Δ	Delta	μ	M	Mu	υ	Υ	Upsilon
ε	E	Epsilon	ν	N	Nu	$\varphi(\phi)$	Φ	Phi
ζ	Z	Zeta	ξ	Ξ	Xi	χ	X	Chi
η	H	Eta	o	O	Omicron	ψ	Ψ	Psi
θ	Θ	Theta	π	Π	Pi	ω	Ω	Omega